个人计算机的诞生与衰落（第 3 版）

硅谷之火

Fire in the Valley

〔美〕 迈克尔·斯韦因〔Michael Swaine〕 / 著
保罗·弗赖伯格〔Paul Freiberger〕

陈少芸 成小留 朱少容 / 译

The Birth and Death of the Personal Computer (Third Edition)

人民邮电出版社
北 京

图书在版编目（CIP）数据

硅谷之火：个人计算机的诞生与衰落：第3版 /
（美）迈克尔·斯韦因 (Michael Swaine)，（美）保罗·
弗赖伯格 (Paul Freiberger) 著；陈少芸，成小留，朱
少容译. -- 北京：人民邮电出版社，2019.10
　ISBN 978-7-115-51682-4

Ⅰ. ①硅… Ⅱ. ①迈… ②保… ③陈… ④成… ⑤朱
… Ⅲ. ①个人计算机－微型计算机－技术史－世界 Ⅳ.
①TP368.33-091

中国版本图书馆CIP数据核字(2019)第148154号

内 容 提 要

本书是一部个人计算机的发展史，让读者了解个人计算机从萌芽、兴起、发展、高潮直至
被平板电脑和智能手机替代后逐步衰落的过程。在个人计算机的发展历程中，比尔·盖茨、史蒂
夫·乔布斯等业界传奇人物相继登场，引领了具有意义深远的技术变革。这场变革最终改变了今
天数十亿人的生活。这是一部集历史故事与小说风格于一体的硅谷纪传体，适用于对个人计算
机历史、IT历史、互联网历史感兴趣的读者，对广大科技领域的创业者和从业者，也颇有启发
意义。

◆ 著　　　　[美]迈克尔·斯韦因　　保罗·弗赖伯格
　　译　　　　陈少芸　　成小留　　朱少容
　　责任编辑　傅志红
　　责任印制　周昇亮

◆ 人民邮电出版社出版发行　　北京市丰台区成寿寺路 11 号
　　邮编　100164　　电子邮件　315@ptpress.com.cn
　　网址　https://www.ptpress.com.cn
　　固安县铭成印刷有限公司印刷

◆ 开本：720×960　1/16
　　印张：24.25　　　　　　　　2019 年 10 月第 1 版
　　字数：419 千字　　　　　　2025 年 3 月河北第 20 次印刷
　　著作权合同登记号　图字：01-2014-8583 号

定价：99.00 元
读者服务热线：(010)84084456-6009　印装质量热线：(010)81055316
反盗版热线：(010)81055315

目录

各版赞誉

一切事物都会随着时间而变化，不变也是一种变化。当《硅谷之火》于1984年首次出版时，我只觉得这些带键盘的笨重小电视机不过比修正液好用一些，并没有什么了不起的地方，但要说当时它们可能已经有一段历史了，听起来就像一个安迪·沃霍尔式的波普狂想。到《硅谷之火》第二版出版时，它们确实有了一段不容置疑的历史——大多数能操作这些小电视的人都知道这些历史。当时我甚至参与了这段历史，如今，本书第三版记录的是那些真正改变历史的事情。尽管如此，这仍是同一本书。此外，千千万万人的世界被这些数码小盒子彻底改变了，但大多数人对这些东西的出身竟一无所知。如果关于这个年代你有阅读一本历史书的计划，那么就读这一本吧。这些奇才的搞笑故事以及他们用以创造未来的小奇迹，值得一看。

——约翰·佩里·巴洛，电子前沿基金会副董事长

这本必读经典讲述了个人计算机的起源及其在硅谷发展史上所起到的作用。经典不死，还在不断更新，继续完善丰富的史料。在这个个人计算机已司空见惯的时代，我们总会忘记当年的创新者将一个发烧友的玩物变成一个繁荣发展的行业，需要冒多么巨大的风险，又需要有多么远大的抱负。两位作者聚焦于那些改变了世界的人物和文化——他们如今仍在通过个人计算机的衍生物（如智能手机、互联网等）继续改变着世界。硅谷之火仍在燃烧蔓延，熊熊不息。

——约翰·哈格尔，德勤领先创新中心联合主席，《拉动力》作者

《硅谷之火》讲述了硅谷中最具开创性的故事。它是硅谷这个开拓创新且将持续创新的计算机圣地的首本传记，同时也是唯一传记。弗赖伯格和斯韦因以一贯的细腻笔触，为读者捕捉了硅谷的核心情感和动力。

——安迪·坎宁安，SeriesC公司创始人及总裁

《硅谷之火》讲述的是一段完整的历史：从车库创业那个激情年代的计算机器和军用计算机，到兼容机的崛起，到人类首次进军网络空间，再到如今充斥着多种移

动设备和云服务的集中化、商品化、躁动不已的互联世界。就本书的主题，两位作者总结得十分恰当：一帮疯狂的梦想家一次又一次遭遇陈规的阻挠，但每次都得以实现自己的梦想。查尔斯·巴贝奇和他的分析机、图灵的测试、冯·诺伊曼的计算机、威廉·肖克利的晶体管、罗伯特·诺伊斯的集成电路、加里·基尔代尔的操作系统、爱德华·罗伯茨的微型计算机公司、戈登·摩尔的摩尔定律、比尔·盖茨与软件的发展、史蒂夫·沃兹尼亚克与硬件的发展、史蒂夫·乔布斯和第一台真正意义上的个人计算机、卡普尔和电子表格软件、伯纳斯·李和互联网、马克·安德森和浏览器，以及所有鲜为人知的无名英雄，都在本书中有所提及。

两位作者关注故事的人文方面：梦想家的希望、欲望和价值观。技术创新专业的学生都应该将此书当作计算机文化的经典，从中好好学习。

——托尼·波夫，多部技术畅销书作者

本书可读性极强，行文引人入胜，引领读者深入探究了个人计算机行业的诞生，以及这个行业如何孕育出如今我们生活中不可或缺的高科技产品。这一版与第一版同样吸引人，它激起了读者强烈的好奇心，让人不禁想知道接下来还会有什么革命性的新技术出现。

——芭芭拉·克劳泽，苹果公司前企业通信副总裁

本书是创业者、投资者以及任何与技术有关的人士必读的一本书。个人计算机行业的创业者几乎什么错误都犯过。他们的前车之鉴可以为你省下不少的金钱、时间和精力。

——罗杰·麦克纳米，高地风险投资公司联合创始人

硅谷向来是重度"历史健忘症"患者。且不说硅谷有多少优点，但饮水思源绝非其一。最好的补救方法就是阅读这本书，尤其是那些想探究世界顶尖创新集群起源的人。弗赖伯格和斯韦因出色地再现了那个时代，那个早已为硅谷遗忘的"创世"故事。任何人听到这个故事，都会对硅谷赞叹不已，无论是过去、现在还是将来，硅谷都是一个响当当的科技奇迹。如今已经是数字时代，这本书应该是任何人阅读清单上必不可少的读物。

——G. 帕斯卡尔·扎卡里，《观止：微软创建 NT 和未来的夺命狂奔》
和《无尽的前沿：布什传》作者

序　一部意义深远的探险故事

　　1981年年末，我和保罗·弗赖伯格、迈克尔·斯韦因大约同一时间加入了当时刚刚改名为《信息世界》(*InfoWorld*)的时髦小杂志社。在那年夏天之前，《信息世界》杂志的名称还是《智能机期刊》(*Intelligent Machines Journal*)，当时是专为人数不多却迅速增长的计算机发烧友发行的一本杂志。该杂志由曾担任巡讲教师的吉姆·沃伦创办，他同时也是西海岸电脑节的创始人。当决定出售这份当时颇具学术风格的杂志时，吉姆·沃伦发现国际数据公司(IDC)的主席帕特里克·麦戈文是一位很热切的买家。当时，IDC公司的旗舰周刊《计算机世界》是大型计算机行业中的非官方喉舌。

　　向来耳听八方的麦戈文早前就意识到，一个全新的计算机产业正在崛起，并且与美国东海岸古板的计算机公司大相径庭。1977年到1981年间发生了一系列事件，它们标志着计算机文化从一种发烧友亚文化发展为世界上最具活力的行业，《智能机期刊》的转型只是其中之一。我们3个人来得正是时候。个人计算机的"发烧友时代"开始衰落，小公司共同蓬勃发展，一个新时代正在崛起。凭借不少惊人的鬼才式的人物，这些小公司日后都变成了大企业。

　　《信息世界》杂志一夜之间成为人们见证历史的完美渠道。一切事物都在飞速发展，当世界因微处理器的出现而天翻地覆时，我们效力的这家杂志社正试图为自己找准定位。上一分钟才试图成为个人计算机行业的《滚石》杂志，下一分钟又决定要将自己变成个人计算机行业的《体育画报》。

　　我们的记者当中几乎没有科班出身的，但正如我们报道的这个新兴行业一样，我们也在走一步算一步。显然，个人计算机很快就开始备受世界瞩目。几乎每周都有来自全美各地的人来我们帕洛阿尔托市中心的办公室，想方设法地要在硅谷这个圣地找工作或托关系。

　　在《信息世界》，我们距缔造历史仅一步之遥，有时甚至距离过近。有一天，我走进保罗·弗赖伯格的办公室（其实就是一条没有窗户的过道），发现他正在与史蒂夫·乔布斯交谈，气氛非常紧张。乔布斯冲着弗赖伯格怒吼，因为弗赖伯格打算抢先刊登出苹果公司 Lisa 项目和麦金塔计算机的故事，乔布斯指责他这是在给日本人占领美国计算机市场做帮凶。

两位作者与孕育了个人计算机行业的企业的近距离接触，使得这本书从众多讲述计算机革命故事的图书中脱颖而出。正因为弗赖伯格和斯韦因亲身经历了这段了不起的历史，所以他们撰写的书能够精确地抓住个人计算机革命的核心精神。

本书第一版于 1984 年出版，这是首部关于缔造者的鸿篇巨著，且至今仍然是最好的一部。风险投资人约翰·杜尔将这些缔造者的成就称为"本世纪最大的一笔合法财富积累"。

有关个人计算机新近历史的图书大多着重讲述比尔·盖茨、史蒂夫·乔布斯、施乐的帕洛阿尔托研究中心等传奇故事。但本书不浮于表面，还深入讲述了此前的故事。关于家酿计算机俱乐部的故事，弗赖伯格和斯韦因所讲述的版本仍是最权威的。这个传奇故事的主角是一群了不起的、信奉无政府主义的工程师、黑客和他们的同道中人，他们起初是一种真正的反主流文化，但最终改变了世界。

如今，还有一种看待计算机历史的态度，即倾向于否认文化和政治对个人计算机发展的影响。不过随手翻翻本书你就会知道，计算机行业在 20 世纪 70 年代诞生，出现在围绕斯坦福大学的郊野地带，是那个非凡时期的直接产物。

一种特殊的化学反应促成了个人计算机行业的诞生。不仅仅是贪婪的念头，也不仅仅是工程技术，还有当时年轻人激情洋溢的纯洁性，其中的最佳代表人物是李·费尔森斯坦，他是 Sol 计算机的发明者和 Osborne 1 计算机的设计师。

本书在 30 年前首次出版，如今的第三版增加了更多的资料和新的章节。这一新版本囊括了后 PC 时代的发展、移动设备的登场、2 美元的低价 App，阐述了这一切与个人计算机最初愿景之间的联系。

这一版还讲述了乔布斯重返苹果公司的故事以及他给苹果公司带来的影响，包括苹果公司向移动、互联世界的转型。弗赖伯格和斯韦因还追加了最新的发展趋势，从互联网的诞生、后盖茨时代的微软，到比尔·盖茨将重心转移到盖茨夫妇的基金会。此外，他们谈到了开源软件运动的兴起以及开源运动的意义、影响和潜力，并将开源运动的精神追溯至早期家酿计算机俱乐部时期。最后，他们还探究了对个人赋权和隐私保护之间的冲突。

史蒂夫·乔布斯也曾对本书的第一版赞誉有加："这本书让我回想起那些旧时光，读着读着，我不禁潸然泪下。"

本书经受住了时间的考验。这么多年过去了，它依然是一部意义深远的探险故事，让读者能够身临其境般地感受一场仍在进行中的历史运动。

约翰·马尔科夫

《纽约时报》科学版资深记者

2014 年 5 月于旧金山

自序　跟我们说说你当初是怎么开始的吧

那是一个不可思议的疯狂时代，一帮技术达人和梦想家看到一股他们想象中的力量落入了自己手中，并运用这股力量改变了世界。跨国企业在技术与商业的转折点上迷失了方向，但"餐桌上的企业家"夺过了旗帜，奔向了只有科幻故事里才会有的未来。那是一个短暂而幸福的时刻，书呆子能够当面嘲笑霸主，理想主义可以得偿所愿，人们能够感受到世界变化的步伐。发烧友成为远见卓识者，而远见卓识者又摇身一变成为千万富翁。那是一场名副其实的**革命**，由成就伟人的事物所引发：贪婪的念头和理想主义、尊严和爱、实现前无古人的壮举的激情，赶上时代浪潮的兴奋，不一而足。没错，还有佛教、埃哈德自我实现训练和静坐。

这就是个人计算机的故事：它的诞生、崛起和壮大，以及最终的衰亡。

这也是一些非同寻常的人物的故事。在那个时代，拥有一台自己的计算机简直是天方夜谭。而个人计算机能在那样一个时代诞生，恰恰就是因为这些人急切地想要拥有一台属于自己的计算机，他们还真的做到了。

这同时还是一个有关价值观的故事。个人计算机诞生在社会蓬勃发展、理想主义盛行的时代。许多热衷于让**个人计算机**成为现实的人，同样热衷于为大众普及晦涩的计算机技术。"让大众拥有计算机的力量"是他们的战斗口号，同时这确实也是塑造个人计算机时代的力量之一。

能为个人所持有、上手使用甚至用以编程的个人计算机一度成为科技世界的中心。然而，这项技术运动所解放出来的技术力量及其赋予个人的力量却放弃了个人计算机，因为个人计算机的功能已被拆解细分，并移植到手机、眼镜、手表和其他后 PC 时代的智能设备中。

回到 20 世纪 80 年代早期，我们恰好身在这股浪潮之中，我们是第一本报道个人计算机行业的新闻周刊《信息世界》的两名年轻而热情洋溢的记者。"行业"这个词可能有失偏颇，我们当时报道的是这个行业形成之前发生的事情。由于报道了众多事件，我们感觉自己也就是其中一员。能够亲眼见证并记录下那一段历史，让我们非常激动。

例如，在早期的一届西海岸电脑节上，我们在展览场的露天看台上采访了比尔·盖茨。我们曾沿着佐治亚州的乡村小道驱车，只为与 MITS 公司的创始人爱德华·罗伯茨谈话，罗伯茨开创了个人计算机行业，却"退休"成为一名乡村医生。在史蒂夫·沃兹尼亚克用假名"洛基·拉昆恩·克拉克"复学于加州大学伯克利分校时，我们曾与他并肩坐在他当时居住的公寓的地板上。我们与艾伦·凯一同参观了一所小学校园，并就创意进行了讨论。我们在吉姆·沃伦位于圣克鲁斯山脉的居所观赏夜幕降临的景色，倾听他谈论早年举办的计算机展会和杂志，以及他那些被《花花公子》报道过的浴池派对。我们与盗打电话的鼻祖"嘎吱船长"约翰·德雷珀一同潜水。我们和史蒂夫·乔布斯在苹果公司的咖啡厅用餐，并完成采访。

与他们谈工作是我们工作的一部分，但当我们撇开当天的议事日程，放下采访提纲，对他们说"跟我们说说你当初是怎么开始的吧"时，谈话氛围就会立刻发生明显的变化。他们会就此开始讲述，而且通常知无不言、言无不尽。

他们所带来的个人计算机一如当初的印刷机或工业革命，令世界发生了天翻地覆的变化。当你知道他们如何开始这一切之后，你一定会觉得更加不可思议。

当然，个人计算机如今依然存在，但是其举足轻重的时代已经结束。我们深信那个时代的故事值得铭记。本书这一版正是我们为使那个时代的故事和精神得以流传后世而所做的努力。

引言 想要拥有一部自己的计算机

20 世纪 60 年代后期，在西雅图城外，一帮少年每天放学后都会一起到当地的 C 立方公司去"上班"。他们会在这家公司的下班时间、真正的员工开始陆续回家时抵达办公室。这些少年将自己看作公司的非正式晚班员工。他们可以无限制地使用公司购买的 DEC 公司的小型计算机，于是就充分利用了这个权限。

这个小团队的两位小头头非常痴迷于计算机。他们的工作并不能得到任何报酬，但说起话来细声细语的 15 岁少年保罗甚至愿意倒贴钱来换取操作计算机的机会。保罗 13 岁的朋友比尔看起来则显得更为稚嫩。保罗和比尔想要一台属于自己的计算机，他们都要想疯了。眼下利用课余时间接触的这台 DEC 公司的小型计算机，已经是最接近梦想的方式了。

C 立方公司很乐意让这帮少年来鼓捣他们的计算机。根据他们与 DEC 公司签订的合同，只要 C 立方能证明 DEC 的程序存在 bug，就不必向 DEC 支付计算机的使用费了。这帮少年的任务就是发现各种 bug 以推迟 C 立方向 DEC 付费的时间。

DEC 与 C 立方的协议在当时是一种很常见的手段，目的是发现复杂程序中那些不易被察觉的 bug。DEC 软件是新开发的，而且非常复杂，谁都知道这样的软件怎么也得有几个 bug。但这帮少年竟然发现了几百个 bug，年轻的比尔发现得最多。这帮少年称自己记录 bug 的日志为"问题报告书"，这份报告书不断加厚加厚再加厚，最后竟达 300 页。最终，DEC 公司叫停了这个项目。据比尔后来回忆，DEC 是这样告诉 C 立方的："这些家伙找起 bug 来简直没完没了！"

在其他人失去兴趣陆续离开之后，保罗和比尔仍然在 C 立方待了好几个月，最后终于在那里挣到了钱。他们很幸运，这一点他们心知肚明。在当时，没有多少十几岁的孩子见过电脑，更不用说在电脑上写程序了。

20 世纪 60 年代的计算机体型巨大。哪怕是 DEC 公司首创的体型最小的"小型计算机"，尺寸也比得上一台电冰箱。而且还卖得特别贵，只有政府机关、大学和大公司才买得起。计算机在当时可谓默默无闻，也不算什么好东西，通常要由受过专门训练的操作员或程序员来操作，那场面就如一位白袍祭司在用一门神秘的专用语言主持弥撒。20 世纪 60 年代，计算机被广泛视为官僚主义剥夺人性的工具，尤其是许多年轻人这样认为。

但并不是所有的年轻人都这样认为。一些有技术背景的年轻人对计算机技术十分着迷。他们可能是书呆子、数学系学生或管理高中校园视听设备的人。保罗和比尔就是其中两位。在 C 立方鼓捣计算机的那些夜晚，他们也梦想着有一天能拥有自己的计算机。"总有一天会有的。"保罗总是这样告诉比尔。

当然，后来梦想实现了。那些天赋异禀的少年没有想到，或者说当时所有人都没有想到，事情会发展得如此迅猛。1974 年之前，个人计算机基本上还没有踪影，而如今它已迅速蔓延到办公室、家庭、实验室、学校、飞机上和海滩边，可谓无处不在。它端坐在每一张办公桌上，栖身于每一个行李箱中。它代替了打字机、计算器、人工会计系统、运算表格、电话、图书馆、绘图板、剧院、补习老师、玩具，等等。一旦连上互联网，就可以使用即时邮件系统，可以获得多到令人炫目的信息、娱乐及商务服务。个人计算机就这样引发了一场革命。

个人计算机的起源也颇具革命性，因为它并不是由那些搞研发的专业团队在成本昂贵、设备精良的实验室研制出来的。它始于企业和学术机构之外，由黑客、计算机发烧友和误打误撞的创业者利用业余时间在车库、地下室和卧室等地方创造出来。这其中的代表人物有比尔·盖茨、保罗·艾伦、李·费尔森斯坦、阿兰·库珀、史蒂夫·东皮耶、加里·基尔代尔、戈登·尤班克斯、史蒂夫·乔布斯和史蒂夫·沃兹尼亚克等。

这些革命者用自己对这门技术的痴迷点燃了导火索。他们的故事和当代的任何商业故事一样，都有奇特和非凡之处。许多人一夜之间成了百万富翁却仍在恍惚成功从何而来。普通工程师躲在车库中焊接那些将会改变我们生活的机器，制造商深为消费主义的弥漫苦恼，喜欢尝鲜的顾客欣然买下尚有缺陷的玩意儿，得来不易的技术资料被共享，这一切都发生在倏忽之间。共享精神在其他行业中都十分少见，但对个人计算机的诞生却是不可或缺的。

和所有的故事一样，这个故事也有结局。个人计算机所点燃的革命之火至今仍在蔓延，但新技术和设备如今已成为数码世界的中心。作为办公桌或膝上的一个盒子，一台计算机所能干的所有事情，个人计算机都能办到。而它却只是众多智能设备中的一个，很可能还不是最重要的那个。弥漫于 20 世纪 60 年代的激进主义、创业精神、技术型书呆子气、想拥有一部自己的计算机的遥不可及的梦想共同构成了个人计算机文化，而今，这种文化业已成为历史。

本书讲述的就是这种文化的历史，那场革命的历史。

我认为全世界的计算机需求量大概是五台左右。

——托马斯·沃森，IBM 公司主席

第 1 章

火种

个人计算机于 20 世纪 70 年代中期问世，但若要追本溯源，不仅可回溯到 20 世纪 50 年代的巨型计算机，甚至还可回溯到 19 世纪的小说中那些能思考的机器。

巴贝奇的梦想

上帝保佑，我真希望计算能利用蒸汽进行。

——查尔斯·巴贝奇，19 世纪发明家

诗人拜伦和雪莱注意到了科学所带来的变化。在一个大雨倾盆的夏日，他们俩在瑞士消磨时光，就这样讨论起人工生命和人工思维，思考着是否能"制造出某个生物的各个零件，将它们拼凑起来并赋予其体温"。当时在现场的雪莱夫人玛丽·雪莱记住了这场讨论，并在自己后来著名的小说《弗兰肯斯坦》中展开了这一主题。

对蒸汽时代的读者来说，玛丽·雪莱笔下的科学怪人实在令人毛骨悚然。19 世纪早期迎来了机械化时代，而机械化动力的主要标志是蒸汽机。蒸汽机最初安在轮子上，是为了推动轮子行进的。1825 年，世界上的第一条公共铁路投入运营。蒸汽给当时的人们带来的神秘感，恰似后来的电力和原子能给后世人带来的神秘感。

"蒸汽朋克"计算机

1833 年，英国数学家、天文学家及发明家查尔斯·巴贝奇谈起用蒸汽驱动计算，并真的开始设计这么一台机器。巴贝奇声称，这机器若是做出来，可将计算行为机械化，甚至将思维机械化。当时的许多人将巴贝奇当作真人版的弗兰肯斯坦。虽说巴贝奇的设计并未变为现实，但他绝非一名光说不练的空想家。在 1871 年逝世之前，巴贝奇一直致力于研究他所谓的"分析机"，并从逻辑学和数学最先进的思想中汲取营养。巴贝奇的目的是做出一台能将人们从重复枯燥、令人厌倦的脑力劳动中解放出来的机器，正如当时一些新机器让人们免去了耗体力的苦差一样。

巴贝奇有一位搞科学编年史的同事，同时也是他的赞助人，叫奥古斯塔·艾达·拜伦。她是拜伦勋爵的女儿，师从代数学家奥古斯塔斯·德·摩根，后来成为洛夫莱斯伯爵夫人。奥古斯塔·艾达·拜伦本身既是一名作家，又是一名业余数学家。因此，她能够通过文章和论文向受过高等教育的公众和英国贵族中的潜在赞助人解释巴贝奇的想法。此外，她还撰写了不少文章来介绍巴贝奇的分析机是如何解决高等数学问题的。因为奥古斯塔·艾达·拜伦所做的这些工作，许多人视她为世界上第一位计算机程序

查尔斯·巴贝奇　19 世纪数学家、发明家，早在计算机成功问世 100 年前就设计了一台"能将思维机械化"的机器。（资料来源：美国圣何塞计算机博物馆历史中心）

员。20 世纪 80 年代初，美国国防部用她的名字命名了 Ada 编程语言，以此肯定艾达在计算机编程方面的贡献。

玛丽·雪莱创作的《弗兰肯斯坦》引起了当时的公众对新技术的恐惧。因此，奥古斯塔·艾达·拜伦认为，最好能让自己的听众放心，巴贝奇的分析机并没有独立思考的能力。她向他们保证，这台机器本身不会思考，只能根据人的指令行事。其实，巴贝奇的分析机与真正的现代意义上的计算机十分类似，而"根据人的指令行事"这个概念实际上就相当于我们今天所说的计算机编程。

从巴贝奇的设计来看，分析机是一台体型巨大、噪声不小、昂贵无比、外观漂亮且因用了黄铜和钢铁制造而闪闪发光的大家伙。数字存储于由齿轮构成的暂存器上，而数字的加法和转存则通过凸轮和棘轮的运行来完成。根据设计，分析机可以存储 1000 个数字，每个数字最多 50 位数。内置存储器容量如今被称为机器的内存大小。按如今的标准来说，巴贝奇分析机的运行速度可以说是龟速——1 秒内都无法完成一个加法运算，但实际上它的内存比 20 世纪四五十年代的第一批可用的计算机以及 20 世纪 70 年代的早期微型计算机都要大。

尽管巴贝奇为分析机设计了 3 种详尽的方案，但他始终未能造出这台机器。他设计的差分机虽简单但也体现了他的雄心壮志，同样也未能造出。在他之后的 100 多年里，人们普遍认为，当时的机械制造技术无法造出这些机器所需的几千个精密零件。1991 年，伦敦科学博物馆负责计算的资深馆长多伦·斯沃德用巴贝奇时代拥有的技术、工艺和材料造出了巴贝奇的差分机。斯沃德的成功揭示了巴贝奇人生中具有讽刺意味的一面。早在别人做出同样尝试的 100 多年前，巴贝奇就已经成功设计出了一台计算机。他设计的机器实际上是能够运行的，而且在他的年代也是造得出来的。巴贝奇之所以无法实现自己的梦想，全是因为他无法筹集到足够的资金，而这又多半缘于他自己疏离于那些能提供资金的人。

奥古斯塔·艾达·拜伦，又称**洛夫莱斯伯爵夫人**（1815—1852） 推广了巴贝奇分析机，并为其编程，还预言像这样的机器未来能用于做复杂的事情，如创作音乐。（资料来源：约翰·默里出版公司）

如果巴贝奇能圆滑一些或奥古斯塔·艾达·拜伦更富有一些，恐怕就会有这么一台无比巨大的蒸汽计算机在狄更斯笔下的伦敦出现，帮助现实生活中的一些老吝啬鬼算账，也可能蒸汽计算机会与查尔斯·达尔文下一盘国际象棋。但正如玛丽·雪莱所预言的一样，要想制造出会思考的机器，关键是电力。

计算机将披着逻辑的嫁衣"嫁"给电力。

会计算的机器

美国逻辑学家查尔斯·皮尔斯通过讲授英国数学家乔治·布尔的著作，将符号逻辑学从大西洋彼岸带到了美国。在这个过程中，皮尔斯从根本上重新定义并极大丰富了布尔代数。布尔以无可争议的方式将逻辑与数学整合到了一起，而皮尔斯大概是19世纪中期最了解布尔代数的人了。

不仅如此，皮尔斯还有其他发现，他发现了逻辑与电力之间的联系。

到了19世纪80年代，皮尔斯发现，布尔代数可用于模拟电气开关电路。布尔逻辑的真/假完全映射了电流流经复杂电路中开/关的方式，换句话说，逻辑可以用电路来表示。这就意味着电力驱动的计算机和逻辑机是可以构造出来的。它们不只是小说家的空想，它们可能会实现，而且最终定会实现。

皮尔斯有一名叫艾伦·马昆德的学生，他在1885年还真的设计出了一台能够进行简单逻辑运算的电力逻辑机，但是还是没有造出来。皮尔斯用来解释如何模拟布尔代数的开关电路是计算机的一个基本组成部分。这个装置的独特之处在于能够管理信息，这一点和电流或机车完全不同。

机械开关为电回路所替代，使得计算设备的体积可以变得更小。事实上，第一台电力逻辑机是由本杰明·布拉克设计并制造出来的便携式装置，体积小到可以装进公文包中。这台制造于1936年的布拉克逻辑机可用于处理三段论形式的逻辑语句。譬如说，将"男人终有一死；苏格拉底是男人"编入机器，逻辑机可接受"苏格拉底终有一死"的推论，而拒绝"苏格拉底是女人"的推论。后者这类错误的推理会关闭回路并触发机器的警告灯，表示发生了逻辑错误。

布拉克逻辑机是一台功能有限的专用机器。然而，当时问世的大多数专用计算装置都是用来处理数字问题而不是处理逻辑问题的。早在皮尔斯还在研究逻辑与电力之间的联系时，赫曼·霍列瑞斯就在设计一台制表机，以进行1890年的美国人口普查的计算。

霍列瑞斯的公司最终被一家企业合并了，这家企业后来更名为国际商用机器公司（简称IBM）。到20世纪20年代末，IBM靠向企业售卖专用计算机器盈利，让这些企业能够将日常的数字计算工作自动化。但IBM的机器还不是计算机，也不是像布拉克逻辑机那样的机器。它们不过是被过分美化的大型计算器而已。

计算机的诞生

克劳德·香农在其麻省理工学院的博士论文中解释了如何利用电力开关电路模拟布尔逻辑（查尔斯·皮尔斯在 50 年前就曾预言过）。受到该论文的鼓舞，IBM 的高管于 20 世纪 30 年代同意斥资制造一台基于机电式继电器的大型计算机器。他们给了哈佛大学教授霍华德·艾肯一笔在当时颇为可观的经费——50 万美元，用以研制 Mark I，Mark I 是一台受巴贝奇分析机的启发而设计的计算装置。巴贝奇设计的是一个纯粹的机械装置，相比之下，Mark I 是一个电力机械装置，它以继电器为开关，继电器阵列则作为数字存储空间。这台机器运行时噪声非常大，继电器不停地开关，咔咔地响个不停。1944 年，

赫曼·霍列瑞斯　发明了世界上第一台大规模数据处理装置，并于 1890 年成功应用于美国人口普查。他是数据处理行业的鼻祖。（资料来源：IBM 档案）

Mark I 问世并受到广泛赞誉，人们都说科幻小说中的电子大脑终于成为现实。但是 IBM 的高管却高兴不起来，因为艾肯在为这台计算机揭幕时并未提及 IBM 的资助。IBM 为这笔投资感到懊悔。但原因还不止如此，在 Mark I 研制工作开始之前，其他方面的技术已取得了新的进展，这使得 Mark I 尚未问世就已然过时。

电力驱动正在为电子驱动让路。当其他人将蒸汽驱动的巴贝奇式机器换成电气继电器时，爱荷华州立大学的数学和物理学教授约翰·阿塔纳索夫看到了将电气继电器换成电子元件的可能性。在美国参加第二次世界大战前不久，阿塔纳索夫在克利福德·贝里的帮助下设计出了 ABC。ABC 是阿塔纳索夫 – 贝里计算机（Atanasoff-Berry Computer）的首字母缩写，这台设备的开关装置采用的不是继电器，而是真空管。

这个开关装置的更新换代是一次技术性飞跃。理论上说，以真空管为开关元件的机器运算起来比继电器机器更快速、更高效。但 ABC 和巴贝奇分析机一样，也未能问世，这也许是因为阿塔纳索夫所筹集的经费还不到 7000 美元，远不足以建造这台机器。不过，阿塔纳索夫和贝里确实组装出了一台简单的样机。他们用大量的电

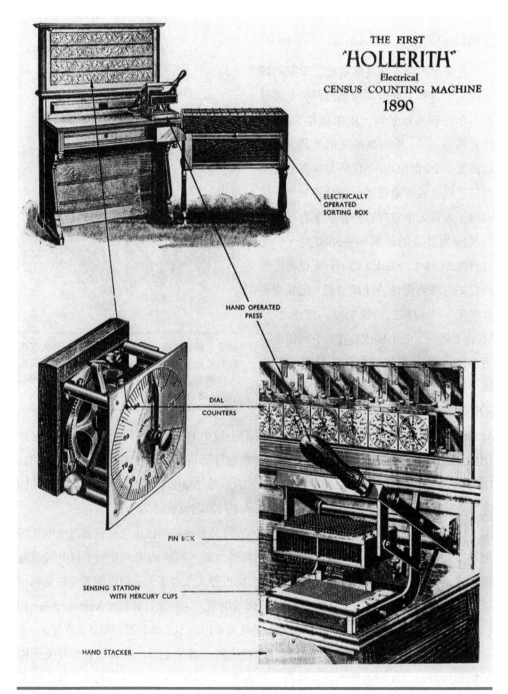

霍列瑞斯人口普查计算机器 为美国 1890 年的人口普查节省了一个数量级的时间。（资料来源：IBM 档案）

线和真空管拼出了一台粗糙的台式计算器。通过将真空管作为开关元件这一举措，阿塔纳索夫大大推动了计算机技术的发展。相较于继电器开关，真空管的高效使得计算机的面世成为现实。

托马斯·沃森 1914 年加入霍列瑞斯领先的数据处理公司，后将公司改名为 IBM。（资料来源：IBM 档案）

真空管是抽掉了空气的一种玻璃管。托马斯·爱迪生发现，电子在某些条件下能在真空中流动，而李·德·福里斯特利用"爱迪生效应"最终将真空管制成了电子开关。20 世纪 50 年代，真空管被广泛应用到电视机、计算机等电子设备中。现如今我们仍可以看到应用显像管的计算机显示器或电视机屏幕。

到 20 世纪 30 年代，计算机的诞生已经是顺理成章。计算机似乎也注定是价格昂贵的大块头专用设备。体积大、价格高的问题几十年后才得以解决，但打破单一用途这一点在当时就已提上日程。

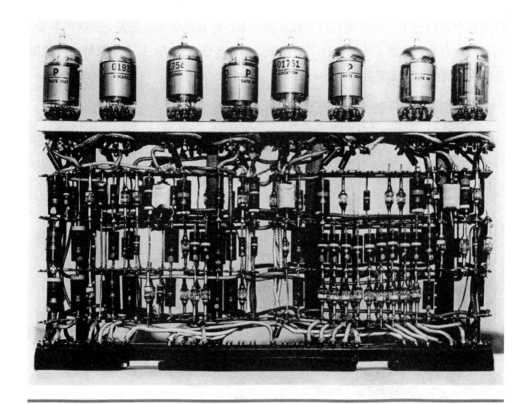

真空管 20 世纪 50 年代，计算机中到处都是真空管，如图中这台 IBM 701 处理器。（资料来源：IBM 档案）

英国数学家阿兰·图灵曾设想过这样一台机器，这台机器的目的只有一个，即读取某一可描述任务的编码指令，并根据指令自行完成任务。这个想法在当时可谓前所未闻。若一台机器真的能够完成指令描述的所有任务，那么它就是一台真正的通用设备。或许在图灵之前没有任何人有过如此宏大的想法。但在 10 年之内，图灵的想法就变成了现实。那些指令变成了程序，而图灵的设想在另一位数学家约翰·冯·诺伊曼的手中变成了一台通用计算机。

将计算机变成现实的大部分工作都是第二次世界大战期间在秘密实验室中进行的。图灵就是这样工作的。1943 年，美国费城莫尔电气工程学院的约翰·莫奇利和约翰·埃克特提出了一个关于计算机的想法。很快，他们就和美国军方开始合作研发电子数字积分计算机（Electronic Numerical Integrator and Computer，简称 ENIAC）。一旦成功，它将成为第一台全电子数字计算机。除了用于信息输入与输出的外围设备，ENIAC 就是一台纯粹的真空管机器。

发明 ENIAC 的功劳归谁向来是有争议的。ENIAC 可能是根据莫奇利与阿塔纳索夫会面后形成的想法设计出来的，但至少 ENIAC 是真实存在的。莫奇利和埃克特吸引了不少才华横溢的数学家加入 ENIAC 项目，其中包括聪明绝顶的约翰·冯·诺伊曼。冯·诺伊曼加入了 ENIAC 项目，并为建造 ENIAC 做出了许多贡献，他还为一台更加复杂的电子离散变量自动计算机（Electronic Discrete Variable Automatic Computer，简称 EDVAC）提供了基本设想。人们对冯·诺伊曼的贡献也报导很多。

约翰·莫奇利 ENIAC 的设计者之一，图为他在 1976 年的大西洋城电脑节上向早期个人计算机发烧友演讲。（资料来源：戴维·阿尔）

冯·诺伊曼将莫尔电气工程学院的重点从技术方面转移到了逻辑方面。在他看来，EDVAC 不仅仅是一台用来计算的设备。冯·诺伊曼觉得，除算术运算之外，EDVAC 应该还能进行逻辑运算，并能以代码符号进行运算，而且那些以代码符号进行运算和解释的指令本身也应该是编入机器的代码符号，并用以继续操作运算。这是现代计算机概念中最后一个根本性洞见。冯·诺伊曼规定 EDVAC 应该能根据指令来编写程序，而这些指令本身是作为数据输入计算机的，这为存储程序计算机创建了标准。

ENIAC 世界上第一台全电子数字计算机，于 1945 年 12 月问世。（资料来源：IBM 档案）

1945 年 5 月之后，冯·诺伊曼提出将 ENIAC 改为 EDVAC 那样的可编程计算机的方法，阿黛尔·戈尔斯坦编写了能让机器更易操作的语言（包含 55 种操作）。从那以后，再没有人以最初的操作模式来运行 ENIAC 了。

1946 年年初，ENIAC 开发完成，它的运行速度比继电式计算机快 1000 倍。但尽管是电子计算机，ENIAC 运行起来仍然咔咔作响。ENIAC 就是一屋子滴答作响的电传打字机、滋滋转的磁带驱动器以及满墙相对安静的电子线路板。ENIAC 有 20 000 个开关元件，重约 30 吨，耗电 150 千瓦。尽管功率很大，但任何时候 ENIAC 一次只能处理 20 个十进制数字。不过在完全制造完成之前，它就已经派上了大用场。1945 年，ENIAC 被用于美国新墨西哥州洛斯阿拉莫斯市原子弹测试的计算。

第二次世界大战结束之后，那些秘密实验室开始解密他们的工作成果和设计，由此出现了一个新兴产业。制造计算机立马成了一门生意，而且由于计算机这种设备本身的特点，这还是一个大产业。工程师莫奇利和埃克特刚刚走出 ENIAC 的成功光环，就帮助雷明顿打字机公司迅速转型为斯佩里通用自动计算机公司。随后的好几年里，Univac 这个词成了计算机的代名词，就像提到舒洁（Kleenex）大家就会想到面巾纸一样。但斯佩里公司也有一些强大的竞争对手。经历了 Mark I 项目的失望后，IBM 的高管们重新振作起来，着手制造通用计算机。两家公司形成了不同的运作风格。IBM 的员工都身着蓝色条纹西装，而斯佩里公司的大楼里则满是穿着运动鞋的年轻毕业生。不知是公司形象好还是商业能力强，没过多久，IBM 就从斯佩里手上抢到了行业领头羊的位置。

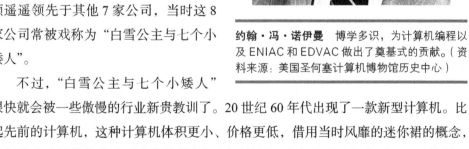

约翰·冯·诺伊曼　博学多识，为计算机编程以及 ENIAC 和 EDVAC 做出了奠基式的贡献。（资料来源：美国圣何塞计算机博物馆历史中心）

　　不久，大家用的多数计算机都是 IBM 制造的了，而且 IBM 的市场份额还在随着市场扩大而不断增加。其他的计算机公司也先后成立，一般都接受了曾在 IBM 或斯佩里受训的工程师的指导。位于明尼阿波利斯市的 CDC 公司脱离了 IBM，随后霍尼韦尔公司、宝来公司、通用电气公司、RCA 公司和 NCR 公司都纷纷开始生产计算机。不到 10 年的时间，这 8 家公司就称霸了羽翼渐丰的计算机市场。由于 IBM 的营业额遥遥领先于其他 7 家公司，当时这 8 家公司常被戏称为"白雪公主与七个小矮人"。

　　不过，"白雪公主与七个小矮人"很快就会被一些傲慢的行业新贵教训了。20 世纪 60 年代出现了一款新型计算机。比起先前的计算机，这种计算机体积更小、价格更低，借用当时风靡的迷你裙的概念，人们将这种计算机称为"迷你计算机"（小型机）。生产小型机的公司中，最值得一提的是波士顿的 DEC 公司和加州帕洛阿尔托的惠普公司。这些公司当时生产的计算机就是图灵和冯·诺伊曼所指的通用计算机，它们更小巧，更高效，功能也更强大。不久之后，计算机的核心技术取得了重大突破，这使得计算机在功能、效率和小型化几个方面取得了惊人的发展。

晶体管与集成电路

晶体管的发明意味着一个梦想的实现。

——欧内斯特·布朗和斯图尔特·麦克唐纳，《小型机的革命》作者

20世纪40年代，计算机的开关装置还在使用机械继电器，它那连续开合的声音就像货运列车那样咔咔作响。到20世纪50年代，真空管取代了机械继电器。但真空管在技术上走进了死胡同，它们不可能再小了，而且由于它们会发热，彼此之间必须间隔一定的距离。因此，早期的计算机都像患了象皮病一样，看起来臃肿无比。

到1960年，研究固态元件的物理学家为计算机世界引入了一种全新的器件。这种使人们将真空管弃之如敝屣的东西叫作晶体管。晶体管是一小片惰性晶体，具有有趣的电气特性，一面世即被视为一项革命性技术发明。其发明者约翰·巴丁、沃尔特·布拉顿和威廉·肖克利因为这项技术创新，于1956年获得诺贝尔物理学奖。

晶体管的意义绝不仅仅在于淘汰了另一项技术，它是量子物理学应用方面的一系列实验的结晶，最终将计算机从工程师和科学家专用的巨型计算机变成像电视机一样可以随意购买的商品。作为一项技术突破，它不仅使得20世纪60年代微型计算机得以面世，还促使20世纪70年代个人计算机革命得以爆发。

1947年圣诞节的前两天，巴丁和布拉顿完成了"20世纪的重大发明"。但要想理解那年冬天在美国新泽西州默里山问世的晶体管的真正意义，我们还得说到多年以前的研究。

晶体管的发明

20世纪40年代，约翰·巴丁和威廉·肖克利研究的是与晶体管风马牛不相及的领域。关于锗与硅等化学元素的晶体在电场中表现出来的行为，量子力学方面的实验得出了一些奇怪的预测（后来被证实）。这些晶体无法归为绝缘体或导体，于是它们被称半导体。半导体有一个让电气工程师欣喜若狂的特性——可使电流只朝一个方向流动而不朝另一个方向流动。电气工程师很快就利用了这一特性，他们用这种晶体的薄片对电流进行整流，使交流电变为直流电。被称作晶体管机的早期收音机是最早使用晶体整流器的商品。

晶体整流器是一件神奇的东西，虽然它只是一个没有任何活动部件的固态装置，却能做一些很有用的工作。然而，除了整流它什么也做不了。所以，另一种东西很快便几乎完全取代了晶体整流器。那就是李·德·福里斯特发明的三极管—— 一种让收音机大放异彩的真空管。三极管的用途比晶体整流器要多得多，它能放大通过的电流，还能利用较弱的次级电流改变从它的一极流向另一极的强电流。三极管的发明是电力与逻辑"联姻"过程中的重要一步，而这种以一种电流来改变另一种电流的能力，对 EDVAC 类计算机的设计至关重要。当时，有研究者认为，三极管的主要应用在于电话继电电路方面。

AT&T 公司的人开始关注三极管，尤其是那些在贝尔实验室工作的研究人员。威廉·肖克利当时就在贝尔实验室工作，致力于研究杂质对半导体晶体的影响。微量的杂质能提供在装置中输送电流所需的额外电子。肖克利说服了贝尔实验室，允许他组织一个团队来研究这项有趣的新发现。他的小组中有实验科学家沃尔特·布拉顿和理论家约翰·巴丁。这个小组在刚开始的一段时间没有取得任何进展。印第安纳州拉斐特的珀杜大学也在进行类似的研究，而贝尔实验室的这个研究小组也十分关注那里的工作进展。

后来巴丁发现，晶体表面的抑制作用会干扰电流的流动。布拉顿的一个实验证明了巴丁的发现是正确的。1947 年 12 月 23 日，晶体管（即三极管）诞生了。晶体管具备了真空管的全部功能，而且功能更强。它的尺寸更小、发热更少，而且不会烧坏。

集成电路

最重要的是，若干个晶体管的功能可以合并到一个半导体装置中。研究人员很快就着手制造这些复杂的半导体。因为这类装置将大量的晶体管集成为一种更复杂的电路，所以被称为集成电路。由于它们本身是一些轻薄的硅片，人们也称它们为晶片或芯片。

制造芯片是一个复杂且费用高昂的过程，很快就产生了一个专门制造芯片的完整产业链。最早开始生产商用芯片的是当时的电子器件公司，其中较早的一家创业公司是肖克利半导体公司，由肖克利于 1955 年在他的家乡加州帕洛阿尔托创办。肖克利的公司雇用了当时半导体领域中的许多佼佼者，其中有些人没在公司干多长时间。肖克利半导体公司后来又派生出仙童半导体公司，而硅谷就是以此发源的。

仙童半导体公司成立 10 年后，其离职员工几乎遍布所有的半导体公司。甚至像 20 世纪 60 年代进入半导体产业的摩托罗拉之类的大型电子元件公司，也雇用了不少曾在仙童工作过的工程师。除了 RCA 公司、摩托罗拉和德州仪器公司之外，大多数半导体公司都在圣克拉拉谷地，距离帕洛阿尔托的肖克利的公司不过一箭之遥。由于半导体芯片几乎都是硅片，圣克拉拉谷地很快便以"硅谷"之名闻名于世。半导体产业的发展速度惊人，半导体产品的尺寸和价格也以相同的速度下降。行业竞争异常激烈。

起初，除了军事和宇航工业，其他领域几乎都不需要高度复杂的集成电路。某些类型的集成电路则多用于大型计算机和微型计算机中。其中，最为重要的是内存芯片，即那些只要通电即可存储并保存数据的集成电路。内存芯片使半导体装置成为主流。

当时的内存芯片实现了几百个晶体管的功能。其他集成电路的设计目的不是将流经其中的数据保留下来，而是以某种方式修改这些数据，以便进行简单的算术或逻辑运算。到 20 世纪 70 年代初期，市场对电子计算器的疯狂需求促进了一种新型的、功能更强大的计算机芯片的诞生。

戈登·摩尔（左）与罗伯特·诺伊斯（右）共同创立了英特尔公司，英特尔后来成为计算机产业中半导体领域的佼佼者。（资料来源：英特尔公司）

"吹毛求疵"的群众

微处理器带领电子学迈进了一个新纪元。它正在改变我们社会的结构。

——**罗伯特·诺伊斯和马西安·霍夫，**
1981 年发表的《英特尔公司微处理器的发展史》一文

1969 年年初，硅谷半导体制造商英特尔公司受日本 Busicom 计算器公司委托，为其一系列计算器生产芯片。英特尔完全有资历完成此事：它是仙童半导体公司的衍生公司，其总裁罗伯特·诺伊斯曾为集成电路的发明贡献过力量。虽然英特尔开业不过数月，但它的发展速度如半导体产业一般迅猛。

数月前，一位名叫马西安·霍夫的工程师作为第 12 位雇员加入英特尔。当他开始接手 Busicom 公司委托的工作时，英特尔的雇员已经多达 200 名。霍夫刚从学校毕业不久。在取得博士学位之后，他继续在斯坦福大学电气工程系担任研究员。霍夫在那里研究了半导体内存芯片的设计，获得了几项专利，也因此进入了英特尔。

诺伊斯认为，英特尔应当只专注于生产半导体内存芯片，而不应该生产其他产品，所以他聘请了霍夫来给这类芯片设计用场。

但当 Busicom 公司委托英特尔生产计算器芯片时，诺伊斯改变了主意，他认为公司在开展内存芯片业务的同时，承接一些定制生意也是无伤大雅的。

马西安·霍夫　领导了英特尔第一个微处理器的设计工作。（资料来源：英特尔公司）

英特尔 4004 微处理器

霍夫被派去同日本工程师讨论 Busicom 公司的业务要求。第一次会谈很简短，因为霍夫当晚要飞去塔希提岛。塔希提之行让霍夫有时间仔细思考，当归来时，他对这个项目有了一些坚定的想法。

令霍夫尤其烦恼的是，Busicom 计算器的制造成本与一台小型计算机不相上下。当时，小型计算机已不算昂贵了，全美各地的研究实验室都在争相购买。在大学的心理学系或物理学系看到两三台小型计算机并不算什么稀奇事。

霍夫曾使用过 DEC 公司的 PDP-8，它的内部构造非常简单，是同类计算机中最小、最便宜的型号之一。霍夫发现，但凡 Busicom 计算器能做的，PDP-8 都能办到，而且 PDP-8 还具备其他功能，但二者造价几乎一样。霍夫认为，制造这种计算器完全有悖常理。

霍夫问英特尔的老板，为什么人们要花一台计算机的价钱来买一台仅有计算机很小一部分功能的计算器。这个问题暴露了霍夫的书呆子气和他对销售的天真无知。比起计算器，霍夫更愿意要一台计算机，所以他就想当然地认为其他人也和他一样。

销售人员耐心地向他解释，这个问题的关键在于产品的包装。如果用户只想做一些运算，他们根本不想开启计算机来运行计算器程序。再说了，当时的绝大多数人（甚至包括科学家）都对计算机望而却步。从启动开始，计算器由始至终就是一台计算器，而计算机则是一台功能不明的机器。

霍夫理解销售人员的意思，但仍然想不通在通用设备同样容易制造且价格也不贵的情况下，为什么还要生产专用设备。此外，霍夫认为设计为通用机器使用的芯片会让这个项目更有趣一些（对他而言）。于是，霍夫向日本工程师提出了一个大致以 PDP-8 为基础的改进型设计方案。

这个设计方案其实与 PDP-8 有很大不同。霍夫提出的方案是设计一组芯片，而不是一台计算机。但是其中的一款芯片从好几方面来说都至关重要。首先，这是一款高密度芯片。当时的芯片最多有 1000 种功能——相当于 1000 个晶体管，而这款芯片的功能至少多一倍。不仅如此，同任何集成电路一样，这款芯片也能接收输入信号，产生输出信号。不过，这类信号在简单的算术芯片中体现为数字，在逻辑芯片中体现为逻辑值（真／假），而在霍夫的芯片中，输入和输出信号构成了对集成电路的一系列指令。

一言以蔽之，霍夫的芯片能运行程序。客户要求他们生产的是计算器芯片，霍夫设计的却是集成电路 EDVAC 类型的机器——基于一块硅片运行的、真正的通用计算机设备，即在一块芯片上运行的计算机。虽然霍夫的设计很像一台简单的计算机，但它比计算机又少了一些关键部件，如存储器和供用户输入和输出的外围设备。霍夫设计的这类设备被称为微处理器。微处理器之所以是通用设备，原因就在于它的可编程性。

因为英特尔微处理器使用了存储程序的概念，所以计算器制造商可以让微处理器按照他们想要的任何种类的计算器那样运行。但这只是霍夫的想法。他断定这个想法可行，也坚信这么做是正确的，然而那帮日本工程师对此并不感兴趣。霍夫大失所望，跑去找诺伊斯诉苦。诺伊斯鼓励霍夫无论如何都要坚持下去。当芯片设计师斯坦·马泽尔离开仙童转投英特尔时，霍夫便和他一同开始了芯片的设计。

此时，霍夫和马泽尔实际上还没有生产出这种集成电路。设计专家还得将设计方案转换成二维的图纸，并将线路布局实现到硅晶芯片上。芯片开发的这些后续步骤是很费钱的，所以英特尔决定在与日本客户谈妥后再从逻辑设计阶段进入下一阶段。

1969 年 10 月，Busicom 公司的代表从日本飞来与英特尔讨论这一项目。日本工程师提出了他们的需求，霍夫则展示了自己和马泽尔的设计方案。尽管方案并不能完全满足需求，但经过商谈，Busicom 公司最终决定接受霍夫的芯片设计方案。这使得 Busicom 公司得到了该芯片的独家经销合同。这个交易对英特尔来说并不是十分理想，但他们至少推进了项目。

霍夫如释重负。他们将该芯片命名为 4004，这个数字代表一块芯片所能替代的晶体管的大概数目，同时也代表芯片的复杂程度。霍夫并不是唯一一个想到要在一块芯片上造出一台计算机的人，但他是第一个将此想法付诸实践的人。在项目期间，霍夫和马泽尔解决了大量的设计问题，使得微处理器的概念更为饱满。然而，计划与执行之间还有很大的距离。

莱斯利·维达斯是英特尔芯片设计组的负责人。他知道，要想实现芯片的设计就必须有费德里科·费金的加持。费金是维达斯以前在仙童的同事，在芯片设计方面很有天赋。费金早年在意大利还为 Olivetti 公司设计过一台计算机。但问题是，费金不是英特尔的雇员；更糟糕的是，他不能来英特尔工作，起码不能说来就来，因为费金持有的是美国的工作签证，不能换工作，否则会导致签证失效。费金最快也要次年春天才能到英特尔赴任。随着时间的流逝，Busicom 公司越发感到失望。

1970 年 4 月，费金终于来了，他立即受命完成 4004 芯片的设计。Busicom 公司的工程师嶋正利即将前来考察和审定最后的设计方案。费金火力全开，打算将芯片赶制出来。

遗憾的是，设计方案远远没有完成。当时，霍夫和马泽尔已经完成了芯片的指令集与整体设计，但必要的细节设计还没完成。嶋正利马上就明白了，所谓的"设计"还仅仅停留在创意阶段。嶋正利朝费金吼道："这还只是个想法，根本不是设计方案！我是来审定设计方案的，而你们根本没做出来！"

费金坦言自己初来乍到，必须先完成设计，然后才能开始实施制作计划。在马泽尔和嶋正利（将留美时间延长了 6 个月）的帮助下，费金每天工作 12～16 小时，用极短的时间完成了工作。因为他要做的这项工作并无先例，所以他唯有边干边发明新技术才能完成任务。1971 年 2 月，费金将可以运行的样机套件交付给 Busicom

公司，其中包括 4004 微处理器和计算器运行所需的另外 8 种芯片。费金成功了！

这也是一个突破。4004 微处理器的意义比它本身的功能重要得多。一方面，微处理器这种新玩意儿，只不过是半导体制造商多年来一直在制造的用于数学运算和逻辑运算的集成电路芯片的一种延伸，它只不过是将更多功能塞到一块芯片中而已；另一方面，微处理器的功能太多了，这些功能彼此之间紧密集成，以至于人们运行设备时还得学会一门简单的新语言。总而言之，4004 微处理器的指令集构成了一门编程语言。

费德里科·费金　英特尔公司微处理器的发明者之一，同时也是 Zilog 公司的创始人。（资料来源：费德里科·费金）

如今的微处理器结构比 1950 年时构成计算机的满屋子的线路板更为复杂，功能也更强大。霍夫在 1969 年设计的 4004 芯片，是迈向霍夫、诺伊斯和英特尔的管理层都难以预料到的未来的第一步。英特尔两年后推出的 8008 芯片则是至关重要的第二步。

英特尔 8008 微处理器

8008 微处理器是为当时的 CTC 公司（后改名为 Datapoint）研发的。CTC 公司有一台技术先进的计算机终端，想要用芯片给这台终端添加一些功能。

这一次，霍夫又提出了在现有产品基础上增加更多功能的方案。他主张用单个芯片作为控制电路，以便用一个集成电路替代计算机终端的所有内部电子器件。霍夫和费金之所以对 8008 项目感兴趣，部分原因是英特尔与 Busicom 公司签订的独家合同限制了 4004 芯片的推广。当时费金正在实验室从事电子测试仪的研究工作，他发现 4004 芯片是控制测试仪的理想工具，可惜 Busicom 公司的合同是一只拦路虎。

由于 4004 芯片只能由 Busicom 公司独家经销，霍夫便想，这款新的 8008 终端芯片或许可以推向市场并用于控制测试仪。4004 芯片尚有一些不足之处，它一次只能处理 4 个二进制数字，这意味着它连仅有一个字符长的数据都处理不了。而新的 8008 芯片则可以。虽然当时另一名工程师负责研发 8008 芯片，但费金很快就成了负责人。到 1972 年 3 月，英特尔已经开始生产能使用的 8008 芯片了。

然而，在这一切发生之前，CTC 公司的高管已经对这个项目失去了兴趣。此时英特尔发现，虽然它在 4004 芯片和 8008 芯片这两个高度复杂且造价昂贵的产品上投入了大量的时间和精力，却没有一个产品可以进入大众市场。随着计算器市场竞争的加剧，Busicom 公司要求英特尔降低 4004 芯片的价格，否则将中断履行合约。霍夫对诺伊斯说："看在上帝的分上，请务必帮我们争取到将这款芯片卖给别人的权利。"诺伊斯做到了。结果却出人意料，英特尔获得了这个权利，却不能行使。

对于将这类芯片销售给工程界这个主意，英特尔的市场部反应冷淡。英特尔成立的宗旨是生产内存芯片，这类芯片像刮胡刀那样既易用又畅销。而微处理器则需要用户学习如何使用，对英特尔这家年轻的公司来说，必然会面临大量客户支持问题。内存芯片则不会如此。

霍夫则不同意这种观点，他提出了他人从未想到的新的微处理器应用领域。比如说，升降机的控制器就能基于微处理器来做。而且，这种处理器能节约成本。如霍夫在 8008 芯片的设计方案中指出的一样，它可以取代大量的普通芯片。工程师可以想办法将这款微处理器加入到他们的产品设计中。反正霍夫自己肯定会这么干的。

霍夫的坚持终于有了成效，英特尔聘请了广告创意人瑞吉斯·麦肯纳在《电子新闻》1971 年的秋季刊上宣传了这款产品。那则广告是这么写的："集成电子产品新纪元：一块芯片上的微型可编程计算机。"芯片上的计算机？从技术上看，这则文案确实有点儿言过其实。但就在那个秋天，许多人在一个电子产品展会上看到 4004 的说明书时，这块芯片的可编程特性给他们留下了深刻的印象。从某种意义上说，麦肯纳的广告并没有说错：4004 芯片（8008 芯片更是）包含了计算机的基本决策能力。

为芯片编写程序

与此同时，德州仪器公司与 CTC 公司签订了合同，并且交付了一款微处理器。德州仪器公司和英特尔一样，紧盯着微处理器的市场。当时德州仪器公司的盖里·博恩刚为一个叫作"单片计算机"的东西申请了专利。这样一来就出现了三款微处理器鼎立的情景。

然而，英特尔的市场部对微处理器客户支持工作量巨大的担忧不无道理。比如说，用户需要芯片功能的说明文档、芯片能识别语言的说明文档、芯片使用的电压、发热情况和其他一系列问题的说明文档。总得有人来编写使用手册吧。英特尔将这一工作交给了一位名叫亚当·奥斯本的工程师，后来他在使计算机走向个人化方面做出了巨大贡献。

另一种重要的客户支持形式是微处理器软件。通用计算机或通用处理器的缺点在于，没有程序就什么也做不了。作为通用处理器，芯片需要程序，程序会给出指令让处理器运行起来。为了编写程序，英特尔首先为两款微处理器芯片分别装配了一台完整的计算机。这些计算机不是商用机器，而是专门用于开发的系统，即为处理器写程序的工具。这些计算机也可算是微型计算机，不过当时没有人使用这一叫法。

率先开发这类程序的人当中，有一位是距硅谷不远的加州太平洋丛林镇的海军研究生院的教授，名叫加里·基尔代尔。基尔代尔和奥斯本一样，也在个人计算机开发领域起到了重要作用。

加里·基尔代尔　为英特尔 4004 微处理器编写了第一门编程语言以及第一个控制程序，这个程序后来成为个人计算机领域中最常用的操作系统。（资料来源：汤姆·奥尼尔）

　　1972 年年末，基尔代尔就为 4004 处理器写过一门简单的语言。它基本上是个程序，能将神秘的命令翻译成更神秘的 1 和 0，它们构成了微处理器的内部指令集。虽说该程序是专为 4004 处理器编写的，但它实际上是在一台巨型的 IBM 360 型计算机上运行的。有了这个程序，用户可在 IBM 的键盘上输入各种命令，并生成可输出至4004 处理器的指令文件，当然，前提是有一台 4004 处理器与这台 IBM 360 型计算机联机。

　　要想将 4004 处理器和其他机器联机可不是一件容易的事。这需要将 4004 接入一块特制电路板上，而这块电路板本身需要与其他芯片或电传打字机之类的设备相连接。英特尔当时的开发系统就是为了解决这类问题而创建的。于是，基尔代尔被吸引到了配有这类开发系统的英特尔微机实验室。

　　最后，基尔代尔与英特尔签订了一份合约，承诺为该公司编写一门语言。与由微处理器指令集构成的低级机器语言相比，微型计算机编程语言（Programing Language for Microcomputers，简称 PL/M）算是高级编程语言。如果用户使用 PL/M

语言编写程序，那么这个程序可在 4004 处理器、8008 处理器或是英特尔未来可能生产的其他处理器上运行。这将加快编程速度。

但是编写这门语言并不是一蹴而就的任务。要想知道缘由，你需要先思考计算机语言的运作原理。

计算机语言是计算机能识别的一套命令集。实际上，计算机只能对编入其电路或刻在其芯片上的固定命令集做出反应。编写一门计算机语言，相当于编写一个将用户能理解的命令翻译成机器能够使用的命令的程序。

微处理器不仅体型微小，能够进行的逻辑操作也很有限。因为它们靠尽可能少的逻辑来工作，所以为它们编程很难。为这类机器设计任何编程语言都不容易，更遑论如 PL/M 这样的高级语言了。基尔代尔的一位朋友兼同事后来谈起他这一选择时说，基尔代尔当初选择这一语言主要是因为这种语言极难编写。正如他之前或之后的许多了不起的程序员和设计师一样，基尔代尔搞这类设计主要是为了挑战自己的才智。

话说回来，基尔代尔当时开发的最重要的软件其实比这门语言要简单得多。

CP/M

英特尔早期生产的微型计算机使用纸带来存储信息。因此，程序必须使计算机能自动控制纸带阅读器或打孔机，以电子方式接收通过纸带流入的数据，然后存储至内存并从内存中找出数据，接着将数据输出到纸带打孔机。计算机还要能操作内存中的数据，跟踪任意指定时间哪些位置可用、哪些位置已被占用。这需要大量的簿记工作。程序员不愿意在每次编写程序时都去考虑这些琐事，大型计算机则可以通过一个叫作操作系统的程序来处理这种任务。对于使用大型计算机语言编程的程序员来说，操作系统是必备的，因为它是机器运行方式的一部分，也是计算环境不可或缺的特性。

但基尔代尔开发的是个比较原始的东西，没有操作系统。如木匠建造自己的脚手架一样，基尔代尔为英特尔的机器编写了一个操作系统的要素。这个基本的操作系统必须非常高效而紧凑，以便供微处理器使用。碰巧基尔代尔就有这种能力和动力来玉成此事。后来，这种操作系统演变成了基尔代尔所谓的微型计算机控制程序（Control Program for Microcomputers，简称 CP/M）。当基尔代尔问英特尔高层是否反对他自行销售 CP/M 时，英特尔高层耸了耸肩表示随他自己。他们并没有计划要由公司来销售这一产品。

基尔代尔因此发了大财，也推动了一个行业的诞生。

英特尔像是驶入了一片未知海域，制造微处理器已经超出了英特尔的经营范围。虽然英特尔并没有打算从这一领域抽身而退，但已有强烈的反对声要求公司不要再背离初心。人们确实已经开始谈论基于微处理器设计机器这件事，甚至已经谈到要将微处理器作为小型计算机的主要部件。但是，微处理器控制的计算机的销售前景似乎十分有限。

腕表！

诺伊斯认为，微处理器的主要市场很可能是用于制造腕表。英特尔的高层讨论过微处理器其他可能的应用领域，比如，用微处理器控制烤炉、立体声收音机和汽车等。但这些产品都是由英特尔的客户来生产的，英特尔只出售芯片。英特尔内部强烈反对与自己的客户竞争。

这非常合理。1972 年的英特尔拥有一个令人振奋的工作环境。公司高层认为英特尔已是世人瞩目的创意中心，而微处理器工业不久将改变世界。在基尔代尔和英特尔内存芯片销售经理麦克·马库拉以及其他一些人看来，具有创新意识的微处理器设计者就应当在半导体公司工作。他们决定钻研硅片逻辑这一领域，而将制造计算机或其他设备及编写程序的工作交给了大型计算机公司和小型计算机公司。

然而，小型计算机公司未能接受这一挑战。于是马库拉、基尔代尔和奥斯本改了主意，决定还是在芯片这一领域走到底。在接下来的 10 年里，他们各自创立了价值数百万美元的个人计算机公司或个人计算机软件公司。

从小型计算机到微型计算机

我们（DEC 公司）原本可以在 1975 年 1 月推出一款个人计算机。如果当时我们能够拿下那台样机的话（绝大多数部件都被证实是可行的），那么 PDP-8 A 型计算机就能在七八个月内开发完毕并投产。

——戴维·阿尔，前 DEC 公司员工、早期计算机杂志《创意计算》创办人

1970 年以前，市场上有两种不同的计算机，并由两种不同类型的公司负责销售。房间般大小的大型计算机是由 IBM、CDC、霍尼韦尔及其他规模小些的公司制造的。

这些机器由整整一个时代的工程师参与设计，花费几十万美元，而且常常是根据客户的需求一个个建造的。

小型计算机则是由 DEC、惠普等公司制造的。这些计算机的价格相对低廉，体型也相对较小，产量比大型机要多，主要的销售对象是科研实验室和企业。一台标准的小型计算机的售价只是大型计算机的 1/10，体积不过是一个书柜大小。

小型计算机利用半导体装置缩小了机器的尺寸。大型计算机也使用半导体部件，但是一般不是为了缩小尺寸，而是为了使机器的功能更强大。例如，英特尔的 4004 芯片这样的半导体材料已经开始用于控制打印机和纸带机等外围设备，但是众所周知的是，芯片能用于缩小计算机尺寸，降低成本。在将计算机普及到人手一台这一方面，那些大型计算机和小型计算机公司可以说是要钱有钱，要技术有技术，要机会也是一抓一大把。完全可以想见，随着计算机不断向小型化方向发展，最终会出现那种能放在办公桌上、公文包中或是装在衬衣口袋里的个人计算机。20 世纪 60 年代末和 70 年代初，想要推出这类计算机，大型计算机和小型计算机界的主流公司似乎都是最合理的候选者。

计算机显然是朝着这个方向发展的。早在 20 世纪 30 年代，当本杰明·布拉克在研制逻辑机时，就已经有人开始制造具有计算机功能的台式机和公文包大小的机器了。计算机公司的工程师和半导体公司的设计师都看出了计算机元件的发展趋势，那就是随着时间的流逝，元件的价格会越来越低廉、速度会越来越快、体积会越来越小。这表明，势必会有小尺寸的个人计算机问世，而且很可能由一家经营小型计算机的公司推出。

这听起来是顺理成章的，但事实并非如此。当时所有的计算机公司都没有抓住机会，没能将计算机送到每家每户和每张办公桌上。而下一代计算机，即微型计算机，完全是由那些不在名企之列的独立企业家创造出来的。

这并不是说，那些大公司的决策者从未有过创造个人计算机的念头。在一些公司，心切的工程师提出过制造微型计算机的详尽方案，甚至拿出了能工作的样机，但这些方案都遭到了否决，样机也被束之高阁。实际上，有些公司还着手开展了个人计算机项目，但这些项目最终都胎死腹中。

显然，大型计算机公司认为低成本的个人计算机并没有市场，而且即便有，那也将由小型计算机公司开发。然而他们想错了。

小型计算机公司并没有这样做。就拿惠普来说吧，这是一家在硅谷发展起来的公司，生产的产品从大型计算机到袖珍计算器应有尽有。惠普的高级工程师研究了一名雇员的一项设计，但最终拒绝采用。高级工程师承认这名普通工程师的设计可行且造价便宜，但惠普不是生产这种机器的公司。这名没有学位的工程师叫史蒂夫·沃兹尼亚克，他后来离开了惠普，在一家起步于车库、名为苹果的创业公司制造出了自己的计算机。

同样，20 世纪 60 年代初曾供职于明尼阿波利斯市 CDC 公司的罗伯特·阿尔布莱特，也因雇主不愿考虑个人计算机市场而愤然辞职。离开 CDC 公司后，他搬到了旧金山湾区，并成为一名计算机专家。阿尔布莱特喜欢探究如何将计算机作为教学辅助工具，于是他出版了第一份个人计算机刊物，传播个人学习和使用计算机知识的方式。

DEC 公司

DEC 公司是未能成功开发个人计算机这项新技术的大公司的代表。DEC 公司是第一家，同时也是最大的一家小型计算机公司，到 1974 年时它的年均销售额近 10 亿美元。当时一些最精巧的计算机就是 DEC 公司推出的。曾启发马西安·霍夫设计出 4004 芯片的 PDP-8 可以说是当时最接近个人计算机的设备了。PDP-8 有一款特别小，销售人员甚至能将它放到车的后备箱，运到客户处再安装使用。从这方面来看，可以说它是最早的便携式计算机之一了。DEC 公司本可以成为第一家创造个人计算机的公司，却未能抓住这个机会。这在某种程度上反映了 20 世纪 70 年代初期计算机公司董事会成员的保守观念。

对戴维·阿尔来说，故事要从 1969 年他被聘为 DEC 公司的销售顾问时说起。当时，他已获得电气工程和工商管理学学位，并即将完成教育心理学博士课程。阿尔加入 DEC 公司后参与了教学产品线的研发，这是 DEC 公司首次以潜在用户群而非硬件为导向而开辟的产品线。

戴维·阿尔 1974年离开了DEC公司，并创立了《创意计算》杂志，普及了个人计算机。（资料来源：戴维·阿尔）

4年后，为了应对1973年的经济大萧条，DEC公司削减了教育产品的开发投入。阿尔对此提出抗议并因此被解雇。之后他又被DEC公司重新雇用，负责开发新硬件。阿尔很快就完全投入到当时最小的一款计算机的研发工作中。阿尔所在的团队当时还不知道该给这台机器取个什么名字，不过，若是造出来，它肯定算得上个人计算机了。

阿尔的兴趣越来越浓厚，他已不再能容忍DEC公司的保守作风。DEC公司视计算机为一种工业产品。阿尔后来回忆说："在他们看来，计算机就如同一块生铁。他们只对卖铁感兴趣！"阿尔在DEC公司教育产品部门工作时，曾编写过一份定期刊登计算机游戏教程的通信刊物。后来，他说服公司出版了他汇编的《BASIC计算机游戏集》（*Basic Computer Games*）。阿尔开始将计算机视作独立的教学工具，而游戏顺理成章地成为其中的一部分。

BASIC 计算机游戏 戴维·阿尔的《BASIC 计算机游戏集》一书被翻译为 8 种语言，销量超过 100 万册，在 20 世纪 70 年代末为普及个人计算机做出了巨大贡献。（资料来源：戴维·阿尔）

DEC 公司的主旨并不是向个人销售计算机，但是阿尔在 DEC 教育产品部门工作时便已对个人计算机的潜在市场有了一定的了解。该部门时不时会收到医生、工程师或其他专业人士的求助，希望可以用计算机来管理自己的工作实务。当时，DEC 公司的一些机器对这些专业人士来说算是便宜的了，但该公司并不打算满足这类需求。向个人出售计算机，与向那些雇用得起工程师和程序员做维护工作、负担得起 DEC 公司的技术支持的机构出售计算机，是有很大区别的。而 DEC 公司此刻还未准备好为个人客户提供技术支持。

阿尔工作的团队打算让新产品为计算机开辟像学校这样的新市场。尽管高昂的价格仍使得多数家庭对个人计算机不敢问津，阿尔却看到了学校作为桥梁的潜力——学校能将计算机送到个人手上，尤其是学生手上。机器可以批量地卖给学校，然后由学生使用。阿尔认为，专营业余发烧友电子设备的 Heathkit 公司可能会愿意做 DEC 小型计算机的组装机，这样价格还能降得更低。

新的计算机被装配成了一台 DEC 终端设备，显示管的底座上插满了密布半导体装置的电路板。设计者将这台终端设备中的每一寸空间都铺满了电子元件。这台计算机虽然重，但比电视还要小。阿尔并没有参与设计这台机器，但他像爱护自己的孩子一样爱护这台机器。在 DEC 运营委员会的一次会议上，阿尔提出了个人计算机的销售方案。

当时在场的有业内公认的最明智的高管、DEC 总裁肯尼斯·奥尔森，还有几位副总裁和若干外来投资者。阿尔后来回忆道，董事们个个彬彬有礼，但都对这个项目表现得不太热情，唯有工程师看起来很感兴趣。经过了几番冷场，奥尔森开口表示，他想不出谁会想在自己家中弄一台计算机。阿尔像泄了气的皮球。虽然董事会并没有正式驳回他的销售方案，但他清楚地知道，奥尔森若不支持，什么都是白搭。

阿尔沮丧到了极点。先前他就常接到猎头公司寻聘高层人员的电话，他决定，再有猎头找他，他就接受。于是，他像沃兹尼亚克、阿尔布莱特和许多其他人一样，走出了公司大门，投身到革命的浪潮中。

两位年轻的黑客

整整一年半的时间里（九年级的期末和十年级一整年），我发誓不再碰计算机。我尽量像正常人那样生活。

——比尔·盖茨，微软公司创始人

假如个人计算机革命坐等大型计算机和小型计算机公司采取行动再进行，只怕个人计算机猴年马月才能面世。好在有些人不愿坐等下去，自己行动了起来，他们引爆了这场革命。值得注目的是，这些革命者中有些特别年轻。

20 世纪 60 年代，在戴维·阿尔对 DEC 公司彻底失去耐心前，保罗·艾伦和他在西雅图私立湖畔中学的一帮同学正在一家叫作 C 立方的公司工作。这帮少年志愿费时费力来帮 C 立方公司找出 DEC 公司操作系统的 bug。他们学得特别快，并且开始变得有点儿自大。他们很快就开始自己鼓捣系统，以使其运行得更快。比尔·盖茨还开始批评起 DEC 公司的一些程序员来了，尤其是那些重复犯错的程序员。

入侵计算机系统

也许比尔·盖茨自大过头了。能控制那些巨型计算机让他有了成就感，这让他欣喜若狂。一天，盖茨开始在计算机安全系统上小试牛刀。在分时计算机系统上（如盖茨熟知的 DEC 公司的 TOPS-10 系统），终端设备一般都连接到锁在机房里的大型计算机或小型计算机，多个用户不但能共用一台机器，而且能同时使用这台机器。所以，这类系统必须设置安全屏障，以防止用户入侵其他用户的数据文件或导致程序崩溃（即导致程序失效或终止运行），甚至造成操作系统崩溃从而使整个计算机系统停机。

盖茨学会了如何入侵 TOPS-10 系统，后来还学会了入侵其他系统，成了一名黑客，一名暗中破坏计算机系统安全的行家。盖茨长着一张娃娃脸，活泼热情，谁能料到他竟是一个这样聪明果敢的年轻人，只消敲打 14 个字符便可以叫整个 TOPS-10 系统唯命是从。

盖茨成了电子恶作剧大师。计算机入侵行为使得盖茨在圈内出了名，但也给他带来了痛苦。当知道自己能轻而易举地让 DEC 操作系统崩溃时，他便开始寻求更大的刺激。DEC 的系统没有操作员进行管理控制，所以入侵后不会有人注意到，也不会发出警报。但在其他的系统中，操作员会不间断地对计算机活动进行监测。

例如，CDC 公司有一个叫作 Cybernet 的美国全国性计算机网络，他们声称这个网络在任何时候都是安全可靠的。在盖茨看来，这无疑是一封挑战书。

华盛顿大学的一台 CDC 计算机便是与 Cybernet 网络相连接的。于是盖茨开始研究 CDC 公司的机器和软件，他研究起 Cybernet 的说明书就像准备期末考试那样认真。

"这是一些外围处理器，"他向保罗·艾伦解释道，"要将系统玩弄于鼓掌之中，只消控制其中一个外围处理器，就能控制整台主机。这样就可以慢慢入侵整个系统了。"

盖茨简直像一只工蜂去入侵 CDC 的蜂房。主机操作人员观察到了盖茨控制的外围处理器的活动，但这些活动只是以电子信息的形式传送到了操作人员的终端上。后来，盖茨学会了控制外围处理器传送出全部信息。他希望在他破开系统大门时，操作人员不会看到任何异常现象。

他的方法奏效了。

盖茨控制了一台外围处理器，并钻进了主机，绕过了操作人员的监测，且完全没有引起任何怀疑，最后他在整个系统的所有成员计算机上植入了一个相同的"特殊程序"。盖茨的这一小动作使得所有计算机都崩溃了。

盖茨乐不可支，但 CDC 公司乐不出来了。盖茨做得并未如自己想象的那样天衣无缝，令人无迹可寻。CDC 公司逮住了他，狠狠地训了他一顿。盖茨出了丑，发誓再也不搞计算机了，而且真的坚持了一年多的时间。

撇开其危害性不说，入侵计算机系统算是技术领域亚文化中的一种高端艺术，是技术天才的行为。几年后，当盖茨想要证明自己的资历时，他并没有展示自己编写的几个出色的程序，而是说"我曾经使 CDC 的系统崩溃"。这么一说，人们便都知道他有多厉害了。

BASIC

英特尔的 8008 微处理器问世后，保罗·艾伦便准备利用它来鼓捣个什么东西出来。他说服盖茨东山再起。艾伦搞到一本 8008 微处理器使用手册，告诉盖茨："我们应当为 8008 处理器编写 BASIC。"

BASIC 是一门简单而高级的编程语言，在过去的 10 年中常为小型计算机所采用。艾伦建议盖茨一起编写一个 BASIC 解释程序，即一个将 BASIC 输入语句翻译成 8008 微处理器指令的程序。这样一来，任何人都能通过用 BASIC 编写程序来控制 8008 微处理器了。这一设想确实很有吸引力，因为在艾伦看来，直接通过指令集来控制芯片是一个极其艰难的过程。

不过，盖茨对此表示质疑。8008 是第一款 8 位微处理器，具有很大的局限性。

盖茨对艾伦说："这东西是为计算器而造的。"不过他的这个说法并不准确。但盖茨最终还是决定搭把手一起干，他拿出 360 美元买了一台 8008 微处理器。他觉得这玩意儿不会有人买，所以他认为这是第一台通过经销商卖出去的机器。后来，他们编写 BASIC 的计划不知怎么就走偏了：他们找到了第三个狂热者——保罗·吉尔伯特来帮忙设计硬件，最终他们基于 8008 微处理器造出了一台机器。

这几个年轻人造的机器还远不能称为计算机，但它也已经足够复杂，结果他们暂时搁置了 BASIC 的编写计划。他们在公路上的橡皮管子上安装了个传感器收集数据，用设计的这台机器来生成交通流量统计数据。他们认为这样的设备会有可观的市场需求。艾伦编写了一个开发软件，用于在计算机上模拟他们机器的操作情况，而盖茨可以在计算机上利用这个开发软件来编写机器实际需要的数据记录软件。

Traf-O-Data

盖茨、艾伦和吉尔伯特花了将近一年的时间才让这台交通数据分析机器运转起来。1972 年，当终于干成这件事时，他们成立了一家名叫 Traf-O-Data 的公司。每每提及此事，艾伦总会立刻指出，公司的名字是盖茨的主意。他们开始向城市工程师推销自己的新产品。

Traf-O-Data 公司并没有像期望的那样取得巨大成功。也许是因为有些工程师不屑于从小孩子手中买计算机设备吧。负责绝大多数洽谈工作的盖茨当时不过 16 岁，而且看起来还不像 16 岁。同时，华盛顿州开始向各郡市的交通管制人员无偿地提供交通数据处理服务，艾伦和盖茨意识到，他们是在和一个免费服务竞争。

这次创业失败之后，艾伦便去上大学了，盖茨一时间无所适从。此时，华盛顿州温哥华市一家生产软件产品的大公司 TRW 听说了盖茨和艾伦为 C 立方公司所做的工作，便邀请他们加入一个软件开发小组。

对两个学生来说，年薪 3 万美元的工作是不能错过的。艾伦从大学回来了，盖茨也从高中请了假，两人一起去 TRW 公司工作了。在一年半的时间里，他们过的是发烧友梦寐以求的生活。他们在那里学到的东西比在 C 立方公司和 Traf-O-Data 公司学到的都要多。程序员对自己苦心孤诣获得的知识都会有所保留，但盖茨却懂得如何利用自己的年少来赢得 TRW 公司中年长专家的欢心，让他们倾囊相授。正如盖茨自己所说，他们认为自己"不具威胁性"，毕竟他只是个孩子。

这份工作还给盖茨和艾伦带来了可观的经济收入。盖茨买了一艘快艇，他们俩常去附近的湖中滑水。但在他们俩看来，编程工作带来的回报远不止银行存款越来越多这一点。显然，他们对这份工作上了瘾。在 C 立方公司，哪怕不挣钱他们也总是工作到深夜；在 TRW 公司，他们更加干劲十足。清晰精确的计算机逻辑和编程精神，深深地吸引着他们。

　　虽然他们在 TRW 公司搞的项目最终失败了，但对这两名黑客来说，那是十分可贵的经历。后来，盖茨去了哈佛大学，艾伦加入了霍尼韦尔公司。一直到 1974 年的圣诞节，两人再次痴狂于计算机事业，而这一次他们再也无法自拔。

毫无疑问，爱德华·罗伯茨开创了微型计算机产业。

——马克·张伯伦，MITS 公司员工

第 2 章

Altair 之旅

个人计算机革命开始于一家在车库创业的公司，但不是众所周知的那家车库和那个公司。20 世纪 70 年代初期，工程师和电子学发烧友都想要拥有一台自己的计算机，这种念头就像香槟酒瓶中的一股气，顶着瓶塞呼之欲出。当爱德华·罗伯茨和他那个几乎已经没有任何希望的 MITS 公司"啪"一声顶开软木塞时，狂欢开始了。MITS 公司开创了一个完整的个人计算机产业链，从商店、出版物、展会、用户群、软件盗版到关于开放标准与封闭标准的辩论，一应俱全。实际上，MITS 公司中发生的一切就是个人计算机史的缩影。比尔·盖茨曾评论 MITS 公司道："每个好主意都只实现了一半。"

所罗门大叔的孩子们

爱德华·罗伯茨？第一台个人计算机的问世应归功于他。但是，莱斯利·所罗门也应该因报道爱德华·罗伯茨的事迹而广受赞誉。

——查克·佩德尔，计算机设计师

比尔·盖茨、保罗·艾伦和其他计算机发烧友通过《大众电子学》和《无线电电子学》这类专门写给电子学发烧友的杂志来了解最新的技术发展动态。20 世纪 70

年代初，盖茨和艾伦在这些杂志上读到的信息，让他们既激动又沮丧。这些杂志的大部分读者都对计算机有些了解，有些读者甚至还懂的特别多，他们每个人现在都想要拥有一台属于自己的计算机。阅读《大众电子学》及《无线电电子学》的计算机发烧友们很有见地，他们清楚地知道自己想要什么样的计算机，不想要什么样的计算机。

这些发烧友最想要的是能够掌控的计算机，而不仅仅是使用它。他们很讨厌排队才能用上计算机或者玩上喜欢的游戏。他们希望能随时访问自己在计算机上创建的文档，哪怕是在出差中也不受影响。他们还想在闲暇时玩玩游戏，而不必担心有人催自己回去工作。一言以蔽之，这些发烧友想要的是一台个人计算机。但是，在20世纪70年代初期，拥有一台个人计算机只是一个荒诞的梦想。

人手一台计算机

1973年9月，终于有人在实现个人计算机这一梦想的道路上迈出了一大步。当时，《无线电电子学》刊登了一篇唐·兰卡斯特撰写的有关"电视打字机"的文章。兰卡斯特为一些电子杂志写过不少文章，后来他将自己的这个突破性想法出版成书。兰卡斯特提出的电视打字机的用途无异于幻想。

"显然，电视打字机是一种计算机终端，可用于分时服务、学校和实验室。它是一台供业余发烧友使用的无线电电传打字机终端。如果结合适当的服务，它还可以显示新闻、股票行情、时间信息和天气预报等。它能帮助失聪者传达信息。它是一台教学机器，对学龄前儿童学习字母表和单词特别有用。它还能作为教学玩具，让孩子摆弄上几个小时也不厌烦。"

然而，尽管兰卡斯特的想象力很丰富，电视打字机也不过是一个终端，一台与大型计算机连接的I/O设备。但是，它并不是发烧友迫切想要拥有的个人计算机。

在兰卡斯特的文章发表之时，《大众电子学》的技术编辑莱斯利·所罗门正在积极地为他的杂志搜罗计算机方面的文章。所罗门和主编亚瑟·萨尔斯伯格想刊登一篇关于在家自制计算机的文章。虽然不知道这事儿是不是有可能，但感觉应该靠谱。他们没有想到的是，竞争对手《无线电电子学》已经在准备刊登一篇同样主题的文章。

所罗门认为，如果真有人能设计出可在家自制的计算机，那么很可能出自他那帮小伙伴之手。他们是《大众电子学》杂志的投稿人，既年轻又有技术头脑，比如斯坦福大学的研究生哈里·加兰德和罗杰·梅伦，以及福里斯特·米姆斯和爱德华·罗伯茨。

《大众电子学》收到了一些设计方案，不过都不是出自这几位青年才俊之手，所罗门和萨尔斯伯格也觉得这些方案没什么特色。所罗门认为，这些设计都是"用电线瞎拼凑起来的老鼠窝"，萨尔斯伯格也认为这都是一些"糟糕透顶的设计，不过是锡铁玩具，胡乱装配的东西罢了"。所罗门想要的是一个靠谱的设计，一个能让他笔下生花的设计方案。于是他鼓励那些年轻人放开胆子去设计，向他提交最好的方案，而他们也认真对待了所罗门的要求。

亚瑟·萨尔斯伯格和莱斯利·所罗门　《大众电子学》主编萨尔斯伯格（左）和技术编辑莱斯利·所罗门（右）与具有划时代意义的 1975 年 1 月刊的合影（封面为 Altair）。（资料来源：保罗·弗赖伯格）

所罗门是个有趣又热情的编辑，具有纽约人的诙谐和智慧，那帮小伙伴亲切地称他为"所罗门大叔"。他和这帮小伙伴很亲近，常常会打电话与他们畅谈，而且一有空就会到他们的实验室或工作间去看望他们。所罗门常讲一些奇闻轶事，还给他们表演空中飞石桌之类的魔术。所罗门大叔令那些小伙伴们着迷的一个原因是，他们常常要搞清楚他说的哪句是真话、哪些是胡扯的。但有一点是可以肯定的，那就是所罗门大叔在给杂志搜罗最佳素材这件事上是极其认真的。

所罗门经常给这些年轻人出主意。当加兰德和梅伦提交了一个设计方案时，所罗门告诉他们，他们需要找一个经销商。于是所罗门为他们引见了位于阿尔伯克基的 MITS 公司的总裁爱德华·罗伯茨。

引爆革命的人

所罗门此前曾见过爱德华·罗伯茨。与妻子在阿尔伯克基度假期间，所罗门以《大众电子学》编辑的身份顺道去看望了投稿人福里斯特·米姆斯。米姆斯立马喜欢上了所罗门大叔，并带他去见了自己的商业伙伴爱德华·罗伯茨。所罗门和罗伯茨也一见如故。对个人计算机的发展史来说，这次会面具有重大意义。

和所罗门一样，罗伯茨也很喜欢鼓捣电子玩意儿。他在迈阿密度过了自己的童年，从那时起他就喜欢摆弄电子器件。罗伯茨在十几岁时就曾成功地组装过一个比较粗糙的继电式计算机。他本想成为一名医生，但为了学到更多电子学的知识，他决定到空军服役。1968 年，在罗伯茨驻扎阿尔伯克基时，他和米姆斯以及另外两名空军军官在罗伯茨家的车库合伙办了一个小小的电子公司。他们管公司叫作"微型仪器遥感系统公司"（Micro Instrumentation Telemetry Systems，简称 MITS），然后就在车库里邮售起供模型飞机使用的无线发报机。

罗伯茨很快决定扩展公司的生产范围，打算生产其他产品。MITS 公司有段时间生产并出售一种供工程师使用的数字示波器。但罗伯茨还想甩开膀子大干一番，他想尝试的是走在科技最前沿的那种大冒险。罗伯茨的三个合作伙伴否决了他的某些狂想，所以他就把他们的股份都买了下来。1969 年，罗伯茨成为 MITS 公司的唯一掌权人，而他恰恰乐于如此。

罗伯茨仪表堂堂，颇有威严，在空军服役时习惯了对属下发号施令。他以铁腕作风管理公司，不能容忍员工胡闹。不管从哪方面看，MITS 公司都是罗伯茨的公司。到 1970 年，MITS 公司从车库搬入了新的办公地点，这个地方原先是一家叫作"美味三明治店"的餐厅。他们搬进来后，餐馆的招牌还在门上一直挂着。罗伯茨在那里制造起了计算器。

20 世纪 70 年代早期是"一入计算器市场深似海"的年代。1969 年，当英特尔签下日本 Busicom 公司的计算器芯片生产合同时，制造及销售计算器的成本已经要赶上制造及销售低端小型计算机的成本了。到 20 世纪 70 年代早期，半导体技术的横空出世颠覆了计算器市场，罗伯茨觉得应当将一些电子元件和基于一些英特尔芯片制造的壳拼装起来，再以大大低于 Busicom 计算器售价的价格销售到市场上。

相对于制造及销售传统计算器，罗伯茨真正想做的是生产可编程的计算器，并以未装配成套的组件形式出售。这野心说大不大，说小也不小。这对于电子学业余发烧友杂志来说是一款理想的产品。于是罗伯茨在杂志上公布了这一产品。

在一段时间内，这套计算器组件在发烧友的圈子中十分畅销。因此，罗伯茨下定决心将 MITS 公司的大量资金和开发力量都投入到商用掌上计算器。事实证明，这一决策是灾难性的，非常不合时宜。

在计算器市场被干掉

1974 年，半导体技术应用的两个浪潮达到了关键的阶段，并且创造出了诞生微型计算机的大气候。一个浪潮是半导体公司开始生产和销售他们自己技术的应用产品，尤其是计算器。这个趋势直接相悖于英特尔总裁罗伯特·诺伊斯关于芯片制造商不应与自家客户抢市场的主张。因为早期诞生的微处理器芯片还比较粗糙，所以此时就产生了第二个浪潮，这些芯片被持续打磨成更优秀、更强大的产品。

第一个浪潮将 MITS 公司冲到了破产的边缘，而第二个浪潮又将它冲了回来。

20 世纪 70 年代早期，半导体厂家被满是硝烟的技术战和价格战冲得晕头转向。他们注意到自家客户的利润比自己的利润还多出一大截。比如说，从多伦多搬到硅谷的加拿大 Commodore 公司就在销售用德州仪器公司的芯片组装成的计算器，并靠着德州仪器公司这款装在塑料外壳中的芯片赚了大钱。

当时市场对计算器的需求量似乎是无限的，只要满足这一需求就可获得巨大利润。1972 年，德州仪器公司也加入了计算器制造的大军，其他半导体厂商也纷纷效仿。用半导体设计师查克·佩德尔的话说："这些厂商一进来就把每个人撕成了碎片。"德州仪器公司对这一产业的进攻颇有你死我活的意味：它对市场发动了猛烈的攻击，直接将其他公司的价格拉了下来。

计算器体积变小了，但功能更强大了，价格急剧下降，利润也随之大幅减少。1974 年的经济衰退影响了很多公司，这一年对计算器工业来说不是一个好年景。据当时供职于摩托罗拉微处理器设计部门的佩德尔回忆："那一年整个市场一片哀嚎。

供应量开始赶上需求量，每个搞计算器生意的人都在那年赔了钱。"计算器从奢侈的消费品成了街边货。1974 年，一台家用计算器的平均售价是 26.25 美元，而一年前这个数字是 150 美元。

MITS 公司就是当年受到重击的企业之一。1974 年 1 月，MITS 公司一台有 8 项功能的组装式计算器售价是 99.95 美元，而且这个价格已经是他们能提供的最低价了。而德州仪器公司生产的同类型、已装配好的计算器的售价还不到 MITS 公司产品的一半。MITS 公司这种小公司撑不下去了。罗伯茨好多天彻夜不眠，想搞清楚自己究竟错在哪里。

半导体工业的另一项关键突破发生在 1974 年 4 月，英特尔 8008 处理器的后继机型在那时完成了研发。

英特尔确实将 8008 这一芯片打造成了计算机的大脑。不过，用萨尔斯伯格的话来说，8008 微处理器不过是一个"不伦不类的玩意儿，是一个怪物"。它五脏俱全，但全是错位的。它处理起关键的操作既缓慢又含糊，你还得适应它那种别扭而累赘的编程和设计形式。

究竟 8008 芯片能否作为可行的商用计算机的大脑正常运作呢？这个问题就连英特尔的工程师也有争议。

电子学发烧友可没有耐心等着半导体工程师来做出决断。

放手一搏

干脆管它叫 Altair 吧！那是企业号今晚要去的地方。

——劳伦·所罗门，莱斯利·所罗门之女。

（与所罗门讲的某些故事一样，这很可能也是杜撰的。）

1974 年春天，爱德华·罗伯茨做了一个决定，他打算造出一台个人组装计算机。有一段时间他并没有把这个主意当回事。1974 年年初，芯片生意可以说是全盘毁了。MITS 公司的计算器业务就如大漠黄沙被狂风卷走了似的，给公司留下了一地狼藉，累累债务。面对危在旦夕的公司，罗伯茨决定破釜沉舟，放手一搏。他本打算造出市场上基本无先例或无精准市场定位的一款产品，一款最好大多数人觉得新奇的产品。然而，破产的威胁迫在眉睫，他不得不迅速做决定。比起技术挑战所带来的商业风险，罗伯茨还是更在乎技术本身的挑战。不管前路如何，罗伯茨是一定会走上开发组装式个人计算机这条路的。

所罗门飞抵阿尔伯克基

罗伯茨研究了英特尔的芯片，从早期的 4004 芯片、8008 芯片到英特尔另一款名为 4040 的芯片。4004 芯片和 4040 芯片因为太粗糙而被弃用，于是他考虑用 8008 芯片来制造计算机。但一位编程人员后来告诉罗伯茨，他曾试图在 8008 芯片上植入BASIC，却发现这个过程极其痛苦。8008 微处理器执行 BASIC 指令时慢得实在没法用。

此时，一款新产品吸引了罗伯茨的眼球：英特尔 8080 芯片。就在这时，摩托罗拉也向市场推出了 6800 芯片，德州仪器公司和其他公司也推出了类似产品。罗伯茨仔细研究过不同的芯片，他认为 8080 芯片比 6800 芯片更胜一筹。因为，它有一个更重要的优势。

英特尔 8080 芯片的正常售价是 360 美元，而罗伯茨说服了英特尔以 75 美元的价格卖给他。这是前所未有的事情，没有其他人拿到过这样的低价，因为这太亏了。英特尔的协议要求罗伯茨批量购入，而每台计算机只需要一个处理器。也就是说，罗伯茨费力啃下来的这个商业模式要求他卖出大量的计算机。

罗伯茨觉得这都没什么。他把自己在计算器上的惨败描述为"一辈子也不愿再碰上的灾难"。而灾难过后，他得加把劲售出大量的产品才能挽救公司。要么放手一搏，要么彻底放弃。

与此同时，《大众电子学》正在进一步筛选它想要发表的计算机项目。"我们收到了不少计算机设计方案，"萨尔斯伯格回忆道，"最后我们将选择范围缩小到两个方案，并决定就在这二者中选其一。一个充其量只是个承诺，那就是罗伯茨可以以很低的价格买下这块芯片并实现这个方案。另一个是杰瑞·奥格丁的微型计算机培训器。"奥格丁方案中的机器更像是一台教人如何使用计算机的机器，而不是一台真正的计算机。

罗伯茨提供的只是一个概念，而奥格丁的方案已经有样机了，萨尔斯伯格和所罗门也见过那台样机。虽然奥格丁的机器是基于将要被淘汰的 8008 芯片制成的，但他们俩都倾向于支持一台实实在在的机器，而不是支持一个承诺。萨尔斯伯格说："在当时的情况下，看起来我们是要用微型计算机培训器了。"

就在此时，《无线电电子学》1974 年 7 月刊占据了各大报摊。这一期杂志登了一篇乔纳森·泰特斯的文章，介绍了如何在家自制一台基于 8008 芯片的 Mark-8。这篇文章虽然没有为该杂志引来大量订单，却在计算机发烧友当中引起了轰动。《大众电子学》的编辑马上意识到，这篇文章打乱了他们的计划。萨尔斯伯格读完这篇文章后宣布："奥格丁的培训器被枪毙了。"所罗门表示同意，奥格丁的培训器和 Mark-8 太过相似。《大众电子学》得放手赌一把才行，而一篇关于 8080 芯片制造的微型计算机的文章就是这一局的筹码。

于是所罗门当即飞往阿尔伯克基，与罗伯茨会面商谈细节。萨尔斯伯格希望将这台计算机包装成一款正规的商业产品。于是，罗伯茨花了几个晚上确定了用来制造一款售价不超过 500 美元的台式计算机的具体部件。

这是一项巨大的挑战。Mark-8 的售价大概是 1000 美元。如果给每台计算机都必需的那些部件算一笔成本账，你就会发现根本无法再降价了。罗伯茨的优势在于，他从英特尔拿到了低价的芯片。

最后，罗伯茨答应《大众电子学》控制好价格，并且一做成这种计算机马上就交一台给他们。而《大众电子学》答应为这台计算机做一系列的报道文章，其中包括一个封面故事。

萨尔斯伯格选中罗伯茨时是承担了一定的风险的。这可是要上封面的啊！如果他们推广了这台计算机，但结果证明这个机器是个定时炸弹的话，那这家杂志社的声誉就毁了。MITS 公司没有人造过计算机。罗伯茨手下只有两名工程师，其中一位还是搞航空工程的。罗伯茨没有样机，也没有详细的计划方案。但所罗门大叔不断向萨尔斯伯格保证，他觉得罗伯茨肯定搞得定这件事。萨尔斯伯格希望所罗门押对了。

罗伯茨倒是没那么相信《大众电子学》的承诺。虽然他非常喜欢和尊重所罗门，但对所罗门嬉笑着做出的保证还是设了防。越是认识到《大众电子学》封面文章对 MITS 公司的重要性，罗伯茨就越感到焦虑。公司的前途就握在一个玩空中飞石桌的人手上。

Mark-8 并不是第一台基于 8008 芯片造成的计算机，但罗伯茨并不知道此事。第一台 8008 型计算机要数 1973 年法籍越南裔企业家安德烈·张崇泰制造的 Micral。它在法国足足卖出了 500 台。那年的晚些时候，张崇泰在美国一个大型计算机展会上展出了一台基于 8080 芯片制造的计算机。不过，在场的工程师和计算机科学家的反响并未能延续多久，展会过后也就不了了之。罗伯茨的机器恐怕也会遭遇同样的命运。

个人计算机的设计

1974 年夏天，罗伯茨完成了他想要的计算机的设计草案。想法成形后，他就将方案交给了工程团队的两名工程师吉姆·拜比和比尔·耶茨。耶茨是个沉默而严肃的人，他加班加点地设计这台计算机的主电路板，安排着机器中电信号从一个点传到另一个点的路线。

罗伯茨希望这台计算机能像小型计算机那样具有可扩充性，用户可以安装其他的电路板以获得新功能，比如控制 I/O 设备或增加内存容量。他还希望设计的线路板能方便地接入计算机，不仅需要设计一个好用的插座，而且还需要明确固定的数据通道。如果功能元件安装在不同的线路板上，那么这些线路板必须能彼此通信。反过来，这种通信要求设计方案有特定的工程学规范可遵循。比如说，一块线路板要能将信息按另一块线路板所要求的时间和路径传送过去。于是，计算机的总线结构便应运而生。

总线是计算机输送数据或指令集的通道。一般情况下，总线是一个可供几种信号同时通过的并行通道。MITS 公司的计算机有 100 条独立通道，每条通道都必须有一个指定的用途。此外，有时因为物理或电路特性的限制，具体的线路铺设方式也会受到影响。比如说，布线过于紧密会造成电路串扰（即电线之间互相干扰），因此某些信号通道不能铺设得过于紧密。但由于债主已经开始讨债，罗伯茨无法给耶茨足够的时间去精雕细琢。于是，数据通道落在哪儿就安在哪儿。设计的总线会给这些电线分别安排好去处，只不过仓促之下，这活儿干得不怎么样。

当耶茨还在铺设线路时，MITS 公司的另一名员工、写技术方案的戴维·巴纳尔正在反复斟酌这台计算机的名字。在众多候选名当中，他最喜欢"小兄弟"这个名称，但又觉得并不十分满意。据罗伯茨回忆，巴纳尔对计算机的整个设想都不是很满意。但因为罗伯茨容不得任何异议，所以巴纳尔克制了自己的质疑态度。

巴纳尔在 1972 年便加入了 MITS 公司。他和罗伯茨曾作为共同作者为《大众电子学》撰稿。他们一边并肩加班加点研发计算机，一边为《大众电子学》写了一系列关于数字电子学的文章。

融资

尽管 MITS 公司很努力地赶工，但情况看起来并不乐观，这台计算机似乎注定要夭折在工作间里了。MITS 公司欠下了 30 万美元的巨款，而所罗门又不时地提醒罗伯茨，文章的截稿日期快要到了。罗伯茨只好在 9 月中旬硬着头皮又去了一趟银行。他已经捉襟见肘，急需再申请一笔贷款，但他又很清楚银行不可能批准他的贷款申请。根据他目前的信用等级和几近枯竭的资产情况，他相信没有人愿意借给他65 000 美元以保住公司。

银行的工作人员耐心地听着罗伯茨的述说。原来这个人想要做一个组装式计算机啊。可是，组装式计算机是什么鬼东西呢？这个人是怎么想的，谁会买这样一台计算机？电子学发烧友会买吗？他们连实物都没见着，看到杂志上登的广告便会去买？光靠杂志上的广告，他指望来年能卖出多少台计算机？

罗伯茨一本正经地告诉银行工作人员——800 台。银行人员觉得太不现实了："你不可能卖出 800 台的。"他们觉得"卖出 800 台"这个想法简直是异想天开。他们在这种欠下巨债、濒临破产的公司身上是看不到任何希望的。不过他们又算了一笔账，要是罗伯茨能卖出 200 台计算机，那么 MITS 公司就能给银行一些回报了。于是银行终于还是答应了罗伯茨，借给他 65 000 美元。

罗伯茨完全没想到是这样的结果，他尽力掩饰内心的惊讶。幸好他没有提到他做的一次非正式市场调查。当时，想知道有多少人会买他的计算机，罗伯茨便向他认识的一些工程师介绍了一下，问他们会否愿意购买这样的机器。结果却没有人想买。

虽然罗伯茨不认为自己是成功的商人，但什么时候该不理会市场调查，他很清楚。现在有 65 000 美元在手，还有耶茨和拜比两员大将，他冲劲十足。三人拼命地工作，力争做出样机交给《大众电子学》杂志社。他们还在外观上下了不少工夫，把机器做得格外好看，毕竟这玩意儿是要上封面的。

因为大部分的设计都出自耶茨之手，所以他和罗伯茨一起撰写了那篇稿子。正当他们心急火燎地边赶制计算机边赶稿子时，突然发现这台计算机连个像样的名字都没有。他们觉得所罗门可能会将《大众电子学》的名头加到机器的名字中，所以他们就先他一步将计算机命名为"PE-8"（PE 是《大众电子学》的英文首字母缩写）。这也是罗伯茨打的最后一个小算盘，以防《大众电子学》弃用这一计划。但"PE-8"并不是这台机器走红时所用的名字。

　　据所罗门说，是他 12 岁的女儿劳伦定下了这款机器最终的名字。当时她正在看《星际迷航》，所罗门走进房间问道："我要给一台计算机起个名字。'企业号'上的计算机叫什么？"劳伦想了想，说："它就叫'计算机'。"所罗门觉得这个名字不怎么样。劳伦又说："干脆管它叫'Altair'（牛郎星）吧！那是'企业号'今晚要去的地方。"

MITS 公司的 Altair 8800　Altair 默认的输入和输出装置就是前置控电板上的开关和灯。（资料来源：英特尔公司）

　　所罗门的一些朋友对这台计算机名字的由来有另一种说法，但不管怎么说，反正是决定称它为"Altair"了。罗伯茨告诉所罗门："你管它叫什么我都无所谓，要是卖不出 200 台，我们就完蛋了。"所罗门肯定地告诉他罗伯茨，一切进展顺利，卖出200 台完全没有问题。所罗门这样说并不只是客套地安抚已经碰得头破血流的罗伯茨。所罗门对 Altair 是真的抱有信心，他认为 Altair 的潜力确实远超 Mark-8。

　　Mark-8 是实验者的游戏，是工程发烧友直接学习计算机的一种方法。但是 Altair不一样，尽管还有很多局限性，但它是一台真正的计算机。有了总线结构，它可以插入新的线路板以扩展本机功能。作为"大脑"，8080 芯片比 8008 芯片要好得多。

Altair 有潜力拥有大型计算机的全部功能，至少体型上就赢了。

所罗门深信 Altair 的潜力，他也是这样告诉罗伯茨的。但他没有提及他的担忧：读者可能没办法知道这一信息。萨尔斯伯格告诉过所罗门，《大众电子学》要为读者提供的不仅仅是制造这台计算机的说明书。为了说明 Altair 确实是一台真正的计算机，他们至少得介绍一个切实的用途，一个能使 Altair 让人眼前一亮的功能。而这个用途究竟是什么，所罗门心里还没数。

该交货了

提交样机的期限到了。罗伯茨告诉所罗门，样机是通过铁路快件托运送过去的，要他留意收件。就在当年的晚些时候，命途多舛的铁路快件公司终止了运营，这是题外话了。

所罗门一直在等，但始终没有等到 Altair。

罗伯茨一再表示，样机已经托运，可能会随时送到。但好些日子过去了，样机始终没有出现。所罗门也一再向萨尔斯伯格说明，样机已经在路上了，随时会到，但此时所有人都开始紧张起来。罗伯茨即将飞往纽约做样机的展示工作，他有信心样机一定可以在他到达纽约之前送到所罗门手上。

但计算机还是没有。显然，铁路快件公司弄丢了他们的计算机。这对 MITS 公司和《大众电子学》来说都是一场大灾难。杂志社答应为这台计算机刊登一个封面故事，可现在工作人员连计算机的影儿都见不着。罗伯茨先前就紧张得好几个星期睡不着觉，躺在床上时脑袋嗡嗡作响。他现在觉得先前的担心不无道理。他的工程师不可能在期限前再组装一台计算机了。他们束手无策。

除非，他们搞一台假的。

耶茨可以拼一个盒子出来，在前置控电板的小孔上装上灯，然后送到纽约去。所罗门并不赞同这个主意，萨尔斯伯格更是明确反对。这下罗伯茨被难住了。不过当《大众电子学》1975 年 1 月刊付印时，它有一个闪亮的封面，封面上是一个装扮成计算机的金属空盒子。

在这一期杂志打包正要发售之前，所罗门终于拿到了一台 Altair。他立刻将它安装在办公桌上，但是，由于这台用作 I/O 设备的电传打字机噪音太大，所罗门立刻变成了办公室里最不受欢迎的人。于是他将这套机器带回家，安装在自家地下室里。罗杰·梅伦便是在那里第一次见到 Altair 的。

罗伯茨和耶茨合写的关于 Altair 的文章刚收到的第二天，另一篇送到所罗门手上的文章也引起了他的注意。所罗门曾引见给罗伯茨的两位斯坦福大学的研究生哈里·加兰德和罗杰·梅伦寄来了一份他们设计的数字相机的规格说明书。这台被他们命名为 Cyclops 的机器能将图形分解为一个由明暗方块组成的矩形格子，这为数字计算机提供了低成本的显影系统。

1974 年 12 月，在《大众电子学》报道 Altair 的新一期杂志出版之前，梅伦决定飞赴纽约。这趟旅行最终将他带到了所罗门的地下室。

梅伦总会让所罗门大叔想起罗伯茨。他们俩都是身高超过 1.8 米的大个子，也都是爱电子成瘾的工程师和发烧友。只不过受过空军训练的罗伯茨年纪更大些，也更强势，而出身于世界顶尖工程学校之一的梅伦则比较文静，言辞温和。不过，两人在很多事上却能对上眼。

所罗门一想到这个无心造出来的段子就暗自发笑。装作若无其事的样子，所罗门领着梅伦来到地下室，要给他看一件怪模怪样的新奇玩意儿。"那是什么？"梅伦问。所罗门告诉他："那个呀，先生，那是台计算机。"

当所罗门向梅伦介绍 Altair 并说出了售价之后，梅伦委婉地提出异议。他认为所罗门一定是搞错了。梅伦知道，单这一块微处理器芯片的售价就和所罗门说的整台计算机的价格差不多。所罗门忍着笑告诉他，自己并没有搞错价格。罗伯茨确实打算将这台计算机以 397 美元的价格出售。所罗门对梅伦的反应很满意，他拨通了在阿尔伯克基的罗伯茨的电话，当着梅伦的面再次确认了这个售价。没错，售价真的是 397 美元！

梅伦惊呆了。电子学发烧友都清楚，光是英特尔 8080 芯片就要 360 美元。梅伦当天就离开了纽约，但他并没有直接飞回旧金山，而是去了一趟新墨西哥州。梅伦感觉到那儿将有大事发生，而他想要参与其中。

那天晚上，罗伯茨在阿尔伯克基机场接到了梅伦，热情地开车将他接回了 MITS 公司。在那里，梅伦又一次目瞪口呆。MITS 公司不是他想象中的那种大公司，而是在一个商场里，挤在一家按摩店和一家洗衣店之间。MITS 公司总部给梅伦的印象真是奇特，那些郊区购物客们路过其门口大概也感觉怪怪的吧。

莱斯利·所罗门的地下室 所罗门在这里向罗杰·梅伦展示了当时未发布的 Altair。目前这里存放着 Sol-20 和具有历史意义的其他个人计算机。（资料来源：莱斯利·所罗门）

"它显然是以前那家大公司的空架子，因为那儿摆着很多设备，"梅伦后来回忆道，"我想，当时他们大概只有 10 名员工。他们曾在计算器生产方面非常成功，但好景已经不再。他（罗伯茨）认为这是他再次成功的一个好机会，是那种能将自己拉出困境重来一次的大好机会。"

梅伦看到了一个合作机会，于是提出将自己的 Cyclops 接到 Altair 上。罗伯茨对此也很感兴趣。简单参观完 MITS 公司后，两人就坐下来开始工作了。梅伦研究了 Altair 的设计图，收集了他认为设计两个设备的接口所需要的资料。他和罗伯茨彻夜畅谈，从一般的计算机谈到 Altair-Cyclops 的具体接口。之后梅伦又赶回机场搭乘早晨 8 点飞往旧金山的飞机。

这次会面后不久，所罗门给加兰德和梅伦写信，建议他们为 Cyclops 安装一个电视适配器。他们回信指出这个方案极其昂贵，并提出另一个方案，将 Cyclops 当作安全相机接到 Altair 上。所罗门听到这个方案很高兴，因为安全摄像机恰好就是萨尔斯伯格想要的那种实际应用。于是，所罗门将这一方案写入了加兰德和梅伦关于 Cyclops 的文章中。

和梅伦的彻夜头脑风暴并不是罗伯茨最后的不眠之夜。他的未来、他的公司、他的一切都指望着《大众电子学》刊出文章和计算机出售之后读者的积极反响。虽然所罗门常热情地鼓励他，但他仍旧克制住了自己的热切心情。罗伯茨觉得，只要杂志还未正式出版，哪怕是出版前一天的晚上，所罗门都有可能砍掉这个项目。果真如此，那 MITS 公司就彻底完了。罗伯茨已经举债几十万美元，又借了大笔的钱来支付这个项目的开支。他已经买了可制造几百台计算机的零件，但还需要支付广告的费用。按一台计算机售 397 美元计算，他真得像他当初向银行夸下的海口那样，卖出 800 台机器甚至更多才能有所盈利。罗伯茨开始怀疑自己是否又走错了一步。

Altair 闹翻天

项目突破！世界上首台可与 Rival 商用计算机媲美的组装式微型计算机！　Altair 8800！

——《大众电子学》1975 年 1 月刊封面

罗伯茨接到滚滚而来的第一批订单时，仍然有点儿担心自己的投资。但才过了一个星期，事情就明朗起来了：不管 MITS 公司在近期会遇到什么问题，反正不会有银行不合作的问题了。在仅仅两个星期之内，罗伯茨为数不多的员工拆开了数百个信封，激动地看着那些飞来的订单。还不到一个月，MITS 公司就从银行的最大债务人之一摇身一变成为超级财务楷模。才几个星期，MITS 公司就从赤字 40 万美元飙升到盈利 25 万美元。处理订单几乎占用了公司每个人的全部工作时间。

买的是承诺

没有人看得出个人计算机的市场有多么广大。《大众电子学》1975 年 1 月刊向数万名电子学发烧友、编程人员和其他技术发烧友表明，个人计算机的时代终于来临了。甚至那些没有下订单的人都将这篇文章看作一个标志，从此，他们也应该拥有一台自己的计算机了。Altair 是一场技术革命的果实，径直掉落在饥饿的大众手里，众人为之狂热。

罗伯茨当初将公司的前途作为赌注押在这台机器的销路上，如今市场反响之大令他咋舌。出售 99 美元一台的组装式计算器的市场经验，对他预测这台售价 397 美元的计算机的客户数量一丁点儿帮助也没有。两者除了价格差异巨大之外，计算器还拥有明确清晰的功能，相比之下，人们都不清楚 Altair 究竟能干什么。虽然萨尔斯伯格在《大众电子学》上巧妙而含糊地承诺，Altair 拥有"连我们都想象不到的多方面用途"，但这"多方面用途"的具体内容却一点儿也不明确。然而，这种模糊不清的推荐语丝毫没有阻碍罗伯茨的电话响个不停。

电子学发烧友都在争相购买杂志上的这些承诺。

这些承诺中的一项是 60 天内交货。面对不断积压的订单，罗伯茨决定要定下发货的先后顺序，否则他们将永远无法完成交货。他发布了一则通知：首批产品仅有裸机，不会附带任何配件或服务。而额外的配件，如附加内存、计时插片、连接计算机与电传打字机的接口板则需要等候。MITS 公司会寄出机箱、带有 256 字节存储器的 CPU 和前置面板，积压的订单全部交付后才会再处理其他的配件订单。这样一来，顾客拿到手的 Altair 并不比 Mark-8 强多少，只不过 Altair 的可能性更多一些。

1975 年年初，MITS 公司处理完了少数订单。加兰德和梅伦当时正在梅伦位于加州芒廷维尤的公寓客房忙着开发 Cyclops，他们是 MITS 公司最早的主顾，但他们可不是普通的客户。一般的订单只能慢慢排队等候发货，需要不少时间。加兰德和梅伦在一月份就收到了 Altair 0002 号（第一台 Altair 在运送至纽约时丢失了，没有编过号。所罗门拿到的是 Altair 0001 号）。加兰德和梅伦一收到机器就立马安装好并开始研究其接口板，以便使计算机能控制他们的 Cyclops 相机。

虽然 MITS 公司承诺 60 天交货，但在 1975 年夏天以前还是有大量的订单未能按时处理。一位顾客后来编写了第一个个人计算机文字处理程序，这位名为迈克尔·思瑞尔的发烧友这样描述他与 MITS 公司打交道的经历："我给他们寄去了 397 美元，但是没有回音。我又打了好多电话，计算机终于到手了。我等了特别长的时间，可拿到手的是什么东西呢，一个装着 CPU 芯片和 256 字节存储器的大盒子！没有终端、没有键盘，啥也没有。要想往里面输入什么东西，我还得知道怎么用那些前置面板上的开关，给它们装上小程序。他们承诺了提供好多外围设备，但什么都没有送到。"

　　"小程序"是指那些能接入早期 Altair 的东西，这还是一个客气的说法。这些程序需要用 8080 机器语言编写，并拨动前置面板上的开关来输入，每输入一个二进制数字就要拨一个开关。除了让面板上的灯一闪一暗，这些程序并没有什么其他功能。最早的 Altair 程序是一个简单的游戏。它可以让板上的灯按一定的规律闪烁，用户则利用开关模仿灯光闪烁的节奏。

MITS 公司的未装配版 Altair 8800　MITS 公司 Altair 最早的一批买家收到的是一袋元件和安装说明书。（资料来源：戴维·巴纳尔）

买家收货后还会面临一个新问题。这台计算机是成套出售的，组装起来要花好几个小时。机器最终能否正常运行还有赖于发烧友的装机技术和元件的质量。最早交货的那批机器当中就有很多是不能用的，这与用户的装机能力无关。加州伯克利一名年轻的建筑承包商史蒂夫·东皮耶惊讶地发现，MITS 公司广告上提到的一些装置根本就不存在。据他回忆，他给 MITS 公司寄去了 4000 美元的支票，要求"各个配件都要一件"。MITS 公司将 2000 美元寄回给他，还附上了一张秘书写的道歉函，为难地说"现在这些设备还没有齐全"。东皮耶马上飞赴阿尔伯克基。

史蒂夫·东皮耶　非常渴望拥有一台属于自己的计算机，于是他特意从旧金山飞往阿尔伯克基去查看他的 Altair 订单。图为他因类似原因拜访 Proc Tech 公司。(资料来源：鲍勃·马什)

因为喜爱的设备未能及时交货就从旧金山飞到阿尔伯克基，这在某些人看来可能过分狂热了，但东皮耶却不以为然。"我就想看看那家公司是不是真的在那儿。我租了一辆车，来来回回经过了那个地方 5 次都没有看到那家公司。我想象的是前方有草坪、挂着大大的 MITS 公司招牌的一幢大厦。结果你猜怎么着，他们居然在一座小矮楼里，那是个购物中心，他们旁边是一家洗衣店。公司就只有两三个房间，他们所有的东西就只是一大箱满满的计算机零件。"东皮耶挑了一些零件后就飞回旧金山了。

1975 年 4 月 16 日，东皮耶在家酿计算机俱乐部就 MITS 公司的情况做了报告。家酿计算机俱乐部是加州门洛帕克的一家微型计算机俱乐部，它是计算机发烧友团体的先驱。东皮耶的报告引起了大伙的注意。他在报告中指出，MITS 公司接到了 4000 个订单，甚至却未能开始供货。不是别的，正是这几千张订单激起了大家的兴趣。他们长久以来一直在等待的时机终于到了，他们要开始组建自己的公司了。

但是，将 Altair 称为计算机对他们来讲也是需要想象力的。1975 年年中，MITS 公司正常供货了。所谓组装好的机器不过是一个金属盒子装着固定在一块大线路板上的供电机件罢了。这块大线路板被称为主板，因为它是机器的总线路板。主板上连着 100 股金线，这些线连接着 18 个可以插接其他线路板的插槽。

这 18 个插槽既是 Altair 可扩展性的标志，也是用户烦恼的来源，因为大多数插槽根本用不上。先不说用户下订单要的是什么东西，反正他们发货交付的是一台只有两个插槽的机器。一个插槽接的是带 CPU 的线路板（基本上就是英特尔 8080 芯片及其供电电路），另一个插槽接的是带 256 字节内存的线路板。

Altair 套装还有一个前置面板，用以控制机箱前部的灯和开关。这些灯和开关就是 I/O 装置，即用户与这台机器沟通的渠道。要想将前置面板接入主板，需要用户手工连接大量的电线，这是一项需要做好几个小时的乏味任务。不过，这三块线路板（CPU、内存和 I/O 设备）意味着，早期 Altair 已经勉强满足了计算机的最低要求。

也许 Altair 所能做的仅是闪烁灯光，但对家酿计算机俱乐部的成员来说，Altair 的存在已经足够了。他们将从这里接手，继续向前发展。

"他们发起了这个行业，"半导体设计师查克·佩德尔在谈到这批早期发烧友时说，"他们在计算机不能正常使用、还没有软件支持的情况下，买下了这些机器。他们创造了计算机市场，再反过来为计算机编写程序，并将其他人引入这个市场。"

早期购买 Altair 的人别无选择，只得自己写程序。MITS 公司刚开始并没有提供任何像样的软件。计算机发烧友对《大众电子学》这篇介绍文章的典型反应是，先买一台 Altair，等收到机器（还得成功组装好）之后就开始为它编写程序。

比尔·盖茨和保罗·艾伦

波士顿的两名编程者决定跳过第一步。

保罗·艾伦当时供职于霍尼韦尔公司，而比尔·盖茨还在哈佛大学读大学一年级，盖茨选了一些可以修学研究生数学课的课程。每到周末，他们俩就聚在一起进行头脑风暴，研究他们深信会很快问世的微型计算机，以及现有的这些能加快微型计算机问世的微处理器。

"我们当时只是想搞清楚这些东西能用来干什么。"艾伦回忆道。盖茨和艾伦用Traf-O-Data公司的名义对外发信，表示谁给他们2万美元，他们就为谁编写编程语言PL/I。他们还曾考虑过向一家巴西公司出售Traf-O-Data公司的机器。某个冬天，他们俩在波士顿开车兜着圈儿到处为机器找买家。

有一天，艾伦经过哈佛广场时注意到《大众电子学》封面上的Altair。和许多其他的计算机发烧友一样，他马上就意识到Altair是一个惊人的突破。但他也看出这种机器更适用于个人。于是艾伦跑去告诉盖茨，他们的机会终于来了。盖茨也表示同意。

"于是我们就打电话给爱德华·罗伯茨，"盖茨回忆道，"当时我们的口气相当自以为是。我们说：'我们有个BASIC，你要吗？'"1975年，艾伦和盖茨在预告行业尚未出现的产品这方面颇有两把刷子。后来，人们将这种尚未出现的产品叫作"雾件"。

罗伯茨有充分理由对他们表示怀疑。他之前已经听过太多编程者对他说他们能为Altair编写软件了。于是，罗伯茨把告诉别人的话又向盖茨和艾伦说了一遍，他会买下第一个真正能在Altair上运行的BASIC程序。

不同的是，盖茨和艾伦真的做到了。大约6个星期之后，艾伦飞赴阿尔伯克基，向罗伯茨展示了他们的BASIC程序。虽然这场演示只不过证明了他们的BASIC的存在，但也算大获成功。新改名为微型软件公司（Micro-Soft），后来又改为微软公司（Microsoft）的Traf-O-Data公司，终于作为软件厂家做成了第一笔交易。

1976年3月，罗伯茨聘请艾伦到MITS公司任软件开发总监。艾伦在霍尼韦尔公司郁郁不得志，又热切希望能在一个他看来有前景的领域工作，所以他立即接受了聘用，并带着他和盖茨能搞到的所有现金飞去了阿尔伯克基。MITS公司的软件开发总监，其实并不是艾伦想象中的什么要职，到阿尔伯克基后他才发现，原来软件开发部只有他一个人。

MITS 公司的 Altair 广告　戴维·巴纳尔为这则早期的 Altair 广告执笔，当时发布于《大众电子学》及《科学美国人》。（资料来源：戴维·巴纳尔）

让机器起作用

每个好主意都只实现了一半。

——比尔·盖茨，微软公司创始人

与大型计算机和小型计算机相比，Altair 是有严重缺陷的。它没有任何形式的永久存储功能。用户可以将信息输入机器并操作，可是一旦切断电源，信息就会消失。哪怕是临时的信息存储，容量也极为有限。虽然 Altair 有一块存储线路板，但 256 字节的内存就连存储你正在阅读的这段话都不够。

至于 I/O 系统，前置面板设置起来非常别扭，需要好多让人乏味的步骤。要想输入信息，用户需要来回拨动小开关，每拨动一次就代表一个比特的信息。要想读取输出信息，用户必须对一系列的闪灯进行翻译。输入和验证一段话的信息量要花上好几分钟，还要反复训练才能做到。在纸带阅读器及盖茨和艾伦的 BASIC 出现之前，Altair 的所有者只能使用机器语言，通过拨弄开关一比特一比特地与机器沟通。

机器语言就是 Altair 的微处理器英特尔 8080 使用的自然语言，它是以数字代码形式构成的一种命令集，计算机的 CPU 会对机器语言做出反应。这些代码可以使CPU 执行一些基本的功能，比如说，将存储器中某一路径上的内容复制到另一位置，或是将某一个已存储的值加上 1。某些编程者（所谓的"真正黑客"）更喜欢使用机器语言，因为通过机器语言他们能更加得心应手地操作 CPU。但所有的编程者都知道，使用高级语言比使用机器语言要简单得多。Altair 的 BASIC 就是一种高级语言。可惜的是，它占用了 4096 字节的内存量，虽然这对高级语言来说已经小得可怜，却是 Altair 内存的 16 倍。

用户可以在 Altair 上的 18 个插槽插满 256 字节的内存板，并将盖茨和艾伦的BASIC 输入系统，理论上这样就能运行这种高级编程语言了。但是这个过程极其乏味，需要拨动开关 3 万次以上，而且一次也不能出错。这样做之后，留给他们自己程序的空间就少之又少了。此外，机器每重新启动一次，用户就需要重新输入一次BASIC。要想让 BASIC 起作用——实际上是让 Altair 起作用，需要完善两项工作：一是构造更高容量的内存板，二是开发快速输入程序的方法。MITS 公司正在进行这两方面的工作。不过，MITS 公司"正在进行"的工作可多着呢。

存储板的问题

　　艾伦抵达阿尔伯克基时，MITS 公司最大的硬件项目是一个 4K 的存储板。这个存储板由罗伯茨设计，技术人员帕特·戈丁正尝试将它造出来。在计算机的行话中，字母 K 是 kilo（千）的缩写，代表 1024 字节，而 1024 是 2 的 n 次幂中最接近 1000 的数字。因此，4K 就等于 4096 字节。由于数字计算机使用的是二进制系统，每一个数字都表示为 2 的 n 次幂的总和，所以 2 的 n 次幂最方便计算机处理。计算机容量，比如计算机可显示的最大整数，通常都表示为 2 的 n 次幂。这块新的存储板可以存储不止 4000 字节的信息，这样一来，Altair 的 BASIC 就能妥当存储了。

　　虽然 4K 存储板能让盖茨和艾伦的 BASIC 在 Altair 上运行，但艾伦特别担心这种存储板的可靠性。而它，果然不可靠。

　　当与其他的线路板结合起来运行时，4K 的存储板就更不可靠了。问题不仅在这块存储板本身，而且在多块线路板合在一起时，性能总是有问题。艾伦说："这几乎就是模拟电路，一定要特别精确地校准才行。"耶茨和公司的其他工程师开始害怕艾伦到他们的工作区域巡视。为了测试 BASIC 的改进情况，艾伦必须在一个带有 4K 内存量的 Altair 工作机上进行测试。

　　遗憾的是，没有一块 4K 存储板是能用的。艾伦将最新的修改版本写成程序，输入计算机，此时面板上所有的灯都会亮起来，Altair 在表示无法理解这些输入。工程师们发现无法使用技术手段来修正 4K 存储板，于是选择了机海路线。有一段时间，MITS 公司让 7 台 Altair 长期运转，就为了确保在任何时候都有 3 台能用的机器。罗伯茨后来承认："那块 4K 动态存储板实在是糟糕透顶。"

　　至少艾伦不必在每次使用机器时都必须重新输入一次 BASIC 了。Altair 的工作间有一些秘密功能是 MITS 公司暂不打算发布给顾客的。Altair 的程序和数据可以存储在纸带上，之后再传回存储板。当初艾伦首次向罗伯茨展示 BASIC 时，就是带着纸带到 MITS 公司的。此后一段时间里，纸带成了传播这种语言的主要手段。盖茨后来十分痛恨这些纸带，因为纸带成了非法传播 BASIC 的媒介。

　　纸带作为微型计算机的存储媒介存在严重的缺陷。纸带阅读器和打孔机十分昂贵，其价格甚至比 Altair 本身还要高出很多。纸带系统速度并不快，效率也不高。

　　MITS 公司认识到廉价存储方法的需求，当时他们正在考虑使用盒式录音机。很多计算机用户都拥有盒式录音机，如果录音机能够兼作 Altair 的存储器，那就好了。

但和纸带一样，录音带存储数据既慢又不方便。相比之下，IBM 在大型计算机上一直是使用磁盘驱动器来存储数据的。磁盘虽然昂贵，但是存储与检索快速又方便。

罗伯茨坚信 MITS 公司应该在 Altair 上使用磁盘驱动器，对此艾伦表示赞同。1975 年，盖茨也到阿尔伯克基加入了 MITS 公司并负责编写程序，艾伦请他为 Altair 编写用于机器与磁盘驱动器之间沟通的软件。但因为盖茨当时手头上忙着处理其他工作，所以就将这个任务推迟了。

MITS 公司硬件和软件的设计项目很多，如为电传打字机、打印机、录音带设计接口，将简单的终端与 Altair 连接起来，等等。MITS 公司还在开发控制这些设备的程序、新版本的 BASIC 及其改进方案，以及其他的应用程序。这些项目都需要说明文档。除此之外，MITS 公司还搞起了公共关系事务，比如用户大会、出版简报等。

上路宣传

MITS 公司搞了一个不寻常的宣传车队——MITS 公司移动车队，同时也叫"蓝鹅车队"。罗伯茨自己非常喜欢休闲汽车，于是搞了这么个车队做巡回宣传，激发人们对微型计算机的兴趣。

盖茨后来回忆坐着蓝鹅车队四处游历的经历时这么说："蓝鹅就是通用汽车公司所谓的'移动的家'车型。我们开着蓝鹅到全美各地宣传，每到一个地方，就动员当地的人成立计算机俱乐部。我还参加过歌舞表演来吸引大家的注意。"和 MITS 公司许多其他的创意一样，蓝鹅车队又引领了业界潮流，马上就有其他公司效仿。MITS 公司早期的竞争对手之一，位于盐湖城的 Sphere 公司很快就派出了"Sphere 车队"开往各地打广告。

事实证明，蓝鹅车队的宣传是有效的。它触发了南加州计算机协会的成立，后者出版了一本在早期很有影响力的微型计算机杂志《界面》（Interface）。

创立计算机俱乐部是很自然的，毕竟当时的设备时常不能运转或不能正常运转，软件要么不能用，要么根本没有软件可用。虽然买家多半是发烧友，但极少有人能完全掌握微型计算机所需的所有技能和知识。俱乐部鼓励那些精于机器不同方面的人相互交流，协同合作。若是没有这种互动和互助，计算机产业不可能发展得这样繁荣。

这样一来，MITS 公司就不再只是依靠当地人的积极性了。到 4 月时，MITS 公司成立了美国全国性计算机俱乐部，还开展了计算机设计竞赛，出版了简报

《计算机小札》(*Computer Notes*)，由戴维·巴纳尔负责，而罗伯茨开了一个不定期专栏"随笔漫谈"。贯穿这份简报的历史，盖茨和艾伦撰写了数量颇为可观的文章。

凡是拥有 Altair 的人或是已经下了订单还在等待交货的人，都可以免费加入 Altair 俱乐部。这时，其他俱乐部也纷纷成立，但它们并不是只服务于 MITS 公司。其中，南加州计算机协会和加州北部的家酿计算机俱乐部有不少成员都是 Altair 的用户和准用户，但因为成员都是技术上相当懂行的发烧友，所以他们很快就开始尝试制作自己的计算机了。

家酿计算机俱乐部的成员对这项挑战尤其感兴趣。于是，从中迅速诞生了向 MITS 公司最重要的产品进行挑战的强力竞争者。

激烈的竞争

Proc Tech 公司推出存储卡，竞争由此爆发。

——爱德华·罗伯茨，MITS 公司创始人

MITS 公司是一个催化剂。

MITS 公司开创了个人计算机工业，或许是无心插柳而非蓄意。这也意味着 MITS 公司在无意中培养了很多竞争对手，在罗伯茨看来，竞争者正在抢他的地盘。这一点从他对存储器的反应可见一斑。MITS 公司开始交付 4K 存储板之后没多久，客户就注意到了艾伦早就发现的情况：这些板不能用。"我从来就不相信 Altair 存储板能好用。"一名 MITS 公司高管后来承认。

不健全的存储器

虽然罗伯茨到后来也终于承认了这块存储板的设计特别糟糕，但当时他却容不下任何人说它坏话，盖茨很快就察觉到了这一点。存储板完成后，盖茨就用他编写的测试程序来进行测试。盖茨说："那条生产线生产出来的存储板全部不能用。"他也向罗伯茨反映了。结果，这名瘦小的 18 岁小伙和这位魁梧的空军老兵之间的关系就这样被永久破坏了。罗伯茨认为盖茨不过是个自作聪明的年轻人，于是没有理会他的意见。"我认为这就是罗伯茨最根本的弱点，"另一名 MITS 公司员工说，"只要他说存

储板能用，那存储板就能用，他根本容不下二话。"遗憾的是，存储板确实不能用。

1975 年 4 月，家酿计算机俱乐部的一名发烧友鲍勃·马什创办了处理器技术公司（简称 Proc Tech 公司），并出售能用的 4K 存储板。在罗伯茨看来，这是在向自己宣战。MITS 公司的 Altair 几乎不赚钱，罗伯茨急需靠存储板来维持收入，而现在 Proc Tech 公司却要来分一杯羹。

罗伯茨将盖茨和艾伦编写的软件作为武器。BASIC 已经流行起来了，而 MITS 公司的 4K 存储器还没有。于是，MITS 公司使出了一种老式的营销策略，即将 BASIC 和存储板捆绑起来销售。顾客购买存储板后再付 150 美元就可以买到 BASIC。而没有买存储板的顾客则要花 500 美元才能买到 BASIC，这比机器本身的价格还要高。

然而，这一策略适得其反，对市场产生了戏剧性的作用。发烧友看到 4K 存储板如此不值钱，而 BASIC 又卖得那么昂贵，于是纷纷购买了 Proc Tech 公司的存储板，复制 BASIC 纸带并私自传播。到 1975 年年底，大多数 Altair 上使用的 BASIC 都是盗版的。

Proc Tech 公司从这场价格战中生存了下来，研发了更多适用于 Altair 的产品。其他公司也开始生产可在 Altair 上使用的存储板。罗伯茨冲他们大发雷霆，骂他们侵占了自己的地盘。而这些生产存储板的公司作为回应，在戴维·巴纳尔组织的世界 Altair 大会上大张旗鼓地宣传。就在罗伯茨在他的杂志上将某些存储板公司斥为"寄生虫"后，两名来自加州奥克兰的发烧友干脆将他们的新公司命名为寄生工程公司。

唯一赢得 MITS 公司认可的存储器公司是加兰德和梅伦的 Cromemco 公司，这个名字来源于他们在斯坦福大学读研究生时的宿舍名称——克罗瑟斯纪念馆。加兰德和梅伦本想将他们的 Cyclops 与 Altair 连接起来，结果发现了新路子。这块原本仅有连接作用的接口板获得了新生，成为一块视频接口板，可以将 Altair 上输出的文本和图像显示在彩色电视屏幕上。这块叫作 Dazzler 的线路板很好地解决了 Altair 的 I/O 问题。罗伯茨并不将其视为竞争对手，因为 MITS 公司无类似产品。于是他在第二年春天的一个大会上介绍 Altair 时大力推广了 Dazzler 这块线路板。

第一届世界 Altair 大会

1976 年 3 月，第一届世界 Altair 大会在阿尔伯克基举行，这是有史以来首次微型计算机大会。出席大会的有数百人，但这是一次仅关于 Altair 的会议。十几名发言人和代表无一不是受 MITS 公司邀请而来的，其中一人还展示了他为 Altair 编写的双陆棋游戏程序。Cromemco 公司是唯一一家受邀的硬件公司。加兰德和梅伦亲自出席了会议，他们的出现颇为引人注目。梅伦的壮硕身材和罗伯茨有些相似，但梅伦显得更加缄默从容，小个子的加兰德则热情洋溢。

哈里·加兰德和罗杰·梅伦 加兰德（左）和梅伦（右）是 MITS 公司的首批顾客，他们最先造出了兼容 Altair 的第三方产品。稍后他们以 Cromemco 公司的名义研发出了自己的个人计算机生产线。（资料来源：罗杰·梅伦）

很多没有收到邀请的公司也派来了代表，他们在会场里四处穿行，派发宣传册，邀请参观者去看他们摆在会议中心楼上的酒店房间里的竞争产品。这些公司当中就有鲍勃·马什的 Proc Tech 公司，他们的存储板正一点点吞噬罗伯茨的地盘。

这些不速之客的出现让 MITS 公司管理层大为恼怒。戴维·巴纳尔更是怒不可遏，甚至亲自到处去拆他们的招牌。

比起这些生产线路板的公司，MITS 公司更担忧的还有另外一些公司，毕竟线路板公司只是在和 MITS 公司的部分元件抢生意，而另外这些公司的崛起威胁的是他们的核心产品——计算机。唐·兰卡斯特的西南技术产品公司和 Sphere 公司都在研发计算机，他们用的是摩托罗拉新近推出的 6800 处理器。

罗伯茨也曾打算用 6800 来制造机器，但包括保罗·艾伦在内的一些员工担心公司分散精力，而反对这个新的尝试。

"不行，罗伯茨，"艾伦反对道，"这样一来我们需要为 6800 处理器重新编写所有的软件，还得支持两套指令集，肯定会手忙脚乱的。"

世界 Altair 大会　MITS 公司树立起第一届世界 Altair 大会的这块招牌体现了个人计算机早期发展的一种精神——远大的抱负以及发烧友的执行力。（资料来源：戴维·阿尔）

　　罗伯茨没有听艾伦的。MITS 公司还是研发了一台 6800 机器，并于 1975 年下半年开始生产。这台机器被命名为 Altair 680b，并定下了一个非常吸引人的价格——293 美元。这台机器和原来的 Altair 8800 大不相同。8800 的元件不能用在 680b 上，Altair 原有的 BASIC 也用不了。

　　1975 年新创刊的计算机刊物《字节》（*Byte*）才在 11 月刊上宣布西南技术产品公司 6800 计算机的消息，MITS 公司的 680b 问世的新闻就接踵而至。MITS 公司另找来一批工程师来做新的产品设计，还聘用了不少新员工。一边要处理好 8800 的订单，一边又要坚决赶制 680b 机型，这让 MITS 公司的员工队伍在一年内由 12 人迅速扩大到 100 多人。

软件的角色

　　新来的员工中有一位名叫马克·张伯伦的新墨西哥大学的学生。他沉默寡言，说话低调保守，总是留有余地，但对汇编语言程序颇有心得。张伯伦曾为 DEC 公司的 PDP-8 工作过，这大概是当时大部分大学中最接近微型计算机的东西了。"我搞过很多汇编代码……我太爱汇编语言了，谁也不能让我远离这个。"当一名教授提起 MITS 公司正在寻聘程序员时，张伯伦就联系上了 MITS 公司的软件开发总监保罗·艾伦。

　　艾伦也不能确定公司的前途走向，他希望张伯伦能明白加入他们团队的风险。艾伦自己是准备好了要承担这些风险的，但他不愿连累那些糊里糊涂的人。艾伦聘用了张伯伦并告诉他："要是实在干不成，那就算了。"张伯伦很赞赏艾伦的坦率，并开始为 680b 编写软件。张伯伦后来不动声色地开玩笑道："这台机器并没有获得巨大的成功。"实际上，他们这个产品遭遇了严重的困难。"公司接到很多购买 680b 的订单，但当我来 MITS 公司上班时，整个项目已经陷入困境。我们不得不全部推翻，重新设计。"尽管整个项目改头换面了，但 680b 还是没能真正启航。不过张伯伦在 MITS 公司做了不少其他的工作。罗伯茨还考虑设计一些其他的机器，每一种新机器都需要新的软件。

　　同时，艾伦和盖茨把越来越多的精力投入到自己的公司：微软。整个 1975 年，盖茨、艾伦和受雇来编写 6800 的 BASIC 的瑞克·怀兰德，同时也在写他们自己的各种 BASIC 版本，包括为其他公司开发 BASIC。随着微软和 MITS 公司的发展，两者之间的关系也逐渐变得模糊不清。

　　盖茨要给 Altair 8800 编写磁盘代码一事对事情的发展并没有太大的帮助，尤其当时从哈佛大学休学的他开始考虑回去念书了。这时成了 MITS 公司软件开发总监的艾伦总催促盖茨完成这份磁盘代码任务。据微软后来记载，1976 年 2 月，盖茨带着几支笔和一叠黄色草稿本住进了一家汽车旅馆。当再次从旅馆走出来时，他已经写完了磁盘代码。

　　到 1976 年，主流的存储方式从动态存储到静态存储的转型似乎已解决了棘手的存储板问题，但 MITS 公司还要处理那些已投入市场的动态存储板的故障，或者将它们买回来。当年年初，MITS 公司为提高生产效率，改进了质量控制流程。他们已经开始为顾客交付 680b 计算机，并打算在年中开始交付升级版的 8800。基于盖茨的磁盘代码而编写的初版磁盘操作系统也计划于 1976 年 7 月发布。

　　拥有 Altair 的人多半都有为 Altair 编写程序的经历。张伯伦此时正维护着一个由用户提交软件组成的软件库，这为计算机行业开创了一个先例。张伯伦在用户团体中尽可能广泛地传播这些程序，这真是明智之举。软件的共享大大提高了机器的使用价值。在维护工作中，张伯伦会特别留意为 680b 搜寻可用的软件。当艾伦对外宣布 680b 的 BASIC 价格时，用户发现他们又使用了那种老式的定价伎俩。如果连同 16K 的存储板一起买下的话，BASIC 就几乎是免费的；单独购买 BASIC 程序则需要花 200 美元。

比尔·盖茨　在 1976 年阿尔伯克基举办的第一届世界 Altair 大会上，盖茨暂时摘下了他的眼镜。（资料来源：戴维·阿尔）

S-100 总线

1976 年年中，罗伯茨一直担心的市场竞争成了板上钉钉的事实。一家叫作以姆赛的公司模仿了 Altair 的设计，推出了他们自己的计算机——IMSAI 8080。PolyMorphic 公司则推出了一台 MITS 公司绝不可等闲而视的机器——Poly 88。

此外，1976 年 7 月，Proc Tech 公司的 Sol 登上了《大众电子学》的封面，这台计算机是以该杂志的技术编辑所罗门命名的。就连 MITS 公司忠诚的供应商朋友 Cromemco 公司也在研发一款基于英特尔 Z80 微处理器的 CPU 芯片，而这款芯片将成为 Altair 所用的英特尔 8080 芯片的后继产品。Z80 微处理器的设计者是英特尔的前员工，他在完成英特尔 4004 微处理器的设计后离开了英特尔并创立了自己的半导体公司。这一款新式微处理器吸引了许多高科技发烧友的关注。

此时，没有一家新的微型计算机公司能直接威胁到 MITS 公司的市场份额。MITS 公司在这方面仍然是无可匹敌的。但是这些初创公司的所有计算机原则上都能使用 Altair 所用的线路板。它们有相同的 100 线的总线结构，这是罗伯茨的设计。这个总线结构就是计算机兼容其他线路板、允许竞争产品接入 Altair 的关键。罗伯茨一直将这种总线系统称为 "Altair 总线"，并希望其他人也这样做。如果有人不遵从他的意见，戴维·巴纳尔就会戏谑地建议，干脆大家管这个系统叫"罗伯茨总线"好了。总线结构的命名故事正好体现了计算机这一新兴产业中集相互竞争与同道友谊为一体的奇妙结合。

总线成为 MITS 公司与其他微型计算机公司的矛盾焦点。

罗伯茨的立场很简单：总线和 Altair 一样，都是他和耶茨一起设计的，所以总线就得叫 Altair 总线。但他的竞争对手都不以为然。为了公平地提到制造商的名字，有些总线在广告中就使用了很别扭的冗长名称，如"MITS-IMSAI-Proc Tech-PolyMorphic 计算机总线"。加兰德和梅伦在一趟飞机上谈论过总线的命名问题。当时他们正从旧金山飞往大西洋城参加 1976 年 8 月召开的名为 PC 76 的微型计算机会议。他们准备发布一款适用于 Altair 总线的 CPU 芯片，但他们不愿以一系列竞争对手的名称来给总线命名。两人一致同意两点：一是总线不应以任何公司名称来命名，二是总线的名称应有技术意味，比如一个字母加上几个数字。他们都觉得"标准-100"这个名字很合适，并将其缩写为"S-100"。他们认为这个名字听起来足够正式。

下一步就是取得其他硬件商家的同意了。据梅伦回忆，"当时 Proc Tech 公司的人也在同一架飞机上，就是鲍勃·马什和李·费尔森斯坦两位。我手里拿着一听啤酒去和他们讨论标准名称的时候，飞机颠簸了一下，我手里的啤酒洒在了马什身上。他很快就同意了我取的新名字，可能是为了尽快摆脱我和我手上那听啤酒吧。"尽管 MITS 公司和《大众电子学》在很长一段时间里还是固执地使用"Altair 总线"这一称呼，但 S-100 最终还是成为总线通用的名称。罗伯茨在 7 年后谈起此事时仍愤懑不已："MITS 公司在其他人还没制造出计算机的时候，就已经使用总线长达两年之久。它就该叫作 Altair 总线。将 Altair 总线称作 S-100 就像将蒙娜丽莎称作男人婆一样荒唐。我是世界上唯一一个对此感到气愤的人。但我就是特别气愤。"

除了这些和 S-100 有关的公司以外，MITS 公司还从其他一些更加令人不安的方面看出了竞争的苗头。一家名为 MOS 技术的半导体公司在生产查克·佩德尔的 KIM-1 方面颇有一手。KIM-1 是一款基于他们公司廉价的 6502 芯片打造的低成本、适用于发烧友的机器。这件事情本身并没有立即敲响 MITS 公司的警钟。但两个月之后，即 1976 年 10 月，Commodore 公司收购了 MOS 技术公司。有史以来第一次，一家声名显赫且拥有电子产品销售渠道的大公司也开始出售微型计算机了。

这下罗伯茨慌张了。他想起了当年德州仪器公司是如何踏平整个计算器市场的。

然而，一个更大的威胁出现了。Tandy 公司"刚刚将 Lafayette 电子公司干掉"，正在寻找一种能放在他们几百家 Radio Shack 电子产品连锁店出售的计算机。"Radio Shack 连锁店要的是成套打包好的计算机，"佩德尔说，"他们知道自己的员工无法提供客户支持，也不会设计这种东西。"Radio Shack 电子产品连锁店遍布全美各地，他们能轻易地以低价卖出数千台个人计算机。

随着半导体公司和电子产品经销商逐渐加入了个人计算机领域，竞争越来越激烈了。

MITS 公司的没落

问：你认为 MITS 公司会没落吗？

答：我一直这样认为，一直都是。

—— 比尔·盖茨

处境艰难的 MITS 公司要担忧的可不仅仅是市场竞争问题。这家公司在短时间内发展得太快太大了。"俗话说，贪多嚼不烂。我们就是想做的事情太多了，"罗伯茨后来承认，"以公司当时的规模来看，我们要干的事情远超出了我们的能力范围。"市场上用着的那些有缺陷的存储板并不是唯一的问题。质量控制也并非特别有效，顾客投诉不止。MITS 公司常在员工持保留看法的情况下就开发新项目，好多新产品都在这种情况下失败了。

MITS 公司面临的问题及其对策

"高速纸带阅读器就是一个极好的例子，"张伯伦回忆道，"据我所知，这玩意儿我们只卖出了 3 台。"另一个例子是火花打印机。MITS 公司从一个制造商那买了一台打印机，对它进行改造并重新包装，结果他们投入的成本比供应商原本的打印机零售价还要高出一大截。这样一来，MITS 公司版本的打印机根本就没有市场。有时整条主要生产线都被除罗伯茨外的其他人认为是大错特错的，比如艾伦就极力反对 680b。

MITS 公司在困境中愈陷愈深。"这种困境实际上要牵涉对人性的研究，"张伯伦说，"我想，如果不清楚因人而异的个性造成的各方面问题，那么也很难明白公司的困境。"现在往回看，有一点是清楚的，高层员工和总裁之间的沟通渠道并不是十分畅通。盖茨说："罗伯茨把自己孤立起来了，他与公司其他人的关系并不好，而且他不知道应该如何应付日益壮大的公司。"罗伯茨后来承认确实存在问题："当时要担心的问题特别多，以至于我看什么都是威胁。"

到 1976 年年底，MITS 公司内部发生了一些变化。罗伯茨推举了他儿时的伙伴埃迪·库里担任公司的执行副总裁，并聘请当初向他提供贷款的银行人员鲍勃·廷德利来帮忙管理公司。但是不久后，罗伯茨就失去了一位重要的大将保罗·艾伦。艾伦身在曹营心在汉。此时，微软已经开始变成一家像样的公司了，艾伦急于掌握自己的命运。他确信 MITS 公司的鼎盛时期已经过去，于是他和盖茨开始将重心放在自己的公司上。

张伯伦取代艾伦成为 MITS 公司新的软件开发总监。

张伯伦发现，这个职位给他带来了一些意想不到的挑战。上任不久后，张伯伦就碰到了高层关于造什么产品以及优先做什么项目的分歧。张伯伦和硬件开发总监帕特·戈丁在关键的决策上总是无法与罗伯茨达成一致。罗伯茨对公司控制过严，一个人孤立地面对这个新兴行业的所有不稳定因素和脆弱性。他扛下所有责任，不让其他任何人一起分担。正如盖茨所说："没有人真正知道当时究竟是怎么一回事。若是眼界够宽，很多事情实际上是明摆着需要做的。但当时没有人能洞悉整个市场。"

"罗伯茨确实有很多主意，"张伯伦提到罗伯茨时说，"但是我们没能扩大生产线，也没能提供相应的客户技术支持。我想，最初将 Altair 用于商业用途的人一定吃尽了苦头。"张伯伦和戈丁吃的苦头是最多的。他们多次向罗伯茨提出过自己确信只需做些小改进便能挣大钱的方案，但都被罗伯茨以不可能再在旧项目上花时间为由拒绝了。他们确信自己的改进方案真的很有价值，并且同样很肯定罗伯茨不可能批准动工，于是就私底下鼓捣起来了。张伯伦回忆说："我们自己干起来，他并不知情。"

虽然 MITS 公司在 1976 年的总利润达到了 1300 万美元，但它正在渐渐失去优势。它的产品跟最好的评价沾不上边，交货期长，服务质量又差。当时的大多数微型计算机公司都有类似的问题，但 MITS 公司在业界的崇高地位使得人们对它有更多的期待。而且，MITS 公司早就制订过独家经销方案：那些在当地独家经销 Altair 的零售商都不得经销其他品牌的机器。这是一把双刃剑，MITS 公司开始找不到愿意遵照他们合作条款的经销商了。

零售商和顾客都开始对 MITS 公司感到不满。这并不代表 MITS 公司马上就会面临倒闭的风险，毕竟从 1974 年开始，它就一直面临着倒闭的危机了。只不过它的前景不见好，竞争也愈发激烈。此时已有 50 多家硬件公司进入市场角逐。在 1977 年春天于旧金山举行的首届西海岸电脑节上，佩德尔展出了 Commodore 公司的 PET。这是一台比 KIM-1 更加像样的机型，堪称 Altair 系列计算机的强劲竞争对手。此外，苹果公司推出了 Apple II，赢得一片欢呼，这标志着市场大变局已经发生。

变卖公司

1977 年 5 月 22 日，罗伯茨将 MITS 公司卖给了 Pertec 计算机公司。Pertec 公司是一家当时专为小型计算机和大型计算机生产磁盘和磁带驱动器的公司。"这是股票交换，"罗伯茨说，"他们花了大约 600 万美元买下了 MITS 公司。"Pertec 公司这笔交易是否划算取决于他们的管理层对 MITS 公司逐渐淡出人们的视野该负多大的责任。

罗伯茨曾与其他公司谈过，尤其是半导体公司，最后才定下 Pertec 公司。Pertec 公司不仅同意让罗伯茨保留他在 MITS 公司的股份，还让他保留自己的研发实验室以及随时使用实验室的权限。这样一个容许罗伯茨研发新产品并把自己的命运或多或少与 MITS 公司的前程联系在一起的机会，对罗伯茨来说无疑是有很大意义的。实际上，罗伯茨只是想从一线退下来，他并不想太冒进。计算器的失败仍让他心有余悸，他知道个人计算机很有可能也会发生同样的一场灾难。

"一旦你经历过那种失败，"罗伯茨说，"每天晚上都睡不着，担心第二天能不能发得出工资……你就会像我这样草木皆兵，做出一些不合逻辑的决策。"

Pertec 公司收购 MITS 公司一事引发了软件所有权的激烈争论。盖茨和艾伦并不打算将他们的 BASIC 程序交给 Pertec 公司，因为他们早在认识 MITS 公司任何一个人之前就已经写好了 BASIC 的核心部分。而且，和艾伦不同，盖茨坚持自己并不是 MITS 公司的正式员工。"Pertec 公司以为他们买下了公司股票，就买下了这套软件，"盖茨回忆道，"事实并非如此。我们才是软件的所有人。许可证都在我们手上。"

这项交易突然间变得岌岌可危。盖茨后来回忆道，当时 Pertec 公司的领导告诉他，如果交易不包含这套软件，那 Pertec 公司将取消这笔交易。要真是这样，那MITS 公司就该倒闭了。两个年轻人承受着巨大的压力。

"他们派了一个了不得的大律师。"盖茨回忆道。这件事后来诉诸仲裁，最后盖茨和艾伦获胜了，软件属于微软公司。好在 Pertec 公司仍然履行了收购协议。

罗伯茨始终认为仲裁的结果是大错特错的。若干年之后，他对此事仍感到不平，觉得自己被人背叛了。罗伯茨坚持说，公司与盖茨、艾伦的协议规定，公司付给他们的软件版税最高为 20 万美元，之后软件就归 MITS 公司所有。公司已经付足了这笔版税，因此软件应归 MITS 公司所有。罗伯茨坚信仲裁人对一些明显的事实真相有误解。"真是扯淡！"罗伯茨还是坚持这样认为，"这个仲裁结果错得离谱！"

罗伯茨将这个结果归咎于盖茨。"我们的关系真的完了，"盖茨说，"这件事真的伤害了罗伯茨的感情。"由于裁决获胜，阿尔伯克基对盖茨和艾伦也就没什么牵绊了，于是他们两人将微软迁回了家乡华盛顿。

Pertec 公司并没有因为 BASIC 的裁决而放弃 MITS 公司的收购案，不过在 Pertec 公司的管理下，MITS 公司逐渐土崩瓦解了。虽然说在卖给 Pertec 公司之前，MITS 公司就已经失去了它在自己一手创建的行业中的主导地位，但在 Pertec 公司管理团队上场之后，MITS 公司才开始真正衰败落幕。

漂亮西装

Pertec 公司的人几乎疏远了 MITS 公司所有的关键人员。"他们总是看轻我们，说我们不懂行情。"罗伯茨回忆道。MITS 公司的员工没有完全按照 Pertec 公司管理团队的要求行事，于是在他们的口中就被说成是"穿着考究的废柴"。这种说法用得太频繁，有些人干脆直接称之为"漂亮西装"。

Pertec 公司将 MITS 公司当作一个在行业中已经扎根稳实的大企业来管理。在同意收购 MITS 公司之前，Pertec 公司的高层就要求罗伯茨给他们看公司未来 5 年的销售计划。据罗伯茨回忆，当时 MITS 公司销售计划就是"本周五之前货都到哪儿了"。为了取悦 Pertec 公司，罗伯茨和埃迪·库里编造了一项足以使 Pertec 公司管理层开香槟庆祝的规划案。他们告诉 Pertec 公司每年销售量会翻一倍，并对公司的销售量做了一个乌托邦式的估计。Pertec 公司的人全都相信了。在接下来的一年中，Pertec 公司管理者的换任如走马灯。"这些人将

爱德华·罗伯茨　在发起个人计算机革命、经历创业的过山车之旅之后，罗伯茨出售了公司股份，回到学校深造，并在佐治亚州乡村定居，实现了他的第二个梦想，成为一名乡村医生。（资料来源：爱德华·罗伯茨）

他们的前程事业建立在努力实现这个预估的销售数字上。"库里说。

张伯伦很讨厌 Pertec 公司的人员入侵 MITS 公司的方式："他们派出一个又一个管理团队。新的团队一来就推翻前一个团队的概念。每个管理团队大约有 60 ~ 90 天的时间来化腐朽为神奇，但这点儿时间是不够的。他们原本想在这段时间里尝试理解问题的症结所在，可最后他们自己也变成了问题的一部分。60 ~ 90 天之后，他们肯定会成为问题的一部分。然后 Pertec 公司就会将这个团队开除，再派遣新的团队来。"

张伯伦去了罗伯茨的实验室工作。"我得马上离开那种 Pertec 公司的方式，"他说，"那样实在太疯狂了。"有那么一段时间，张伯伦和罗伯茨合作研发了一种基于 Z80 芯片的低成本计算机，但张伯伦中途又离开实验室去追寻其他的机遇了。

其他人也纷纷离开了 Pertec 公司的 MITS 公司团队。戴维·巴纳尔于 1976 年年底离开，并创办了《个人计算》（*Personal Computing*）杂志，这是他创办的一系列重要的个人计算机杂志中最早的一份。1977 年一整年，巴纳尔在阿尔伯克基靠着盖茨和艾伦的稿件出版这本杂志。安德莉亚·刘易斯以《计算机小札》编辑的身份接手了《个人计算》，将其从一个公司内部供稿的简报改成一本接受外界投稿的漂亮杂志。后来安德莉亚接受了艾伦的工作邀请，搬到了贝尔维尤，负责微软文献部的工作。一段时间之后张伯伦也加入了微软。

若干工程技术人员离开 Pertec 公司去了当地一家电子产品公司工作。就连罗伯茨也在 5 个月之后烦透了 Pertec 公司。"他们说我不懂市场。我觉得他们才不懂市场呢！"罗伯茨在佐治亚州买了一个农场，并告诉所有人，他打算成为一个乡绅去务农或者去学医。最后，罗伯茨拿出当初创办 MITS 公司时的精气神，两样都做到了。

Pertec 公司慢慢认识到收购 MITS 公司是一场失败的冒险，并最终放弃了它。埃迪·库里在 Pertec 公司比其他 MITS 公司主事人待得都要久。据他说，Pertec 公司在买下 MITS 公司之后，大约继续做了一年的 Altair，但在不到两年的时间 MITS 公司就彻底没了。

MITS 公司和 Altair 对今天个人计算机产业的存在和形成的重要性，是再夸大都不为过的。MITS 公司所做的不仅仅是创造了这一行业。它先是推出了人人都买得起的个人计算机，又首次举办了计算机展会，开创了计算机零售市场，创办了计算机公司的内部杂志，组织用户俱乐部，进行软件共享，并发明了许多硬件及软件产品。MITS 公司还无意中使得软件盗版成了普遍现象。早在微型计算机看起来还是不切实际的空想时，MITS 公司就首创了这样一个终将价值数十亿美元的产业。

如果真的像巴纳尔的广告词写的那样，MITS 公司是行业第一，那么夺得第二名的就要数计算机先驱公司当中最不寻常的一家公司了。

创造奇迹。

——比尔·米勒德，以姆赛公司创始人

第 3 章

奇迹缔造者

MITS 公司表现出的许多特质都是微型计算机产业的缩影。当时的计算机行当还算不上一项产业，MITS 公司的业务也仅扎根于业余型电子产品。爱德华·罗伯茨必须将计算机卖出去才能维持公司运转，但他更想要的是设计及制造计算机的乐趣。以姆赛公司是第一家在这一新兴领域取得成功的公司，他们聚焦的是商业上的成功，而非仅仅热衷于技术。以姆赛公司如愿以偿，但也走过了许多个人计算机公司在今天仍旧与之奋战的弯路。

Altair 之后的追随与超越

人人都想跟着干。

——泰德·尼尔森，计算机幻想家、哲学家、评论家

1975 年 1 月，《大众电子学》封面文章宣布 Altair 8800 型计算机问世；1977 年 5 月，Pertec 公司收购了 MITS 公司。在这两年半的时间内，一项新产业兴起。Altair 的问世不仅引发了技术革新，还引起了社会变革。阅读过《大众电子学》那篇文章的计算机发烧友可能并没有预见到随后个人计算机的流行，但他们确实意识到，人们对计算机的接触方式开始发生剧变，他们就是这一切的见证者，而这也正是他们

一直期待发生的事情。

程序员、技术人员和工程师都曾品尝过被关在机房门外的滋味。他们痛恨这种感觉，好似看着祭司霸着弥撒方台却讲些普通人听不懂的话。所有人都梦想着能拥有自己的计算机。

发烧友型企业家

Altair 撞开了机房的大门，差不多在同一时间，MITS 公司的竞争对手在全美各地的车库里纷纷涌现。爱德华·罗伯茨的计算机价格很难再降，要不是 Altair 的交货时间总要拖延很久，MITS 公司的先发优势肯定是异常明显的。但是，这些出于爱好而入行的企业家，没有一个人的目标是挣大钱，结果大多数人以失败告终。尽管如此，在失败时，他们都是把资料和图纸公开后坦然离场的。前事不忘，后事之师。先行者的失败并没有使后来者气馁，后来者也没有放弃革新。这场革命的爆发源自内在的动力，而不是受外部利益的驱使。正因如此，微型计算机产业也没有遵循传统的经济规律。

MITS 公司的竞争对手是一些由计算机发烧友创办的企业，之所以会出现这种情况，是因为没有大公司愿意制造微型计算机。只有那些全然盲目地被计算机和电子学迷了心窍的狂热分子才愿意设计并亲手制造一台计算机，并忍受那些繁复而乏味的工作。

在多数人看来，亲手组装一台计算机的想法是很疯狂的。当时这个想法才刚有人尝试，而且 Altair 也不能证明自己是一台真正意义上的计算机，它仅仅是个概念产品。但是，1975 年的计算机发烧友坚信，Altair 最终肯定能证明自己并青史留名。

因推广"电视打字机"而闻名的唐·兰卡斯特经常在各种电子学杂志上发表专栏文章，为计算机发烧友提供关于计算机的知识。20 世纪 70 年代中期，兰卡斯特创办了西南技术产品公司，该公司生产高端的录音组件套装，并在 1975 年发布了一款基于摩托罗拉公司新型微处理器 6800 芯片支撑的类似 Altair 的计算机。包括罗伯茨在内的许多工程师都认为 6800 芯片比 Altair 使用的 8080 芯片更胜一筹。罗伯茨始终对西南技术产品公司保持高度关注。

兰卡斯特秉持着信息共享的精神。这种精神在整个计算机领域广泛流传，但在其他行业中是不可能出现的。一些计算机小众杂志成立了一个全美范围的发烧友团体，以供成员间定期通信、热烈地争辩问题、慷慨地共享知识。由此，他们在技术上和心理上都为制造自己的计算机做好了准备。"发烧友们太渴望拥有自己的计算机了，巴不得有这么一台能吃进肚子里。"半导体设计师查克·佩德尔如是说。

一些弄潮儿

加州大学伯克利分校的计算机学教授约翰·托罗德研究过英特尔公司的 4004 芯片和 8008 芯片，他认为将两者作为中央处理器还是不能让人满意。托罗德的老朋友加里·基尔代尔在美国南海岸的蒙特利市教授计算机科学，并在英特尔公司当顾问。当基尔代尔给托罗德搞到了首批 8080 芯片中的一个时，托罗德开始认真思考如何制造自己的微型计算机了。

1974 年年中，托罗德和基尔代尔组装了一台微型计算机，还编写了一个磁盘操作系统的程序。他们不确定这种设备是否有市场，于是仍将此事当成爱好，继续对这台微型计算机进行细致打磨。基尔代尔负责编写软件，托罗德负责制作硬件。他们只在 Altair 迅速走红之前卖出了几台，其中两台卖给了旧金山湾区一家叫作 Omron 的计算机终端公司。之后他们分别追求自己感兴趣的领域去了：托罗德的公司数字系统（后来改名为数字微系统）制作计算机；基尔代尔的公司星际数字研究（后来改名为数字研究）编写软件。

尽管旧金山湾区仅是一个研发中心，但微型计算机的影响却遍及了全美各地。在丹佛，"鲍勃博士"罗伯特·苏丁将自己的兴趣做成了生意，开了一家名叫数字集团的公司，很快就赢得了许多计算机发烧友的认可。这家公司最初的产品是为 Altair 和其他新出现的计算机品牌所用的插入型线路板。苏丁还率先提出了一个直到 5 年之后才被认真对待的想法，即制造一台可轮换各种微处理器的机器。Altair 是一款 8080 型机器，西南技术产品公司的计算机是一款 6800 型机器，而这两种处理器都能在数字集团公司的计算机上使用。

这项创新反映了当时那个时代的思维方式。一台可以轮换各种微处理器的机器是微型计算机设计者（也就是发烧友）的福音，但对普通消费者来说却没什么用处，因为新的微处理器没有相应的软件。发烧友则会为自己设计计算机，甚至这些机器的外观也在一定程度上反映了发烧友群体自身的一些特征。那时，一台典型的计算机看起来就像一台家装的电子测试装置——一个配有一些拨动开关、闪灯的金属盒子，以及从盒子前后、顶部或两边伸展出来的电线。那才是真正的东拼西凑的"组装机"。

没有人特别在意机器的外观，因为设计者都只是按照自己脑中想要的样子来动手制作的，不在乎最终产品的呈现形式。位于加州南部的矢量图形公司曾拒绝了一款带紫色变阻器的粉红色线路板，理由是它的颜色与该公司的绿 – 橙色为主色调的计算机的颜色不协调。线路板的设计者惊呆了，要知道，在 20 世纪 70 年代中期，设计计算机可不会考虑什么颜色搭配。

迈克·怀斯在盐湖城创办了 Sphere 公司，这是最先将外观是否美观和桌面空间是否节约有意识地纳入考量的公司之一。Sphere 公司模仿 MITS 公司，开着旅游汽车到全美各地巡回展示，以推广自家的计算机。Sphere 公司的计算机是集成的，也就是说，它的显示器、键盘与微处理器是一体的，装在同一个盒子里。这种机器就是一台封闭的装置，没有一堆乱七八糟的电线挂在机箱外头晃荡。

Sphere 公司的计算机好景不长。从外表上看，它是一款商用产品，但本质上还是用于业余消遣的机器而已。哪怕是对不专业的发烧友来说，机箱盖子下的机械结构也并不美观。这些零件看着太像手工粗制滥造的，盒子里填满了纵横交错的手工焊接电线。Sphere 公司的计算机不是为量产而设计的，故而也不是特别稳定。更糟糕的是，正如当时一名发烧友所言，Sphere 计算机用的是"世界上最慢的 BASIC"。

许多初创公司的起名方式都体现了计算机发烧友不拘小节和漫不经心的态度。李·费尔森斯坦创办的一家公司叫 Loving Grace Cybernetics（爱优雅控制论），后来又创办了一家公司叫 Golemics Incorporated（绝佳辩论术）。泰德·尼尔森的公司叫 Itty-Bitty Machine（小小机器），它位于伊利诺伊州埃文斯顿市，这名称是对 IBM 公司的取乐。新泽西州出现了一家公司名为 Chicken Delight Computer Consultants（小鸡乐计算机咨询），加州北部还有一家名为 Kentucky Fried Computer（肯德基炸机）。

早期微型计算机的购买者和制作者之间并没有明显的界限。要想操作一台微型计算机，用户需要专心致志地投入其中，还需要许多专业知识。毫不夸张地说，熟练的计算机用户也可以成为计算机制造商。这一"产业"的亚文化由这样一群人组成：技术控、发烧友、不受商业利益驱使的黑客，以及那些比起发家致富，对探索微型计算机潜力更感兴趣的企业家。

但位于加州圣莱安德罗的以姆赛公司是一个例外。

以姆赛公司

以姆赛公司成了微型计算机行业中的第二大计算机制造公司，并且很快便从 MITS 公司手中抢占了市场份额，夺得了行业的领先地位。以姆赛公司是比尔·米勒德在 1975 年 1 月 Altair 宣告问世的几个月后创办的，其创业故事和企业理念都是独一无二的。几乎所有其他计算机制造公司的总裁都是计算机发烧友，他们通过俱乐部聚会或简报彼此相识。但米勒德不同，他曾经是一名销售代表。他和合伙人都不认识那些发烧友，也不想认识他们。常有会员在发烧友俱乐部的会议上交流关于使用各种新的、不靠谱的机器的经历，这些会员还会共享小道消息，交换设备、软件和意见。米勒德和他的合伙人几乎不参加此类俱乐部的聚会，他们并不觉得自己跟那些人是同一个世界的。

从一开始，米勒德和他那些干劲十足的管理者团队就认为，他们是这个被大批穿着蓝布牛仔裤的业余发烧友占据的领域里认真上进的生意人。米勒德宣称，IMSAI计算机将成为小企业的桌面工具，它将取代打字机等众多设备。在以姆赛公司的高层人员看来，该公司是在为那些真正想干大事的生意人打造商业系统的。他们涉足这一领域并不是为了给发烧友做玩具。能在早期那些粗制滥造的微型计算机中看到计算机的潜力，这是非常有先见之明的。在 1975 年就能有这样的眼界来创办这样一家公司，看起来可能很稀奇，但米勒德和他的团队并不惧怕被他人视作操之过急之辈。他们并不是规规矩矩地跟着别人的路子走，而是按照自己的想法干一番事业。

1975 年，当以姆赛公司开始制造 8080 微型计算机时，大多数的发烧友都认为，米勒德试图垄断商业市场的举动未免为时过早。就连铁杆发烧友都不清楚商业机器究竟能干什么，更不必指望商业人士接受它们了。微型计算机尚在实验阶段，而且时常不能正常运转。那么米勒德和他的团队凭什么断定小企业会买他们的机器呢？

"猜的，"据以姆赛公司创始人之一布鲁斯·范·纳塔所说，"我们猜想这种东西是小企业会想要的机器，就算这玩意儿重 36 千克，只能勉强放在办公桌上，他们还是会要的。"

从技术上看，和以往的计算机相比，以姆赛公司的计算机并没有什么突破。它基本上就是 Altair 的仿制版，只是做了一些改进，主要是供电上的改进。一方面，Altair 的供电器将合适的直流电和电压分别供给计算机的各个部分，发烧友认为这一点是不明智的。另一方面，以姆赛推出了范·纳塔所说的"你提不起来的供电器"。虽然以姆赛公司后来解决了一些很棘手的技术难题，但这家公司最重要的技术成就大概还要数改进了 Altair 的供电系统并摆脱了 Altair 所需的手工焊接金属线。在这些机器通向物尽其用的道路上，这两项变革大有裨益。

然而，以姆赛公司对计算机行业最重要的贡献并不在于技术方面，而在于这家公司的大胆果敢。米勒德采用了跟风式设计，并在没什么把握的市场上进行销售，并因此创办了一家在行业内不容忽视的公司。

业余人员和专业人员

那是个非同一般的组织，因为它真的信任那些精力高度集中、满腔热情的业余人员。

——布鲁斯·范·纳塔，以姆赛公司联合创始人

比尔·米勒德像一块磁石一样吸引着以姆赛公司的高层人员，并通过这帮人为公司定下了一个独特的基调。米勒德从不雇用计算机发烧友，而是雇用干劲十足的销售人员。米勒德的个人性格特点和目标成了公司的特点和目标。即使米勒德不在公司的时候，他的决策风格仍能掌控以姆赛公司。这在公司遭遇坎坷、高层决策至关重要时确实发生过。

和 MITS 公司的爱德华·罗伯茨以及许多其他计算机公司的创始人不同，米勒德对硬件并非十分着迷。罗伯茨是一个不折不扣的计算机发烧友，他十分想搞清楚计算机这东西究竟能干什么。和他之后出现的许多微型计算机工程师一样，罗伯茨制造的计算机是他自己想要的。只要 MITS 公司能卖出 100 台计算机，足够让自己在洗衣店旁边的那家小店存活下去，罗伯茨就不会认为自己失败了。尽管罗伯茨也想挣钱，但对他来说，微型计算机呈现的潜力能给他带来更大的快乐。

比尔·米勒德组装了他的团队

米勒德和其他公司的老板不一样。他画的饼比别人大多了，他总是在探索如何拓展市场、如何获取资本、如何让公司赢得越来越多的关注。"米勒德是一个典型的企业家，"据他的一个门徒比尔·洛斯说，"只不过他可能比一般的企业家显得略为粗心，但更有魄力。"米勒德是一个喜欢碰运气的赌徒。

米勒德懂得如何将东西销售出去，他曾在 IBM 公司任销售代表，干得非常出色。到 20 世纪 60 年代末，米勒德成为旧金山市和郡上负责数据处理的经理。到 20 世纪 70 年代初，米勒德一直都在与大型主机及小型计算机公司打交道。这段工作经历让他懂得如何识别那些愿与自己一同进行人生中最大赌博的人。

商场如战场，米勒德寻找的是一支忠诚的、有奉献精神的团队，这支队伍要能与自己一同在这竞争激烈的行业并肩作战。米勒德需要的是满腔热忱的青年才俊，这些人未必是计算机专家，但要甘愿与自己一同冒险。其他的微型计算机公司可能都是工程师扛大旗，但米勒德组建的却是一家以销售人员为主的公司。

米勒德手下的员工都对成功怀有强烈的渴望，并都坚信自己的销售能力。在那个时代，以姆赛公司的这些人在行业中是格格不入的。他们衣着讲究，穿西装打领带。他们谈金钱多于谈机器，谈目标与"奇迹"（米勒德的口头禅）又多于谈金钱。而且几乎无一例外的，这些人都"受过训练"。

对米勒德和许多其他的加州人来说，"受过训练"就意味着受过"埃哈德自我实现训练"（Erhard Seminars Training，简称 EST）。EST 是 20 世纪 60 年代末兴起的一种自助运动。米勒德就曾经受过这项训练，他还鼓励家人和朋友也一同受训。EST 成了以姆赛公司高层管理人员受雇的一个条件。EST 中有一项原则与以姆赛公司的精神特别呼应：失败或承认失败的可能性都是对成功缺乏渴望的表现。因此，许多受过 EST 的人都不愿承认某个任务是不可能完成的，或是某个目标是不可能实现的。米勒德喜欢人们身上的这种特质，并总在他的工作同仁身上寻求这种特质。

起初，米勒德并没有想制造计算机。他创建了以姆赛联合公司，即以姆赛制造公司的母公司，该公司的业务是根据企业用户的需要来配置计算机系统。米勒德以前为旧金山市和郡政府所做的就是这一类工作。以姆赛联合公司帮企业客户确定他们需要用什么硬件和程序来解决数据处理问题，并根据情况为他们搭配硬件和软件。当遇到乔·基里安时，米勒德的想法开始改变了。基里安是一名受过 EST 的优秀编程者，还很了解硬件。

搞技术的家伙

乔·基里安从研究生院物理系退学之后，就开始在湾区找工作，此时一位朋友为他引见了米勒德。基里安在研究生时就迷上了计算机，因此和米勒德一拍即合。但是基里安并不是米勒德理想中的以姆赛公司的高管。尽管基里安年轻热情，对新思想的接受度较高，并以一腔发烧友的热忱来攻克技术难题，但他在说话前总要深思熟虑，对新的思想发表意见前也会犹豫一阵子。基里安需要先将新思想纳入自己的知识和信念体系，充分消化后才能开口。

米勒德和基里安有一名顾客是新墨西哥州的汽车代理商，正是此人促使他俩转而制造起微型计算机。1975 年年初，这名代理商提出了一个令人发狂的问题，这对米勒德来说也是一个巨大挑战。代理商委托米勒德为他找一台能算账的计算机，而米勒德自以为成竹在胸，想到了一个物美价廉的方式来满足代理商的需求。当时正值 MITS 公司刚发布 Altair，米勒德打算买下这台基础的机器，并将这名代理商的额外需求想办法在 Altair 实现就行了。要是微型计算机能解决这个问题，那么米勒德就能省下好大一笔成本。

可惜的是，米勒德并未完全掌握 MITS 公司的情况，也不知道 MITS 公司正在经历一番怎样的挣扎。罗伯茨的这家小公司应付不了当时的大量订单，根本来不及交付成套已完成的 Altair，而且罗伯茨也没有考虑过给大宗订单打折的问题。对于将大宗 Altair 打折卖给米勒德，并让米勒德用相应的软件和配件将这批计算机包装成适用于商业的系统，罗伯茨一点儿兴趣也没有。当米勒德意识到罗伯茨不能或者说不愿意向自己提供折扣机器时，他开始打起了别的主意。

要是能和发烧友团体合拍的话，米勒德也许本可以与刚出现的那种发烧友创立的公司做成这笔买卖。但是米勒德并没有那样做，而是着眼于自己在小型计算机和外围设备等方面的关系。当时一家名叫 Omron 的计算机终端公司恰巧刚买下约翰·托罗德和加里·基尔代尔的头两套微型计算机系统。米勒德和 Omron 公司一位名叫爱德华·法伯尔的人进行了一次谈话。法伯尔在某些方面与米勒德志趣相投。法伯尔 45 岁左右，也是 IBM 公司的前销售人员出身，他和米勒德一样谈吐温和，喜欢冒险。虽然和法伯尔很合拍，但米勒德眼下的目标是交付那名汽车代理商订的货，而合适的货源仍是踏破铁鞋无觅处。米勒德越来越沮丧。

此时，米勒德意识到这是一个很好的机会。这可不仅仅是新墨西哥州一名汽车代理商的特殊问题。一旦米勒德的伙计将这台带有完整系统的机器装配好，安装上必要的程序和硬件，那么他们就可以将这台机器卖给全美各地的汽车代理商。米勒德相信他们一定会成功的。他不打算让这个好机会从手上溜走。米勒德收了那位汽车代理商的钱，并用这笔钱创办了以姆赛制造公司。以姆赛公司的目标很明确，就是要制造微型计算机。

米勒德清楚地知道自己想要的是什么。他深信，Altair 就是能办成这件事的机器。如果罗伯茨不肯以合理的价格将 Altair 卖给他，那他就自己动手制造一台出来，也许基里安就能成功。基里安的一位朋友买过一台 Altair，基里安仔细研究过那台机器，但这还不够。据基里安说，外部检查倒也挺好，但他更想要将机器拆开再仔细研究。他的朋友可不希望基里安将自己的 Altair 大卸八块。于是米勒德给保罗·泰瑞尔拨了电话，因为泰瑞尔开在附近的字节商店正是 Altair 在全美的几家经销商之一。

米勒德订购了几台 Altair 以供基里安拆卸研究。在接下来的几个月中，基里安"肢解"了那些计算机，并搞清楚了它们的构造并依葫芦画瓢地去仿造。

保罗·泰瑞尔　为比尔·米勒德供应了 Altair，便于乔·基里安能拆解以分析如何复制并改善机器的设计。（资料来源：保罗·泰瑞尔）

以姆赛公司的销售人员

米勒德的团队开始壮大。基里安此时已为另一个项目工作了数个日日夜夜。1975 年 2 月，米勒德给基里安放了一个他迫切需要的假期，此时米勒德登了一则广告，想要聘请一个懂编程的人来替代基里安的工作。加州大学伯克利分校计算机科学研究生院的一名辍学生前来应聘了，他年轻活泼，勇于冒险。除此之外，他还很懂得如何推销自己。他就是布鲁斯·范·纳塔。范·纳塔给米勒德留下了非常好的印象。从很多方面看，范·纳塔都具备典型的以姆赛公司高级管理层应有的外貌和举止。他个子高瘦、双目炯炯有神、穿着得体、思维敏捷、讲话利落果断，勇于大胆冒险。

范·纳塔完全合乎以姆赛公司为高层管理者定下的积极进取的规矩。当基里安放完假回来时，米勒德、基里安和范·纳塔三人在圣莱安德罗一家名叫杰克的狮子的餐厅聊到深夜，讨论着他们的微型计算机计划，IMSAI 计算机以及如何创造奇迹。每当基里安或范·纳塔抱怨米勒德提出了一个不可能实现的想法时，米勒德就会告诉他们："创造奇迹吧！"

基里安在鼓捣 IMSAI 计算机时，范·纳塔正在跟进一个叫作超立方体（Hypercube）的项目。这个产品的构思诞生于餐厅的三人谈话中，他们当场就拍板决定实施。超立方体设备的设计目的是要将几台微型处理器连接起来，以产生与大型主机类似的效果。范·纳塔提出的这个设想为人所津津乐道。他很快就到加州湾区各地进行讲演，一度吸引了几百名电子和电气工程师。最令他感到自豪的是，他刚退学的加州大学伯克利分校计算机科学研究生院也请他做讲演。

超立方体项目引起了计算机新闻媒界的关注，还上了《计算机世界》（Computerworld）的头版和《数据信息》（Datamation）的"产品焦点"栏目。这两家杂志都是主攻大型计算机的刊物。这样一个仅存在于范·纳塔脑海中的产品竟能得到如此多的重视，让他们兴奋不已。计算机刊物的编辑一心想要跟上迅速演变的创新趋势，对大家来说，范·纳塔提出的这种将机器连接起来的主意说不定就是能让小个子的微型计算机派上用场的唯一方法。

1975 年 12 月，以姆赛公司的计算机还处于初期的生产阶段，米勒德又与 Omron 公司的爱德华·法伯尔面谈了一次。这一次米勒德邀请法伯尔到以姆赛公司工作。法伯尔犹豫不决。因为基里安的计算机和 Altair 同样都是组装而成的，而在法伯尔看来，组装式的计算机都是荒诞可笑的。他从未听过制造自己的计算机这样的事情，更别说通过《大众电子学》的邮购广告来招揽买家这种奇闻了。但是当法伯尔到以姆赛公司参观时，公司接到的电话次数之多让他改变了看法。因此，法伯尔很快于 1976 年 1 月兴冲冲地加入以姆赛公司，并担任销售总监。

事实上，法伯尔并不完全符合以姆赛公司管理层的模子。他举止老练、经验丰富、习惯发号施令而不是听命于人。而公司其他的关键人物大多数都是性格温和的。米勒德这位博弈者希望手下这帮热忱的管理者对自己不离不弃，哪怕要时刻跟随自己去冒尽天下风险。法伯尔愿意这样干吗？

实际上，法伯尔是愿意冒险的。他是 IBM 公司的资深员工，在销售及开拓新业务方面颇有建树。在为 IBM 公司开创了不少新业务之后，法伯尔意识到自己很享受销售工作的乐趣。米勒德需要有人来组建一支销售团队，而法伯尔愿意做这个工作。

法伯尔的职务是至关紧要的，因为销售团队就是这家公司的核心部分。

比尔·洛斯是法伯尔聘用的首批销售人员之一。他拥有哲学学位，卖过维生素。同其他人一样，他就是一副从以姆赛公司模子造出来的样子。他新近才通过 EST、个子高瘦、满腔热情、聪明莽撞，还是个急性子，他喜欢穿范·纳塔和米勒德所喜爱的那种优质西服。洛斯对计算机一窍不通，但深信自己能将计算机推销给任何人。

越来越多的人加入了以姆赛公司，其中包括一个专门生产机器的团队。新员工当中的有些人则不同于洛斯、范·纳塔和米勒德这一类型，如前巡回乐队的经理人托德·费舍尔。到 1976 年秋季，生产团队正在大批交付基里安制造的 IMSAI 8080。在此之前，MITS 公司只看到了在电路板市场中的竞争对手，此时他们突然遭遇了劲敌。

1 号楼和 2 号楼

1 号楼是行政楼。2 号楼是生产楼。1 号楼和 2 号楼干嘴皮子架的事儿是常有的。

——托德·费舍尔，以姆赛公司工程师和企业家

托德·费舍尔喜欢修理东西。

高中毕业之后，费舍尔的许多同学都去了大学或工程学校，而他却径直去空军招募中心入伍了。空军部队教会了费舍尔修理电子设备。费舍尔很重视空军训练，但不愿将军人作为职业。于是，兵役期满后费舍尔去了 IBM 公司工作，负责修理打字机和键控穿孔机。但费舍尔在 IBM 公司只待了很短的时间，1967 年便辞职离开了。这倒不是因为费舍尔不喜欢那份工作，而是因为 20 世纪 60 年代末的 IBM 公司对这位旧金山湾区小伙来说，无非是一个没有个性的官僚机构、没有灵魂的大型企业。费舍尔对此感到厌烦。

离开 IBM 公司之后，费舍尔发现自己可以靠音乐挣钱，不是靠奏乐，是靠修理乐队设备。他在 20 世纪 60 年代晚期渐渐进入了旧金山的摇滚音乐行业。这个行业环境对费舍尔来说很宜人，他十分热爱这一行。从 1968 年到 1971 年，费舍尔先后在几十个当地的摇滚乐团工作过。费舍尔曾是传奇鼓手巴迪·迈尔斯及英国摇滚乐队 Uriah Heep 的巡回乐队经理人。他跟随乐队周游世界，一路上修理电子设备，简直像进了天堂。

后来，费舍尔还是从天堂回到了人间。回到湾区之后，他尝试开办了一家电子设备维修店，但很快便维持不下去了。后来费舍尔在一家立体声设备商店做维修工作时，一位朋友邀请他到创办仅一年、名为以姆赛制造公司的计算机公司服务部工作。"修计算机？好啊，为什么不呢？"费舍尔心想。对费舍尔来说，跟过迈尔斯那样的人周游世界之后，还做这种工作确实有点儿扫兴，但他至少还能做自己喜爱的工作，还能修理东西。

费舍尔的加盟对以姆赛公司来说至关重要，但他那懒散休闲的风格实在与米勒德推崇的、以目标为导向的"创造奇迹"精神相去甚远。

要么达到目标，要么什么都不要

彼时，以姆赛公司发展迅猛，风头有增无减。这家公司已经在圣莱安德罗的威克斯大道上拥有了两幢大楼。行政管理、销售、市场和工程设计部门在 1 号楼，生产和服务部门在 2 号楼。米勒德组建了一个干劲十足的团队，这种氛围在 1 号楼的销售团队中最为明显。像比尔·洛斯这样的电话销售人员会在上午 8 点钟到办公室报到，参加完一个简短的早会之后就守在电话旁，将拨出的电话一一记录下来，一直忙到午餐时间。洛斯中午会休息一个小时，和其他销售代表聊天，看看大家在上午卖出了几千美元的产品设备。之后洛斯又回到电话旁，继续拨打电话，一直到一天的工作结束再召开销售会议。洛斯学会了不拿"问题"说事儿，而使用"挑战"和"机会"这样的时髦用语。洛斯规劝别人时还常把"创造奇迹"挂在嘴边。

在米勒德的鼓励下（也有人说是在米勒德的坚持下），以姆赛公司的管理层和销售人员都"受了训练"（参加 EST），创造了奇迹，且都达成了自己的目标。以姆赛公司的员工学会了先专心搞清楚自己想干的事，然后再动手去干。他们在这件事上学得很好，这也使得他们在实现销售目标以及与同事、客户间的人际关系的经营上表现得更好。"搞清楚想干的事，然后再去干"，这对刚毕业的职场菜鸟来说是一个很有力量的信条。这些新员工的工作氛围紧张到什么程度呢？他们服务的是一家迅猛发展的公司，这家公司要么下周就濒临破产，要么就会发展成像 IBM 公司那样的巨头。这种想法诞生自那位富有魅力的企业家型领导。那位赌徒企业家总告诉他的新员工，他们能够"创造奇迹"，也"肯定会"创造奇迹。

米勒德的箴言在公司创造了一种氛围，激励着员工去创造超人的成就。在这种氛围下，员工只有发愤图强才能成功。这种紧张的氛围在以姆赛公司的管理层创造了一种近乎狂热的乐观主义精神。他们常常工作到深夜，与以姆赛公司同生共死，忘我到几乎看不见凡尘俗世。站在埋头苦干的洛斯的立场上来看，除了手头在干的活以外，其他事都很难进入他的法眼。洛斯的眼里只有当周的销售目标，再无其他。

完成销售目标成了整个以姆赛公司存在的意义，销售部门则成了公司的心脏与灵魂。范·纳塔对这一点的体会无人能及。他曾在以姆赛公司做过很多类型的工作，包括采购、编写程序、工程设计及产品策划等。有一天，范·纳塔突然做了一件令所有人大跌眼镜的事情，他走进销售总监的办公室，宣布想要成为一名销售代表。作为公司的创始人之一，提出这样的要求确实很稀奇。但不久之后，范·纳塔便成了公司的顶级销售人员。

差不多在同一时间，米勒德定下了当月的销售目标：100 万美元。在月底还剩两天就要结算时，范·纳塔看了看销售额，居然一共才 68 万美元！而且已经没有可以拨打电话的潜在客户了！范·纳塔不愿说出"不可能达成目标"这样的话，以姆赛公司的员工是不会说这种丧气话的。但在当晚回家的路上，范·纳塔内心差不多就是这么一个想法。

范·纳塔的妻子玛丽是以姆赛公司的销售助理，她也知道这个数字。她的生日就要到了，在大家未能达成销售目标的情况下，玛丽不知道自己是否还能过一个愉快的生日。当范·纳塔问她想要什么生日礼物时，她只想到了一件事。她告诉丈夫："我想要达成销售目标。"范·纳塔提醒她，当月只剩两天时间了，而且能拨打的电话都已经拨打过了。这个月要是还能拨通哪个电话再搞到一毛钱也算是行大运了。更何况此时的数字是 68 万美元，距 100 万美元还差得远呢！

玛丽还是坚持自己的想法，她就是要丈夫以达到销售目标作为生日礼物送给她。范·纳塔答应了，并在心里打起了算盘。他是销售团队十多个人当中的一个，能完成整个团队 30% ~ 40% 的销售额。要是他能说服公司最大的客户将 30 天的产品订单改为 90 天，或是就其他若干销售订单进行重新洽谈就好了。但这些看起来都是不可能的。

接下来的两天里，范·纳塔和团队中的其他人忙得焦头烂额，就为了填上那 32 万美元的销售额。到那个月最后一天下午 4 点 50 分，范·纳塔挣扎着走向玛丽的办公桌，将最新的销售额加入到已有的总额上。居然已经有 99 万美元了，简直不可思议！这和 100 万美元几无差别，而且根据任何合理的标准来看，这绝对是一个奇迹！当时已经快 5 点了，马上就要下班了。

什么，这还叫失败？玛丽就是不答应。要么达成目标作为生日礼物，要么什么也别给。范·纳塔得再搞到 1 万美元，否则就功亏一篑了。范·纳塔走回到自己的电话机旁边，拨电话给一名他认识的代理商。他知道这名经销商并不需要这批设备，但还是开口问他能否卖个人情，买下价值 1 万美元的设备。这位经销商勉强同意了。毫不夸张地说，以姆赛公司的销售人员都在争分夺秒地达成销售目标。

一家公司，两种文化

2 号楼是销售目标成为现实的地方。推销出价值 100 万美元的计算机和生产出价值 100 万美元的计算机可不是一回事，生产人员要想跟上订单的进度是很不容易的。过了春季的一个月后，公司果真交付了价值 100 万美元的机器，生产部门的人员在 2 号楼举行了庆功派对。营销经理乔·帕西亚里带了啤酒，给大家订了披萨。生产技术员南茜·弗雷塔斯和当时任产品测试主管的托德·费舍尔两人只喝了一两罐啤酒就已略有醉意。

南茜注意到，有醉意的不仅是他们两个人。连续几个星期长时间加班加点的工作，喝一点儿啤酒就略有醉意不让人意外。在那段日子，每个人都被要求大量加班。生产团队人员通常在早上 6 点就开始上班，一直工作到晚上 8 点。他们累坏了，每个人都憔悴不堪。问题不仅仅在于长时间的工作，他们疲惫不堪的原因还有管理层不间断地施压以及精神上的紧张感。据费舍尔回忆，在连续工作 12 ～ 14 个小时之后，他们有时会去酒吧坐下来喝点儿酒，目的是止住双手的颤抖。

费舍尔发现，在不需要忙到焦头烂额时，生产部门这帮人在一起也很能玩得开。团队中有人很喜欢音乐，他们有时会聚在一起即兴玩玩音乐。有时不需要那么紧绷精神时，他们就结伴玩扔飞盘。一起出去吃午餐时，二三十人围着一起吃。

费舍尔很看重这种革命友情。他知道以姆赛公司的两幢大楼之间存在差异。1 号楼里肯定有人搞小圈子，而 2 号楼里的人则相对清闲自在。2 号楼聘用了一些搞音乐的和自由散漫者，受过 EST 的人则为数不多。毫无疑问，以姆赛公司内部分为两派，而且双方都丝毫不能好好协调。2 号楼的人齐心协力地工作以完成生产任务，1 号楼的人则非斗争个你死我活不可。

米勒德相信，热爱竞争对销售人员来说绝不是成功路上的路障。不仅如此，他还极尽所能地激发员工的好胜心。在以姆赛公司，不论是 1 号楼还是 2 号楼，大概没有谁能比市场部总监塞缪尔·鲁宾斯坦更加争强好胜了。

奇迹与错误

我自己完成了 CP/M 合同。他（基尔代尔）有海军部队养着，此外他也没有什么其他的开销，也算没吃亏。

——塞缪尔·鲁宾斯坦，软件企业家

初识比尔·米勒德时，塞缪尔·鲁宾斯坦还是纽约一家军事防御电子企业桑德士联营公司的编程人员。鲁宾斯坦的雄心和自信在米勒德看来是显而易见的，他还具备米勒德欣赏的其他特质：愿意承担别人看来不可能的任务。这种特质大概出自鲁宾斯坦那天生的高度自信吧。

把软件当回事儿

塞缪尔·鲁宾斯坦是典型的自学成才的人。他出生并生长在纽约市，后在布鲁克林学院上夜校，修完了这所学校仅有的计算机课程。凭着自己的胆识和天资，鲁宾斯坦将这门课程学到的知识变成了职业。鲁宾斯坦先是成了一名技术作者，随之从事编写程序的工作，最后到桑德士担任了首席程序员的职务。后来他常得意地告诉其他人，到他离开桑德士时，他手下已经有一批编程人员了。

1971 年，米勒德创办了系统动力学公司，出售一种兼容 IBM 计算机的远程通信终端设备。米勒德聘用鲁宾斯坦到加利福尼亚州为自己工作，于是鲁宾斯坦到旧金山南边的圣拉斐尔安顿了下来。第二年春天，系统动力学公司就因为 IBM 公司的干预而被挤出了市场。

塞缪尔·鲁宾斯坦　在以姆赛公司期间和加里·基尔代尔、戈登·尤班克斯、比尔·盖茨谈成了很多划算的软件交易。后来开办了自己的软件公司，推出了软件 WordStar，给文字处理这一行当带来了"所见即所得"的功能。（资料来源：塞缪尔·鲁宾斯坦）

系统动力学公司一倒闭，鲁宾斯坦和米勒德就分道扬镳了。

尽管如此，鲁宾斯坦仍对技术充满热情。或许爱德华·法伯尔一开始还对销售组装式计算机持怀疑态度，但鲁宾斯坦则不然。系统动力学公司倒闭之后，他就去当了一名顾问。1976 年年底，结束了欧洲的顾问之行回到美国时，鲁宾斯坦还不了解有这么一个微型计算机产业正在萌芽。因此，当看到僻静的圣拉斐尔郊区的大街上出现了一家出售组装式计算机的字节商店时，鲁宾斯坦惊讶不已。他买了一套计算机，花了几个星期将这台设备装配了出来，并编写起了程序。鲁宾斯坦惊异地发现，这确实是一台不折不扣的计算机！后来他才知道，他的计算机恰恰就是那位将他带到加利福尼亚州来的米勒德制造的产品。

1977 年 2 月，鲁宾斯坦加入了以姆赛公司，担任软件产品市场经理。敦促鲁宾斯坦参加了 EST 之后，米勒德对自己聘用了鲁宾斯坦这件事的正确性更为笃定。几个月之内，鲁宾斯坦就升职为市场总监，他在以姆赛公司任职期间一直担任此职务。

担任软件产品市场经理期间，鲁宾斯坦结识了编程人员罗布·巴纳比。至少就人们所能认识另一个人的程度而言，鲁宾斯坦可以说认识了巴纳比。巴纳比年纪轻轻、瘦骨嶙峋、沉默寡言，常独自工作到凌晨。巴纳比和鲁宾斯坦都意识到，以姆赛公司的机器设备需要数量更多、更稳定完整的软件，因为最初为计算机供应的软件数量稀少，功能也很差。

巴纳比曾提出要为以姆赛公司编写一套 BASIC，但米勒德发现这项计划需要花费很长时间，因此否决了。在那之前，巴纳比一直在编写各式各样的程序、协助雇用其他程序员（如黛安娜·哈吉雪克和格伦·尤因）并和外部人员商谈软件交易。米勒德希望能速战速决，而购买软件又比编写软件更快一些。鲁宾斯坦刚来以姆赛公司时，巴纳比正与海军研究生院的人商谈两份软件合同。格伦·尤因就在那所学校学习过。鲁宾斯坦很快就从巴纳比手中接手了这些合同的谈判工作。

谈判专家

以姆赛公司迫切需要一个磁盘操作系统。从一开始，米勒德就将以姆赛公司的机器定位为磁盘驱动机，也就是说，该机器将是一台能使用磁盘来永久存储信息的机器。这一点和 Altair 不同，Altair 最初是用速度较慢、持久性较差的卡式磁带来存储信息的。要是米勒德想把以姆赛公司的计算机用于商业用途，那么磁盘是举足轻重的。但是光有磁盘也是不行的。磁盘上还需要一个能作为"程序库"管理程序的程序来处理存储在磁盘上的信息。

以姆赛公司从海军研究生院的教授加里·基尔代尔手中买下了一套 CP/M。基尔代尔就是那位曾为英特尔 4004 芯片编写软件的人，他还曾与约翰·托罗德一同将计算机卖给了 Omron 公司。虽然 CP/M 是基尔代尔在英特尔做顾问时编写的，但该系统在 1977 年仍是一款全新的产品。基尔代尔将现有的第三份副本给了罗布·巴纳比。鲁宾斯坦与基尔代尔及他的律师搭档格林·戴维斯进行了洽谈，以 25 000 美元的价格完成了交易。鲁宾斯坦后来得意地说，这个价格简直是打劫了基尔代尔。如果基尔代尔有点儿头脑，他应将 CP/M 按专利权使用费的方式出售，而不是一次性就将它让与。交易完成之后，鲁宾斯坦告诫基尔代尔，他的销售方式很不成熟。"如果继续这样干，你会少挣很多钱的。"鲁宾斯坦由衷地说。基尔代尔只是耸了耸肩，不以为意，他倒觉得这笔交易挺好的。

基尔代尔的一名学生戈登·尤班克斯曾编写过一套 BASIC，以姆赛公司也将它买了下来。尤班克斯拿到的钱甚至比基尔代尔的还要少。尤班克斯让出了他的 BASIC，以换取以姆赛公司的一台计算机和一些技术支持。以姆赛公司给了尤班克斯一台计算机、一些磁盘驱动器和一台打印机，并鼓励他改进 BASIC，条件是以姆赛公司对该语言享有不受限制的发行权。尤班克斯编写的 CBASIC 可在以姆赛公司新买来的 CP/M 上使用。这正是以姆赛公司一直梦寐以求的。由于以姆赛公司就 CBASIC 达成了这么划算的交易，他们甚至没有考虑比尔·盖茨和保罗·艾伦以微软公司的名义出售的 MBASIC。

后来，以姆赛公司开始向微软购买软件。双方的谈判由始自终都是由鲁宾斯坦主持的。鲁宾斯坦是一位精明冷酷的谈判专家，他将自己所有的城府和手段都施加到了微软公司年轻的总裁比尔·盖茨身上。离开谈判地点时，盖茨还觉得自己为微软公司干了件大好事，几天后才开始生疑。而另一头，鲁宾斯坦一经敲定便知道自己拿下的是怎样一笔交易。鲁宾斯坦得意扬扬地说："就好像把厨房水槽以外所有能搬的东西都搬走了似的，就连水槽塞子和水龙头都拿走了！简直太爽了！"鲁宾斯坦是在用自己的方式创造奇迹。

丢失的工具

以姆赛公司 1 号楼对"创造奇迹"理念的坚持给 2 号楼的生产和服务人员制造了问题。托德·费舍尔认为，大家很容易将这两幢楼看作是发生冲突的两个人，因为两个部门中的人员性格迥异。销售部门发号施令，交代干活的任务，却全然不顾生产部门是否能够承受，这种做法很容易引起冲突。

费舍尔回忆道，比如说，销售部门会将某些产品的生产量定为27件。于是生产部就将这27件产品所需要的部件挑出来，并生产出27件产品。然后呢，就有人从1号楼"咚咚咚"穿过停车场跑过来，边跑边喊："嘿！我刚刚又卖出30件产品啦！星期五之前我们得再交付30件产品！"销售部好像根本不在乎生产部缺不缺部件，也不在乎生产需要的部件缺不缺人手。反正费舍尔从2号楼的立场看就是这样的。如果销售部要求必须在星期五前交付这批产品，那生产部就得踩紧油门加快速度，在星期五之前将这批产品赶制出来。这就是一个"创造奇迹"的时刻！

费舍尔不喜欢不可预测的工作任务将大家玩弄于股掌之间。工作安排上的突然变化会影响生产部门的每个人，造成他们心理上的创伤。生产部门从来无法预知什么时候需要加班，什么时候会突然来个急单，什么时候需要利用某个产品来充当必要的部件。这种时常出现的不定时"惊喜"渐渐消磨了生产部的工作成就感，因为这样赶制出来的机器往往未经必要的测试便匆匆送往商店。有一次，费舍尔接到一名顾客的电话，对方说不知道为何机箱里会有一把螺丝刀。显然，技术员还没来得及找到丢失的工具，机器就被封上送走了。

生产部门尽管饱受这种工作安排上的困扰，但比起客户支持部门，他们的情况仍算好得多。南茜·弗雷塔斯的哥哥爱德华·弗雷塔斯在仓储部门工作，他知道客户支持部门是颇受怠慢的。当需要部件来维修顾客的机器时，仓储部门通常会将这种需求的优先级置于末位。生产部门能优先拿到自己需要的部件。这种做法引起了那些等待取回机器的客户的不满。因此，2号楼实行了一种非正式的（未经公司同意）工作程序来反击。如果费舍尔或南茜发现了问题，那南茜就告诉仓储部的爱德华，然后爱德华就会在仓储清单上弄点名堂。这样一来，客户支持部门就能拿到他们需要的部件了。费舍尔或南茜经常使用这种手段，他们就这样开始了一个"地下部件供应网络"。

南茜因为在仓储部和生产部都工作过，所以她能够画出一张连接起所有部门的生产流程图，并将组件从生产阶段到维修阶段的细节都囊括在内。她清楚地知道每个步骤能做什么以及需要花费多长时间。关于"创造奇迹"的那些废话令南茜大为恼火。南茜可以用她画下的这张流程图向公司高层解释，有些生产目标无论从体力上还是物质上都是不可能达成的。管理层不愿听到"不可能"这三个字，他们的答复永远都是那句：要创造奇迹啊！

公司管理层不愿意正视生产限制的做法在 1 号楼的工程部门也引起了摩擦。IMSAI 8080 发布之后，工程部门的新项目是一款叫作 VDP 80 的计算机。这款计算机设计新颖，显示屏直接嵌入了机箱之内。乔·基里安希望能对这台机器里里外外好好测试一番。但上头下达了命令，这款机器必须立刻交付，哪怕包括基里安在内的整个工程部门都说机器因未测试而无法准备就绪也无济于事。当时，样机似乎能用，订单正源源不断地发来，而公司又正好需要钱。

工程部门简直要举手投降了。基里安的团队告诉米勒德，如果管理层坚持要这台机器，那就拿去吧。工程部门不愿对一台很快会疯狂出错的机器负责，但米勒德不愿听他们描述那些潜在的问题。销售部门每天收到的 VDP 80 的订单越积越多。公司需要资金来填补目前的支出，以便支持新产品的交付。事情只能这样。

在工程部、生产部和客户支持部看来，销售团队在盲目推销，这就是在拆公司的台。以姆赛公司重视成功，这没什么问题。但管理层衡量成功的标准首先是销售额而不是生产或客户服务的质量。以姆赛公司成了专门卖东西的机器，若从这个角度看，它确实干得很好。

像卖汉堡包那样卖计算机

对销售部的比尔·洛斯来说，这份工作时时都是激动人心且充满挑战的。洛斯认为自己的公司一直在进步，敢于冒风险，而且在不断进步的路上取得了一些巨大的成功。米勒德在变革和风险中发了大财。销售团队一直在扩大、改进。他们招募了一些经验丰富且富有以姆赛公司干劲与创造力的销售人员，如弗雷德·普德。之后，以姆赛公司又有了特许经营的想法。

计算机商店正逐渐成为经销微型计算机的重要渠道。罗伯茨曾经要求 MITS 公司的经销商店不许销售 Altair 之外的其他计算机，但这限制了 MITS 公司的市场份额。米勒德不想重蹈覆辙，但是要怎么做才能让经销商忠于自己的产品呢？

米勒德喜欢"特许经营权"这种独立而友好的商业模式，法伯尔对此也很感兴趣。这也许是因为法伯尔在米勒德的组织架构中颇不得志，因而想要寻求更多的自主权，也可能是因为他对以姆赛公司最初创业时的那种兴奋感已经消失了。不管原因是什么，1979 年夏天，法伯尔告诉米勒德，他想要像麦当劳卖汉堡那样，开展计算机特许经营业务。洛斯特别感兴趣地关注着此事的进展，当法伯尔出去搞特许经营业务时，洛斯取代法伯尔成了销售总监。

洛斯一上任就遇到了两个挑战。普德将洛斯看作是刚出大学校园的毛头小伙，对他担任总监一职十分不满。另外，在洛斯看来，鲁宾斯坦想要市场部和销售部向一个人汇报工作，那个人就是鲁宾斯坦自己。果然，洛斯和鲁宾斯坦常常闹矛盾。

尽管如此，洛斯还是认为以姆赛公司是个工作的好地方。洛斯很乐意为米勒德工作，将米勒德当成导师，也很享受销售部的工作环境。以姆赛公司的员工卖出了别人认为不可能卖出去的东西，并且完成了看起来不可能实现的销售目标。从某种程度上说，这是不准确的。以姆赛公司看起来确实是创造了奇迹。

EST 和创业者症

这群人都深陷 EST。

——吉姆·沃伦，计算机出版界先锋及西海岸电脑节创始人

1978 年，米勒德一整年都忙于创办新的公司。以姆赛公司的母公司以姆赛联合公司又开了一家新公司，这家新公司名叫计算机天地公司。法伯尔就是在计算机天地公司开展的特许经营业务。米勒德还在卢森堡待了几个月，创办了以姆赛欧洲公司。这是一家独立的公司，从加州的以姆赛公司订购计算机转而在欧洲出售。由于长期不在公司，米勒德未能注意到内部出现的那些戏剧性的混乱场面。

吃着碗里的，看着锅里的

以姆赛公司在客户支持上专横跋扈的态度终于开始伤害到自家的业务了。他们在市场定位上出现了偏差。以姆赛公司的设想是将计算机出售给一本正经的商业用户。但是，以姆赛公司的机器和早期的其他微型计算机公司的产品一样质量不稳定。纯粹为商业目的而购买计算机的用户可能会感到失望。IMSAI 8080 的故障率高得惊人，而且随机附带的说明书是由工程师撰写的，语言晦涩难懂，普通人很难理解。

说到以姆赛公司对待技术文档的态度，范·纳塔会半开玩笑地挖苦道："你拿到产品图解了吧？那你还有什么问题呢？"

IMSAI 8080 刚发布的时候，甚至连供商业用途的最简单的软件也没有。这种计算机庞大而笨重，就像一堆电子测试装置。以姆赛公司以为企业会抢着将这种设备装到自己的办公室里，或是将商业记录交托在这种未经检验的、不可靠的玩意儿上，未免也过于自信了！因此，大多数的"商业"用户其实就是一些希望能将这些机器用于商业的发烧友，这些人之所以能够忍受机器的缺陷，是因为他们在学习如何使用机器来办公，并乐在其中。

以姆赛公司在客户支持服务方面表现得太糟糕了，就连最宽宏大量的发烧友也不能忍受。坏事传千里，这些事情传遍了发烧友的圈子，以姆赛公司却对此不屑一顾。销售部门不久后就无法完成规划的业务目标了，而使用客户购买未来产品的预付订金来应付日常开支的招数也开始不奏效了。

在米勒德外出的情况下，韦斯·迪安在公司主持大局。迪安虽是公司的总裁，却逐渐对公司的未来丧失了信心。看着日渐严重的危机，迪安觉得以姆赛公司已经应付不了客户支持、企业形象及现金周转等方面的严重问题了，而这些问题会长期影响着公司的前途。后来，迪安终于放手离开了。约翰·司科特接任总裁职务并主持了 1978 年 10 月初的裁员工作。

1978 年秋天，以姆赛公司的财政出现危机。司科特清楚地认识到，再不采取严厉措施就晚了。公司的订单和售后服务任务足以让所有人有活干，但要支付所有人的工资则不可能了。当年 10 月，司科特实施了首次裁员计划。2 号楼在这次计划中受打击最大。费舍尔已在服务部门担任要职，但当他得知南茜将被解雇时，他也辞职了。这让本来已经不太顺利的服务部门出现了一个意外的缺口。

VDP 80 的那些麻烦事儿

对以姆赛公司来说，费舍尔发挥骑士精神的时机可谓差得不能再差。公司已经开始交付未经测试的新款 VDP 80，而这些产品却几乎以从生产部门出货的速度返厂维修。裁员后的服务部门与这些机器上的各种问题不停做斗争，与此同时，销售团队却将越来越多的问题机器卖了出去。因为这些维修任务都在保修期内，且维修的工作量巨大，所以以姆赛公司从 VDP 80 上得到的利润是极少的。此时，公司面临着两个选择：一是将图纸打回设计部门且在解决设计问题之前不再出售问题机器，二是继续销售这些机器，同时维修退回来的机器。

以姆赛公司选择了后者。

如此轻率地将 VDP 80 推入市场是一个错误的决定，但这可不是无缘无故发生的。除了基里安和工程部门之外，1 号楼那帮家伙谁也不相信 VDP 80 有严重的问题。承认有问题就等于承认失败，而以姆赛公司的企业文化是不允许承认失败的。

不愿承认失败的态度以及对"伟大的业务目标"一根筋的执着最终导致以姆赛公司对目标客户的定位出现偏差，与市场的本质渐行渐远。这种不屈不挠的乐观主义影响了管理层的判断力，促使他们做了发布 VDP 80 的决定。

与此同时，销售数字正南辕北辙地一步步走向深渊。1979 年 4 月，以姆赛公司的收入比支出多 2 万美元。5 月，这个数字已是负的 1.2 万美元。6 月，米勒德开始寻求投资者，但为时已晚，没有人愿意将钱投入到这家苟延残喘的公司了。

早前，在以姆赛公司的财政状况还算健康时，好多人意图投资却都遭到米勒德的拒绝。当时不愿意接受投资的并不只是米勒德一人。许多早期的微型计算机公司的高层都担心，哪怕出售公司的一部分股份也可能导致自己失去对整个组织机构的控制权。他们很反感这种可能性。这种心理后来被称为"创业者症"，指不管他人开价多高，创始人都不愿将公司的控制权分给其他任何人的心理。当米勒德对以姆赛公司的统治接近尾声时，他开始对当初不愿接受任何投资而感到后悔。要知道，米勒德要想在 1978 年找一个愿意投 200 万美元的投资人可是轻而易举的事情啊！

查尔斯·坦迪就是曾在投资方面找过以姆赛公司的人之一。查尔斯是 Radio Shack 电子设备全美连锁商店的掌门人。查尔斯不想让自己那些专注于销售电子设备的公司冒风险来制造微型计算机，但他对在自己的店里出售微型计算机颇感兴趣。要么从其他公司购买计算机，要么就将整个计算机公司买下来。当时，以姆赛公司是业内最大的计算机销售公司，看起来它是一个合理的选择。有一天，比尔·洛斯目睹查尔斯走进米勒德的办公室，当时洛斯就知道，办公室的这场会谈将对以姆赛公司的财政状况产生决定性影响。不过，当洛斯后来得知查尔斯与米勒德的此番会谈徒劳无功、两家公司不会合作时，他感到十分泄气。

这时米勒德认识到公司的现金周转问题非常严重，他得马上赶回圣莱安德罗去主持大局。不久后，洛斯收拾细软前往卢森堡去照看以姆赛欧洲公司。

死亡和重生

罗德·史密斯说，他确实想要一台我的 VDP 80，还寄来了一张 4600 美元的支票。这样挺好的。但我总有一种感觉，就算我们所做的一切都是正确无误的，但就是无法产生应有的结果。

——比尔·洛斯，以姆赛欧洲公司总部发来的电传消息内容回到圣莱安德罗后，米勒德发现以姆赛公司非但处于严重的财务危机中，其在市场上的机器还在给公司的声誉抹黑。为了扭转局面，米勒德首先批准重新设计 VDP 80。米勒德和工程人员都觉得，如果这款计算机能正常运转，那它基本上还算得上品质优良；若 VDP 80 的名声尚未受到不可逆转的伤害，它还是有机会风靡市场的。

寻找奇迹

以姆赛公司另一个尚有希望的项目是黛安娜·哈吉雪克的 IMNET 项目，这是一个能将若干以姆赛公司的机器连接起来的软件包。有了 IMNET，这些机器就可以共享资源，如磁盘驱动器和打印机等。米勒德希望 IMNET 项目能和改善后的 VDP 80 一同成为公司的热销办公产品。现在每走一步都是赌博，对手就是时间。如果以姆赛公司能凭借 VDP 80 和 IMNET 很快挣到大钱，那么公司就能创造出它所需要的奇迹。如果挣不到钱的话，那就不说了。米勒德可从来不往消极的方面考虑。

米勒德认为自己可以放心回欧洲了，于是就让凯西·马修斯在圣莱安德罗主持大局。马修斯是米勒德的姐姐，在公司担任管理层已经有一段时间了。可是，公司资金短缺的情况还是没有好转。终于，以姆赛公司在 1979 年春天申请了破产保护，这是美国联邦破产法第 11 章的规定，即当一家公司为应付财政危机而大力紧缩开支时，债权人应受到牵制，不得催债。尽管已经申请了破产保护，马修斯仍然相信以姆赛公司能够恢复元气，重新兴隆。

在这个节骨眼上，以姆赛公司比任何时候都需要奇迹。马修斯正竭尽所能争取更多的订单。当哈吉雪克说 IMNET 已就绪时，马修斯立即出发，做了整整三天的产品演示。但是，除了在法伯尔的计算机天地公司里的演示特别出彩之外，很多场的产品演示都颇为令人难堪，因为 IMNET 实际上并未准备好公之于众。马修斯将 IMNET 打回给哈吉雪克以便该项目能够进一步优化，同时她又同以姆赛欧洲公司的卢森堡团队说，希望他们能看到"IMNET 项目成果是多么了不起，多么激动人心"。

裁员计划还在继续，以姆赛公司浓缩为一幢大楼。公司的管理层曾如他们所梦想的那样，过着大企业老板的生活，现在却要面临办公环境质量严重下降的问题。1 号楼内的墙重新进行了修缮，形成了一条狭窄的通道，这条通道会让人产生幽闭恐惧症。各种办公室的用途变得更加广泛，员工的职能也是如此。有一天，以姆赛公司的副总裁史蒂夫·毕晓普发现，总裁约翰·司科特躺在前销售部门办公室的地板上装配机器，而工程部领导乔·基里安正在一旁焊金属线。

以姆赛欧洲公司的业务也不是一帆风顺。资金就是来得不够快。据洛斯称，情况特别严重。1979 年 7 月底，马修斯在圣莱安德罗表示，"但愿 8 月的情况能好一点"。毕晓普检查了财务记录后发现，公司亏损比他原本所担心的要少一些。以姆赛公司总算可以多支付一个月的工资了。

仿佛读到了自己的讣告

杂志《界面时代》（*Interface Age*）有一个由行业评论员亚当·奥斯本撰写的专栏。奥斯本是英特尔公司的前员工，曾撰写过英特尔公司首台微处理器的说明文档。在 1979 年 7 月刊上，奥斯本称以姆赛公司为"财政的牺牲品"。时任总裁凯西·马修斯读完后，感觉就像是在读自己的讣告。可是以姆赛公司还没死呢！马修斯坚称以姆赛公司还有希望，想要"创造一次奇迹，把毛毛虫变成蝴蝶"。

米勒德断定，以姆赛公司在圣莱安德罗的业务又需要他亲自照料了。于是他订了机票，并在 7 月 31 日给法伯尔、毕晓普和女儿芭芭拉·米勒德发了电传说：

"我希望能在 8 月 2 日和你们见面。"

米勒德指定了时间和地点。米勒德回来后的一周内，以姆赛公司暂停了全部的销售和生产业务。毕晓普让洛斯将这个情况转告给了欧洲的经销商。同时，米勒德拼了命地找人投钱来搭救以姆赛公司。

8 月 7 日，毕晓普给洛斯发了电传：

"你需要考虑你的工资问题了。你的工资是由圣莱安德罗的以姆赛公司给的，但这里的工资名册上就剩你一个人了。米勒德是这样说的，我们可以坚持下去，我们可能会拿到工资，但他并没有十成的把握。你还得考虑回美国的路费问题。我这并不是悲观，只是希望你能好好考虑。"

对洛斯来说，情况并不是太妙。当初他抓住欧洲的工作机会，部分原因就是为了逃避以姆赛公司正逐渐冒尖的各种问题，但现在公司的崩溃已近在眼前。洛斯面临着两个选择：要么弃甲曳兵，要么乘风破浪。反正经历了这一切，现在逃离显得太没意思了。但是如果要留下来，他就得依着圣莱安德罗那边的事态发展来走棋。以姆赛公司的前途就看米勒德了。如果米勒德能找到投资者，那这帮人又能恢复生气。洛斯的待办事项清单上，大多数条目都是"等进一步消息"。但洛斯这个人就是坐不住。

一星期后的 8 月 14 日，马修斯和洛斯之间的电传往来消息简单扼要：

洛斯：有消息吗？

马修斯：没有。

洛斯：真见鬼！

洛斯估算了以姆赛欧洲公司的财务状况，情况不容乐观。不管他怎么算，以姆赛欧洲公司都无法保证付清 9 月的账单。洛斯可能需要将基础设备出售，以勉强维持公司在银行账目上的最低合法收支结余额。洛斯无奈地告诉员工，公司已经没有资金来支付工资了。洛斯已经和这帮员工一起亲密打拼半年，对他们说出这种话是很让人痛心的。随后，洛斯给马修斯发了电传：

洛斯："我们在等消息。"

马修斯："嗯，我们这儿还可以再维持一天。"

洛斯停顿了一会儿，说：

"唉，我们快完了。"

也许洛斯说的是两家公司的时间差，又或者是其他的什么问题。

8 月 21 日，洛斯提交了回国申请。米勒德回电传，同意了他的请求，还让洛斯将自己先前落下的飞利浦电动刮胡刀带回美国。

1979 年 9 月 4 日，米勒德在圣莱安德罗召开了一次会议。召开会议的大楼曾是这家公司的基地，坐拥 50 多名员工和好几个部门，而今除了围坐在会议桌边的一小帮人以外竟空空如也。大家都没有什么话要说。VDP 80 的重新设计已经完成，机器也稳定了，但这台肩负公司殷切寄望的机器问世得太晚了。以姆赛公司奄奄一息的状态已经持续很长一段时间了，但奇迹最终并没有如约而至。会议结束后，大家站起来默默走了出去。不一会儿来了一名警察，给大门上了锁。

不过，奇怪的是，以姆赛公司并没有这样结束。

意外重生

在警察锁门之前，托德·费舍尔曾进去拿了一些设备出来。他和南茜·弗雷塔斯离开以姆赛公司之后，一同创办了一家独立的维修公司。以姆赛公司申请破产保护时，大部分的维修工作都是费舍尔的新公司干的。从破产中恢复元气是需要奇迹的，而以姆赛公司没能创造出这样一个奇迹。

要不是费舍尔和南茜，这家新公司根本无法从以姆赛公司的废墟中诞生。以姆赛公司正慢慢瓦解时，费舍尔和南茜挣了大钱。司科特不愿让用户的设备无人修理，于是他让费舍尔将这些设备及其继续开展业务需要用到的其他工具都一股脑搬走了。以姆赛公司还有大量计算机在用户手里，总有一天会需要维修服务。司科特想不出还有谁能比费舍尔更好地维修这些机器了。

一个月之后，费舍尔在一场低调的拍卖会上将以姆赛公司剩下的大部分库存都买了下来。后来，费舍尔发现，以姆赛公司的名称也值得买，于是他也出手买了下来。费舍尔和南茜结婚了，夫妻二人和费舍尔以前在音乐界的伙伴联手创办了以姆赛制造公司。他们就在加州奥克兰仓库区一块几十平方米的地方开业了，重新开始制作自己的 IMSAI 计算机。

费舍尔和南茜创办的以姆赛制造公司规模很小，和原本那家狂热的公司并无相似之处。比起销售业务，以姆赛制造公司更注重客户支持服务，并花了不少心思来了解自己的实际客户。该公司第一次声名远扬是因为它的一部机器在 1983 年的一部早期计算机黑客电影中入镜了。

原来的以姆赛公司在 IMSAI 8080 上的成功也是可圈可点的，该公司 3 年间一共卖出了几千台机器。虽然这份成功是短暂的，但也是一种胜利。在企业高层间沟通仍需通过电传的年代，这是一个了不起的胜利。以姆赛公司那短暂的胜利无疑和其最终的失败一样，很大程度上归因于米勒德的管理哲学。米勒德在以姆赛公司的任期可以被贴上这些标签：不自量力的业务目标、对失败的零容忍、野心勃勃的销售团队、对客观问题的固执忽视、对手中权力的死死掌控，以及最致命的一点——对发烧友的轻视。行业内许多人打趣地将这种管理风格归纳为 EST，也就是米勒德全力追捧的那个训练。奥斯本直言："就是 EST 害了以姆赛公司。"倒不如这样说，以姆赛公司的管理层没能认真对待当时技术的局限性，未准备就绪就硬将微型计算机推入了商业市场。

尽管以姆赛公司的决策者没能理解市场上的发烧友文化，但他们为发烧友提供了一款比 Altair 更好的机器，从而为这场革命煽了风点了火。同时，以姆赛公司意欲改革计算机行业的尝试有助于人们理解这一新兴行业——发烧友是一场草根运动。这些发烧友清楚地知道，他们所引燃的不仅是一场技术革命，还是一场社会革命。

这种革命精神在家酿计算机俱乐部中表现得淋漓尽致。

你在尝试制作自己的计算机、终端、电视打字机、I/O 设备或其他的数码黑盒子吗？你正在购买分时服务以节省时间吗？倘若如此，你也许会想要加入我们的聚会，结识一帮志同道合的朋友！让我们互换信息、交流想法、项目互助吧……

——1975 年家酿计算机俱乐部海报内容

第 4 章

家酿计算机俱乐部

为什么 Altair 和 IMSAI 的诞生在工程师和电子学发烧友的圈子里引起了轰动呢？这并不是因为这两款计算机在技术上取得的奇迹，事实上它们也不是什么技术奇迹。要想理解工程师和发烧友对这两款计算机近乎疯狂的热爱，你必须了解，当时买下那两款计算机并在不久后创办自己计算机公司的那些创业者的想法。你还需要考虑当时的社会背景和政治背景。尽管 Altair 发布于 1975 年，但它很大程度上依然是 20 世纪 60 年代文化变革的产物。

向大众普及计算机

它在反正统、反战争、反学科、支持自由方面的立场可将其基因代码追溯至 20 世纪 60 年代。

——吉姆·沃伦，微型计算机工业先驱

20 世纪 60 年代末 70 年代初的旧金山湾区是政治积极分子的温床，同时它也拥有一个既庞大又活跃的电子工程师社区。这两类人难免有所交集，而两者交集之处便引燃了燎原之火。

激进的态度与电子工程学

20 世纪 60 年代末，李·费尔森斯坦从工程学校退学，随后去了一家名叫 Ampex 的公司任初级工程师。Ampex 公司不需要费尔森斯坦与计算机打交道，对此，费尔森斯坦倒也没什么意见。自从因为自己眼高手低，在高中时代动手制作计算机吃了苦头后，费尔森斯坦对计算机的态度就释然了。费尔森斯坦在享受 Ampex 公司工作的同时，又不愿意为美国商界的工作不遗余力。1969 年，费尔森斯坦离开了 Ampex 公司，开始为《伯克利芒刺报》（*Berkeley Barb*）撰写文章，《伯克利芒刺报》是著名的反主流文化报刊，极具影响力。有一段时期，费尔森斯坦在头版的文章署名为"星期五"，显然，该署名出自《鲁滨逊漂流记》中的忠实仆人。

李·费尔森斯坦 使得个人计算机界早期所拥有的技术领悟力和反主流文化精神具象化。图为 1971 年他在加州大学伯克利分校与一台小型计算机的合影。（资料来源：李·费尔森斯坦）

后来，费尔森斯坦又回到了 Ampex 公司。1970 年，费尔森斯坦为数据通用公司的 Nova 设计了一个接口，他开始觉得计算机可能也没有什么不好。费尔森斯坦节衣缩食，存了些钱，1971 年，他重新回到加州大学伯克利分校并取得工程学学位。1972 年，费尔森斯坦捡起了自己的工程学知识，加上反主流文化的阅历，他加入了

"资源一号"项目。

　　"资源一号"项目是一个试图用计算机网络将旧金山湾区的非营利组织和激进团体联合起来的项目，由一个名为"旧金山交换台"的自发性职业咨询机构和一些离开加州大学伯克利分校以抗议美国入侵柬埔寨的计算机发烧友一同管理。像群居城市公社那样，"资源一号"项目的众多参与者群居在旧金山一家工厂的大楼里。这幢大楼像磁石一般吸引着许多反主流文化的工程师，其中就包括费尔森斯坦。

　　令人惊讶的是，"资源一号"项目竟然有一台计算机，那是一台价值 12 万美元、巨大的 XDS 940！ XDS 940 是施乐公司试图进入大型计算机产业未遂的遗腹产物。"资源一号"项目从斯坦福研究所接手了这台计算机，最早用计算机控制的机器人沙基就是斯坦福研究所操纵的。费尔森斯坦是作为第二代迁入者搬入那幢大楼的。他受雇作为总工程师来管理这台 XDS 940，做的是一份"月薪 350 美元却要遭受各式各样责备"的工作。这份工作十分令人沮丧，但费尔森斯坦相信这个项目，后来他还常对人谈起有关该项目的事情。费尔森斯坦回忆到，两名加州大学伯克利分校的研究生查克·格兰特和马克·格林伯格不愿退出系统让自己进行维护工作，这让他十分反感。

　　"资源一号"项目使得费尔森斯坦有机会接触到加州大学的学生、教师以及学校的其他研究人员。费尔森斯坦参观了施乐公司的帕洛阿尔托研究中心，看到了一些令他眼花缭乱的创意。然而，相对于那些渐欲迷人眼的技术乱花，费尔森斯坦更愿意支持一场日益发展壮大的、向大众普及计算机的草根运动。

　　这场草根运动能在旧金山湾区发展起来，得益于当时的时代精神以及像费尔森斯坦这样对计算机威力有所了解的人对彼时计算机行业的不满。少数人掌握着计算机的强大威力，他们却存戒剔之心，将计算机的威力保护得严严实实。计算机技术革命者对此感到愤愤不平，他们积极致力于推翻 IBM 公司以及其他巨头在计算机行业中的霸权地位，试图打破程序员、工程师和计算机操作人员等把守计算机入门门槛的人在计算机界"白袍祭司"的形象。

　　具有讽刺意味的是，这些技术革命者当中的许多人原本就是那些"白袍祭司"中的一员。

对抗白袍祭司卫道团

　　20 世纪 60 年代，罗伯特·阿尔布莱特离开了 CDC 公司，因为公司不愿意进军个人计算机领域。阿尔布莱特和朋友创办了一家非营利的新型教育机构，名为波多拉学院。在斯图尔特·布兰德的配合下，一本名为《全球软件概览》（*The Whole Earth Software Catalog*）、关于软件入门的杂志在波多拉学院萌芽。这本杂志启发了女演员西莱斯特·霍尔姆的儿子泰德·尼尔森，尼尔森后来撰写了一部精神上类似但内容方面关于计算机的图书。Altair 还没有宣布问世之前，尼尔森的著作《计算机解放》（*Computer Lib*）就宣称："现在已经到了大众都能了解而且必须了解计算机的时候了！"在这场计算机启蒙运动中，尼尔森就像托马斯·潘恩，而《计算机解放》则是潘恩笔下被奉为圭臬的《常识》（*Common Sense*）。

当时，将计算机的信息送到旧金山湾区大众手中的另一个具有重大意义的刊物是一本名为《人民计算机公司》（*People's Computer Company*）的文摘，《人民计算机公司》也是阿尔布莱特经手的项目。阿尔布莱特曾说：如果歌手詹尼斯·乔普林的乐队"老大哥和控股公司"算是一家公司的话，那么《人民计算机公司》也应该算是一家公司。

《计算机解放》和《梦想中的机器》 "现在已经到了大众都能了解而且必须了解计算机的时候了！"泰德·尼尔森在《计算机解放》中这样宣称。对家酿计算机俱乐部的人来说，这就是革命的宣言。《计算机解放》的后半部分是上下颠倒印刷的，还有独立的封面。（资料来源：泰德·尼尔森）

阿尔布莱特热衷于将计算机知识传授给大众，尤其希望小孩子能了解这些机器。

于是，阿尔布莱特离开了波多拉学院，创办了 Dymax 公司，致力于向大众传播计算机的信息。《人民计算机公司》指出，计算机曾主要用于对付大众，现在它该用于服务大众了。

阿尔布莱特没有得到过任何报酬，公司其他人的报酬也极低。在 20 世纪 60 年代，《人民计算机公司》的主流价值观赞颂的是完成有价值的工作，这种价值观认为，工作的意义远不止获得金钱、权力和名望。如果说《计算机解放》提出了当时最具革命性的哲学原理和最高明的独创见解，那么《人民计算机公司》则希望自己成为想了解更多计算机知识的大众眼中最可靠、最实用的指导书。

阿尔布莱特和他的伙伴并没有撰写关于个人计算机的文章，因为当时还没有个人计算机。他们写的是个人使用计算机方面的文章。在 20 世纪 70 年代初，人们一般是通过分时服务来使用计算机的。

好在那些大型计算机正变得越来越小、价格也越来越低。DEC 公司以低于 6000 美元的价格出售了 PDP-8，这款计算机支持 BASIC 编程，并带有一台 110 波特电传打字机。对小型计算机来说，这个价格简直低得离谱。对最有远见的那些观察者而言，这可能暗示着接下来将发生一些了不得的事情。但当时还是没有人出手购买小型计算机，把它安在自己的家里。彼时，几乎没有哪一个人拥有一台属于自己的计算机。

不过，像 DEC 公司的这类小型计算机，学校还是买得起的。戴维·阿尔是 DEC 公司计算机教育通信刊物《教育》（*EDU*）的编辑。阿尔花费了大量时间撰写有关小型计算机的文章（比如那台价值 6000 美元的机器）。阿尔主张孩子在学习计算机的相关知识时去接触真正的计算机，而不是通过远程终端机连接看不见、摸不着的分时系统。

让技术变得好玩儿

李·费尔森斯坦正致力于改进分时系统，从而使其可以人性化地工作。费尔森斯坦参与创办了"社区存储器"项目，这是"资源一号"项目的一个分支，目标是将公共终端机安装在临街店铺上。这些终端机使得走进商店大门的所有顾客都可以随时自由地使用公共计算机网络。公共终端机类似于三明治商店和其他公共场所能看到的那些信息布告板。只是这些布告板是电子的，能随时更新，它还具有不限数量的响应信息，全城都能看到同样的内容。

但是，"社区存储器"项目还是存在问题。人们并不知道如何使用公共终端机，而且这些机器还经常出故障。要想将计算机的威力真正送到大众手中，光靠为他们提供使用机会是不够的，关键在于，必须让使用计算机这件事变得简单易懂，使得大众能摆脱对专业维修员的严重依赖。

费尔森斯坦对这种技术问题的态度十分认真。他不只是维修公共终端机就结束了，还着手探寻公共终端机本身在设计上存在的问题。那么，"社区存储器"项目的根本缺陷是什么呢？费尔森斯坦认为，这些公共终端机不够"好玩儿"。

费尔森斯坦的父亲曾经给他推荐过一本书——《工具的快乐》（*Tools for Conviviality*）。这本书由《非学校化社会》（*Deschooling Society*）的作者伊万·伊利奇所著。以收音机为例，伊利奇认为，人们唯有靠自学掌握技术时，技术才会变得有用。费尔森斯坦小时候曾在费城动手制作过收音机，因而他懂得个中玄机。伊利奇说，真正有用的工具都是很好玩的。那些工具经得起人们在学习如何使用和维修过程中对它们的肆意摆弄。

费尔森斯坦对伊利奇的看法很认同。费尔森斯坦希望计算机技术能像晶体管无线电技术那样广泛普及。于是，费尔森斯坦开始征集制造一套有趣的终端机的意见。本着20世纪60年代的时代精神，费尔森斯坦想要找到一种能让终端机适合公用的设计方案。他在《人民计算机公司》和"社区存储器"项目的电子布告板上发布了通知，打算召集一场会议来讨论"汤姆·斯威夫特终端机"的问题。若能做成这台机器，那么必能吸引那些为技术所倾倒、喜欢阅读科幻杂志封底广告的青少年。这样的终端机将如晶体管收音机一样容易制作和易于维修。

跌跌撞撞地开始创业

鲍勃·马什是这则通知的响应者之一。马什和费尔森斯坦发现，他们彼此早就见过面了，不过这次通过计算机的会面却是至关紧要的一次。

马什曾是加州大学伯克利分校的一名工程学学生。他和费尔森斯坦都曾住在学校的学生联合会大楼的牛津厅。费尔森斯坦觉得，从马什那带着孩子气的嬉笑和前额垂下的几绺蓬松的黑发来看，马什与大学时期并没有太大变化。但费尔森斯坦还是能看出这位校友成长了不少。

如果说费尔森斯坦对待学习不像对待政治活动那么认真，那马什就是看起来对任何事情都满不在乎。比起上课，马什对打台球和喝啤酒更感兴趣。1965年退学后，马什去了一家杂货店当营业员。他一直在那家店工作，直到攒够了去欧洲闯荡的路费。

从欧洲回来后，马什的想法发生了变化，他又想拿到学位了。于是，他进了一家社区大学，为的是补足 GPA 学分，从而让自己能回到加州大学伯克利分校完成学业。马什原本打算当一名教生物的老师，但在参加了一次教师会议之后，他就放弃了这个梦想。马什不喜欢校长和行政部门对待教师的态度，因而又转回了工程学专业。

马什开始和他的朋友加里·英格拉姆合作研发一些工程项目。他们在 1971 年第一次合作项目时相识。当时的那个项目是基于哈里·加兰德和罗杰·梅伦刊登在《大众电子学》上的一篇文章设计的。马什还读了唐·兰卡斯特刊登在《无线电电子学》上关于电视打字机的文章，并试着对这种机器进行改进，并取得了一些成功。

英格拉姆在 Dictran 国际公司工作，这是一家记录设备进口公司。英格拉姆还在自己的公司为马什找了一份差事。一个月之后，英格拉姆离职，马什一下就成了公司的总工程师。有些令马什感到吃惊的是，他发现自己很喜欢这个职位。后来，马什的这份工作也丢了。不过，马什在谈到在 Dictran 国际公司的工作时说，那段任职经历改变了自己的一生。马什是 20 世纪 60 年代加州大学伯克利分校的学生，只身到欧洲闯荡过，体验过在别人手下工作的教师职业，有幸在 Dictran 国际公司担任过工程师和管理人员，这些经历都对马什未来成为一代硅谷企业家的楷模大有裨益。

1974 年，马什失业了。用费尔森斯坦的话说，在失业的电子工程师群体中，马什属于比较高端的那一层次。马什要供房子、赡养家庭，还有一个孩子即将出世。马什正在寻找的项目是那种可以以之为基础建立一家公司的项目。

第四大道的车库

鲍勃·马什就汤姆·斯威夫特终端机与费尔森斯坦见面会谈时，谈到了制作电子产品以及创办公司的意愿。不过，与马什不同，费尔森斯坦忙于搞政治活动，并没有兴趣创办公司。

马什认为，要想让公司运作起来，就必须有工作场所。他说服了费尔森斯坦与他分摊租赁一个场地的费用。虽然费尔森斯坦还没有创业计划，但他也确实需要将办公室从他那不到 26 平方米大的公寓里搬出来。1975 年 1 月，马什和费尔森斯坦在伯克利第四大道 2465 号租下了一个 100 多平方米的车库，每月租金 170 美元。

尽管租金并不高，马什仍然几乎负担不起他的那一半费用，但公司还是开张了。费尔森斯坦给自己搭了一个工作台，研究起自己私人接下的工程项目。费尔森斯坦没有脱离"社区存储器"项目，汤姆·斯威夫特终端机项目也保留下来了。后来，马什联络上一个能搞到便宜胡桃木的朋友和一个名叫比尔·戈多布特的电子产品经销商。马什计划动用这些关系来制造一种能投入市场的数字时钟。

随后，《大众电子学》1975 年 1 月刊宣布了 Altair 的诞生。费尔森斯坦和马什当时并没有意识到这一点，但这件事确实改变了费尔森斯坦这位技术革命者和马什这位失业工程师的生活。Altair 有如此影响力的一个原因是它的诞生催生了家酿计算机俱乐部。这是一个不平常的俱乐部，它聚集了一群有工程学专业知识和革命者精神的人。这个俱乐部促进了美国几十家计算机公司的诞生并最终培育了一个价值几十亿美元的行业。

家酿计算机俱乐部

家酿计算机俱乐部内部有一种强烈的意识，即我们都是颠覆者。我们正在颠覆大型企业的经营方式。我们正在打破既成的体制，将我们的观念推行到整个行业中去。让我感到惊奇的是，我们竟能一直聚会下去，而没有发生荷枪实弹的入侵者将我们连锅端的事件。

——基思·布里顿，家酿计算机俱乐部成员

1975 年年初，旧金山湾区出现了许多反主流文化的信息交流中心，专门为对计算机感兴趣的人提供信息交流的场所。"社区存储器"项目、《人民计算机公司》杂志以及人民计算机公司在杂志以外另成立的社区计算机中心都属于这种情况。和平积极分子弗莱德·莫尔在门洛帕克的全球卡车商店搞了一个非计算机化的信息网络，将拥有共同兴趣的人匹配起来，他们交流的内容不仅限于计算机。

聚集的地方

弗莱德·莫尔在意识到自己需要计算机来助力的时候，就开始对计算机产生了兴趣。莫尔和《人民计算机公司》的罗伯特·阿尔布莱特谈起了自己的两项需要：一台计算机和一个活动基地。不久，莫尔一边向儿童教授计算机知识，一边自学计算机。与此同时,阿尔布莱特一直在找人编写汇编语言程序。他找到了既是机械工程师又是计算机发烧友的戈登·弗伦奇,当时弗伦奇的营生是制造电动模型车玩具的马达。

《大众电子学》登出 Altair 的文章后,人们想要直接进行信息交换的需求更为清晰了。《人民计算机公司》的出版者从一开始就很认真地看待 Altair 的问世事件。基思·布里顿是一名顾问,同时也是《人民计算机公司》杂志的财务主管,布里顿认为 Altair 的诞生预示着计算机行业将跨越由"白袍祭司卫道团"统治的神秘时代。

"我们都迫不及待地想要弄到一台 Altair。"弗伦奇回忆道。于是莫尔拿出了他那张有计算机发烧友、革命者、工程师以及教育革新者的联系人名单,发出了这样的呼吁:"你正在制作属于自己的计算机吗?"莫尔的海报这样写道,"倘若如此,你也许会想要加入我们的聚会,结识一帮志同道合的朋友!"

这则海报将所提到的聚会称为业余计算机用户小组,后来改为家酿计算机俱乐部并一直沿用。1975 年 3 月 5 日,这个小组在弗伦奇的车库里首次聚会。获悉即将举行见面会后,费尔森斯坦认为这次聚会不容错过。他开着自己的皮卡车,带上了马什,冒雨穿过湾区大桥,抵达从旧金山往南伸展到硅谷的半岛上。弗伦奇的车库在门洛帕克的郊区,这个镇位于硅谷的边缘,距斯坦福大学并不远,只消慢跑就能到达。

在家酿计算机俱乐部的第一次聚会上,史蒂夫·东皮耶就参观阿尔伯克基一行做了报告。阿尔伯克基是 MITS 公司的所在地。东皮耶告诉大家,MITS 公司已经交付了 1500 台 Altair,当月还会再交付 1100 台。这家公司已经因为订单太多而吃不消了,无法迅速响应所有的订单。阿尔布莱特展示了《人民计算机公司》当周刚收到的 Altair。在 MITS 公司的送货等候名单上,《人民计算机公司》紧跟在斯坦福大学毕业生哈里·加兰德和罗杰·梅伦后面。这两个人发明了 Cyclops,后来创办了 Cromemco 公司,专门生产计算机接口和 CPU 芯片板。

与马什和费尔森斯坦一样,东皮耶也是从伯克利驱车前来参加聚会的。不过参加首次聚会的 32 名与会者大多数还是来自周边社区。主持会议的阿尔布莱特和弗伦奇、为俱乐部会议记录笔记的莫尔以及很快接手俱乐部通信刊物工作的鲍勃·赖林都住在门洛帕克。其他人则来自稍远的硅谷腹地的南边城镇:芒廷维尤、桑尼维尔、库伯蒂诺、圣何塞,艾伦·鲍姆、史蒂夫·沃兹尼亚克和汤姆·皮特曼等人就来自这些地方。皮特曼曾为英特尔公司开发有关微处理器的软件,自称是微型计算机顾问。皮特曼也许是世界上第一位微型计算机顾问了。

聚会结束时，一名俱乐部成员举起一块英特尔 8008 芯片，询问是否有谁用得上这块芯片，并当场将它送了出去。当晚在场的许多人都从这个俱乐部团体的精神以及东皮耶对 MITS 公司无法制造出足够的计算机来应对订单的说法中看到了大好机会。

孵化器

鲍勃·马什便是其中一名受到启示的人，他立马去找加里·英格拉姆，商谈成立公司的计划。"我有一个车库。"马什告诉英格拉姆。听起来这就足以开始创业了。

马什和英格拉姆将公司定名为处理器技术公司（Processor Technology）很快便被圈子里的熟人简称为 Proc Tech 公司。马什为 Altair 设计了三块插入式电路板：两块是 I/O 板，一块是存储板。马什和英格拉姆都觉得这三样产品看起来还不错。马什还设计了一张海报来宣传公司的新产品，并用大学里的影印机复印了好几百份。在家酿计算机俱乐部的第三次聚会上，他们发出了 300 份传单。

这个时候，俱乐部正在蓬勃发展。弗莱德·莫尔一直在与哈尔·辛格交换业务简讯。辛格在南加州主办了《8 位微机通信》（Micro-8 Newsletter），还在家酿计算机俱乐部成立不久后创办了 Micro-8 俱乐部。其他的刊物也纷纷问世，在聚会上派发。《人民计算机公司》和哈尔·张伯伦的《计算机发烧友》引起了特别的关注。丹佛一个名为数字集团的公司自称能为 8 位微机和电视打字机业余爱好者提供技术支持，并提供它自家通信刊的订阅服务。要想跟上这一运动的发展势头可真是越来越难了！英特尔推出了 4004、8008、8080 等型号的芯片，至少有其他 15 家半导体制造公司也将一些微型处理器投入了市场。新成立的 Micro-8 俱乐部正竭力使其成员能及时接收到这类行业动态。

家酿计算机俱乐部的第三次聚会吸引了数百人，戈登·弗伦奇的车库可容不下这么多人。于是俱乐部将聚会地点挪到了科尔曼大厦，这是一座维多利亚式的建筑，后来被当作校舍使用。在那次聚会上，马什做了简短的发言。他说，自己正在经销适用于 Altair 的存储板和 I/O 板。马什希望大家能将 Proc Tech 公司看成一个一本正经的公司，而不仅仅是一个能接触到影印机的失业电子工程师一时兴起的空想。马什在聚会上提出，如果用现金结账，当场就可以打八折。令马什颇感失望的是，会中和会后都没有人去找他。

过了一个星期，第一个订单来了。哈里·加兰德和罗杰·梅伦成了 Proc Tech 公司的第一批客户。他们两位是发明了兼容 Altair 的 Cyclops 相机的斯坦福大学的毕业生、计算机企业家同时也是发烧友。这张订单是加兰德和梅伦用他们新公司 Cromemco 的信笺写的，声明将在 30 天内付款。这可不是马什希望看到的订单。不过，马什认为，这意味着 Proc Tech 公司已经被看作一个正经的公司了。Proc Tech 公司是一家正经公司，Cromemco 公司也是一家正经公司，只不过它们之间还没有正式的金钱来往。噢，好吧，这算是一个开始。

继 Cromemco 公司的订单之后，马什陆续又接到了很多其他订单，且大多数客户都汇来了现金。英格拉姆先前不愿自掏腰包，付 360 美元在颇具影响力的《字节》杂志上刊登广告，但现在现金源源不断地流入，马什和英格拉姆已经付得起《大众电子学》的广告费了。要知道，他们可是花了 1000 美元在这家杂志上刊了一则占 1/6 版面的广告。马什和英格拉姆组成了股份制公司，英格拉姆任总裁。Proc Tech 公司的总部和厂房是一间约 100 平方米的车库的一半，但公司没有产品、拟生产的产品也没有设计图纸、没有库存、没有雇员，只有随订单邮来的那几千美元。看起来，马什和英格拉姆开始有的忙了。

司仪

与此同时，李·费尔森斯坦愈发关注家酿计算机俱乐部的发展。他从戈登·弗伦奇手中接过聚会司仪的角色，但他拒绝将自己看作是俱乐部的主席。俱乐部的聚会后来改在了斯坦福线性加速器中心的大礼堂。几年来，费尔森斯坦已经与俱乐部建立了密切的关系，并促使俱乐部形成一种无政府主义的架构。这个组织没有正式的会员制、没有会员费、对所有人开放。经过费尔森斯坦的推动，俱乐部的通信刊已经免费发行，并成为其他人寻找消息来源的工具以及维系爱好者的纽带。

作为俱乐部司仪，费尔森斯坦自成一派，形成了稀奇古怪但又引人注目的主持风格。据与会者克里斯·埃斯皮诺萨说："人们称费尔森斯坦为家酿计算机俱乐部的强尼·卡森[1]，但他比强尼·卡森强多了。他维持了秩序、推动了事态的发展、使得参加聚会变得很有趣。聚会一度达到 750 人参与的盛况，那一次费尔森斯坦将聚会主持得像摇滚音乐会。这很难描述，但是当你目睹他像传道士那样带动现场的气氛

---

[1]　强尼·卡森是一名节目主持人，曾主持过美国国家广播公司的著名脱口秀节目《今夜秀》。——译者注

时……他可真是了不起。"

在费尔森斯坦的主持下，俱乐部的聚会并没有采用"罗伯特议事规则①"。费尔森斯坦使得聚会拥有独特的魅力，通常会有三个环节。费尔森斯坦会先来一个"映射"环节，通过让大伙讲述自己感兴趣的内容、提问、分享自己听来的传闻或介绍自己的计划来彼此认识。费尔森斯坦会诙谐地回答与会者的问题或是机智地点评他们的计划。接着就是一个"演示"环节，这个环节通常是介绍某位成员的最新发明。最后是"随机存取"环节。在这个环节中，大伙在大礼堂中随意走动，与那些他们觉得志趣相投的人交谈。这个模式效果斐然，为数众多的公司就是在家酿计算机俱乐部的聚会上如此成长起来的。这些聚会为参与者提供了交换信息的场所，但这还远远不够，还有大量的信息等着被交换。毕竟，大家都处在一个全新的领域。

在这一时期，家酿计算机俱乐部的分部在加州大学伯克利分校的劳伦斯科学馆成立了。大学逐渐成为自学微型计算机专业知识的温床。有科研经费的教授发现，购买小型计算机比购买学校大型计算机的使用时间要划算得多，况且大型计算机型号既过时又积劳成疾。于是，DEC 公司以最快的速度将 PDP-8 和 PDP-11 一边生产一边销售给大学教授。这两个型号的计算机在心理学实验室尤其受欢迎，使用者多将其用于分析有关人的专题实验和对动物专题的实验，实验室流程自动化，并用小型计算机分析数据。小型计算机入主心理学实验室创造了一类新的专家，这些人既懂科学研究和数据分析，又是黑客或计算机迷。他们能搞清楚如何利用计算机满足教授的需求。

初创公司的涌现

霍华德·富尔默就是这样一个人。富尔默在加州大学伯克利分校心理学系工作时使用的就是 PDP-11，他的工作是为计划购买小型计算机的教授选择型号，制作机器接口以及为实验编写程序。1975 年年初，一切都变了。当时一名教授购买了 Altair，富尔默便自学了这台计算机的使用方法。不久后，富尔默放弃了学校的工作，将更多的时间用来研究微型计算机。

① 罗伯特议事规则：出自由亨利·马丁·罗伯特编撰并于 1876 年首次出版的《议事规则》。该书几经修改补充，于 2011 年发行了第 11 版。由于罗伯特的独特贡献，书名被公认为《罗伯特议事规则》。罗伯特议事规则的根本原则是：平衡、对领袖权力的制约、多数原则、辩论原则、集体的意志自由等。——译者注

　　《大众电子学》那份月刊一发布，Altair 的热潮便传遍了加州大学伯克利分校。数学系研究生乔治·莫罗和另外两名学生查克·格兰特和马克·格林伯格当时一同在学校的管理科学研究中心工作。后两位学生就是几年前在"资源一号"项目中拒绝退出计算机让李·费尔森斯坦维护那台计算机的两位伯克利分校研究生。他们三人正尝试开发一门语言，以供计算机控制研究中的微处理器使用。

　　莫罗、格兰特和格林伯格三人合作无间。尽管他们三人追求完美的方式不同，但他们都是完美主义者。莫罗体型瘦削，年纪轻轻就谢了顶，眼里始终闪耀着一股毕露的智慧锋芒。他看起来总是精力充沛，努力工作时更是如此。与莫罗不同，格兰特和格林伯格则是完全务实的人。虽然他俩也经常参加家酿计算机俱乐部的聚会，并从免费开放的信息交换中获益匪浅，但他俩从不认为自己是发烧友圈子中的一员。就技术层面而言，他们三人加起来就是一个完美的团队：莫罗懂硬件，格兰特偏爱搞软件，而格林伯格则两方面都在行。

　　这个三人小组打算为 Altair 制造插件，或是干脆自己制作一款计算机。他们清楚地知道自己就是一个优秀的设计团队，但是他们也知道，自己在市场营销方面还不够老练。于是，莫罗向比尔·戈多布特征询意见，这看起来是一个不太明智的举措。戈多布特是一个直

乔治·莫罗　在早期的个人计算机开发者中，莫罗比大多数人年龄都大，性格也更外向。他既是一名能逗乐的司仪，又是一名技术专家。（资料来源：乔治·莫罗）

率又固执的中年人，他会毫无顾忌地拿自己的大肚腩开玩笑，还喜欢驾驶自己的飞机玩特技飞行。戈多布特还是一名电子产品经销商。早在马什刚和费尔森斯坦一同搬到第四大道 2465 号的车库时，马什就曾尝试用自己设计的胡桃木数字时钟引起戈多布特的注意，可惜以失败告终。

戈多布特当时正通过函售的方式销售芯片和小型计算机存储板。莫罗问他是否打算经销 Altair 的存储板。对此，戈多布特不屑一顾地说，他可不愿助长这种玩意儿的气焰。莫罗于是又问他是否对经销一款由一流设计团队设计的计算机感兴趣。

"就凭你们几个?"戈多布特嗤之以鼻，上下打量着莫罗。但戈多布特相信自己看人颇准，他认为莫罗看起来倒还不错。双方迅速商定届时利润平分，并握手为盟。戈多布特坚持不搞书面协议。他认为书面协议意味着双方互不信任，那是律师发明的东西。要问世上有哪种人是戈多布特最不信任的，那一定就是律师了。

比尔·戈多布特 通过函售的方式销售芯片和存储板，还曾与只有握手之交的开发者做生意。（资料来源：比尔·戈多布特）

虽然家酿计算机俱乐部的这帮企业家风格迥异，但他们都坚信自己正在参与某种非凡事物的诞生历程。性情暴躁、憎恨律师的比尔·戈多布特，《伯克利芒刺报》前技术编辑、现家酿计算机俱乐部司仪李·费尔森斯坦，放弃高薪工作转而教授儿童计算机知识、喜欢抽廉价雪茄并自称为"龙"的罗伯特·阿尔布莱特，将自己对电子学的热爱变成了车库里的公司、以此证明自己才能的鲍勃·马什，认为自己和其他家酿计算机俱乐部成员能在"一场能媲美工业革命但对人类更为重要的革命"中起到关键作用的基思·布里顿，无一不是如此。他们坚信自己就是革命者。

他们不需要涉及政治，但这帮早期呼风唤雨的人物当中有相当多的人持有相同的政见，而且几乎所有人都对 IBM 公司或其他计算机企业没什么好感。这帮人与其他一些持有相似看法的人正在引燃一场新的工业革命。

许多行动都发生在家酿计算机俱乐部。

家酿计算机俱乐部不仅仅是硅谷的微型计算机公司的发源地，同时也是这些公司最初汲取精神营养的场所。哪怕存在竞争关系，各公司的总裁和总工程师还是会聚在一起争论设计原理，发布自己的新产品。聚会上的信口言辞往往能改变公司的发展方向。家酿计算机俱乐部对微型计算机产品的点评颇受重视，其成员都很精明，能够一眼看出假冒伪劣的商品，还能分辨出哪些产品不易维护。他们曝光有问题的设备，称赞可靠的设计和好玩的技术。他们能成就一家公司，也能摧毁一家公司。家酿计算机俱乐部鼓励的信念是，计算机应该用于服务大众，而不是对付大众。这个信念的形成有费尔森斯坦的努力。家酿计算机俱乐部是在一种愉快的无政府主义气氛中兴起的，但它同时也是一项价值数十亿美元的产业的发展过程中举足轻重的一步。

这一切的种子在 1975 年春天就已经开始萌芽了。

星星之火

Proc Tech 公司是那些打算进行转型、且尝试认真对待这种转型，却并不总能取得成功的计算机发烧友的聚集地。

——李·费尔森斯坦，众多微型计算机产品的设计者

1975 年春天，伯克利第四大道上的那间车库门庭若市。李·费尔森斯坦靠打零工过着捉襟见肘的生活，比如帮朋友维修 Altair 之类的。而鲍勃·马什则忙于拆开附有现金支票的信件、撰写广告，并竭力想要说服发烧友相信 Proc Tech 公司是一家价值上百万美元的公司，尽管这家"价值上百万美元的公司"当时实际上仅存在于他自己的脑子里。

维修 Altair

那年春天，李·费尔森斯坦给自己惹上了麻烦。在为《人民计算机公司》杂志撰写宣传 Altair 的文章时，他根据在家酿计算机俱乐部获取的资料以及与 MITS 公司总裁爱德华·罗伯茨的电话采访中得到的信息，描述了这款机器的工作方式和性能。不久，愤怒的读者纷纷向《人民计算机公司》杂志去信，指责费尔森斯坦对这款产品的介绍有失偏颇，没有切中要害。这些信件称，Altair 存在严重的问题。史蒂夫·东皮耶就是其中一位读者，他随信向费尔森斯坦提出了自己在使用 Altair 前置控电板上遇到的种种问题，东皮耶甚至请费尔森斯坦来修理 Altair。

随后，费尔森斯坦在《人民计算机公司》一篇题为"批评与自我批评"的文章中向读者道歉："我欺骗了大家，这款计算机的确有问题。"费尔森斯坦详细阐述了Altair 的缺陷及其修正方案。他还在那半间车库里开始为朋友和《人民计算机公司》的读者维修起 Altair。出于对其他发烧友的忠诚以及对自己报道失实而误导读者的愧疚，费尔森斯坦收取的维修费非常低。在维修过程中，费尔森斯坦学到了许多关于早期 Altair 的知识。

与此同时，鲍勃·马什和加里·英格拉姆正在另一半车库里制作兼容 Altair 的插件，毕竟购买这些插件的支票都被他们收入囊中了。但马什和英格拉姆在最初阶段就遇到了瓶颈：他们需要一位聪明的工程师来将马什已构思好的插件画成原理图。这位工程师必须得愿意在狭窄又凌乱不堪的车库里工作，而且要的报酬特别低才行。

马什正好认识这么一位愿意屈尊的工程师。

费尔森斯坦早已明确表示自己不愿意加入 Proc Tech 公司或任何其他公司，他不想将时间浪费在这种事情上。费尔森斯坦尽管工作时间非常长，报酬又极低，但他是在干自己想干的事情，而且不必事事俯仰由人。工作时间非常长，报酬又极低，马什所能提供的工作竟然也是如此。但是，马什提出了另一个提议，他问费尔森斯坦是否愿意以顾问而非雇员的身份，为第一个插件绘制设计原理图。

费尔森斯坦仔细考虑了这一提议，最终同意以 50 美元的价格接下这个活儿。就连马什自己都觉得这个价格低得离谱。这本是价值 3000 美元的活儿啊，而费尔森斯坦这个呆瓜居然只要 50 美元！马什说什么也不能接受低于 500 美元的报价。于是，费尔森斯坦接受了这个折衷的价格。

这个活儿费尔森斯坦很快就完成了。到 6 月，Proc Tech 公司已经在交付产品了。其中一款插件是原本只有 2K 内存的、适用于 Altair 的存储板。而 MITS 公司原装的存储板只有其 1/8 的内存，这块 2K 的存储板本身就是一个颇具雄心的产品。但最后，马什又临时修改了设计方案，竟然将内存增加了一倍，扩大到 4K。MITS 公司遭遇的第一个真正意义上的市场竞争就是这款有 4K 内存的存储板，市场利润就这样被分了一杯羹。爱德华·罗伯茨这下不高兴了。

罗伯茨不高兴又能如何呢？MITS 公司那些有缺陷的存储板和因为未能及时交付而积压下来的订单，已为有实力的竞争对手一脚踹开市场的大门提供了机遇。田纳西一位名叫布鲁斯·西尔斯的发烧友在当年 7 月飞往阿尔伯克基与 MITS 公司商谈美国东海岸的代理权事宜。回到田纳西后，整个州都成了西尔斯的代理地区，他还对客户承诺三天内交货。但 MITS 公司无法及时运送货物，其中以存储板的短缺问题最为严重。此时，西尔斯看到了马什早已看到的市场需求和机会。他也设计并开始出售 4K 内存的存储板。这样一来，这项产业算是真的发展起来了。

在进行新设计的同时，Proc Tech 公司仍在继续销售存储板。视频显示组件是费尔森斯坦与 Proc Tech 公司的第二个合作产品，该组件是将 Altair 连接到电视机屏幕的接口板。当初与乔治·莫罗一同离开加州大学伯克利分校的查克·格兰特和马克·格林伯格，此时正经营着 G&G Systems 公司。他们为视频显示组件编写了软件，而史蒂夫·东皮耶则编写了视频游戏——*Target*，这个游戏为视频显示组件增色不少。东皮耶后来称，正是有了视频显示组件，视频游戏才得以诞生。

1975 年秋天，加州大学伯克利分校的劳伦斯科学馆举办了一场本地计算机展览。这正是家酿计算机俱乐部东海湾分部的首次聚会地点。MITS 公司派出 Altair 的地区代理商保罗·泰瑞尔和博伊德·威尔逊为代表参加了此次展览。他们俩自豪地向费尔森斯坦和马什展示了自己的机器能干多么了不起的事情。马什倒是对 Altair 大多使用 Proc Tech 公司的存储板这件事更为得意。哈里·加兰德和罗杰·梅伦也参加了那次展览会，他们介绍了 Cyclops 相机如何在 Altair 上使用。

如切如磋

在家酿计算机俱乐部还没发展到需要使用斯坦福线性加速器中心的大礼堂作为会场之前，《大众电子学》的技术编辑莱斯利·所罗门曾在大礼堂旁边的橙色房间参加过家酿计算机俱乐部的活动。所罗门是当晚聚会的大明星，他有点儿牵强地讲述着自己的一些经历。听起来所罗门有时像一个间谍，有时又像一个玩杂耍的魔术师。"我看不出来他到底在为哪个国家卖命。"所罗门的众多崇拜者之一费尔森斯坦开玩笑地说。有那么一次，所罗门将俱乐部成员带到外面，耍了一些戏法便指挥大家把院子里的大石桌抬了起来。令人惊讶的是，大家真的能把桌子抬起来！不过，费尔森斯坦倒是干巴巴地指出，大家并没有试过在不要戏法的情况下抬桌子啊，又如何断定能抬起桌子是因为所罗门的戏法奏效了呢？

在家酿计算机俱乐部的几次晚间聚会上，人们发现一名身材高挑、衣冠整齐、魅力脱俗的人在聚会厅后面卖一个大纸盒里的书。那个人名叫亚当·奥斯本，是一名化学工程师，出生在曼谷，父母都是英国人。他就是曾为英特尔公司撰写技术说明文档的那位。离开英特尔之后，他出版了《微机简介》(*An Introduction to Microcomputers*)

一书。实际上那是一本介绍微处理器的书，其中就包括英特尔的 8080 微处理器。在那个时代，提到微处理器通常指的就是微型计算机，尤其是当这种表述出自半导体公司的公关部门时。

虽然以姆赛公司是行业内领先的微型计算机公司，但其员工几乎没有参加过家酿计算机俱乐部的聚会。不过，有一天晚上，奥斯本在俱乐部聚会上兜售他的书，以姆赛公司的创始人之一布鲁斯·范·纳塔正好在那儿，因此买了一本。纳塔随后做了一个决定，每台 IMSAI 计算机都将附上奥斯本的书一同出售，这个决定使得奥斯本得以开办一家出版公司，而他的出版公司最终被麦格劳－希尔集团买下。颇具讽刺意味的是，后来正是奥斯本最先在一家计算机杂志的专栏中宣布了以姆赛公司倒闭的消息。

聚会结束后，俱乐部又召集计算机最狂热的那帮成员去门洛帕克一家叫"绿洲"（Oasis）的小吃店坐坐。这帮人是常客，他们管这家店叫"O 记"。木板隔间的墙壁上刻着好几代斯坦福学生的名字缩写，他们身坐其中，喝着啤酒，争论着计算机设计问题，将大家互为竞争者这件事全然抛诸脑后。在研发计算机这种新型产品的过程中有许多东西可学，他们可不想让利益问题妨碍学习。鲍勃·马什和罗杰·梅伦就常常交换设计方面的见解，而查克·格兰特和马克·格林伯格有时也会到"O 记"参加他们的聚会。

从星星之火到硅谷之巅

到 1975 年年底，新的微型计算机公司如雨后春笋般纷纷冒了出来，最活跃的地带还要数旧金山湾区。圣莱安德罗的以姆赛公司就不用说了，Cromemco 公司正在设计兼容 Altair 的插件。基于极廉价的 6502 微处理器，MOS 科技公司推出了 KIM-1，这种计算机用十六进制键盘代替了二进制开关。洛斯阿尔托斯的微机联合公司也推出了 Jolt，这是一款基于 6502 型微处理器的组装式计算机。这些公司全都发源于旧金山湾区。

南加州也是一个发烧友活动日益频繁的中心地带。在加迪纳，丹尼斯·布朗正在销售他的 Wave Mate Jupiter II。这款机器是基于摩托罗拉 6800 型微处理器、为吸引"真正的发烧友"而设计的，价格不到 1000 美元。尽管 Altair 的价格还不及它的一半，但如果成套的 Altair 系统计算机组件中配备一个 I/O 设备、合适的存储器和一个存储装置，价格就远不止 1000 美元了。圣地亚哥的电子产品公司推出了 Micro 68，这又是一款基于 6800 型微处理器设计的计算机。

1975 年 12 月 31 日，里奇·彼得森、布赖恩·威尔考克斯和约翰·史蒂芬森都辞了工作，创办了他们自己的公司。彼得森和威尔考克斯曾动手装配过一台 Altair，而史蒂芬森也曾从零开始自己动手装配过一台 8080 型计算机。他们发现自己设计的插件可以让 Altair 运行得更好。他们断定自己的爱好可以成为职业，于是合伙创办了 PolyMorphic 公司，开始研发一款组装式计算机。最初这台机器被称为 Micro-Altair，后来迫于压力改为 Poly 88。

在西部的其他地方，阿尔伯克基的 MITS 公司出售适用于其 8080 系统的 4K 静态存储板，并正在研发一款基于摩托罗拉 6800 型芯片（所谓的"西南芯片"）的计算机。盐湖城的系统研究公司则在出售一款 6800 微型计算机线路板。迈克·怀斯创办的 Sphere 公司是从盐湖城附近的一家小工厂发展起来的，出售由嵌入式终端机和塑料外壳组装成的 6800 型计算机。丹·迈尔在圣安东尼奥经营的西南技术产品公司也推出了 6800 型的系统。丹佛的数字集团公司则出售各式各样的插件。

在中西部，Martin 研究公司出售基于 8008 型芯片或 8080 型芯片的 CPU 插板。俄亥俄州哈德孙的 Ohio 科学仪器公司生产基于 6800 型芯片和 6502 型芯片的组装式机器。密歇根本顿港的 Heathkit 公司也在研发一款计算机。

在东部，以新泽西业余计算机小组为中心的发烧友运动热潮兴起。康涅狄格州米尔德福的 Scelbi 公司推出了一款颇受欢迎的、基于 8008 芯片的计算机，而新泽西州特伦顿的技术设计实验室公司则基于新问世的 Z80 芯片研发一套组装式计算机。北卡罗来纳州的哈尔·张伯伦、田纳西州的布鲁斯·西尔斯和佐治亚理工学院的学生罗恩·罗伯茨都是喜欢研究计算机系统、元件或软件的活跃发烧友。

不过，这股火焰烧得最旺的地方还要数硅谷。在信息共享的共生氛围下，硅谷几乎每天都会出现为 Altair 制造插件的新公司。到 1975 年年底，Proc Tech 公司的存储板产品几乎可以取代有缺陷的 Altair 原装存储板，这使得该公司成功跻身发家致富的道路，并在这个人人齐头并进、互不相让的新兴行业中赢得了同行企业的尊重。

对未来的向往

马什说，他愿意付钱请我设计汤姆·斯威夫特终端机的显示部分。他清楚该怎么差遣我。

——李·费尔森斯坦

1975 年 6 月，鲍勃·马什和《大众电子学》的技术编辑莱斯利·所罗门正在考虑制造一台"智能终端机"配套组件。这台终端机将具备显示功能和键盘解码功能的半导体电路板，而无须连接另一台计算机来处理这些功能需求。以自己的经验和与费尔森斯坦关于汤姆·斯威夫特终端机的讨论为基础，马什形成了一些想法。"如果你能在 30 天内给我一个能用的样机，那我就把下一期的封面给你。"所罗门对马什说。

一台有大脑的终端机

鲍勃·马什是这样将任务抛给李·费尔森斯坦的："难道你觉得这事儿不可能吗？"费尔森斯坦很欣赏马什使用的这种严谨措辞。推掉这个任务相当于宣布这件事是不可能的，而任何一位有自尊的工程师是不屑于说出这种话的。

马什说，他愿意花钱请费尔森斯坦来设计这台梦幻机器的显示部分，费尔森斯坦则认为，要想将计算机的威力送到普罗大众手中，这台好玩的机器将起到举足轻重的作用。这主意听起来很不错，于是费尔森斯坦同意了。不久之后事情才渐渐明朗，其实马什想研发的是另一个项目。马什想要的是终端机能配有大脑，正如英特尔 8080 芯片在 Altair 中所起的作用。当他们两人争论设计问题时，马什总是占上风。费尔森斯坦、马什以及所罗门当时都没有意识到，他们想设计的这个产品可不仅仅是一款终端机那么简单。

在同意设计这款智能终端机之后，费尔森斯坦不得不放弃了另一个项目。"我又遇到麻烦事儿了。"他这样告诉自己以前的客户。从租下半个车库到此时为止，费尔森斯坦都是靠着给别人当顾问提供咨询来挣钱交房租的。不过，Proc Tech 公司打算扩大规模——100 多平方米的车库他们全要了。就这样，费尔森斯坦逐渐被吸收到马什的公司。

马什已经设计好了智能终端机的架构，并在费尔森斯坦动工时继续修改设计要求。费尔森斯坦原本很喜欢顾问的工作，因为这样他能和客户保持一定距离，从而专心致志地解决问题，不受任何干扰。不过，当开始将大多数时间投入到 Proc Tech 公司的智能终端机上时，费尔森斯坦就失去了这份自由。马什每天都会修改设计要求，这迫使费尔森斯坦常常要摒弃自己精心设计的成果而重新开始。"当时的情况，"费尔森斯坦后来说，"确实让我觉得自己所做的一切都是徒劳无功、荒诞不经且极端离谱的。"

抱怨归抱怨，费尔森斯坦还是很喜欢这份工作的。他嘟囔着说自己任人差遣，更多是自嘲，而非针对马什。马什投入了全部的创业干劲，原因之一就是为了享受其中的乐趣。有一次，费尔森斯坦说："不如我们在广告上写这个机器具有'所罗门的智慧'吧。"他这样说是有意讨好莱斯利·所罗门。不久，这句不着边际的广告语启发了他们，最终他们将机器命名为"Sol"。

马什和费尔森斯坦无休无止地争论着智能终端机的设计问题。无论是在公司所在车库一端的费尔森斯坦的工作台，还是在另一端的临时办公室，无论是吃饭的时候，还是在驱车前往旧金山湾区参加家酿计算机俱乐部聚会的途中，他们无时无刻不在争论。尽管两人争论不断，但最终总算还是提炼出精华了。在一次去家酿计算机俱乐部的途中，他们重新设计了整个总线结构。

真正的计算机

鲍勃·马什和李·费尔森斯坦终于明白，他们是在设计一台真正的计算机，毕竟机器中有一块 8080 芯片啊！不过，它显然也是一台终端机。在此之前，计算机一般是由能连接某种终端机（如电传打字机、阴极射线管、打字机、打印机等）的四方盒子组成的。他们新设计的计算机却是显示器、键盘和计算机于一体的。他们真的能做到吗？

这个问题不仅涉及技术问题，还涉及政治问题。那时，Altair 已经称霸小小的微型计算机行业，以姆赛公司还没有踏入该行业。而他们两人则是在 Altair 最大的支持者、人称"所罗门大叔"的莱斯利·所罗门的鼓励下，努力研发这款终端机的。如果所罗门知道他们正在研发的不是终端机，而是一台真正的计算机的话，他会不会取消先前的约定，不让这款机器上封面了呢？

他们两人决定先不告诉所罗门。

于是他们继续工作。虽然马什、英格拉姆和费尔森斯坦经常争论，但他们很享受这样的工作氛围。"这是一家能给人带来乐趣的公司，"费尔森斯坦说，"尽管我自己过得苦不堪言。"费尔森斯坦还说自己的同事和当时的许多计算机发烧友一样"向往未来"，他们的讨论都是极富远见的。但是远见归远见，日常琐碎的决策还得一个个做。马什的朋友还有一批便宜的胡桃木，马什原本打算用胡桃木做数字时钟的，就这么浪费了很可惜。于是马什打算将这批胡桃木用在 Sol 的侧边面板上，从而给计算机打造一副 20 世纪 50 年代的旅行车样貌。

鲍勃·马什和加里·英格拉姆 两位创始人马什（以拳头支撑下巴者）和英格拉姆穿戴整齐，在早期一场贸易展览会的 Proc Tech 公司的展位上与顾客交谈。（资料来源：鲍勃·马什）

费尔森斯坦原本想将自己完成的设计原理图交给一名布局设计师，结果他自己成了主要负责布局配置的设计师了。事情是这样的，因为已经将车库里能用的占地面积都用了，他们只好在办公区上面的阁楼里放一张轻便的桌子供布局设计工作使用。费尔森斯坦在齐眉高的管道上包了衬垫，但他与另一位布局设计师还是脑袋总是撞到椽子，毕竟他们每天工作 14 ~ 17 个小时，每周要工作 7 天。另一位设计师整天喝可乐提神，项目还没完成就撒手不管了。费尔森斯坦只有自己担起布局设计的工作了。与那位设计师不同，费尔森斯坦喝的是橙汁。

马什对这个项目抓得很紧。与所罗门初次讨论后，他们在 45 天内就完成了线路板的设计。但所罗门给他们的期限是 30 天，所以当他们即将完成时，马什订了飞往纽约的机票，并通知疲累不堪的费尔森斯坦一同前往。他们将 Sol 终端机打包到两只棕色的纸袋里，然后带上了飞机。

马什和费尔森斯坦在《大众电子学》杂志社为所罗门进行的产品演示就是一个彻底的灾难。他们设计的玩意儿就是不能运作！马什和费尔森斯坦找了所有能用的借口，依然不能打动所罗门。万念俱灰的两人继续飞往《字节》杂志社进行另一场约好的演示。可惜的是，这一次演示更为糟糕。费尔森斯坦被毫无间隙的工作安排弄得筋疲力尽，说他是行尸走肉都不为过，最后，费尔森斯坦竟然在《字节》杂志社的产品演示现场睡着了。

回到加州好好休息之后，费尔森斯坦在自己的工作台上迅速发现了问题，原来故障是线路板短路引起的。马什立刻安排费尔森斯坦又飞往纽约去演示这一台能运行的 Sol 终端机，并严格说明不能让所罗门他们看出来这实际上是一台计算机。

费尔森斯坦守口如瓶，但所罗门也不是外行。就在费尔森斯坦为他演示 Sol 终端机时，所罗门看着机器运作了一会儿便问费尔森斯坦，何不接入一块使用 BASIC 的存储板，让 Sol 终端机像一台真正的计算机那样运行呢？

费尔森斯坦不动声色地说："你问倒我了。"

谁才是软件的主人

Sol 终端机当然是一款计算机。也就是说，它需要软件，尤其要先有一套BASIC。马什和英格拉姆也意识到了这一点。于是他们联系了查克·格兰特和马克·格林伯格来为这款计算机编写 BASIC。乔治·莫罗与格兰特、格林伯格组合合作了一次就拆伙了，因为莫罗觉得格兰特和格林伯格没有认真对待与比尔·戈多布特的口头协议。莫罗决定与格兰特、格林伯格组合分道扬镳，单独与戈多布特合作。

查克·格兰特（左）和马克·格林伯格（右）　二人从一开始就卷入了个人计算机革命，还开办了几家公司，其中包括肯德机炸机公司和北极星公司。（资料来源：北极星公司）

格兰特和格林伯格在编写 BASIC 时发现，他们遇到的最大问题是浮点例程，即运行实数运算，而非整数运算。运算的速度总是不太让人满意。最终他们决定将浮点运算写入硬件，并聘用了乔治·米勒德来参与浮点运算插件的设计。

就在这个时候，专有软件的问题浮出水面了。BASIC 的著作所有权产生争议。马什宣称这份 BASIC 软件是为 Proc Tech 公司设计的，而胃口大开的格兰特和格林伯格则坚称 BASIC 仅属于他们自己，并开始公开征募买家。Proc Tech 公司一纸诉状将格兰特和格林伯格告上了法庭。但由于泄密和拖延，这个案件进行得极不顺利，双方两败俱伤。

存储的问题

查克·格兰特和马克·格林伯格手头上还有一些其他的热门项目。他们开发了一款盒式磁带接口，可供微型计算机使用磁带录音机将数据存入磁带中。不过，硅谷一家小型计算机磁盘驱动器的制造商舒加特宣布了一款用 5.25 英寸磁盘制作的驱动器的问世。这个尺寸比一般大型计算机使用的 8 英寸磁盘要小得多，价格也比市面上任何一款磁盘驱动器都更便宜。要说存储数据，磁盘驱动器当然是第一选择，当然前提是价格适宜。因此，格兰特和格林伯格将对盒式磁带存储的兴趣搁置一边，转而开始设计一块能将舒加特的磁盘驱动器用在微型计算机上的控制器线路板。

查克·格兰特 在个人计算机时代的早期，计算机公司的创始人穿着 T 恤给客户演示产品是很稀松平常的事。（资料来源：戴维·阿尔）

将磁盘系统装配好之后，格兰特和格林伯格将自己的产品取名为北极星，也许是为了和 Altair 这颗牛郎星遥相呼应。与此同时，他们以应用计算机技术公司的名义和一些大学签订了合同，向这些大学出售配有他们设计的 BASIC 和盒式磁带接口的 IMSAI 计算机套装。不过他们很快发现，市场其实并不需要配置好的系统，客户想要的就是裸机。于是他们又开始出售出自格林伯格车库的 IMSAI 型计算机。格兰特建议他们以肯德机炸机公司的名义来做这个买卖。

此时，他们的前合伙人乔治·莫罗买了一台 Altair，里外研究了一遍，最终决定放弃仿制的想法。莫罗同意戈多布特对 Altair 的评价。他和戈多布特计划要制作且已着手设计的新款计算机绝对要比 Altair 更为出色。莫罗想要基于国家半导体公司出品的 PACE 微处理器来设计自己的这款计算机，他们希望能以 50 美元的价格从国家半导体公司购得 PACE 微处理器。

不过，戈多布特对这个项目还是持保留意见。他仔细研究了 Altair 的销售额，断定为 Altair 定制存储板还是会很有销路的。虽然有些不情愿，但莫罗还是暂且搁置了PACE 机的计划，着手设计以自己名字命名的 4K 存储板，由此他也加入了存储板市场大军，打算和 Proc Tech 公司及 Seals 公司分一杯羹。戈多布特将这块存储板定价为 189 美元，比 Proc Tech 公司的存储板便宜一大截。一时间，莫罗每个月光专利费就能挣 1800 美元。

此时，戈多布特已经对销售微型计算机插件产生了浓厚的兴趣。但每当他否决莫罗的某个新点子时，莫罗总会重新考量他们俩之间的关系。莫罗扪心自问："难道我自己做销售插件的生意就一定不如戈多布特吗？"莫罗认定区别仅在于谁在杂志上登广告而已。于是，Morrow's Microstuf 公司诞生了。

要问谁是这些创业家中最成功的，还真不好判定。戈多布特已经拥有一家成功的电子产品公司。莫罗的年纪比一些人稍微大那么一点儿，顶着一个光头，更像一个大人，也更像一名正儿八经的商人。马什看起来就是个少年，费尔森斯坦则坚决反对大企业制度。不过，Proc Tech 公司开始越来越步入正轨了。据莫罗说，当时市场上这些产品都卖疯了。"只要你创办一家公司，推出一个产品，人们就会把钱砸过来。"

鲍勃·马什在研发 Proc Tech 公司的存储板时已经得到了教训，但他还是愿意再试几回。1976 年 6 月，马什和费尔森斯坦带着 Sol 到新泽西州大西洋城参加了个人计算机展览，在展会上他们将这款计算机公之于众，结果 Sol 大受欢迎。

回到加州后，他们两人又继续打磨这台 Sol。费尔森斯坦一手为《人民计算机公司》杂志撰写了计算机设计的教程文章，一手又为 Sol 增加了一个"个性化模块"，这个词引自唐·兰卡斯特的文章。这种极小的线路板带有一块 ROM 芯片，可以从机器的背面接入，一秒钟就能改变机器的"个性"。费尔森斯坦还颇具讥讽意味地想象了这样一个画面：老板一离开办公室，雇员就急不可耐地拿出游戏模块换下了办公模块。

竞争

到 1976 年年底，DEC 公司还在销售 LSI-11，这是小型计算机里最低档的，价格 1000 美元多一点。在南加州，迪克·威尔考克斯仔细考虑了《多布博士》(*Dr. Dobb's Journal*) 杂志上一项关于将 LSI-11 接入 Altair 或 IMSAI 计算机的提议。结果，他研发出了阿尔法，这是一种类似 LSI 的多用户 CPU 线路板。当年 12 月，他在家酿计算机俱乐部的聚会上进行了展示。

新的微处理器持续不断地问世。东芝公司推出了第一款日本芯片 T3444。国家半导体公司发布了一款新的微处理器，还为计算机发烧友提供装配计算机及编写软件所需的开发调试工具。

大批的微型计算机公司开始涌现。加州千橡树市的矢量图形公司发布了一款 8K 存储板。这家公司由一名斯坦福大学工程学院的研究生和两位女商人组成。几乎所有的微型计算机公司都是男性创办的，尽管有些人会聘用自己的妻子或女友担任商务管理人员。但在经营公司的过程中，矢量图形公司的洛尔·哈普很快便以她对市场需求和发展机会的敏锐度表明，她的能力远远超出商务管理人员的水平。

可惜的是，矢量图形公司的情况并不比 Proc Tech 公司好多少。1976 年冬天到 1977 年冬天，Proc Tech 公司搬迁到附近的埃默里维尔市一家牛肉加工厂的隔壁，新址比原来的车库大多了，面积足足有 1300 平方米。尽管周围环境看起来并不吸引人，但比老据点要宽敞得多。

Proc Tech 公司搬出第四大道的车库一个月以后，格兰特和格林伯格搬了进来，占用了车库面积的 2/3，余下的 1/3 还归费尔森斯坦使用。车库的门上挂着三家公司的牌子：北极星公司、应用计算机技术公司、肯德机炸机公司。格兰特和格林伯格以肯德机炸机公司的名义销售 IMSAI 型计算机、PolyMorphic 公司和矢量图形公司的插板，以及一款由一位名叫史蒂夫·乔布斯的大胡子小伙请他们代理经销的 Apple I 型组装式计算机。但不久之后，北极星公司磁盘系统的销量一路飙升，于是他们关闭了肯德机炸机公司，将精力集中在北极星公司上。正好当时有一家快餐连锁店来信要求他们停止使用"肯德机"这一名称，顺理成章地，格兰特和格林伯格做出了关闭肯德机炸机公司的决定。

到 1976 年年底，Proc Tech 公司、Cromemco 公司、北极星公司、矢量图形公司和戈多布特工程公司在硅谷群雄并起。两年前这些公司还不存在，如今它们却一手建立了一个完整的计算机行业。而这个行业正以惊人的速度蓬勃发展。

1976 年的 6 字头用户

当时我正在做一个军方的项目，用 150 万美元来造一个显示机器。我突然想到，或许价格上我可以做一些让步，要不就 999 美元好了。

——唐·兰卡斯特，早期计算机发烧友、作家

20 世纪 70 年代中后期，在大学、电子产品公司和半导体公司的助力下，在伯克利自由言论运动和 20 世纪 60 年代反主流价值观遗留的革命余热的渲染下，硅谷的创造力之火正熊熊燃烧。不仅如此，这火焰正在向全美蔓延。在这无数的星星之火中，一些火花被一位确实花了不少日子勘查火警的人煽风助燃了。

火警勘查员

唐·兰卡斯特不是一般的航空工程师。20 世纪 60 年代，他在一名国防承包商手下工作，为的是逃避入伍参加越南战争。不过，在一家生产军火的公司工作令他兴味索然。在那儿工作的时候，兰卡斯特开始为《大众电子学》撰写文章，但他很快发现自己单枪匹马能做得更好。当时 Altair 还没问世。兰卡斯特辞去了航空工程师的工作，搬到了亚利桑那州，干起了森林火警勘查员的工作。他在一个面积不到 1 平方米的火塔驻守，有特别多的空闲时间用来构思能写成文章的电子项目。

兰卡斯特的反战情绪在亚利桑那州可能没有多少同道中人，但强烈的个人主义倒是让他遇到不少志趣相投的朋友。兰卡斯特终于感到适得其所。加州的很多家酿计算机俱乐部成员都披着长头发（如史蒂夫·东皮耶），并且很反感典型的工科生那种中规中矩、过于刻板的打扮。但是兰卡斯特并不是这样的。兰卡斯特看起来像是计算机时代的查克·叶格 [①]——发型整洁、脸型方正、总是紧闭双唇、戴着飞行员太阳镜和一顶端端正正的牛仔帽。

虽然有着一板一眼的打扮，但兰卡斯特实际上是一名不折不扣的革命者。他以个人主义者的口吻，将那些介绍 DIY 电子产品的文章，传递给其他个人主义者。那些文章的意图，是将原为航空公司和企业的数据处理部门（即"白袍祭司团"）掌控的计算机威力，传送到精通计算机技术相关知识的普罗大众手中。

[①]　查克·叶格是一名退休的美国空军准将，获"王牌飞行员"的称号。——译者注

兰卡斯特是很高产的。除了自由撰写文章，他还写书。他的书受到电子学发烧友的追捧，如 *TTL Cookbook*、*CMOS Cookbook* 以及 *Cheap Video Cookbook*。第三本书的其中一段节选谈及了兰卡斯特的风格和价值观，他管中窥豹，提到了早期微型计算机发烧友必须面临的各种问题。

"平价显示器是软件和硬件的一种全新结合，它可以大幅削减制作成本和视频显示器的复杂性，无论这种显示器是基于字母数字型微处理器还是图像型微处理器。一个标准的平价显示系统……能够让你用 7 个普通的集成电路板就实现 12 × 80 的滚动显示，且一个电路板的成本仅需 20 美元。这些电路板在微型计算机系统上的运行几乎不被察觉，系统仍有 2/3 的吞吐量可供其他程序运行。"

兰卡斯特不但多产，还富有独创精神且为人慷慨。《大众电子学》的技术编辑莱斯利·所罗门曾说过，自己"这些年常为兰卡斯特那些绝妙的创意拍案叫绝"，这句话也代表了每个曾被兰卡斯特的书和文章启发过的人的心声。

英特尔和摩托罗拉

MITS 公司的爱德华·罗伯茨就是兰卡斯特的读者之一。罗伯茨感到十分担忧，因为他觉得兰卡斯特雄心勃勃，随时都会做出超越 Altair 的东西。在《大众电子学》的封面登出 Altair 时，兰卡斯特加入了位于圣安东尼奥的西南技术产品公司。这个公司一直在做音响元件的生意，直到 1975 年年底，它一脚踏入了罗伯茨自封的"私人地盘"，即发烧友计算机市场。与自己从英特尔公司清仓大甩卖得到的芯片相比，罗伯茨认为，西南技术产品公司从摩托罗拉公司买来的 6800 微处理器用作微型计算机的"大脑"会更为优秀。

罗伯茨的担忧预示着计算机行业的分裂，其实也就是英特尔处理器的支持者与摩托罗拉及其他芯片的支持者的分歧，这场分歧将持续几十年。

因为英特尔公司的芯片的名称里通常会有"8"这个数字，而摩托罗拉公司则通常用"6"这个数字，所以双方的支持者就分别被称为"8 字头用户"和"6 字头用户"。罗伯茨自然是 8 字头用户，但他想成为 6 字头用户。混迹硅谷的家酿计算机俱乐部成员大多数都是 8 字头用户，但也有少数人例外，比如年轻的史蒂夫·沃兹尼亚克。沃兹尼亚克是一个喜欢清仓甩卖活动的 6 字头用户，新近刚加入惠普公司。虽然这些芯片在功能上没有特别大的不同，但微处理器会影响一台计算机对无数硬件和软件的兼容性。一块芯片的优劣能起到牵一发而动全身的作用。

兰卡斯特是一位 6 字头用户。

电视打字机

兰卡斯特在这场技术革命中最为显著的贡献是他最早期的作品之一：电视打字机。1973 年，兰卡斯特在《无线电电子学》上发表了一篇预言性的文章，文章描述了一款开拓性的电视打字机设备。他的这个设想比罗伯茨推出 Altair 整整早了两年。后来计算机界一位权威人士将兰卡斯特封为"个人计算机之父"，就是因为兰卡斯特的电视打字机这项发明设想。

虽然电视打字机只是一台终端机，但计算机发烧友可以自己动手来装配。配上兰卡斯特对其功能的描述，这台设备使得计算机发烧友开始畅想真正的 DIY 计算机，并开始想象在市场需求激增的 20 多年后的未来，互联网能为人们提供什么样的功能。"电视打字机启发了整整一代计算机发烧友"这样的说法根本不算夸张。

电视打字机打动了莱斯利·所罗门。它是这样工作的：在一个便宜的键盘上输入文本，然后电视屏幕上就会显示你输入的字。它的妙处在于，组合了两种便宜的组件，这两种组件基本上可以作为一台计算机最基本的输入和输出设备。就是要这样！所罗门想要的就是一种更简便、更好用的方法，以便在使用 Altair 时，不需要依靠在前置控电板上切换小灯的开关并读取小灯闪烁的规律，就能输入和输出信息。所罗门自然而然地就想到了兰卡斯特的电视打字机。

电视打字机和 Altair 并不能直接配套使用，二者之一必须做出让步，进行重新设计。那么谁来让这一步呢？所罗门当机立断，虎口拔牙——这个比喻还挺恰当的，所罗门将兰卡斯特带到阿尔伯克基去会见罗伯茨。所罗门认为，面对面的会谈也许能把此事谈拢。可惜，兰卡斯特和罗伯茨就像是亚利桑那州碰上了新墨西哥州，双方针尖对麦芒，谁也不相让。

不过，从另一件事来看，电视打字机要比 Altair 更成功。兰卡斯特这篇关于电视打字机的文章，将鲍勃·马什领入了计算机行业，帮马什和费尔森斯坦搭上了关系，从而才有了 Sol 的诞生。Sol 是第一款将显示器和键盘嵌入主机的发烧友计算机。所以说，虽然 Sol 并不是兰卡斯特设计的，但这台计算机的设计灵感来自兰卡斯特。从 Sol 流行开来的嵌入式显示器与键盘正是让发烧友计算机成为真正的个人计算机的关键。

鲍勃·马什 当过教师，很喜欢在贸易展览会上向孩子展示他的电脑。（资料来源：鲍勃·马什）

1977 年的计算机"产业"

1977 年春天，一股技术革命之火已经蔓延至全美各地乃至美国以外。最为明显的现象就是各地不断涌现的计算机俱乐部。费城地区计算机协会通过其通信刊《数据巴士》（*The Data Bus*）持续跟进计算机的发展。多伦多地区计算机发烧友协会的通信刊甚至有产品的评级系统。在加州圣塔莫妮卡，一大帮发烧友组成了一个颇具影响力的俱乐部——南加州计算机协会。

与微型计算机相关的公司也问世了不少，它们已经在紧锣密鼓地开展业务。亚利桑那州坦佩市、科罗拉多州恩格尔伍德市、佐治亚州诺克罗斯市、伊利诺伊州斯科基市、堪萨斯州奥拉西市、马里兰州克罗夫顿市、马萨诸塞州剑桥市、密苏里州圣路易斯市、新罕布什尔州彼得堡市、纽约州纽约市、俄亥俄州克利夫兰市、俄克拉荷马州俄克拉荷马市、俄勒冈州阿罗哈市、瑞典马尔默市、犹他州普罗沃市、华盛顿州艾萨卡市、怀俄明州拉勒米市，以上这些城市仅是一小部分例子。密歇根州安娜堡的纽曼计算机交换公司为自己拥有"丰富的"计算机装备目录而自鸣得意——他们家的产品目录比其他公司的更大。

吉姆·沃伦是《多布博士》杂志的编辑、第一届西海岸电脑节的"主席"以及高速发展的计算机发烧友运动的战略性观察者，他于 1977 年 8 月做出预测，当时市场上"将通用数字计算机用作个人用途的私人需求量应该有 5 万台或更多"。不管这个估算是否精确，也不管这是否将少数有能力将小型计算机放到家中地下室的富有发烧友考虑在内，可以肯定的是，一股无人能挡的野火开始在大地上肆意燃烧。

假如沃伦列举出他所知道的 1977 年的所有微型计算机公司、俱乐部、杂志和通信刊，那这张单子将满是硅谷的地址，这可不是因为硅谷是沃伦的老家。加州的公司将占据这张单子的很大一部分。有些州则是大型计算机公司、小型计算机公司、半导体公司和高科技研究型高校的主场，比如马萨诸塞州、明尼苏达州和得克萨斯州，这些州也会占这张单子的较大部分。剩下的部分就是新泽西州那帮黑客了。

新泽西州业余计算机小组

新泽西州又称"花园之州"，当地的微型计算机公司遍地开花，比如普林斯顿的技术设计实验室公司和犹尼昂的电子控制技术公司。罗杰·阿米登和克里斯·鲁特科夫斯基有一台名为"将军号"的"超级计算机"，这台计算机上的软件也非常好。新泽西州还有很多杂志，如罗谢尔帕克的《计算机决策》（*Computer Decisions*），但其中最为主流、简单易懂又最具娱乐性的还是戴维·阿尔的《创意计算》（*Creative Computing*）。

不过，俱乐部才是人们交流想法的地方，也正是俱乐部让技术革命的火势得以继续蔓延下去。新泽西州业余计算机小组是当时美国最活跃的计算机俱乐部之一。索尔·莱布斯是该俱乐部的发起人之一。

和唐·兰卡斯特一样，莱布斯也为电子学发烧友写书。不同的是，兰卡斯特是个独行侠，而莱布斯是个合群侠。或者说，莱布斯就是有能耐说服别人同自己合得来。莱布斯比其他黑客稍年长一些，对某些人来说，他倒挺有长辈的感觉。莱布斯是新泽西州业余计算机小组中最活跃的成员之一，参与了很多项目，其中就有几本看起来很华丽的杂志。

在微型计算机传播运动中，杂志起到了至关重要的作用，但杂志的缺点在于，对高速发展的事物缺乏传播的即时性。而诸如家酿计算机俱乐部和新泽西州业余计算机小组此类的俱乐部则能将计算机发烧友聚到一起，让他们可以实时地分享自己的见解，又可以对他人的想法进行评论。

BBS 热潮

尽管聚会对计算机运动极为重要，但并不是一定要面对面。有些黑客很快就想到了这一点，他们认为，计算机发烧友最好的聚会地点应该是在计算机上。

绝大多数新设计的微型计算机都能接入一台调制解调器。也就是说，只要有合适的软件，计算机用户就能够通过电话线路在计算机上互相联系了，就像无线电发烧友那样，通过打字而不是说话来相互交流。

即使计算机有这项功能，还是存在一些问题。就算真有合适的软件，你和你的朋友也都安装了这款合适的软件，但你也只能在双方同时愿意并且都在线时才能对话。如果能给朋友留下电子信息，那就更好了。但要是在你发送信息时，对方的电脑和调制解调器都必须处于打开的状态才能收到，那留言还有什么意义呢？

芝加哥的一名计算机发烧友解决了这些冗繁的问题。他创造了一种通过电话线在微型计算机间进行数据传输的方法：文件传输通信协议（XMODEM）。这种协议后来成为通信标准。他还发布了历史上第一个计算机电子布告栏系统（Computer Bulletin-Board System，简称 CBBS 或 BBS），这个系统能专门存储信息。

这位芝加哥的发烧友名叫沃德·克里斯坦森。1978 年，他与兰迪·瑟斯编写了第一个能搭建起 BBS 系统的软件。这个软件不仅能为其他计算机发烧友存储信息，后来还成为志趣相投的人群交流的地方——不仅局限于计算机发烧友了。

一段时间后，一些不限于地理位置、单纯基于相同兴趣的社区在 BBS 上发展起来了。后来又发展出了新闻组、邮件列表、交互式网站、多用户域和虚拟世界。这些东西在 1978 年看来，大多数还是"将来时"的，但我们已经可以在 BBS 系统中看到虚拟社区模式的雏形。

BBS 上的虚拟电子社区（即计算机上的俱乐部）遍布全美各地。许多公司的创办初衷，与其说是为了挣大钱，不如说是为了寻求刺激。这些事情都说明，一些无法从经济利益的视角解释的事情正在发生。另外，忽视任何行业中的经济现实都不是什么好事。一些硅谷企业也很快意识到了这一点。

圈地自治

在我们参加的那次会议中，我们在第一部分就与英特尔公司正面交锋了。英特尔公司当时企图破坏任何为 S-100 总线标准化所做的努力。

——乔治·莫罗，Morrow's Microstuf 公司创始人

虽然共享精神在早期的微型计算机行业中盛行，但行业中的人要想协作还得学习许多其他内容。有一样东西能加速学习的进程，那就是畏惧。

大腕儿

在微型计算机行业的发展过程中，一直令人担忧的问题是，"大腕儿"可能会闯进来破坏大家的兴致。"大腕儿"有时候指的是 IBM 公司和其他大型计算机公司及小型计算机公司，但更多时候指的是 Commodore 公司和与它类似的电子产品公司。"大腕儿"的特点是在计算器行业中不惜下血本，哪怕得不偿失也要发动价格战争。其中以德州仪器公司的无情削价竞争最为有名。费尔森斯坦将许多发烧友企业家的忧虑归纳成一句话："天不怕地不怕，就怕德州仪器公司要削价。"

说到英特尔公司和一些其他的半导体公司，虽然本身很有条件利用自己的芯片来生产微型计算机，他们却不愿意做出任何可能被看作与自家客户相竞争的行为。而此时，那些由发烧友创办的微型计算机公司已经具备一定的实力，足以让英特尔等公司刮目相看并将其视作半导体客户认真对待了。当时的情况反正看起来是这样的。

1976 年 12 月，Commodore 公司向《电子工程时报》(*Electronic Engineering Times*) 透露了一款新产品的相关消息。报道称，Commodore 公司准备推出一款与 Sol 相似的机器，但是价格更加低廉，这台机器背后还有 Commodore 公司所有的营销力量撑腰。Proc Tech 公司正在交付第一批 Sol，马什则在构思公司的下一款产品——一款升级版的 Sol，带有一体键盘和 64K 存储板，价格则低至 1000 美元。可惜的是，这款产品基本上和 Commodore 公司的机器是一样的。

马什确信 Commodore 公司的这款计算机已经整装待发，而与之相比，Proc Tech 公司的产品则毫无竞争力。国家半导体公司也在计划推出微型计算机的消息让马什更加坐立不安。于是，马什放弃了升级版 Sol 的研发计划。5 年前，计算器行业战争中曾出现过一条竞争铁律：不惜血本削价甩卖，倾力推进技术发展，哪怕赔了公司也在所不惜。要是再来这么一场血腥的战争，马什和英格拉姆自觉不可能在与 Commodore 公司和国家半导体公司的竞争中有胜算。他们并不知道，Commodore 公司的计算机一时半会儿还生产不出来，而国家半导体公司的计算机更是连个影都没有。

寄生工程公司

虽然发烧友企业家对"大腕儿"还是颇有忌惮，但初创公司仍不断涌现。许多发烧友创办的新公司都开始制造微型计算机，但大多数产品其实并不是微型计算机，只是适用于 Altair 或 IMSAI 计算机的插件，而且这些公司基本都和 Proc Tech 公司的规模一样小。

霍华德·富尔默就在加州奥克兰的一个地下室创办了这样一家公司。爱德华·罗伯茨曾为戴维·巴纳尔主办的杂志《计算机小札》撰写过一篇评论文章，攻击生产兼容 Altair 存储板的公司是"寄生虫"。富尔默读了这篇评论后，决定将自己的公司命名为"共生工程公司"以强调他对 MITS 公司的产品和自己的产品之间良好关系的认识。碰巧当时有一个名字带"共生"的政治团体开始崭露头角，富尔默可不想人们将自己的公司和那个颇为激进的政治团体混淆。于是，他干脆将公司命名为"寄生工程公司"，直接将包袱抛给了罗伯茨。

与此同时，马什正在考虑 Proc Tech 公司是否应该放弃制作 Z80 型计算机的计划。但为了取得 Sol 性能上的微小改进而放弃一个优秀的设计方案，这看起来是十分不理智的。Sol 已经大获成功，再说，马什相信软件远比处理器更重要。正因为有了软件，计算机才能运行起来，在当时，软件才是一台计算机不同于另一台计算机的关键所在。

就这样，马什冒出了一个想法：专为 Sol 编写程序——游戏、商业应用或随便什么程序都行，这或许可以提高这款机器的销量。不过，马什并没有找人专门为 Sol 编写软件，他耍起了心思，找人写了一套编程工具，这样用户就能更容易地为 Sol 编写软件了。毕竟，Proc Tech 公司的客户大多数都是工程师，他们自己就能编写软件。

Proc Tech 公司聘请了两名程序设计人员，他们是森尼韦尔市 MicroTech 公司的杰瑞·科克和保罗·格林菲尔德。他们两人曾为小型计算机开发过高级语言编译器。马什聘请他们的目的是编写一套编程工具，从而使用户能更方便地在 Sol 上编写、编辑、调试其他程序。英格拉姆将科克和格林菲尔德的工作成果开发成了"软件包一号"，这个软件包给 Sol 带来了巨大的优势，使其摇身一变成为最简单的程序编写机器。

对共享文化的质疑

无论在硅谷还是在其他地方，软件的所有权都是个棘手的问题。Proc Tech 公司是无论如何都支持软件共享的，其计算机发烧友出身的创始人曾在家酿计算机俱乐部的聚会上与参会的所有人都交换过程序磁盘。曾参与创办家酿计算机俱乐部、后来成了 Proc Tech 公司"杂务总管"（他的官方头衔）的戈登·弗伦奇极力主张开放制度，也就是说，他认为应对所有人免费传播软件代码和内部原理。弗伦奇希望外部的程序设计人员和外围设备制造商能够制造出可兼容的产品，并拓展市场。

与此同时，爱德华·罗伯茨及整个大型计算机与小型计算机行业所持的是与之相反的观点。罗伯茨等人认为软件应有所有权。但是，计算机发烧友正将他们自己的价值观带入整个行业。他们中的绝大多数人都支持硬件和软件设计的公开。公开计算机的体系结构（即公开机器有形部分的设计）在当时成为一种理想。另一种理想则是操作系统的公开。

然而，在一心支持软件共享的 Proc Tech 公司中，公开操作系统的想法却遭到反对。马什和英格拉姆主张这个特殊的组件应有所有权。事实上，Proc Tech 公司早就有了自己的磁盘操作系统。他们从 19 岁的比尔·利维手中买下了 PT-DOS 操作系统。在加州大学伯克利分校的劳伦斯科学馆里，利维基于加州大学的大型计算机和小型计算机的 Unix 操作系统开发出了 PT-DOS。马什认为，比起 CP/M，本身带有丰富工具的 PT-DOS 要好得多，CP/M 就是一个除基础功能外什么都没有的操作系统。遗憾的是，由于所谓的"驱动器的惨败"，PT-DOS 只能推迟入市的时间。

不兼容的格式

1976 年，Sol 发布。同时，磁盘驱动器的诞生挑起了一场颇为诱人的战争。虽然磁盘驱动器在大型计算机和小型计算机上广为应用，但将它们安装在微型计算机上却极为不易，费用高得令人咋舌。购买一台磁盘驱动器一般需要花费 3500 美元，甚至更高。所以，在家酿计算机俱乐部的某次晚间聚会上，当鲍勃·马伦在 Diablo 系统公司的合作伙伴乔治·康斯托克宣布他想要研发一款适用于微型计算机的磁盘驱动器时，马什立刻就被吸引了。康斯托克认为，一台配有控制器插件和软件的完整磁盘驱动器的销售价格可设在 1000 美元左右。

但是，Diablo 系统公司当时尚未加入这个日益壮大的微型计算机产业。康斯托克觉得，只有与微型计算机公司进行周密的磋商，他的想法才有可能落实。于是，康斯托克向马什提出了合作意向。他建议，由 Diablo 系统公司设计驱动器的物理机制，使其能对磁盘读取和写入信息；由 Proc Tech 公司编写软件并研制 S-100 总线路板来控制驱动器。康斯托克还提议 Proc Tech 公司自行销售这款总线路板。

显然，磁盘驱动器注定要成为任何一种标准的微型计算机系统的一部分。工程师早已竞相开始研发带有软件和控制器插件的低成本磁盘驱动系统。舒加特公司的 5.25 英寸磁盘驱动器看来很诱人，却有一个缺点。IBM 公司一贯使用的是 8 英寸的驱动器，并为这种设备制定了若干标准。但因为小尺寸的磁盘驱动器没有任何标准，所以没有人能保证，在一个品牌的机器上写入了信息的磁盘一定能在另一个品牌的机器上被读取。

格兰特和格林伯格那家曾与 Proc Tech 公司和费尔森斯坦共用一个车库的北极星公司，选择了舒加特公司的磁盘驱动器，并以不到 800 美元的价格出售。乔治·莫罗和加州工程师本·库珀借用了劳伦斯利弗莫尔实验室的尤金·费舍尔的想法，开始研发相对低成本的 8 英寸磁盘驱动器。库珀大概是第一位为微型计算机成功研制出商用 8 英寸磁盘驱动器的人了。不久之后，莫罗也研制出了一块康斯托克所指的那种 1000 美元左右的驱动器。莫罗与数字研究公司及微软公司谈判，希望能随驱动器免费搭载 CP/M 和 BASIC。莫罗和库珀都在继续研发磁盘产品，库珀还为微型计算机开发出了第一款硬盘控制器。

微型计算机迎来了磁盘存储时代，其中也包括硬盘存储。微型计算机由此向能"真正派上用场"这一目标迈进了一大步。不过，磁盘存储系统的标准并没有应运而生。

此时，Proc Tech 公司的磁盘驱动器研发计划命运多舛。Diablo 系统公司在研发驱动器的过程中遇到了困难，最终放弃了这个项目，留下 Proc Tech 公司独立支撑。Proc Tech 公司不得不继续研发控制器。马什和英格拉姆将 Sol 的磁盘驱动器子系统的价格提到 1700 美元，因为他们用 Persci 公司提供的一种较为昂贵的磁盘驱动器替代了 Diablo 系统公司的驱动器。这个价格太高了，更糟糕的是，这个磁盘驱动器并不总能正常运行。客户可以从库珀、莫罗和北极星公司拿到更优惠的价格。

看得见风景的办公室

虽然存在这些问题，但 Proc Tech 公司看起来仍是蒸蒸日上的。公司高管将盈利重新投入公司。费尔森斯坦就将自己分红投资到了公司的"社区存储器"项目。Proc Tech 公司在埃默里维尔的雇员已经有 85 人，这个数字还不包括是顾问而非雇员的费尔森斯坦，总部越来越拥挤了。于是，Proc Tech 公司南迁至普莱斯顿的近郊区。新的办公场所拥有宽敞的行政套房，还有可以俯瞰硅谷的大窗户。

市场竞争仍然非常激烈。到 1977 年年底，Proc Tech 公司发现自己已经跻身于一个更加正规的行业了。信息的开放式交换、不拘于形式的管理方式、理想主义的闪现，以及从行业萌芽期便很常见的缺乏项目详尽规划的现象此时仍然存在，但越来越多的人相信，专业的管理方式应该自有它的优势。然而，除了以姆赛公司以外，几乎没有任何一家发烧友公司将这一想法付诸实践。计算机产品的主要用户、设计师和公司的总裁实质上都还仅限于计算机发烧友，而世界上的大多数人仍对这场正在进行的革命一无所知。

新公司如雨后春笋般不断涌现。到 1977 年年底，经营中的计算机公司以及计算机周边公司有苹果公司（业内人士认为该公司很有潜力）、Exidy 公司、以姆赛公司、数字微系统公司、阿尔法微系统公司、Commodore 公司、中西部科学公司、GNAT 公司、西南技术产品公司、MITS 公司、技术设计实验室公司、矢量图形公司、Ithaca Audio 公司、Heathkit 公司、Cromemco 公司、MOS 科技公司、美国无线电公司、TEI 公司、俄亥俄科学仪器公司、数字集团公司、Micromation 公司、PolyMorphic 公司、寄生工程公司、戈多布特工程公司、Radio Shack 公司、Dynabyte 公司、北极星公司、Morrow's Microstuf 公司，当然还有 Proc Tech 公司。

家酿计算机俱乐部强大的影响力仍旧一如既往。许多公司都位于旧金山湾区，且都与家酿计算机俱乐部建立了联系。俱乐部已初具壮大的规模，到 1977 年，俱乐部已经有了相对固定的参会成员。在最前面主持聚会的是费尔森斯坦。马什和 Proc Tech 公司的团队成员通常坐在墙边的位置。史蒂夫·沃兹尼亚克和他的门客，以及一些 6502 微处理器迷会坐在人群后面。《多布博士》的吉姆·沃伦坐在舞台左边距离最后面三个位置远的走廊边上，等"映射"环节开始后，他会起身向大家大谈他平日里听到的那些新闻和小道消息。而维护软件库的戈登·弗伦奇和编写俱乐部通信刊的鲍勃·赖林总是坐在第一排。

1977 年 12 月，赖林写道："在过去的这一年里，最大的变化大概要数兴趣团体的发展了。年初的时候，唯有 6800 芯片的用户群会定期参加聚会。到了年底，除了 6800 芯片的用户群以外，还出现了 P8 用户群、北极星用户群、Sol 用户群和 PET 用户群。"此时，家酿计算机俱乐部聚会的与会人员（家酿计算机俱乐部并没有会员）有来自苹果公司、Cromemco 公司、Commodore 公司、计算机展览会、《多布博士》杂志、IBEX 公司、Itty-Bitty Machine 公司、M&R、高山硬件公司、马伦主板公司、北极星公司、《人民计算机公司》杂志、Proc Tech 公司以及湾区各计算机商店的关键人物。其中以 Proc Tech 公司尤为出彩。马什在一定程度上实现了梦想，他的公司看起来很了不起。

总线的易主

这些公司生产的大多数计算机或插件都要用上 S-100 总线。这是 MITS 公司为 Altair 设计的接口标准，"S-100"的命名权是罗杰·梅伦和鲍勃·马什在一趟横贯两个大陆的航班上硬生生地从爱德华·罗伯茨手上夺来的。不过，这个总线逐渐成了问题。不管这些公司看起来多么混乱无序，这种混乱无序都不及使用 S-100 总线造成的混乱状态。S-100 总线是第三方线路板与 Altair 8080 微处理器实现通信的渠道。毫不夸张地说，如果总线的工作原理不清晰，那所有与机器大脑的通信都是不可靠的。但 MITS 公司并不急于为这帮"寄生的"插件制造商公布总线的规格参数。

1977 年年末，鲍勃·斯图尔特召集了一个会议，以求解决 S-100 总线的问题。作为一名光学和电子学顾问、电气和电子工程师协会成员，斯图尔特买了一台 Altair，为之苦恼万分。斯图尔特召集了一帮微型计算机公司的总裁，其中包括 Cromemco 公司的哈里·加兰德、寄生工程公司的霍华德·富尔默、Micromation 公司的本·库珀、后来将公司名改为"思维玩具"的乔治·莫罗。《字节》杂志的主编卡尔·赫尔默斯也参加了那场会议。会议的主题是解决 S-100 总线存在的明显问题，并制定统一的标准，以便各公司的插件能相互兼容。

加兰德向大家说明了他和梅伦屏蔽总线的优势，但莫罗认为，自己的方法更佳。与会者没有当场达成协议。斯图尔特提议，请电气和电子工程师协会为在场的几个人成立一个官方标准制定小组，以制定一个电气和电子工程师协会官方的总线标准。这一请求获得了批准，于是标准制定小组成立了。

新成立的微型计算机标准制定委员会邀请了爱德华·罗伯茨加入，但罗伯茨拒绝委派代表，甚至不愿直接回应。罗伯茨确实曾在报刊上说过，MITS 公司应该享有定义总线的专有权。于是委员会便没有再理会他了。一开始，会议便与英特尔公司展开了争论，因为英特尔公司反对总线标准化。莫罗感觉英特尔公司不想要任何东西标准化，除非它自己来制定标准。不过，当委员会决定无论英特尔喜欢与否，仍要继续制定标准时，这家芯片制造商竟然默许了。

这帮人简直吃了熊心豹子胆！一伙计算机发烧友出身的毛头创业者就这样无视当时规模最大的微型计算机公司，还降服了业内领先的芯片制造商。真是天下奇闻！这帮人胆敢干出这等事，竟然还活着回来了。

尽管委员会对外团结一致，但它不能保证一定能制定出标准来。委员会的 15 名成员都是独断而固执的人，要一起解决这个问题，他们却各执己见，而且，这些意见通通都是正统而合理的。这些成员各拥有一款与将要制定的标准不兼容的产品。随着讨论的继续，罗杰·梅伦代表 Cromemco 公司参加了会议，阿尔法微系统公司也加入了。埃尔伍德·道格拉斯代表 Proc Tech 公司出席了会议，并断定标准与他正在设计的存储板不符。乔治·米勒德代表北极星公司发言。以姆赛公司也来了代表，阐述了以姆赛的官方立场，他们的立场与罗伯茨相似。委员会同样没有理会以姆赛公司的立场。委员会的大多数成员都认为，比起工程方面的训练，以姆赛公司对 EST 更为重视，因此对以姆赛的立场不予考虑。

有时候，委员会成员之间的相处并不十分融洽。他们会争论几个小时，谁也不肯退让半步。之后他们又回到各自的公司，和自家人讨论起如何对自己的产品做出改进，以求达成一个统一的标准。每次会议后，他们都会发现大家距离达成共识越来越近了。就这样，这帮富于创造、独断专行的人为了整个微型计算机领域的利益，一点一点地放下了自我的固有成见，也摒弃了任何短期的经济利益。

委员会打算用打游击的方式来推行总线的设计标准。在大型计算机和小型计算机行业中，总线的设计是由总线设计师说了算的。像总线这么复杂的东西，独立的公司并不会重新设计。总线的定时参数和其他的设置皆是由总线设计师决定的。实际上，IBM 公司和 DEC 公司就是这样做的。但是 S-100 的委员会成员深入研究了罗伯茨的总线，搞清了它的工作原理，将它的设计细化成碎片，后又采用一种适用于所有人的独立的新设计方案。这是普通人对专横的大公司的反抗，而 MITS 公司在此事中便是大公司的象征——虽然它的规模远远不及 IBM 公司和 DEC 公司。

革命就这样来了。

家酿计算机俱乐部的传统

那就是这个行业的起源。这个行业并非发端于德州仪器公司、IBM 公司或仙童半导体公司，而是来自那些不安于现状且能以另一角度看事物的人。

——弗莱德·莫尔，家酿计算机俱乐部创始人

1979 年，Proc Tech 公司遭遇了大麻烦。由于面临 Commodore 公司和国家半导体公司的威胁，马什和英格拉姆收支失衡；此外他们还因苹果公司的逐渐壮大而忧虑不已。因此，Proc Tech 公司的产品线走向变得很不明朗，马什和英格拉姆犹豫不决，拿不准该生产什么产品。他们的忧虑就写在脸上。费尔森斯坦曾多次因商谈新产品的问题而到他们的办公室拜访，但他们似乎无法确定任何一款新产品。最后，费尔森斯坦问："嘿，你们到底想怎么样啊？！"马什和英格拉姆回答说想看看费尔森斯坦有什么好主意。费尔森斯坦这才明白，原来他们真的没有任何产品计划。

雄厚的资金能给公司带来灵活性，而 Proc Tech 公司恰恰缺乏这种灵活性。而且，像比尔·米勒德一样，马什和英格拉姆这两位新手老板也患有"创业者症"。亚当·奥斯本曾和他们谈及接受注资的问题，但此时反而是投资者不愿再谈投资的问题了。Proc Tech 公司没有再研发新产品，而在充斥着 Z80 型计算机的新世界，Sol 已成了老气横秋的 8080 型老机器。

Sol 过时了吗？那倒还不见得。只不过技术在迅速发展，Proc Tech 公司手上却没有任何新产品作为筹码，前途未卜。当有意向的投资人向费尔森斯坦问起，Sol 需要多大的投入方能在技术上保持领先时，费尔森斯坦如实相告："需要相当大的投入。"这句话还不如不说呢！

1979 年 5 月 14 日，大灰狼来到普莱斯顿的工厂大门，本想看看有没有小白兔，结果里面一个人影也没有。原来 Proc Tech 公司已经用芯片清了账，跑去投资其

他企业了。

有关 Proc Tech 公司失败的解释有很多：基础产品修改过多、过分依赖一种产品、未能研发出新产品、未能跟上技术发展等等。史蒂夫·东皮耶认为，Proc Tech 公司过于关注内部发展，他们想先全盘解决内部问题再关注其他事务，就好像所有问题都是内部组织管理上的问题一样。Proc Tech 公司也确实存在用人不当的问题。据说，他们曾雇用一名全职员工专门在普莱斯顿的工厂负责重新安装电话机。

费尔森斯坦始终认为，Proc Tech 公司这艘船之所以沉没，是因为它满是漏洞，而公司的管理层却存心要多凿一些漏洞似的。Proc Tech 公司这艘船就是英格拉姆的办公桌，而英格拉姆实在是太爱拍桌子了。

Proc Tech 公司在进行破产财产拍卖会时，寄生工程公司创始人霍华德·富尔默驱车前往普莱斯顿，他想最后看一眼这家倒闭的公司。穿过凋敝的大楼，走过马马虎虎搭建起来的小隔间，这一切都是公司走下坡路的象征，富尔默在楼顶上见到了一个只能勉强被称为"屋顶房"的套间。富尔默以前没去过那儿，但这一切给他留下了深刻的印象。这个带有超大窗户的大房间，中间摆着英格拉姆的法式民俗办公桌。富尔默用眼角扫了扫整个房间，确认没有其他人在场，便走到那张办公桌前坐下了。好舒服的椅子啊！富尔默坐在椅子上往后仰，将两只脚搁在这张漂亮的办公桌上，透过窗户俯瞰硅谷，心满意足地呼出一口气。"我感觉自己好有钱，"富尔默嘟哝着，"一切都会好的。"

作为一家企业，Proc Tech 公司最终彻底失败了，但和那些以某种能让经验丰富的管理者晕头转向的方式经营的公司一样，Proc Tech 公司也曾对微型计算机产业的建设做出了巨大的贡献。不久，这项产业的方向从发烧友导向转成了消费者导向。家家公司都在市场上圈定自己的地盘。到 1979 年，Cromemco 公司已经以其装满结实耐用的插件、主要售给工程师和科学家的钢制方盒子闻名。矢量图形公司则在销售一种能用钥匙启动、一经启动便自动运行商业应用程序的商用机器。苹果公司的塑料外壳计算机是最早的游戏型机器。侵占小型计算机领域的则是阿尔法微系统公司，它提供了能支持好几个用户同时在线的微型计算机系统。

在之后的几年里，家酿计算机俱乐部的传统持续影响了产品设计和市场销售原则。家酿计算机俱乐部不仅对微型计算机的产生起了催化作用，还对它的持续发展起了积极的促进作用。不过，既然许多人已经买得起计算机了，那么计算机还需要有创造性的成果，以便让硬件能适用于一般人。向大众普及计算机的威力是像费尔森斯坦这样的计算机革命者的梦想，但是还需要软件来助力。要想让微型计算机完成向个人计算机的转变，就必须有用户体验友好、功能强大、用户负担得起的程序，以及生产这种程序的手段。

新生的微型计算机产业需要一个软件产业。但软件产业还没形成，就出现了相当多的关于该产业的意见分歧，比如，程序的代码应该是公开的还是私有的。

我认为大多数人购买计算机的真正动机是学习，他们想看看计算机到底可以用来做些什么。

　　——丹·费尔斯特拉，VisiCalc 电子表格软件开发者

第 5 章

盒中精灵

　　第一代 Altair 的购买者发现，如果没有软件，这些新的个人计算机什么也做不了。它们可以做些什么或可以启发程序员让它们做些什么也不明确。几年之后，个人计算机软件市场将达到数十亿美元的市值，但在 20 世纪 70 年代，暂时还没有人预见到为这些玩具编程也可以赚钱。

Altair 的首场演奏会

对于将要发生的事，他什么都没有说，我们毫无准备。

　　——李·费尔森斯坦，在史蒂夫·东皮耶的家酿计算机俱乐部演示会上的讲话

　　在 1975 年 4 月 16 日晚间的一次家酿计算机俱乐部聚会上，史蒂夫·东皮耶进行了一场令人难忘的表演，不过东皮耶不能算是表演者。东皮耶是一个身材修长、行动敏捷、长发及腰的年轻人，穿着牛仔裤和毫无特色的运动 T 恤。"以年轻人惯有的快速讲话方式，"李·费尔森斯坦回忆道，"他觉得没必要用精确的字眼，于是不断用'东西'来指代他所说的物品。"

　　东皮耶确实有一台 Altair，但在场者几乎没人见过这种计算机。因为 MITS 公司没有发货，所以东皮耶只能坐飞机前往阿尔伯克基亲自提货。旅行 1600 多公里去拿

一件价值 397 美元的 "玩具"，这样做似乎太过狂热，但东皮耶却觉得合情合理。东皮耶告诉家酿计算机俱乐部的成员，这是一台真正的计算机。它是实实在在的，而且就在现场。每个人都可以买下它。

购买一台自己的计算机？与会者思考着这个问题的可能性。以前，只有极少数人有办法弄到一台计算机。那群身着白袍的技术人员游走于机器和普通人之间，将计算机牢牢控制在自己手里。当晚在场的发烧友都被东皮耶的兴奋所感染，他们开始设想，如果有了自己的计算机，他们可以做些什么。或者说，一旦有了自己的计算机，他们将会做些什么。

东皮耶在那天晚上展示的东西让与会者明白了那个想法是多么具有革命性。

装疯卖傻

李·费尔森斯坦回忆道："史蒂夫·东皮耶带来了自己的 Altair 和其他 '东西'，蹲在靠门边的角落里将它们组装了起来。他把一根延长线接到走廊里，那儿有一个通电的电源插座，然后他面朝 Altair 弓着腰，通过开关导入（他的）程序，对所有提问都用一句话来打发——'你等一下就会看到了。'"

家酿计算机俱乐部的成员都对这台机器很感兴趣，但是由于它没有显示器和键盘，而且只有很少的内存，大家也没指望它能做多少事情。不过有些人认为东皮耶可能会想出什么有趣的点子来。东皮耶是个讨人喜欢、脚踏实地的小伙子，计算机世界在他身边冉冉显现。费尔森斯坦很好奇，他想看看东皮耶能用 Altair 做些什么。费尔森斯坦想，有的人特别容易出岔子，但东皮耶就特别容易撞到好运气。

显然，东皮耶并非完全对意外免疫。他花了好几分钟用心扳动开关，试图导入程序。他知道，只要犯一次错，一切就都要从头来过。就在东皮耶即将完成的当口，有人被电源线绊了一下，把他做的一切都清除了。东皮耶重新插上电源，从头又做了一遍，再次耐心地导入程序。最后，他终于完成了。

东皮耶站起身，向众人做了一个简短的说明——只比 "你等一下就会看到了" 稍微长一点。"对于将要发生的事，他什么都没有说，我们毫无准备。" 费尔森斯坦回忆道。"他将一台便携式收音机放在 Altair 的盖板上，先是噪音，然后是声音，最后音乐从那台收音机的喇叭里传了出来。我们立刻就听出那是披头士乐队的歌 *The Fool on the Hill* 的旋律。"

东皮耶没等掌声响起就对众人说："等一下，还有别的。它才刚开始自动做这个。"

随后，喇叭里又传出了 *A Bicycle Built for Two* 的曲调。费尔森斯坦回忆道："我们中的许多人认为这首歌是世界上第一首由计算机'唱'出来的歌——那是在 1960 年，在贝尔实验室里。听到这首歌从 Altair 计算机这台纯业余的设备里传出来，我们激动极了。"

音乐停止，掌声四起。人们站起身来，为东皮耶鼓掌喝彩。

从技术上讲，东皮耶不过是玩了一个聪明但并不令人陌生的把戏。他开发了微型计算机的一种功能，在之后的 5 年里，这种功能最终会让微型计算机拥有者的邻居不堪其扰。这些机器发射出电磁干扰，让电视画面出现雪花、在无线电传输中出现静电干扰。东皮耶发现 Altair 会让收音机发出嗡嗡声，于是决定用这种静电干扰玩一把。东皮耶弄清楚了用程序控制声音频率和持续时间的方法。

对不了解这种意外副作用的程序员来说，东皮耶的"收音机接口"小程序从纸面上看来毫无意义，但它将静电干扰转化成了可以分辨的音乐。一年后，东皮耶在《多布博士》上发表了文章《一种音乐》，阐述了自己的成果，并把这件事称为"Altair 的首场演奏会"。

自助编程

家酿计算机俱乐部的成员明白，东皮耶的所作所为具有颠覆性的意义。东皮耶自己也知道，宣布这台机器有这样一种微不足道、完全外行的用途，已经让自己在一个全新的领域里占得先机。东皮耶说："这东西属于我们。"不是他的技术实力，而是将计算机拉下神坛的这个举动，让家酿计算机俱乐部的成员在那个夜晚鼓掌欢呼。

东皮耶的程序短小、简单。这台机器没有为实用程序准备足够的内存。当时，计算机发烧友对硬件的兴趣多于对软件的兴趣。毕竟，一段时间以来，已经有太多人梦想着拥有一台属于自己的计算机，而他们不可能在一台不存在的计算机上编程。不过随着 Altair 的出现，研发软件不仅可以实现，而且将必不可少。

早期的计算机发烧友只能自己编写软件，除此以外别无选择。当时没人能够想象，居然还可以从其他人手中购买软件。计算机发烧友会编写一些类似于计算机功能演示的小程序。

在微型计算机开始改变世界之前，要想将这件玩具变为实用工具，软件是必不可少的。在第一代机器的紧张内存限制下，一些先驱者仍然创造出了一些巧妙的程序。等到有更多内存可以使用之后，编写更复杂、更实用的程序继而成为可能。一开始的复杂程序有点儿"不务正业"，但很快就出现了正经的应用程序以及商用软件和会计软件。

编程起初是计算机发烧友的一项活动，但很快演变成了实实在在的商业活动。要想让新机器真正可用，操作系统和高级语言是两类很快就要用到的程序。操作系统是一种程序集，可以控制磁盘驱动器等 I/O 设备，将信息移入或移出内存，并执行计算机用户希望自动完成的各种其他操作。实际上，用户往往是通过操作系统来使用计算机的。大型计算机有操作系统，很多人认为微型计算机显然也需要操作系统。

每台计算机还有所谓的"机器语言"，即机器可以识别的命令集。这些命令可以触发计算机的基本操作，如在内部存储寄存器之间移动数据，在内存中存储数据，以及对数据进行简单运算。只用一条命令就能触发所有的这些基本操作之后，计算机才有更广泛的用途。这些更强大、更有意义的命令集合在高级语言中得到体现。机器语言错综混杂，用起来复杂繁冗。高级语言让用户不必纠缠于机器语言的细节，从而让计算机运行得更快，并产生更多有趣的结果。

除了程序员工具，计算机中还有应用程序，应用程序才是让计算机能够真正有所作为的软件。然而，当时是 1976 年，操作系统和高级语言都尚未出现，应用软件更是遥不可及。即将出现的是让计算机替代打字机的文字处理程序、追踪工资核算记录和打印票据的会计程序，以及向计算机用户介绍学习新方法的教育程序。当时的计算机发烧友看着自己的新机器，扪心自问，到底可以用它做些什么。

玩游戏，他们回答。

商业化之前的乐趣

人类是一种喜欢玩游戏的动物，计算机提供了玩游戏的一种新方式。

——斯科特·亚当斯，计算机游戏软件先驱

早在高级语言和操作系统简化编程工作之前，计算机发烧友就创造了计算机游戏。他们主要从当时流行的街机游戏中汲取了灵感。早期的微型计算机游戏通常不过是"导弹指挥官""小行星"以及其他街机游戏的简化版本。

早期的计算机游戏

计算机游戏为早期发烧友配备属于自己的计算机提供了理由。当朋友质疑这样一台机器有什么用途时，这些发烧友就能卖弄一下机器上的游戏，也许是东皮耶的 *Target* 或是彼得·詹宁斯的 *Microchess*，这样他们就会听到朋友的赞叹声。

在为 Altair 编写游戏程序方面，东皮耶是最有创造力的人之一。除了前置面板开关，Altair 没有其他的 I/O 设备，因此想让 Altair 做任何事都是一种挑战。东皮耶等人编写了流行电子游戏 Simon 的变体游戏，玩家上下追逐前置面板上 16 盏闪烁的灯，想办法按下相应的按钮，让灯忽明忽暗，显得"非常好看"。

设计游戏也为学习编程提供了一种途径。一旦接触到盖茨和艾伦的 BASIC，他们就拥有了创建简单游戏的必备工具。一些图书很快就问世了，其中列举了大量的用于各种游戏的程序。一个拥有 Altair、KIM-1、IMSAI 或 Sol 的人只要输入程序，就可以立刻开始玩这些游戏。第一本这样的书是戴维·阿尔的《BASIC 计算机游戏集》，该书是阿尔在 DEC 公司工作时撰写的，一开始是想要用在小型计算机上的。和现在交互式、多媒体的娱乐盛宴相比，早期的计算机游戏非常原始，其显示图形的复杂程度和电传打字机打印出来的星号模式差不多。

早期的很多游戏都是从小型计算机和大型计算机转到微型计算机上的。可以这样说，拥有华丽图像的现代计算机游戏的始祖是一种在示波器上类似于网球游戏的简单游戏。对那些工作时在大型计算机系统上玩过游戏的早期计算机发烧友来说，计算机游戏并不是什么新鲜的玩意儿，有时他们还将游戏载入大型分时系统的内存中。当然，如果在玩游戏时被发现了，就有麻烦了，不过玩游戏的诱惑实在难以抗拒。

《星际迷航》是一个用于大型机的流行游戏，玩家可以扮演柯克船长，指挥企业号星舰完成对抗克林贡战舰的一系列任务。《星际迷航》是一种地下现象，隐藏在公司或大学的计算机深处，员工只会在老板看不到的时候偷偷摸摸地玩。没人为这个游戏的副本付钱，《星际迷航》电视剧的编剧或创作者也从未收到过特许权使用费。斯科特·亚当斯是美国无线电公司的员工，当时在南大西洋的阿森松岛上从事卫星识别项目的工作，他回忆道，自己曾在卫星雷达屏幕上玩《星际迷航》，正因此举他未能得到政府官员的青睐。

因为在大型计算机上随处可见，《星际迷航》自然而然地跻身于第一批的微型计算机游戏之列。《星际迷航》已经有许多不同的版本，很快又出现了更多的微型计算机版本，其中包括东皮耶为 Sol 编写的《迷航》。当更先进的技术让微型计算机能够产生图像之后，《星际迷航》程序为"最后疆界"增加了视觉模拟功能。

到 1976 年年底，让微型计算机具备图形处理能力变得日益重要。Cromemco 公司用其 Dazzler 主板和视频显示组件让 Altair 具备了第一幅图形。1976 年上市的视频显示组件也可以在 IMSAI、Sol、PolyMorphic 计算机以及具有 S-100 总线结构的其他计算机上运行。

斯科特·亚当斯 为个人计算机创造了一些早期的游戏。（资料来源：斯科特·亚当斯）

在通常情况下，图形处理软件主要是为测试或演示机器性能而设计的。约翰·霍顿的游戏 *Life* 就是因为这个原因而流行起来的，该游戏有着千变万化的图像和不断变化的模式。沃兹尼亚克的 *Breakout* 游戏和东皮耶的 *Target* 游戏是两个能够很好展示计算机功能的真正游戏。像东皮耶这样聪明的程序员可以轻松地制作游戏，展现出计算机隐藏的天分。*Target* 游戏被其创作者描述为一个"击落飞机类的游戏"，这个游戏风行一时。Proc Tech 公司的员工经常在午餐时间玩这个游戏，很快它就广为流传。

一天夜里，在家里打 *Target* 游戏时，东皮耶偶然瞥了一眼房间里的彩色电视机。突然，电视机屏幕上出现了视频图像，他的游戏居然在电视机屏幕上以全彩色展现出来了。东皮耶惊讶地把手从键盘上猛地拿开。电视机和计算机之间根本不存在任何物理连接，那么是不是计算机以某种方式把游戏传到了电视机上呢？更离奇的是，电视机屏幕上显示的游戏和当时终端上的游戏不是同一关，但显而易见的是，电视机和计算机屏幕都在显示该游戏。突然，电视机屏幕上的游戏又变成了汤姆·斯耐德的脸，东皮耶意识到，原来刚才是这位脱口秀主持人在电视节目里直播玩 *Target* 游戏，向全美各地演示 Sol 的性能。

在那段时间里还有一款游戏声名鹊起。它也依靠微电子技术，却不在计算机上供人使用。一位名叫诺兰·布什内尔的卓越工程师和企业家发明了一款电子游戏机，后来这种游戏机接替了弹球机。布什内尔通过自己刚起步的雅达利公司来销售这款游戏机。这台名为 Pong 的机器给布什内尔带来了财富和声名，最终演化出成千上万的游戏场所和家用视频游戏模型。1976 年，布什内尔将雅达利公司卖给了华纳传播公司，当时雅达利公司的年销售额是 3900 万美元。虽然雅达利公司的招牌游戏机产品不是多功能计算机，但为个人计算机编写游戏的程序员还是从雅达利公司的设备中汲取了很多灵感。雅达利公司后来也制造了自己的个人计算机。

虽然东皮耶的 *Target* 等程序备受关注，游戏机也广受欢迎，但在 1976 年，微型计算机的程序员普遍没有将计算机软件当作一门生意，这与计算机硬件是一门生意的观点大相径庭。当时，几乎没有程序员将软件卖给计算机公司以外的人，而且市场非常狭窄，软件也卖得很便宜。

国际象棋

早在大部分人接触微型计算机之前，多伦多的一位国际象棋爱好者彼得·詹宁斯就预见到，微型计算机所有者会很乐意购买独立公司的软件产品。詹宁斯经常琢磨着想要设计一台能下国际象棋的机器。实际上，他在上大学时就造过一台能在对弈中开局的计算机。

接触微型计算机后，詹宁斯发现可以通过在计算机上编程来玩古代棋盘游戏。詹宁斯在亚特兰大的 PC 76 计算机展销会上买了一台内存不到 2K 的 KIM-1，将它带回家后，詹宁斯大模大样地对妻子说："这是一台计算机，我要教它下国际象棋。"

编写一个紧凑到仅占用几百字节内存的国际象棋程序，大多数人对这种挑战都是唯恐避之不及的。这个任务和国际象棋游戏一样错综复杂，就算是在大型计算机中也会用掉很大一块内存。詹宁斯没有被困难吓倒：他接受了这个挑战。詹宁斯在一个月内编写了大部分代码，又花了几个月来修改完善，不久之后，他通过邮购的方式来销售自己设计的国际象棋程序——*Microchess*。

购买者只要支付 10 美元，詹宁斯就会寄出一份装订好的 15 页的说明书，其中含有 *Microchess* 的源代码。詹宁斯在《KIM-1 用户笔记》(*KIM-1 User Notes*) 通信刊上为自己的软件刊登公告，这是最早的微型计算机应用软件广告之一。MOS 科技公司（KIM-1 的制造商）的总裁查克·佩德尔愿意付给詹宁斯 1000 美元，买断该程序的版权，但是詹宁斯回绝了，他说："我自己卖这个程序可以赚得更多。"

有一天，詹宁斯正在坐等财源滚滚而来，他的电话响了，来电者自称是鲍比·费舍尔。这位避世隐居的国际象棋大师想要和 *Microchess* 比试一场。尽管知道结果将会如何，但詹宁斯还是欣然同意了。之后，费舍尔将 *Microchess* 打得落花流水，他很有风度地对詹宁斯说，比赛很有趣。

这场试验对詹宁斯来说也很有趣，而且有利可图。随后，订单纷至沓来。詹宁斯发现，那些不会下国际象棋的人，甚至完全没有兴趣学习国际象棋的人也都购买了这个程序。有了 *Microchess* 后，计算机拥有者就能向朋友展示自己拥有的这件物品既强大又真实，它会下国际象棋。从某种意义上说，*Microchess* 让微型计算机得到了正式的认可。

丹·费尔斯特拉是 *Microchess* 的最早购买者之一，订购程序时他是《字节》杂志的副主编。随后，费尔斯特拉开办了一家名为个人软件的公司，他致电詹宁斯，于是两人成了合作伙伴。他们很快用销售 *Microchess* 所赚的钱对一个名为 VisiCalc 的商用程序开展市场营销，VisiCalc 程序是由丹·布瑞克林和鲍勃·弗兰克斯顿编写的。费尔斯特拉和詹宁斯的组合造就了业界最重要的软件公司之一。布瑞克林和弗兰克斯顿的 VisiCalc 程序是个人软件公司最畅销的产品。

从游戏软件到商用软件的这种转变在微型计算机行业发生过很多次。好几家早期游戏公司转而增设了商用软件部。游戏让公司获得利润，而利润则催生了商业应用的产生。

冒险

地下计算机游戏的另一颗明星是《冒险》(*Adventure*)。《冒险》最初是由威尔·克罗瑟和唐·伍兹在麻省理工学院的一台大型计算机上编写的，这是一款简单的角色扮演游戏：用户在迷宫里探险，与龙搏斗，并最终找到宝藏。这款游戏没有任何图形。只要玩家输入"拿金子""开门"等简短的动宾短语命令，程序就会做出相应的响应，将虚构迷宫里附近的一切事物都描绘出来。

程序员将动词和名词编成词典存入计

个人软件公司 Microchess 的创作者彼得·詹宁斯（左）和 Microchess、VisiCalc 的创作者丹·费尔斯特拉（右）在首届西海岸电脑节的个人软件公司的展位上。（资料来源：戴维·阿尔）

算机，然后将其与特定的命令联系起来，从而造成这样的感觉：《冒险》程序能够理解由两个词汇组成的简单句子。除了程序员，其他人都不知道这个程序的词汇量，搞明白如何与程序交流是这个游戏的精华所在。人们对《冒险》顶礼膜拜，来自旧金山湾区的程序员格雷格·约伯为微型计算机编写了一款有限的《冒险》类游戏，名为《捕获狮头象》，游戏场景是一个四面体的房间迷宫。

1978 年，斯科特·亚当斯决定创办一家公司，专职销售计算机游戏。好心的朋友劝告他，在微型计算机上编写《冒险》程序是不可能的，因为存储迷宫结构数据和命令词库所需的内存太大了。然而，亚当斯在两周之内写出了程序，并创办了冒险国际公司。这家公司后来成为微型计算机游戏帝国，其产品在计算机展销会上引来了大批拥趸。

亚当斯坚信，他的 Adventure Land 和 Pirate Adventure 等游戏起到了向普通人普及计算机的作用。其他软件公司也开始销售冒险类游戏。就连微软公司盖茨和艾伦也推出了《冒险》的一个版本，在那之前，微软公司对游戏软件一直没有表现出特别的兴趣。除了《星际迷航》和《冒险》，Lunar Lander 等游戏也完成了从大型计算机向小型计算机的过渡。

1979 年，当走进计算机商店时，客户可以看到各种机架、展示墙以及放满软件的玻璃展示柜，其中绝大多数软件都是游戏。外太空主题的计算机游戏尤其受欢迎，其中包括 Space、Space II、《星际迷航》等。直到今天，游戏在每年推出的软件中依然占有很大比重。

越来越多的游戏不断出现，其中包括保珈马公司模仿电子游戏 Space Invaders 推出的计算机游戏。Muse、Sirius、BrØderbund、On-Line 等软件公司从计算机游戏中获得了丰厚的利润。保珈马公司积累了大量的多样化软件资源，但后来的事实证明，这并非明智之举。保珈马公司销售了大量的程序，其中绝大多数都是游戏，但并非都是好产品，公司声誉也因此受损。激烈的竞争开始后，由于那些二流产品的拖累，保珈马公司没能保住自己的声誉。不过，许多微型计算机程序员都为保珈马公司编写过程序，从而开启了自己的职业生涯。

早期的软件公司很少像个人软件公司那样拥有具备商业才能的人才，而能像数字研究公司那样为其操作系统赢得广泛认同的公司则少之又少。

第一代操作系统

CP/M 的大小为 5K，功能不多不少，恰好是一个操作系统所应有的。

——阿兰·库珀，个人计算机软件先驱

在不断发展的微型计算机产业中，符合标准的第一代操作系统其实出现在 Altair 问世之前。CP/M 并不是一个由多位软件专家历经多年研究、精心策划的项目的产物。和大部分早期的重要程序一样，CP/M 来自一个人的努力。

加里·基尔代尔

1972 年年中，加里·基尔代尔偶然在电子公告栏上看到了一则广告，上面写着"25 美元的微型计算机"。广告宣传的是英特尔公司 4004 芯片，其实它只是一块微处理器，也可以说它是世界上第一块微处理器。基尔代尔觉得这东西真是便宜，决定买一块。

尽管许多微型计算机公司的创办者都不符合商业领袖的典型形象，但基尔代尔属于连样子也不想装的那种人。在华盛顿大学读完博士后，基尔代尔移居加州太平洋丛林镇。基尔代尔热爱这个风景如画的沿海小镇：小镇悠闲、迷蒙的氛围似乎也很适合他。基尔代尔是一个语调轻柔、充满魅力和智慧的人，最喜欢穿着运动衫和牛仔裤。基尔代尔是个不可救药的图表控。一旦想在说话时证明某个观点，他就会到处找粉笔或铅笔。20 世纪 70 年代初，基尔代尔在海军研究生院有一份愉快而满意的工作。他很喜欢教学，而且这份工作让他有时间来编写程序。基尔代尔没有特别的商业才能，而且无意离开学术界，他一向随遇而安。

基尔代尔也很喜欢摆弄计算机，而且对计算机的相关学术理论和实际操作知之甚多。他曾是负责华盛顿大学巴勒斯 B5500 型计算机运维的两个人之一。后来，学校引进了新的 CDC 6400 型计算机，因为基尔代尔的计算机知识很受尊崇，所以他成了这次采购的技术顾问。

另一位负责 B5500 型计算机运维的人是迪克·哈姆雷特。他和另外三人用 DEC 公司的 PDP-10 和一些新的 DEC 软件在西雅图创办了一家分时技术公司。哈姆雷特的想法是允许人们远程登录 PDP-10 以便开发其性能。哈姆雷特的公司名为计算机中心公司（Computer Center Corporation），也被人称为"C 立方"，有一段时间，两个少年曾在那里工作，花好几个小时搜寻 DEC 软件的缺陷，他们的名字是比尔·盖茨和保罗·艾伦。

事实证明，英特尔 4004 的 25 美元报价只是用来吸引购买者的，更何况一块微处理器本身毫无用处，除非将它放进一台计算机里。基尔代尔买来一份英特尔 4004 的使用手册，在学校的大型计算机上写了一个模拟 4004 的程序，并着手编写、测试 4004 代码，以确定这块淘来的大减价芯片最终能做些什么。

基尔代尔想起，在西雅图开了一家航海学校的父亲一直想要一台能够计算天文三角形的机器。基尔代尔编写了一些在英特尔 4004 上运行的计算程序，他突然意识到也许可以做些东西给父亲用。那时他正好在摆弄 4004 微处理器，想看看自己究竟能走到哪一步，速度和准确性又会如何。基尔代尔发现这块微处理器的局限性很大，却依然很喜欢研究它。不久之后，基尔代尔将 4004 微处理器的一些相关程序卖给了英特尔公司，那些程序可用于一个开发系统、一台围绕 4004 微处理器制造的小型计算机，其实那是最早出现的、真正的微型计算机之一，尽管它还远不是一件可以商品化的产品。

迷上微型计算机

1972 年，当基尔代尔拜访英特尔公司的微型计算机部门时，他惊讶地看到，这家开创性的公司已经在部门里辟出一块和普通厨房差不多大小的地方。基尔代尔在那里遇到了一位聪明的程序员，名叫汤姆·皮特曼，但他并不是英特尔公司的员工。和基尔代尔一样，皮特曼也被英特尔 4004 芯片迷住了，一直在为它编写软件。基尔代尔和皮特曼与英特尔公司的人相处融洽，基尔代尔开始以顾问的身份为英特尔公司工作，每周工作一天。在这个新岗位上，基尔代尔又花了几个月的时间来摆弄 4004，直到"几乎为它疯狂"。随后，基尔代尔意识到自己不会再回头去做大型计算机的工作了。

基尔代尔很快开始涉足英特尔的第一代 8 位微处理器——8008。基尔代尔在工作中采用了与盖茨和艾伦相同的两级模式，也就是说，在一台小型计算机上开发用于微型计算机的软件。和艾伦一样，通过编程，基尔代尔在较大的机器上模拟微处理器，然后用模拟微处理器及其模拟指令集来编写在微型计算机上运行的程序。但与盖茨和艾伦不同的是，基尔代尔的优势是有一个开发系统，从而能够一边在系统上试验，一边检查自己的工作。

CP/M

基尔代尔只用几个月就创建了一种名为 PL/M 的语言。PL/M 的研发受到了 PL/I 的启发，后者是一种比 BASIC 复杂得多的大型计算机语言。基尔代尔在教室后方设置了一套开发系统，建立了海军研究生院的第一个微型计算机实验室。好奇的学生会在课后去那里转悠，在这套系统上摆弄好几个小时。后来，英特尔公司将 Intellec-8 从 8008 处理器升级为 8080 处理器，并为基尔代尔提供了一台显示器和一台高速纸带输入机，于是这位教授和他的学生就有了一套可与早期 Altair 相媲美的系统，而当时 Altair 甚至连构思都尚未成形。

然而，基尔代尔发现，要想开发一套成功的计算机系统，仍然缺少一个关键要素——一台高效的存储设备。当时用于大型计算机的两种常见存储设备是纸带输入机和磁盘驱动器。因为微型计算机的运行速度十分缓慢，纸带输入存储又实在过于笨重、昂贵，所以基尔代尔打算弄一台磁盘驱动器。基尔代尔为舒加特公司开发了一些小程序，并因此换来了一台磁盘驱动器。这里有个问题：为了让磁盘驱动器运行，需要一个特殊的控制器，即一块处理复杂任务的电路板，用于让计算机与磁盘驱动器进行交流。

基尔代尔曾多次想要设计这样一款控制器。他也尝试过建立接口，允许系统连接到盒式磁带录音机。但他发现，要想解决连接两台机器这种复杂的工程问题，光靠编程天分是不够的。项目失败了，基尔代尔认定自己完全不擅长硬件构建。尽管如此，他还是演示了很多版本。好几年后，微型计算机才开始普遍使用磁盘驱动器。在 1973 年年底，基尔代尔联系了在华盛顿大学的朋友约翰·托罗德，托罗德后来创办了自己的微型计算机公司。基尔代尔对他的朋友说："只要能让驱动器动起来，我们就能得到一个好东西。"而托罗德让驱动器动了起来。

与此同时，基尔代尔继续对软件加以润色。1973 年年末的一天，就在已经为磁盘驱动器的问题经受了几个月的折磨之际，基尔代尔用 PL/M 语言写了一套简单的操作系统。基尔代尔将这套操作系统命名为 CP/M。尽管 CP/M 已经为磁盘存储信息提供了所需的软件，但基尔代尔后来还是对它进行了进一步的开发。

CP/M 的一些改进颇为古怪。基尔代尔一边继续教书，一边和本·库珀一起参与了一个项目。库珀是旧金山的一位硬件设计师，曾与乔治·莫罗一起开发过磁盘系统，后来库珀开办了自己的 Micromation 公司。库珀认为，制造一台绘制星盘的机器可以获得商业上的成功，于是他邀请基尔代尔出手相助，参与项目。这两人既不相信占星术，对此也毫无兴趣，而且他们都觉得占星术是胡说八道，但库珀对硬件有想法，而基尔代尔想好好计算一下星星的位置，他们也认为这最后可能会取得商业上的成功。于是，库珀制造硬件，基尔代尔编写程序，最终研制出了"占星机"，像街机游戏一样，这台机器可以摆放在杂货店里，吞进硬币并打印出星座占卜。基尔代尔觉得这台机器很漂亮。

然而，占星机在商业上失败了。占星机的制造者将机器放置在旧金山的大街小巷，但让这两位计算机发烧友兴奋不已的梦幻旋钮和按键却激怒了使用者，而且理由非常充分。客户将硬币投进机器，但打印纸会卡在机器里。基尔代尔和库珀被这个问题难住了。基尔代尔后来说："那完全是一堆垃圾。"

尽管结果令人失望，但是占星机让基尔代尔第一次有机会对 CP/M 的各部分进行商用试验。在为占星机编程的过程中，基尔代尔重写了调试程序和汇编程序，这两种程序是创建软件的两个工具，他还开始研究编辑器。这些都是开发程序的必备工具。此外，基尔代尔还创建了一个 BASIC 编译器来为占星机编写程序。后来，基尔代尔将自己在这个项目中学到的一些 BASIC 开发技巧传授给了自己的学生戈登·尤班克斯。

在致力于连接磁盘驱动器时，基尔代尔和托罗德没有过多地谈及微型计算机，但二人交换了关于微处理器潜在应用的看法。他们和英特尔公司的设计师始终相信，微处理器将会应用在食品搅拌器和自动化油器等物品上。他们打算推出一套组合硬件和软件的开发系统，从而促进微处理器在其他方面的使用。基尔代尔对未来微处理器的"嵌入式应用"的信念无疑来自在英特尔公司的那些同事。基尔代尔和其他几个程序员一度用 4004 微处理器写过一个简单的游戏程序。他们找到英特尔公司的时任总裁罗伯特·诺伊斯，建议诺伊斯把这个游戏推向市场，但诺伊斯断然拒绝了。诺伊斯坚信微处理器的未来发展方向是另一个领域。他告诉基尔代尔等人："微处理器将来肯定是用在手表里的。"

数字研究公司

于是，基尔代尔和托罗德把软件和硬件一起销售，不是作为一台微型计算机销售，而是作为一套开发系统销售，不过他们并没有真正组建公司。后来，基尔代尔受到妻子多萝西的鼓励，最终开办了公司来销售 CP/M，但此时他完全不知道自己编写的程序价值连城。基尔代尔怎么可能知道呢？当时几乎没有微型计算机软件开发人员一说。

起初，基尔代尔夫妇将他们的公司命名为星际数字研究，不过公司名很快缩短为数字研究，而当时负责经营公司的多萝西则开始使用出嫁前的姓氏——麦克尤恩，因为她不希望客户认为自己"只不过是基尔代尔的妻子"。

数字研究公司最早的客户算是捡到了天大的便宜。例如，早期微型计算机公司 GNAT 的联合创始人托马斯·拉弗尔是 CP/M 的第一批企业采购者之一。他只花了 90 美元就拿到了授权，可以在其公司开发的任何产品上使用 CP/M。不到一年，一个 CP/M 许可证的价格就达到了上万美元。

多萝西后来说，转折点是 1977 年和以姆赛公司签订的一份合同。在此之前，以姆赛公司一直以单副本的方式采购 CP/M。以姆赛公司制定了雄心勃勃的计划，想要销售几千台软盘微型计算机系统，这促使市场部总监塞缪尔·鲁宾斯坦认真地与基尔代尔和多萝西展开了谈判。最终鲁宾斯坦以 25 000 美元的价格购买了 CP/M。

鲁宾斯坦深信，他几乎是从基尔代尔那偷来了 CP/M，但基尔代尔夫妇的想法有所不同：以姆赛公司的这笔生意让数字研究公司成了一项全职的事业。以姆赛公司购买 CP/M 之后，许多其他公司跟风效仿。CP/M 是一套非常实用的程序，直到 1982 年 IBM 公司推出一款使用其他操作系统的微型计算机之前，数字研究公司都没有遇到过激烈竞争。发起那场竞争的程序员彼时还在阿尔伯克基的 MITS 公司上班。

正视 BASIC

> 如果有人开车撞死了比尔·盖茨，那么微型计算机产业的发展就会延迟好几年。
>
> ——迪克·海斯，早期计算机零售商

由计算机发烧友和企业家制造的微处理器和原型微机赋予了人们计算的能力，这是事实，然而，BASIC 的出现才让人们得以运用这种能力。1964 年，达特茅斯学院的两位教授为了寻找更好的方法向学生介绍计算机，用美国科学基金会给他们的拨款研发了 BASIC。由约翰·凯米尼和托马斯·库尔兹创造的这种计算机语言立刻大获成功。当时类似的常用计算机语言是 FORTRAN，但其编程速度缓慢、费力且复杂，相比之下，使用 BASIC 是一种愉悦的享受。

　　在接下来的两年里，美国数学教师协会一直对支持 FORTRAN 还是 BASIC 作为标准教学语言的问题争论不休。FORTRAN 广泛应用于科学计算，人们认为这种语言更适用于大型计算任务，但 BASIC 学起来更容易。

数字研究公司员工　汤姆·罗兰德（前排）、多萝西·麦克尤恩及加里·基尔代尔（两人均在标牌前）与公司其他员工在加州太平洋丛林镇的公司总部合影。（资料来源：汤姆·奥尼尔）

为了孩子

　　罗伯特·阿尔布莱特是 BASIC 的著名支持者。作为儿童计算机教育领域的先驱，他对 FORTRAN 非常失望。委员会最终选择了 BASIC 这件事是一个分水岭。在努力说服教育学家相信计算机能够帮助学生学习的过程中，个人计算机和 BASIC 将会成为最重要的两件产品。阿尔布莱特想要开发软件，但这并非出于个人野心。他一直很想让孩子接触计算机，Altair 上市后，阿尔布莱特问自己："假如有个名叫'简化 BASIC'的东西，大小不超过 2K，适合小孩子用，那不是很好吗？"这样的程序可以满足 Altair 有限的 4K 内存，而且可以马上使用。

阿尔布莱特缠着计算机科学教授丹尼斯·埃里森，请求这位朋友帮他开发"简化 BASIC"。《人民计算机公司》及其分支刊物《多布博士》刊登了该程序的进展报告。埃里森写道："《人民计算机公司》报道的简化 BASIC 项目表明，我们想要提供一种更加以人为本的语言或符号，供计算机发烧友编写程序。"在较早一期的《人民计算机公司》中，埃里森"和其他人"（据神秘署名）解释了他们的目标。

假设你是一个 7 岁的小孩，根本不在乎浮点运算（那是什么玩意儿？）、对数、三角函数、矩阵求逆、核反应堆计算之类的东西。而且你的家用计算机很小，没有太多内存。也许你的家用计算机就是一台内存小于 4K 的 Mark-8 或者 Altair 8800，输入和输出用的是电视打字机。

那你一定会喜欢用它来做家庭作业、玩数学游戏以及 *NUMBER*、*STARS*、*TRAPHURKLESNARK*、*BAGELS* 等游戏。那么考虑一下使用简化 BASIC 吧。

"马上就要发生了！"

《多布博士》和《人民计算机公司》的许多读者不止考虑了简化 BASIC，他们以埃里森的程序为起点，对其进行改良，经常创造出能力更强的语言。一些早期的简化 BASIC 让大量程序员开始使用微型计算机。最成功的两个版本来自汤姆·皮特曼和王理璟。皮特曼曾经为 4004 微处理器写过一个最初的程序，因此他和英特尔公司的工程师一样了解微处理器。在实现简化 BASIC 的既定目标方面，皮特曼和王理璟是"成功的"，他们为用户提供了一种更简单的语言。这两位简化 BASIC 的作者不打算靠自己的产品发家致富，但市面上出现了一款更具野心的 BASIC。1974 年秋天，比尔·盖茨已经离开华盛顿前往哈佛大学。盖茨的父母一直希望他去读法学，此时他们终于感到盖茨走上了正轨。

也许是因为盖茨少年老成，盖茨发现室友是一位比自己更加锋芒毕露的数学系学生。室友告诉他，自己不想主修数学而打算学习法律，盖茨大为震惊。盖茨想："如果连这个人也不修数学，那我肯定也不会学。"审视了自己的选择后，盖茨全身心地投入了心理学课程以及物理学和数学方面的研究生课程，并在课外的夜间长时间打扑克。

保罗·艾伦（左）和比尔·盖茨（右）　二人创办了微软公司。（资料来源：微软公司）

　　然后，至关重要的《大众电子学》杂志的 1975 年 1 月刊出了，保罗·艾伦在哈佛广场上发现了它，并将杂志拿到盖茨面前不停挥舞。

　　"看，马上就要发生了！"艾伦嚷道，"我告诉过你这件事会发生的！我们就要错过它了！"盖茨不得不承认他的朋友是对的；似乎是他们一直寻找的"那件事"找上了他们。

　　盖茨立刻致电 MITS 公司，宣称他和搭档有一套用于 Altair 的 BASIC。罗伯茨之前已经听过很多类似的许诺，他问盖茨何时可以前往阿尔伯克基演示他们的 BASIC，盖茨看着他的童年好友，深吸一口气说："哦，两到三周之内。"盖茨放下电话，对艾伦说："我想我们得去买一本说明书。"他们直接去了一家电器店，买了亚当·奥斯本撰写的那本 8080 的说明书。

　　接下来的几周内，盖茨和艾伦日以继夜地开发 BASIC。写完程序后，他们想要确定 BASIC 可接受的最少功能。阿尔布莱特和埃里森也面临过同样的挑战，只不过简化 BASIC 必须适用于多种机器，而盖茨和艾伦则没有这个限制，他们可以随心所欲地开发自己的 BASIC。当时，BASIC 和别的软件都没有行业标准，主要是因为那时这个行业尚未形成。盖茨和艾伦自行决定了 BASIC 需要哪些内容，并为之后将近 6 年的软件开发设定了一套模式。这两位程序员没有开展市场调研，他们在一开始就定好了软件的功能。

这两人全身心地投入到项目之中，每天熬夜编程。盖茨甚至做出了重大牺牲，连夜间玩扑克也放弃了。他们有时在半梦半醒的状态下工作。有一次，艾伦看到盖茨将头靠在键盘上打瞌睡，然后突然惊醒，看了一眼屏幕，又立刻开始打字。艾伦认为盖茨一定是做梦也在编程，所以一醒过来就能继续写下去。

两人睡在终端机边，一边吃饭一边讨论 BASIC。有一天，在哈佛大学的宿舍食堂里，他们讨论了一些运算规则。他们认为 BASIC 需要一些运算非整数数字的子程序。这些浮点程序写起来不难，但很无趣。盖茨说他不想写；艾伦也不想。从桌子的另一端传来了一个迟疑的声音："我写过一些浮点程序。"盖茨和艾伦都将头转向这个奇怪声音的来源方向，就这样，马蒂·大卫杜夫在学校自助餐厅吃午餐时加入了他们的编程团队。

在项目进行期间，盖茨、艾伦和大卫杜夫都没有见过 Altair。他们在一台大型计算机上编写 BASIC，艾伦之前写过一个让大型计算机模拟 Altair 的程序，他们就用这个程序来进行测试。有一天，盖茨致电罗伯茨，询问 Altair 如何处理通过键盘输入的字符，罗伯茨感到很惊讶，他们居然真的在推进这个项目。罗伯茨将电话转给电路板专家比尔·耶茨，耶茨告诉盖茨，他是第一个提出这个问题的人，而这个问题显然非常关键。耶茨对盖茨说："也许你们真的有点儿料。"

6 周后，艾伦一边和盖茨一起努力完成 BASIC，一边预定了飞往阿尔伯克基的机票。艾伦计划搭乘早上 6 点飞往阿尔伯克基的航班，他们在出发前一天晚上还在工作。凌晨 1 点左右，盖茨叫他的朋友去睡几个小时，并说等他醒来时，存有 BASIC 的纸带就会准备就绪。艾伦接受了他的建议，等他醒来时，盖茨将纸带递给他说："天晓得能不能用？祝你好运。"艾伦交叉手指期待好运，随后动身前往机场。

交付代码

艾伦对自己和盖茨的才能深信不疑，不过随着飞机接近阿尔伯克基时，他开始怀疑他们是否忘了什么东西。飞到中途时，艾伦突然反应过来：他们没有编写从纸带上读取 BASIC 的加载程序。没有那个程序，艾伦就不能将 BASIC 载入 Altair。这在他们的模拟 Altair 上从来不是问题，因为模拟并没有那么精确。艾伦找了几张废纸，当飞机开始下降时，他开始用 8080 机器语言编写程序。飞机着陆时，艾伦草草地写完了加载程序。此时他不再担心 BASIC 了，而是开始对这个临时写就的加载程序忧心忡忡。

不过艾伦也没有什么时间为此事发愁。约定时间一到，罗伯茨就马上接见了他。艾伦大吃一惊，罗伯茨看上去不拘小节，而且居然开着一辆皮卡。艾伦原本以为自己会看到一个身着商务西装、驾驶豪华轿车的人。MITS 公司总部破旧的外观同样让他吃惊。罗伯茨把艾伦带进楼里，对他说："就是它，这就是 Altair。"

他们面前的一张长凳上摆放着拥有全世界最大内存的微型计算机。它的内存有 7K，插了 7 块 1K 的内存条，它正在运行一个内存测试程序，即将随机信息写入计算机内存再读取出来。内存需要测试，但他们手头只有这么一个程序。程序运行时，Altair 的所有指示灯都在闪烁。那一天他们刚刚做到让它用 7K 内存来开展工作。

罗伯茨提议将 BASIC 测试推迟到第二天，艾伦回忆说，罗伯茨还带他去了"阿尔伯克基最贵的酒店"。第二天，尴尬的艾伦随身携带的现金不够付账，只能让罗伯茨买了单。

那天上午，机器嘎嘎运转，用了大约 5 分钟来载入纸带，艾伦屏住呼吸。他按下 Altair 的开关，输入激活程序的初始地址。他一边轻按计算机的运行开关，一边想："要是我们在汇编器、解释器之类的地方犯了什么错，或者 8080 还有什么我们没弄懂的地方，那这玩意儿就不能运行了。"艾伦只能等待着。

"它显示出了'内存大小'？"罗伯茨说，"那是什么意思？"

对艾伦来说，那意味着程序成功运行了。至少得有 75% 的代码正确才会显示这条信息。他输入内存大小——7K，并键入"PRINT 2+2"。机器显示"4"。

罗伯茨信服了，并告诉艾伦他本人认为一套 BASIC 还需要什么样的附加功能。几周后，罗伯茨向艾伦提供了 MITS 公司软件总监的职位，艾伦接受了。

盖茨认定阿尔伯克基比哈佛大学更有趣，因而移居此地，加入到朋友的工作中。虽然盖茨从未做过 MITS 公司的正式员工，但他和艾伦逐步意识到，除了 Altair 用户，软件还存在一个巨大的市场，因此盖茨在 MITS 公司投入了大量时间。他们两人和罗伯茨签署了 BASIC 的版权费协议，同时开始为自己编写的语言寻找新客户。盖茨和艾伦将自己的公司命名为"微软"。

另一种 BASIC

学习计算机科学是海军的主意。

——戈登·尤班克斯，计算机软件先驱

基尔代尔的 CP/M 将会主导个人计算机产业的最初几年。相比之下，创造不同的 BASIC 新功能显得相对容易一些，这导致了两种较高等级语言之间的竞争。其中一种语言是盖茨和艾伦编写的，另一种语言则是由基尔代尔的一个学生开发的。

核工程师

1976 年，一位名叫戈登·尤班克斯的年轻核工程师即将完成在美国海军的服役任务。未服役时，他曾在 IBM 公司担任过 9 个月的系统工程师。海军方面为他提供了一份奖学金，让他在位于加州太平洋丛林镇的海军研究生院攻读计算机科学硕士学位。为什么不呢？尤班克斯想。这听上去很划得来。

对尤班克斯来说，和大多数一听起来就很诱人的事情相比，上课显得更加枯燥乏味。他戴着厚厚的近视眼镜，说话轻声细语，这些掩饰了他内心对冒险的由衷热爱。尤班克斯在一艘能快速攻击的海军核动力潜艇上工作，并完全乐在其中。他的朋友、软件设计师阿兰·库珀总结道："尤班克斯喜欢紧张刺激。"

尤班克斯也很喜欢努力工作。来到海军研究生院后，他很快听说这里有一位教编译原理课的教授，这位教授名叫加里·基尔代尔。人人都说基尔代尔是最严厉的导师，尤班克斯心想，也许能从这位教授那里学到点儿东西。尤班克斯在基尔代尔的课上付出的努力得到了回报。他开始对微型计算机产生了兴趣，并长时间泡在教室后方的实验室里，在基尔代尔为英特尔公司工作换来的那台计算机上工作。当尤班克斯找到他的教授讨论毕业论文的想法时，基尔代尔建议他扩展并改进一款由自己开发的 BASIC 解释器。

尤班克斯开发的 BASIC 被称为 BASIC-E，它和微软公司开发的 BASIC 有一个重要区别。微软的版本是经过解释的，语句可以直接转换成机器代码，但尤班克斯的 BASIC 是一种伪编译语言，也就是说，用 BASIC-E 编写的程序会转换成中间代码，再由另一个程序将中间代码转换成机器代码。俄亥俄州立大学开发的一个

BASIC 编译程序也采用了同样的思路。

这两种方法各有优点，但 BASIC-E 有一个关键优势。其程序可以通过中间代码的版本销售，这个版本是人类无法读取的，所以购买者可以使用程序，但无法修改程序，也无法窃取其中的编程思路。因此，软件开发人员可以用 BASIC-E 编写程序并进行销售，不必再担心自己的思路会遭到剽窃。有了伪编译 BASIC 后，售卖软件变得合情合理了。

在尤班克斯心中，BASIC-E 只不过是一个学术项目。他将 BASIC-E 放到公共域里后就回到海军去接受一项新任务了。不过在此之前，尤班克斯参加了两场重要的会议。

第一场是和两位年轻程序员阿兰·库珀和基斯·帕森斯的会议。他们二人意识到编写个人计算机软件可以赚到钱，于是决定开办一家应用软件公司，而且声称要"每年赚 50 000 美元"。他们想要尤班克斯的 BASIC-E，于是尤班克斯给了他们一份源代码副本，并没指望今后会再见到他们。

第二场是和以姆赛公司的会议。

戈登·尤班克斯　在加里·基尔代尔的指导下，尤班克斯的硕士论文成为早期的业界标准编程语言。（资料来源：数字研究公司）

商用软件

在海军研究生院前学员格伦·尤因的鼓动下，戈登·尤班克斯拜访了以姆赛公司，想看看这家年轻的微型计算机公司是否会对他的 BASIC-E 感兴趣。以姆赛公司并无兴趣，至少一开始没什么兴趣，不过尤班克斯也没有感到特别失望。一段时间后，尤班克斯收到了一封电报，以姆赛公司的软件总监罗布·巴纳比想同他面谈。不久之后，1977 年年初，尤班克斯和以姆赛公司的市场总监塞缪尔·鲁宾斯坦洽谈了一份合同，合同的内容是为以姆赛公司的 8080 型微型计算机开发 BASIC。鲁宾斯坦在谈判中没有对这位年轻的程序员做出让步。尤班克斯最终同意开发 BASIC，并授予以姆赛公司无限制的经销权，以换取一台 IMSAI 计算机和一些其他设备。这位海军工程师则继续拥有程序所有权。

尤班克斯觉得这笔生意很划得来。这是他的第一笔软件交易，当时还青涩得很。库珀透露："尤班克斯说，'哦！他们还给了我一台打印机！'"尤班克斯的确渴望挣到比打印机价值更高的东西——他的梦想是通过 BASIC 赚到 10 000 美元，然后在夏威夷买一栋别墅。

1977 年 4 月，第一届西海岸电脑节在旧金山举办。尤班克斯和导师基尔代尔合租了一个展台来演示自己的 BASIC-E。阿兰·库珀和基斯·帕森斯也出现了，他们再次向尤班克斯作了自我介绍。原来他们对尤班克斯的 BASIC-E 做了一些改进，并且正在着手开发一些商业应用软件。尤班克斯则向这两位年轻的程序员征求关于以姆赛公司项目的建议。不久之后，他们三人决定合作共事。尤班克斯对 BASIC-E 进行改进，要求严格、一丝不苟的任务专家罗布·巴纳比负责测试，库珀和帕森斯开办了结构化系统集团公司，并着手编写"总账"软件，这可能是第一个用于微型计算机的正式商用软件。

阿兰·库珀 从 1970 年的情况来看，库珀在将商用软件引入个人计算机领域方面做出了贡献。（资料来源：斯诺伊德）

和之前微软的 BASIC 一样，尤班克斯的 BASIC 开发也是一个通宵达旦的熬夜项目。库珀和帕森斯开车前往位于加州瓦列霍市的库珀的住处，他们一直工作到凌晨 3 点，喝着可乐，盯着代码行，设法决定把哪些语句放进语言里。就像盖茨和艾伦之前所做的那样，尤班克斯主要根据自己良好的判断力来确定 BASIC 的内容。因此，有时候的选择依据不够科学。他们将自己关在瓦列霍市的房子里，注视着代码，在说到一个经常使用的编程语句时，库珀突然提议："为什么不放一个 WHILE 循环呢？"尤班克斯回答："这主意不错。"然后 WHILE 循环就加进了语句里。

这些漫漫长夜的付出是值得的。正因为有了成果 CBASIC，尤班克斯后来才得以创办编译系统公司。库珀和帕森斯的结构化系统集团公司成了他的第一家分销商。但尤班克斯不清楚应该如何对自己的 BASIC 定价。库珀和帕森斯建议定为 150 美元；基尔代尔则建议定为 90 美元，90 美元正是 CP/M 一开始的价格。大致平均了一下后，尤班克斯决定开价 100 美元。

他们需要为产品开发包装和文档材料。库珀和尤班克斯撰写了说明书，在一家印刷厂印制了 500 册。他们随即接到了一个 400 份副本的订单，只得再印了一批说明书。他们知道自己蓄势待发。尤班克斯得到了夏威夷的别墅。实际上，尤班克斯低估了自己能从 CBASIC 上赚到的钱，也低估了夏威夷别墅的价格，好在两者的低估程度几乎差不多。

软件行业的高楼才刚刚开始兴建，但一些奠基石已经铺就。另一块奠基石与 BASIC 或 CP/M 都没有关系。

电子铅笔

刚开始做生意时，我用的是一个未登记的电话号码。

——迈克尔·思瑞尔，软件业先驱

1975 年秋天，南加州计算机协会的一次早期会议上，一位客人为与会者提供了一份特殊礼物。鲍勃·马什送上了 Proc Tech 公司的公共域软件包的副本，该软件包名为"软件包一号"，是一套程序员用的程序集，也就是便于编写和修改程序的各种工具。马什对大家说："给你们了，伙计们。好好享用吧。"

供开发人员使用的编辑器

软件开发人员迈克尔·思瑞尔认为，"软件包一号"是当时最重要的产品，因为它可以提高编写软件的效率。思瑞尔承认自己是"懒散型的"，几年前，他从纽约移居加州。思瑞尔曾经在商业电影等领域尝试过紧张而忙碌的生活，他为艾伦·芬特的节目 *Candid Camera* 担任过摄影师。在拍摄一个软饮料广告时，思瑞尔突然意识到，这种激烈的竞争毫无价值。移居加州后，思瑞尔和南加州计算机协会取得联系，并在那里发现了"软件包一号"。

迈克尔·思瑞尔　凭借一个未登记的电话号码开始做生意。图中，他正在展示具有开创意义的文字处理程序——电子铅笔。（资料来源：保罗·弗赖伯格）

思瑞尔对软件包的编辑器部分不太满意，他觉得自己可以做出更好的编辑器。于是，他开发了"扩展软件包 1 号"（Extended Software Package 1，简称 ESP-1），并创办了一家开创性的软件公司。其他的计算机发烧友纷纷想购买 ESP-1，人数之多让思瑞尔感到吃惊。大部分时候，思瑞尔必须为每位客户的特定计算机专门设置程序。

几乎是在一夜之间，这个懒散的纽约客发现自己陷入了全新的激烈竞争之中。

思瑞尔很快就赚到了足够的钱来维持生计。这个爱好不错，而且报酬丰厚，他还发现自己很喜欢编程。思瑞尔和俱乐部的其他成员聚在一起，没完没了地谈论计算机。他完成了 ESP-1 的副本订单，并乐在其中。

思瑞尔的第二个想法对萌芽期的软件业产生了重大影响。他厌倦了在手动打字机上打印汇编器的文档，于是决定用他的"执行器"软件（ESP-1 的升级版）来完成这项工作。思瑞尔问自己，为什么不用计算机来打印说明书呢？当时还没有类似文字处理器的东西。思瑞尔甚至连"文字处理器"这个词都没听说过，但他着手创建了这样一个软件。

走在时代前列

迈克尔·思瑞尔经过将近一年的工作，到 1976 年圣诞节，他的"电子铅笔"程序准备就绪。虽然电子铅笔一开始是在 Altair 上编写的，但它在 Proc Tech 公司的 Sol 上也广受好评。电子铅笔逐渐为人所熟知，很快就卖得很好。这位曾经的职业摄影师将自己的公司命名为"迈克尔·思瑞尔软件"，他后来对这个决定非常后悔，名字的广为流传暴露了他的隐私。不过，在新公司刚起步时，思瑞尔拜访各大计算机俱乐部谈论他的程序时，很享受人们对他的赞美之词。

电子铅笔大受欢迎，购买者希望所有的微型计算机都能安装这个软件。思瑞尔花了大量时间为不同的系统重写程序。不仅每一种计算机需要不同的版本，而且每一种打印机和终端也需要不同的版本。此外，思瑞尔还经常升级电子铅笔的功能。思瑞尔总共写过 78 个不同的版本。

如果思瑞尔是个更有经验的程序员，那么他可能就会将程序设计得更便于改写。如果他是个更有经验的商人，那么他可能就会更好地组织这个软件的销售工作。但思瑞尔既不是经验丰富的程序员，也不是老道的商人，改写程序耗费了他大量时间，销售则局限于邮购渠道的单件订单。后来，思瑞尔对电子铅笔心生厌倦并感到烦恼，售卖程序居然逐渐变成了正经生意，占用了他大量时间。思瑞尔只好雇了几个程序员来编写电子铅笔的一些新版本。

思瑞尔的经历表明，1977 年的硬件制造商尚未认识到软件的重要性，也许他们认为市场将继续由计算机发烧友主导。总之，没有硬件公司愿意给思瑞尔付钱来让电子铅笔适用于自己的机器。当然，如果思瑞尔主动这样做，他们显然也会欣然接受。

像基尔代尔、尤班克斯、盖茨和艾伦之前所做的一样，思瑞尔凭借自己的兴趣和意愿做事，只要想做，他就会为各种机器编写程序。当最终对整个公司失去热情时，思瑞尔又重新回归当年离开电影圈时所找到的那种宁静生活。

多年之后，电子铅笔似乎成了一个不会消亡的程序。数以千计的个人计算机用户继续在北极星或 Radio Shack 公司的 TRS-80 等计算机上使用这个程序。思瑞尔开创了一个新世界，让技术领域之外的人也开始用个人计算机来完成实用任务。市场正在不断扩大。

通用软件公司的兴起

我失业的日子到头了。

——阿兰·库珀在回答自己创办软件公司的原因时如是说

帮助戈登·尤班克斯编写 CBASIC 之后，阿兰·库珀和基斯·帕森斯开始准备实现自己的梦想了——一年赚 50 000 美元。他们两个人在高中时代就认识了。帕森斯教会了库珀打领带，但是按照库珀的描述，自己在上大学时成了一个"长发嬉皮士"，于是打领带的技能也就束之高阁。库珀极其渴望"进入计算机行业"，并向年长的帕森斯寻求建议。"你书读得太多了。"帕森斯对他说，"退学吧，找一份工作。"库珀接受了这个提议。参加工作后，库珀会和帕森斯聚在一起讨论开公司的事。他们想，涅槃乐队一年就赚了 50 000 美元。

支票滚滚而来

Altair 面世之后，阿兰·库珀和基斯·帕森斯拟定了计划。他们决定推销面向微型计算机的商用软件。他们招聘了一名程序员，让他待在一间小房间里编写程序。同时他们自己也忙着编程。他们俩有段时间尝试过销售键开系统——计算机上的复杂软件会在开机时即刻运行。但是在这件事上两人一无所获。其实他们真正需要的是一套操作系统，但尚不知道哪里有这种系统，可能还需要一种高级语言。他们和加州圣拉斐尔字节商店的彼得·霍伦贝克聊了一次，这次谈话将两人引向了基尔代尔、CP/M 以及尤班克斯。

库珀和帕森斯花了几个月来开发尤班克斯的 BASIC 以及自己的商用软件，然后着手准备一年赚 50 000 美元。他们在一份计算机杂志上刊登了 CBASIC 的第一条广告。苦苦思索之后，他们决定也提一下自己的商用软件，在那条广告的底部用很小的字体印着"总账软件售价 995 美元"。库珀和帕森斯做好了迎接计算机发烧友攻击的准备，毕竟他们销售的软件价格是 Altair 本身价格的 3 倍。

不久后就有了回应，但并非是两人害怕的那种咆哮。Midwest 公司的一位商人下了一份订单来购买总账软件。库珀做了一份程序副本，把副本和说明书放进塑料自封袋，这是当时开始普及的一种软件包装方式。两人还没缓过神来，一张 995 美元的支票就了寄过来。库珀、帕森斯和结构化系统集团公司的员工一起出去吃了顿披萨庆祝。

与此同时，两人继续开发软件。公司的氛围有些随意，完全没有企业风范。帕森斯赤裸着上身在办公室里走来走去，库珀则是长发及腰，狂饮浓得"能溶解钢铁"的咖啡。两人被咖啡因和收到 995 美元支票的兴奋感驱使着，对潜在市场和交易周期等问题争论不休。帕森斯的女友一边在"办公室"后花园里全裸着晒日光浴，一边进行电话销售。

丹·费尔斯特拉　他的个人软件公司发布了第一个电子表格程序——VisiCalc。（资料来源：莉安妮·安格里斯）

3 周后，他们又收到了一份订单，员工们又出去吃了顿披萨。这种吃披萨的庆祝仪式保持了两个月。他们收到了成千上万美元的订单。很快，结构化系统集团公司一日三餐都在吃披萨。是的，为个人计算机编写软件的确可以赚到钱。

此时，回到美国东部

在 Altair 宣布问世后不久，另一家早期软件公司开张了。1975 年 12 月，在离硅谷很远的亚特兰大市郊，几位计算机发烧友开了一家 Altair 专营店，店名为"计算机系统中心"。包括罗恩·罗伯茨在内的所有团队成员都是佐治亚理工学院的研究生。

他们很快意识到，客户想要 Altair，但同时也想要和机器配套使用的软件。起初店里的生意比较惨淡，他们有大把时间来编写程序。

这个团队联系了全美各地的其他 Altair 经销店，发现各地都对软件有所需求。1976 年，团队找到爱德华·罗伯茨，想以 Altair 来冠名自己的软件经销业务。罗伯茨意识到，软件有助于计算机硬件的销售，反之也同样如此，于是他同意了。于是，罗恩·罗伯茨（和爱德华·罗伯茨没有亲戚关系）成了"Altair 软件经销公司"的总裁。Altair 软件经销公司的想法是销售其他人编写的 Altair 软件，同时自己也写一些程序。

1976 年 10 月，这个来自佐治亚理工学院的团队召集 Altair 的经销商开了一次会，差不多有 20 家商店（几乎是所有的经销商）都派出了与会代表。MITS 公司的代表也参加了这次会议，因为经销商想让 MITS 公司的人了解，交货延误和机械故障会对生意产生怎样的不良影响。罗恩发现，Altair 经销商有很多共同点。例如，他们都饱受软件短缺、硬件交货延误和机器故障之苦，而且面临着普罗大众对微型计算机不了解的问题。罗恩认为，所有这些问题之中，软件是头等大事。

好几个经销商在会场上当即同意购买 Altair 软件经销公司的软件。Altair 软件经销公司最初的软件项目是简单的商用软件包：会计软件、库存管理软件以及后来的文本编辑器。会计和库存管理软件单卖的价格是 2000 美元。罗恩及其同事认为这个价格是合理的；他们以前都在小型计算机和大型计算机行业工作过，在那些行业里，这样的价格是比较适中的。因为当时市场上还没有什么软件，所以即便价格高昂，Altair 软件经销公司也能找到买家。罗恩回忆道："我们赚了很多钱。"

1977 年，Pertec 公司收购了 MITS 公司，Altair 也随之淡出市场，于是罗恩切断了与 Altair 的连结。因为 CP/M 开始广受欢迎，所以罗恩决定转变程序，让其适用于基尔代尔的操作系统。这个举措考虑到了不同品牌计算机的销售，因为 Altair 宣布采用 CP/M 后，很多新的硬件公司也紧随其后。像后来微软公司出品的行业标准操作系统一样，CP/M 是无关机器的。

现在，Altair 这个词似乎不适合出现在 Altair 软件经销公司的名称中了，于是公司改名为"桃树软件公司"，这个名字来源于亚特兰大市中心的一条街道。"在亚特兰大地区，这是一个高品质的名字。"罗恩说。桃树软件公司的员工比库珀、帕森斯和结构化系统集团公司的员工更加商业化。他们不穿 T 恤，而是身着正装衬衫，甚至还打领带。他们将公司的软件产品命名为"桃树会计"和"桃树库存管理"。

1978 年秋，罗恩和一位搭档将软件业务与零售科学公司合并，该公司是亚特兰大的一家小型计算机咨询公司，公司运营者本·代尔之前在一家硬件连锁店（主要经营各类小零件）工作。合并之后，桃树软件公司发布了一个总账商用软件包。销售量迅速增长，冠以"桃树"名称的经销商数量也快速增加，"桃树"很快成为软件领域内最有名、最受推崇的品牌之一。最终，代尔将整个公司的名字改为"桃树软件"。

美国西海岸有了结构化系统集团，东部地区有了桃树软件，软件产业开始自成一体。

不容触碰的底线

如果有"谁是业界的最佳谈判专家"这样的竞赛，那我肯定会提名才能卓越的鲁宾斯坦。他是一位大师，而我只不过是一个小屁孩。

——比尔·盖茨

塞缪尔·鲁宾斯坦曾经公开说过，自己离开以姆赛公司是为了创办一家软件企业。凭借敏锐的商业直觉，鲁宾斯坦一定已经洞察到以姆赛公司的财务基础正在土崩瓦解。但更重要的是，他选择了将自己的商业技能运用到一个以偶发性营销为特点的软件行业。

为软件创造用户市场

鲁宾斯坦认为，软件行业的高管中缺乏商业专家，因此才阻碍了行业发展。基尔代尔、尤班克斯和盖茨都曾向制造商销售软件，但鲁宾斯坦不打算采用这种方式，同时他也不想像思瑞尔、库珀和帕森斯那样，通过邮购的方式将软件卖给终端用户。当时计算机商店还不多，但数量一直在不断增加。鲁宾斯坦做了一个决定，即他的新公司 MicroPro 国际只面向零售商开展销售业务。

鲁宾斯坦首先需要一些可以销售的软件，他知道自己该去哪里找这些软件。离开以姆赛公司的当天，鲁宾斯坦就拜访了公司的另一位前员工罗布·巴纳比，巴纳比曾经主管以姆赛公司的软件开发部。鲁宾斯坦记得，巴纳比曾写过一些详尽的程序来测试尤班克斯的 CBASIC，他还想到了巴纳比勤奋编程的几个例子。鲁宾斯坦知道他需要巴纳比来为自己的新公司工作，于是他拜访了巴纳比。9 月，巴纳比完成了

MicroPro 国际公司最早的两件产品——SuperSort 和 WordMaster。SuperSort 是个数据排序程序，WordMaster 是个文本编辑器，巴纳比在以姆赛公司时就开始研发这两个产品了。

虽然这两个产品的销售额迅速增长（1978 年 9 月的销售额是 11 000 美元；10 月是 14 000 美元；11 月是 20 000 美元），但鲁宾斯坦还是认为市场潜力要比这大得多；鲁宾斯坦意识到，思瑞尔已经吊高了计算机用户的胃口。对电子铅笔之类的文字处理器的需求如潮水般涌来。鲁宾斯坦抓住了机遇，推出了一个类似的产品。巴纳比的新程序 WordStar 将 WordMaster 转变成了真正的文字处理器，其副本的销售量很快就超过了电子铅笔和其他文字处理类的竞品。

WordStar 也比电子铅笔更加高级。电子铅笔有自动换行功能，这种功能让用户在到达行尾时继续打字。但是如果打字速度快到一定程度，那么就会导致软件在自动换行时丢失一两个字符。WordStar 解决了这个问题，并以所见即所得的显示形式进行了进一步改进，也就是说，文本在屏幕上显示成什么样，实际打印出来就是什么样。

WordStar 很快有了竞争对手。1979 年年中，在 MicroPro 公司发布 WordStar 时，休斯顿的比尔·莱丁和麦克·格里芬也基本做好了发布文字处理器 Magic Wand 的准备，它是 WordStar 的有力竞争者。

鲁宾斯坦以按副本计算的方式向经销商销售 WordStar 和其他程序。思瑞尔也研究过这种方式，但当时计算机经销中心和计算机商店太少了。1978 年年底，MicroPro 国际公司启动销售，计算机商店的数量呈指数级增加。MicroPro 国际公司和另外两家公司，也就是拥有用于苹果计算机的 VisiCalc 软件的个人软件公司以及拥有总账程序的桃树软件公司，共同制定了行业标准，应用软件开发人员可依据此标准来开展业务。软件行业像销售其他消费品一样销售软件产品，并由此赢得了信心和信誉，财源也滚滚而来。

盗版软件的挑战

早期的开发人员认为，软件是一种产品，就像手表、音响等物品也是产品一样，但软件有一个重要的不同点，即人们可以在不移动原物品的情况下窃取软件。窃取者可以复制别人的程序，这比翻录平克·弗洛伊德的一盘专辑更容易、更快捷。从这个行业的最早期开始，非法复制问题就无处不在，这激怒了很多程序员，他们眼看着自己的智慧果实被一再复制，却拿不到一丝一毫的金钱收益。

盖茨是第一个引起人们关注盗版问题的程序员。1976 年 1 月，盖茨写了《致计算机发烧友的公开信》，这封公开信刊登在家酿计算机俱乐部的通信及其他几份刊物上。盖茨在公开信中严厉抨击 BASIC 的纸带副本泛滥问题，他将那些复制程序的计算机发烧友称为"小偷"。"按照通过销售获得的版权收入来计算，我们开发 Altair BASIC 的收入每小时还不到 2 美元，"盖茨写道，"为什么会这样？大多数计算机发烧友必须认识到，你们中很多人的软件都是偷来的。硬件必须付钱才能得到，但软件就是可以分享的东西。那谁在乎开发软件的人有没有拿到报酬呢？"

盖茨的指责对计算机发烧友来说毫无效果，他们甚至对 MITS 公司将盖茨的 BASIC 定为 500 美元这件事感到更加愤怒了。计算机发烧友认为，没有理由将价格定得这么高——几乎和计算机本身的价格相同——尤其是如果没有 BASIC，Altair 就几乎无法使用的情况下更不应该如此。计算机发烧友认为，软件的价格应该包含在机器价格之内。

软件开发人员时不时地使用不易察觉的软件技巧（如防止磁盘复制或者对副本程序设陷阱），试图保护自己的程序免遭复制。但由于一个很基本的原因，这些方法一次又一次失败了，每个防盗版的程序都可以被破解。大多数公司开始将盗版行为视作一项经营成本。

鉴于生意很好，或者说非常好，这个问题解决起来相对比较容易。人们很快开始为了使用软件产品而购买计算机硬件了。显然，软件正在成为一门正经生意。实际上，和硬件相比，软件行业的进入门槛比较低，发家致富的可能性也比较大。有人开玩笑说，制造软件的唯一成本是打印序列号。

不断成长的软件市场很快吸引了更有野心的企业家。

软件帝国

菲利普经常在同一时刻既荒谬又正确。

——蒂姆·贝里，计算机顾问，曾参与制定 Borland 公司商业计划

在微软公司、数字研究公司、结构化系统集团公司、桃树软件公司和 MicroPro 国际公司等早期微型计算机软件冒险者取得成功之后，人们接收到了这门生意能赚

钱的信息。一群富豪听到这个消息，愿意在一个不断成长的市场里冒各种风险，这样的市场具有巨大的潜力，而且没有规则和界限。

那个法国人

突然之间，这些新晋企业家从世界各地来到硅谷。菲利普·卡恩是持旅游签证从法国来访的。卡恩毕业于数学系，会吹萨克斯，他是一个高大、俊朗、精力充沛的人，眼中闪耀着魔鬼般的光芒。他曾为安德烈·张崇泰具有开创性的 Micral 编写过软件。在 Altair 于美国试水的一年多以前，Micral 就已经打开了法国市场。卡恩也曾在计算机科学传奇人物尼古拉斯·沃斯手下工作过，工作内容和沃斯发明的编程语言 Pascal 有关。

编程语言是为特定用户设计的。用 FORTRAN 编写的程序类似于那些能在课堂黑板上或工程师办公室里见到的数学符号；这种语言具有数学家和工程师想要的风格和性能。COBOL 程序冗长烦琐，更适合人们阅读，因此这些程序更适合 COBOL 的目标用户——商用软件程序员。BASIC 简单、宽容，对学生来说是一种很好的语言。沃斯的新语言 Pascal 正式、严谨、精确，是纯数学家喜欢的语言。卡恩接受的是成为数学家的教育，因而他很喜欢 Pascal。

卡恩于 1982 年来到硅谷，在库比蒂诺租借了办公场地，并开始以软件顾问的身份开展业务，他的公司名为 Market In Time，简称 MIT。公司的客户排成长龙，其中包括惠普公司、苹果公司，甚至还有一家来自爱尔兰的公司。麻省理工学院要求卡恩停止使用 MIT 这个名字，正巧此时那家爱尔兰公司破产了，欠了卡恩 15 000 美元，于是卡恩接受了这家倒闭公司以其名字作为报酬的提议，MIT 公司变成了 Borland 公司。

Borland 公司拥有一件有趣的软件产品——菜单大师（MenuMaster），这是由才华横溢的丹麦程序员安德斯·郝杰斯伯格编写的，这个程序可以在 CP/M 上运行。此时，IBM 公司已经发布了自己的个人计算机，显然，在销售菜单大师副本时，相较于卖给运行 CP/M 的计算机，Borland 公司可以将更多的副本卖给个人计算机。然而，这就需要移植软件，即重新编写软件，使之在个人计算机的操作系统上运行。此外还需要广告费用。显然，Borland 公司需要现金注入，那就意味着需要吸引投资者，此时公司迫切需要一份商业计划。

蒂姆·贝里当时和卡恩在同一幢办公楼里工作，那幢办公楼就位于库比蒂诺的史蒂文斯溪流大道上。贝里同意帮助卡恩制定商业计划，从而获得 Borland 公司的一部分股份。

贝里不是企业家，而是一个需要养家糊口的谨慎的分析师。但卡恩是一个生气勃勃、魅力非凡、积极进取的人。贝里打算签字受聘，亲眼看看卡恩将会怎么做。1983 年 5 月，公司正式成立了，贝里发现自己成了董事会成员。贝里撰写了第一条公司宣传文案，为公司的起源编造了一个虚构的故事，还配了一张头发灰白的人物照片，此人名为弗兰克·波兰德。贝里是个有天分的写手，这份有趣的广告文案对体现这家年轻公司的个性大有裨益。

骗子

在菲利普·卡恩为张崇泰的 Micral 编写软件时，拉里·埃里森刚刚在硅谷的影音设备制造商 Ampex 公司找到一份工作。埃里森来自芝加哥，是个语速很快的程序员。4 年前，费尔森斯坦离开了 Ampex 公司，开始为反主流文化刊物《伯克利芒刺报》撰稿。但埃里森并不是 20 世纪 60 年代的革命者。Ampex 公司当时得到一份为美国中央情报局开发磁带存储系统的合同，能参与美国中央情报局这个代号为甲骨文的项目让埃里森兴奋不已。

埃里森显然是个成为企业家的一块好料子：他咄咄逼人、聪明伶俐、无所畏惧、骄傲自大而且唯利是图。1977 年 6 月，埃里森的精力和干劲驱使他开办了自己的公司。他和 Ampex 公司的另两位同事共同创办了 Software Development Laboratories 公司，简称 SDL。拥有在甲骨文项目上学到的知识以及一些 IBM 公司的技术，他们觉得自己可以研发出一款畅销产品。

SDL 公司采用的 IBM 公司的技术是埃德加·考德发明的数据库关系模型。常用的平面文件模型中没有管理数据库条目关系的结构表，关系模型可以替代平面文件模型，但关系模型多半未经测试。关系数据库模型需要的计算能力远高于当时微型计算机的性能。不过当时微型计算机尚未走进埃里森的世界。

不久后，埃里森将公司名由 SDL 改成 Relational Software Inc，随后又改成甲骨文。公司计划推出一个如埃里森所言"像甜甜圈一样好卖"的小型计算机数据库程序。埃里森不断对其他人说，自己将会成为亿万富翁。他知道，要想实现这个目标，必须将软件卖给每一个人，这其中就包括美国中央情报局。在埃里森试图将一个名为甲骨文的产品卖给美国中央情报局官员时，他们都说埃里森"脸皮很厚"，因为那个产品的基础是美国中央情报局的一个资助项目。

甲骨文公司毫无头绪了。

埃里森是一个追求刺激的人。他喜欢徒手冲浪、开飞机、驾驶帆船、打篮球，那段时间，他将自己逼得太厉害，居然骨折了好几次。埃里森让公司也体现出自己的玩命态度，想要促使公司的年销量翻倍。公司里没人认为这是一种正常的商业模式，也许连埃里森自己也不相信，但是无论如何，在成立后的前十年，甲骨文公司确实每年都实现了销量翻倍的目标。

埃里森坚持认为甲骨文的程序是可移植的，他的措辞是"混乱"。和电子铅笔一样，甲骨文的软件也被设计为可以在各种计算机上运行；和电子铅笔不同的是，甲骨文的设计使得完成这个任务不至于太困难。

IBM公司没有及时把关系数据库技术推向市场，这为甲骨文公司率先使用IBM公司的技术来实现目标提供了机会。与此同时，伯克利的Ingres等公司很快也制造了关系数据库产品。IBM公司还帮了甲骨文公司一个大忙，它接纳了一种名为SQL的数据库查询编写方法，甲骨文公司只是将这种方法作为对Ingres公司的竞争策略。然后，IBM公司在1982年推出了自己的微型计算机IBM PC，这为甲骨文公司创造了最大的机遇。

甲骨文公司很快就将数据库程序移植到IBM PC上了。简单算一下就知道这个庞大的程序无法在小机器上使用，但埃里森不以为意。用埃里森的话来说，甲骨文公司开发的数据库必须可以"混乱"使用。

一个产业的发展

当时的微型计算机需要的不是庞大的甲骨文关系数据库程序，而是更简单的数据库工具。它们需要一个简单、可编程的平面文件数据库程序，一个既适合机器内存容量，又允许用户构建复杂数据库的程序。当时这个产品已经存在了，其名为dBase II。

1980年，乔治·泰特和哈尔·莱胥里组建了一家名字非常古怪的公司——阿斯顿泰特，但公司并没有名为阿斯顿的合伙人。泰特和莱胥里计划销售一个用于微型计算机的数据库程序dBase II，该程序是由韦恩·拉特利夫编写的。对于年轻的微型计算机软件行业而言，dBase II是个新产品：它运行顺畅，可以提高计算机用户的使用效率。如果一个人在运用dBase II构建数据库以及运用其包含的简单编程语言写代码方面经验丰富的话，那么他很快就能以 dBase II 专家的身份过上不错的生活了。20
世纪 80 年代初，IBM 公司推出了 IBM PC，阿斯顿泰特公司则是微型计算机领域的
数据库之王。他们将 dBase II 移植到个人计算机上，因而毫无异议地保住了数据库之
王的头衔，没有受到用于个人计算机的甲骨文软件等竞争对手的困扰。

　　1985 年，阿斯顿泰特公司将总部迁往托伦斯市，总部规模也扩大了，同时不断
收购其他公司以充实产品线，但 dBase II 始终是公司的主要收入来源。爱德华·埃斯
伯成为公司的 CEO，至于被阿斯顿泰特收购的企业，埃斯伯吹嘘道："每一家软件公
司都待价而沽。"阿斯顿泰特公司的 dBase II 几乎掌控了微型计算机的数据库市场，
但这未能阻止其他公司以创新数据库软件闯入市场的尝试。

商展上的数字研究公司　在西海岸电脑节上，苏珊·拉布负责数字研究公司的展位。（资料来源：数
字研究公司）

　　在 20 世纪 80 年代早期风云万变的微型计算机软件产业中，一些微型计算机先
驱已开始展开第二段乃至第三段的职业生涯。尤班克斯就是这样一个例子。在库珀
和帕森斯的帮助下开发了 CBASIC 之后，尤班克斯有几年一直以编译系统公司的名
义销售 CBASIC。1981 年，尤班克斯将公司卖给了数字研究公司，并以数字研究公
司副总裁的身份与他以前的导师基尔代尔一起工作。

　　在开办编译系统公司时，尤班克斯尚未真正感受到内心那种成为企业家的强烈

渴望。1982 年，受到这种渴望的鼓舞，他离开了数字研究公司，创办了 C&E 软件公司。不出几个月，C&E 软件公司就收购了另一家新开业的软件公司 Symantec，并采用了该公司的名称。尤班克斯参与开发了一款简单易用、带有内置文字处理器的平面文件数据库程序。这个名为 Q&A 的程序成为新 Symantec 公司的首款产品。

如果说 Q&A 程序体现了试水软件市场的易用性战略，那么 Framework 就体现了"瑞士军刀"式的软件营销方式。Framework 是一流程序员罗伯特·卡尔编写的，它是一款极为强大的高端产品，文字处理器、电子表格、数据库程序以及编程语言的集大成者，而且可以在个人计算机上运行。卡尔联系了马丁·马兹内尔，在参与微型计算机软件工作之前，马兹内尔撰写的广告曾经屡获殊荣。1982 年，卡尔和马兹内尔组建了前沿公司，其特定目标是与微型计算机软件的龙头企业阿斯顿泰特取得联系，从而将 Framework 推向市场。阿斯顿泰特收购了前沿公司，计划奏效了。

但是 dBase II 依然是阿斯顿泰特公司的摇钱树，坐拥数百万用户。20 世纪 80 年代末，dBase II 是用于 IBM PC 的第三大畅销程序，阿斯顿泰特公司则是世界第三大个人计算机软件公司，仅次于微软公司（在 IBM 推出采用微软操作系统的个人计算机之后，微软公司的规模急剧扩张）和电子表格之王莲花公司。1986 年，《华盛顿邮报》将微软公司、莲花公司、阿斯顿泰特公司称为"软件业的通用、福特和丰田"。当时还有一些其他成功的个人计算机数据库公司，如 Fox Software 及其 FoxPro，它们通过标榜其可媲美 dBase II 的性能而存活了下来。

像卖书那样卖软件

菲利普·卡恩请蒂姆·贝里为 Borland 公司撰写商业计划，最初的想法是吸引一些投资资本，并将菜单大师移植到个人计算机上。但是这两方面都没什么进展：投资者并未纷至沓来，而且贝里惊恐地发现，移植程序显然也没有开发出来。卡恩最终承认，开展移植任务所需的编程工作缺少适用于个人计算机的优质开发软件。于是，卡恩让安德斯·郝杰斯伯格完成编写 Pascal 编译器的任务。

贝里对这个想法深感震惊。和 BASIC 不同，Pascal 不是一种简单的语言。编写 Pascal 编译器是一项艰巨的任务，工作量比移植菜单大师要多得多。现在菜单大师必须等到 Pascal 编译器完工后才能移植。当时，世界各地都有人推出用于个人计算机的软件产品。Borland 公司将会错失成为首家推出个人计算机软件产品的公司的先机。贝里认为这个战略太疯狂了。

1983 年 10 月，贝里接到卡恩的电话，叫他立刻前往卡恩的办公室。Borland 公司已经搬迁至北加州圣克鲁斯山另一侧的斯科茨谷，而独立顾问贝里当时正在 80 公里之外的地方工作；对贝里来说，这是一次始料不及的旅程，往返需要两个小时，但他还是去了。

贝里和 Borland 公司的其他董事观看了卡恩演示 Turbo Pascal，他们惊呆了。它异常迅速，而且十分紧凑，可以在个人计算机有限的内存上轻松运行。这个程序比他们在大型或小型计算机上见过的任何程序都要好，这真是一件精雕细琢、引人入胜的产品，简直是一件天才之作。就连业余程序员也能驾驭 Turbo Pascal，人们甚至可以学习如何用它来编程。此后，再也没人提起菜单大师了。

卡恩又朝董事会扔了一颗炸弹：他们将通过邮购的渠道，以 49.95 美元的价格销售 Turbo Pascal。当时，微软公司也在销售一款 Pascal 编译器，价格几乎是这个定价的 10 倍。从理论上讲，Borland 公司的董事会理应对这些决策说些什么：卡恩正在撕毁商业计划，抛弃公司唯一的成熟产品，并打算用低得可笑的价格销售替代产品。但是，在 Borland 公司，一切都由卡恩做主，而且这场展示确实精彩异常。卡恩坚持 49.95 美元的价格。他说，这个价格将会穿透市场上的杂音，帮助 Borland 公司将信息传播得响亮清晰。

传递这个信息是一种挑战。公司几乎已经没钱打广告了。尽管如此，1985 年 11 月的《字节》杂志上还是出现了 Turbo Pascal 的整版广告，上面印着 49.95 美元的售价和订货电话。贝里伤心地注意到，卡恩一定是在向董事会展示程序之前就将印有 49.95 美元售价的广告订好了，否则卡恩不可能赶上在杂志 11 月刊上登广告的最后期限。贝里想，难怪卡恩对价格那么坚持，原来他已经签下合同了。

《字节》杂志上的广告并非是唯一一个，卡恩共投放了价值为 18 000 美元的广告。每当广告推销员来 Borland 公司的办公室时，卡恩就让自己的朋友填满办公室里的座位，给人留下公司生意兴隆的印象，试图力撑自己的信贷请求。卡恩别无选择，Borland 公司没钱付广告费，而且除非能马上拿到很多 Turbo Pascal 的订单，否则他们之后也很难弄到钱。

11 月，Borland 公司的销售收入达到 43 000 美元，卡恩立刻用这些钱投放了更多广告。贝里说："卡恩一有机会就押上整个公司做赌注。"不出 4 个月，公司几乎每月就能赚到 25 万美元了。Borland 公司发展太快，很难再以一家"普通"公司的面貌出现了，卡恩的销售经理对此心知肚明。1985 年年底，一家大型软件经销商提出要采购 Turbo Pascal。虽然这笔生意可以大幅提高 Borland 公司的销售业绩，但销售经理却一口回绝了。这样做似乎很疯狂，但经销商提出延迟 5 个月付款的请求会害死公司的。

微软公司的介入

与此同时，阿斯顿泰特公司和甲骨文公司的发展可能发生了冲突。1988 年，阿斯顿泰特公司和微软公司联手推出了一款关系数据库产品，试图挤进甲骨文公司的技术行业市场。同时，阿斯顿泰特公司向步步紧逼的竞争对手 FoxPro 公司提起诉讼，宣称 FoxPro 公司侵犯了自己的版权。乍一看，这份声明是合情合法的：FoxPro 公司的经营模式从生产和运行来看基本上都类似于 dBase II 的产品。

在拓展市场、维护自身权益的同时，阿斯顿泰特公司也着眼于当前产品，推出了 dBase 和 Framework 主要的新版本。随后在 1988 年年底，甲骨文公司得知阿斯顿泰特公司正在开发一个用于小型计算机的 dBase 版本。现在阿斯顿泰特公司踏进甲骨文公司的领域了。

几年前，甲骨文公司推出了用于个人计算机的甲骨文软件，介入了阿斯顿泰特公司的地盘，不过那更像是一种技术演示，而非成熟产品。虽然用于个人计算机的甲骨文软件有很多缺陷，经常会崩溃，而且也没什么实际用途，但人们可以了解到这个软件具有哪些功能，并对在小型计算机上运行的甲骨文软件有一些直观感受。总体而言，个人计算机版本的作用是在一个尚无可行产品的市场上为甲骨文公司打广告。一旦甲骨文公司最终有了可行的个人计算机版本，那就不必再培育市场了，因为市场对产品的需求已经形成。

甲骨文公司产品的吸引力有些难以理解。不仅个人计算机的版本不够完善，满是缺陷，就连小型计算机版本也经常漏洞百出。尤其糟糕的是，甲骨文公司延迟交付产品是出了名的。然而，关系数据库技术很有吸引力，甲骨文公司的销售工作同样令人敬畏。20 世纪 80 年代中期，甲骨文公司的广告预算和销售额都连年翻倍。甲骨文广告代理公司的口号是"上帝痛恨懦夫"。甲骨文公司本可以"不留活口"的。

埃里森得知阿斯顿泰特公司正在筹备一个用于小型计算机的 dBase 版本，作为回敬，他推出了甲骨文公司的个人计算机版本。甲骨文公司的喷气式战斗机击落阿斯顿泰特公司双翼飞机的广告画面随处可见。甲骨文公司开始以成本价销售个人计算机版本的软件。由于已经在小型计算机版本上赚取了高额利润，甲骨文公司有能力这样做。阿斯顿泰特公司的大部分盈利来源于 dBase 的个人计算机版本，因此它没有跟进这场价格战。

不幸的是，阿斯顿泰特公司发布的 dBase 新版本漏洞百出。雪上加霜的是，阿斯顿泰特公司起诉 FoxPro 公司侵权案的法官不仅判决阿斯顿泰特公司败诉，还剥夺了阿斯顿泰特公司的版权。法院发现，阿斯顿泰特公司没有妥善披露其 dBase 产品是以政府所有的喷气推进研究室的研究成果（公有研究成果）为基础的。阿斯顿泰特公司很快出现赤字，公司 CEO 埃斯伯被扫地出门。

阿斯顿泰特公司遭遇困境，而 Borland 公司则欣欣向荣，并于 1986 年公开上市。20 世纪 80 年代末，Borland 公司年收入高达 5 亿美元，成为全世界最大的软件帝国之一。1991 年，Borland 公司收购了阿斯顿泰特公司。

随后，微软公司向 Borland 公司的市场地位发起了一轮攻势。1986 年，微软公司推出了一款主要的 BASIC 新版本。微软公司从 1975 年就开始不断对 BASIC 进行重新修订和重新定义，公司希望其最新版本能够成为 Turbo Pascal 杀手。这是一个重要发展：微软公司在编程语言方面享有盛名，而 Borland 公司快速、紧凑、廉价的语言影响了微软公司的计算机语言销售，让其显得既老旧又沉闷。微软公司试图用 QuickBASIC 来改变这种观念，而且竭尽全力：为了推销 QuickBASIC，公司举办了一场杀手新闻发布会。

技术领域的记者受邀来到位于华盛顿州雷德蒙德市的微软公司的"园区"，以见证最新技术发布。受邀前往的都是技术杂志的编辑和撰稿人，其中很多人本身就是程序员。微软公司招待来访者吃了一顿大餐，然后向他们提出挑战：每人都要完成一项能在几小时内做完的编程任务。关于任务的描述会随机放在一顶帽子上，来访者可以根据这些描述着手编写代码。第一个顺利完成任务并让程序运行的人将会获得奖品。所有来访者可以随意使用自己的计算机和自己喜欢的编程软件。微软公司新的 QuickBASIC 也将登场，使用它的程序员是盖茨本人。

盖茨已有将近 4 年没写过代码了。他上一次写代码还是为 Tandy 公司 TRS-80 100 型便携式计算机做软件的时候，那是一台书本大小的便携式计算机，来访者对那台机器赞不绝口。盖茨很紧张，通宵达旦地熟悉 QuickBASIC。一位名叫杰夫·邓特曼的记者是个编程高手，他将使用 Turbo Pascal，邓特曼对 Turbo Pascal 非常了解。

比赛结果是盖茨和 QuickBASIC 赢了。这件事很疯狂，可以说是一次惊人的公关豪赌，幸好微软公司看到了想要的结果。这次比赛要表达的信息很明确：微软公司是由一位头脑敏锐、富有竞争力的企业家掌管的，他正巧也是推动软件产业起步的人。他对技术非常了解，作为一名程序员也绝非等闲之辈。最终，QuickBASIC 的销量超过了 Turbo Pascal。

Borland 公司很快发现自己在竞争残酷的市场中陷入了困境，但它也想报仇：公司的一位高管离开了公司，转而在 Symantec 的尤班克斯手下工作，Borland 公司起诉了这名前高管。这并非是 Borland 公司的第一次重大诉讼。诉讼越来越常见。赌注很高，竞争变得越发残酷。

数字研究公司总部 随着企业的发展，公司搬迁至更大的总部。(资料来源：汤姆·奥尼尔)

然而，市场需要空间。围绕着迅速发展的个人计算机市场，出版业逐渐成长起来，以满足人们对资讯的饥渴需求，他们向计算机发烧友介绍了日新月异的新产品。与此同时，早期个人计算机商店受到资金充沛的连锁店的冲击。一位重量级人物将会把一款廉价的计算机引进市场，并通过他的商店网络开展销售。不过，早期的市场的确存在于计算机俱乐部和通信刊物之中，计算机发烧友就是通过俱乐部和通信刊物来了解新产品的。

计算机杂志构建了真正的计算机发烧友的市场。

——戴维·巴纳尔，多份计算机杂志创刊人

第 6 章

零售革命

词汇的含义会随着时间而改变，这让历史学家的工作变得更为复杂。

对于组成早期个人计算机核心市场的计算机发烧友来说，个人计算机现象更像是一场运动，而非一个产业。杂志、展销会及商店的风格和氛围都清楚地表明了这一点。它们在一开始时主要是基于社区构建的。围绕这些杂志、商店和展销会生发出一种文化，在这种文化氛围内，人们认为用于个人的计算机是可以设想、制造并为世人所理解的，也可以顺带购买和销售。

计算机杂志的贡献

这些杂志从根本上将全美国定义成了小城镇。

——卡尔·赫尔默斯，《字节》杂志首任总编

以邮购的方式购买微型计算机需要采取良好的措施来保证客户的盲目信任不会落空。客户将支票寄给他们从未听闻过的公司，以获取一种他们尚不能确定是否存在的产品。客户所知道的只是自己想要一台计算机，于是他们就将钱汇了出去，然后一直默默等待。当时的制造商非常幸运，最早的微型计算机购买者几乎不要求售后服务。只要能得到自己的计算机，这些计算机发烧友几乎可以忍受一切，其中就

包括海市蜃楼般的邮购业务。

杂志很快开始提醒计算机发烧友注意那些新机器。不过，这件事有利有弊。

产品宣布推出之时，可能连设计都尚未完成，更别说制造了。但各大杂志支持这种做法，《大众电子学》杂志在几期封面报道中敷衍地用一只空盒子当作最初的Altair、用一个模型代表 Proc Tech 公司的 Sol。新闻方面的过度宣传行为也许无伤大雅，但广告也使用了相同的伎俩。《字节》杂志总编的卡尔·赫尔默斯说："我不会说这种伎俩是合法的，但它显然应用于技术界的各个领域。一件产品可能会以所谓的功能模拟的形式展出，而功能模拟则是最终实现这种产品的一个步骤。"

"功能模拟"是广告中误导最少的一种方式，至少它可以让购买者对"这台机器能做什么"有所了解。另一些广告则比实际情况更加天马行空。"一个热衷于撰写计算机类稿件的人可以凭空捏造出任何种类的系统，"赫尔默斯说，"确实有人这么做过。"

当时的计算机杂志在这股热潮中扮演了几近分裂的双重角色。编辑会报道微型计算机行业的进展情况，刊印广告，有时甚至不提醒读者警惕不达标的商品，以鼓动这种狂热。赫尔默斯就是这样一个编辑，他对自己拒绝评定产品质量的辩解理由是"长远来看，无法达成其承诺的产品会自行暴露并被淘汰"。但是，有些出版物则会主动筛选优劣。亚当·奥斯本曾经在家酿计算机俱乐部的集会上带着纸箱卖书，他在《界面时代》和《信息世界》（InfoWorld）杂志上相继开辟了揭发黑幕的专栏，提醒购买者注意特定产品的缺点。《人民计算机公司》通信的分支机构《多布博士》杂志坚定地站在消费者的立场上，引导读者不要购买今后会让自己后悔的那些产品。

《字节》杂志

《字节》杂志是微型计算机杂志界最伟大的成功故事之一，但它的成功起源于冲突和某种认知上的背叛。《字节》杂志源自韦恩·格林的想法，从 1975 年年中开始发行。格林出版过一本面向业余无线电发烧友的杂志《73》。这位新罕布什尔州彼得伯勒的居民，既是一名计算机发烧友，也是一名上门推销员。格林喜欢推广他所崇尚的那些事物：业余无线电、微型计算机以及他自己。在有些人眼里，格林常与朋友在自家门廊高谈阔论，喜欢深思熟虑地辩论，喜欢大声说出自己的想法。但也有人认为格林是个复杂的人，很难与之共事。格林思维非常跳跃，会从最新的软件开发一下子跳到灵异现象，但最后总会回到底线上。格林喜欢赚钱。

1975 年，格林想将《73》杂志的流通部门计算机化。格林致电了几家主要的小型计算机公司，这几家公司都派出了销售代表与之洽谈。每个代表都警告他，购买竞争对手的机器会有特定的风险。格林发现，他们的警告都是可信的。对计算机进行投资就是跃入黑暗深渊的开始。格林决定，在为一台计算机支付 10 万美元之前，应该先对这个领域的玩家有所了解。

格林发现市面上关于计算机的书籍和杂志就像天书，只有计算机俱乐部的通信还算通俗易懂。此外，计算机俱乐部的通信也是了解新型微型计算机信息的唯一可靠来源。对这一问题思考越多，格林越认为自己并非个例。全美各地都有人需要一本用浅显易懂的英语写成的计算机简介。

看到机遇后，格林决定创办一本杂志，以帮助初学者更加便利地步入微型计算机的领域。格林需要给出版物起一个简短扼要、朗朗上口，并能体现计算机特点的名字。最终格林决定将杂志命名为《字节》。

格林聘用赫尔默斯担任杂志的总编。赫尔默斯之前一直在波士顿独自发行一份名为《实验者计算机系统》（*Experimenter's Computer Systems*，简称 *ECS*）的期刊。就在《大众电子学》宣布 Altair 问世之后，从 1975 年 1 月开始，赫尔默斯每月都会撰写 20 ～ 25 页关于微型计算机制造及编程的文章。然后通过编辑和照相影印的方式，他将这些文章分发给 300 名读者。赫尔默斯接受了格林的邀请，移居新罕布什尔州。格林从 *ECS* 等早期通信以及他自己的业余无线电发烧友订户中寻找《字节》的投稿人和读者群，格林相信业余无线电发烧友是《字节》杂志的天然受众。1975 年 8 月 1 日，《字节》杂志的首版问世，15 000 册立即销售一空。由此，市面上出现了一种全新的杂志类型——个人计算机杂志。

卡尔·赫尔默斯 《字节》杂志的首任总编，图为 20 世纪 70 年代赫尔默斯出席全美计算机大会。（资料来源：戴维·阿尔）

十年之内，个人计算机杂志市场上将有众多杂志争夺数百万美元的广告收入。在个人计算机杂志风潮最盛的时期，顶尖杂志膨胀至 400 页以上，它们主办盛大的颁奖典礼，身着晚礼服的杂志记者和 CEO 乘坐超长豪华轿车前来颁发和领取各式奖杯。

不过一开始的情况远没有这般浮华。

在《字节》创刊初期，格林的前妻维吉尼亚·格林担任办公室主任，赫尔默斯担任总编，《73》杂志的多名员工充实了人才队伍，格林开始编撰第二期杂志。他估计《字节》的读者群有 20% 来自《73》的邮寄名单。为了增加订购数量，格林将第一期杂志送给了阿尔伯克基的 MITS 公司、盐湖城的 Sphere 公司、圣安东尼奥的西南技术产品公司等制造商。此举受到了热情的欢迎，制造商向他提供了客户通信录。格林猜测，这些通信录又给《字节》带来了 20% ~ 25% 的订阅量。

《字节》杂志及时、有料、充满热情。它带有计算机和电子产品发烧友通信的气息，直接面向计算机的制造者、购买者以及渴望自己拥有微型计算机的人。它走对了路子，因而大获成功。

格林挖到了金矿，这让他感到振奋激昂。不过他遇到了一个问题，即这家公司不属于他，而属于 10 年前就已与自己离婚的维吉尼亚。这种非同寻常的安排起因于格林的法律困境：他被判偷税漏税，还面临其他悬而未决的法律问题。"律师说，我们必须为新杂志设立一家不同的公司，找人将股份和其他资产隔离开来，直到解决诉讼问题。"格林如此解释。格林把《字节》托付给了维吉尼亚。

《字节》的内容选择几乎立刻就出现了麻烦。赫尔默斯对计算机发烧友的所思所想有着良好的直觉，但是格林多年来一直出版著名杂志，他深信自己洞悉内情。格林坚信，任何人随时阅读上两三期杂志，就能赶上进度。但赫尔默斯之前整理的内容则具有更强的技术性，是一种用于高端技术社区的电子公告栏。

格林敦促赫尔默斯简化内容以赢得更广泛的读者群，但他的意见被赫尔默斯顶了回去。第一期杂志上市后，赫尔默斯和维吉尼亚逼走了格林，接管了发行工作。1977 年 1 月，《字节》杂志已经拥有 5 万名读者，成为该领域最成功的一本杂志。它在业界的声望相当于《科学美国人》，受欢迎程度相当于"垮掉一代"那个时代的《村声》，风格则类似于家酿计算机俱乐部的集会。赫尔默斯继续担任总编并成为公司股东。1979 年 4 月，赫尔默斯和维吉尼亚最终将公司卖给了出版业巨头麦格劳 - 希尔，赫尔默斯继续参与出版工作直至 1980 年 9 月。

《干波特》杂志

格林并没有长期按兵不动。1976 年 8 月，他与计算机制造商往来应酬，想看看他们是否会支持自己创办一本由他亲自掌管的新杂志。格林说自己显然获得了积极的回应。格林想给这份出版物起名为《千字节》(*Kilobyte*)，但《字节》杂志宣称这侵犯了自己的名字，因为格林想要告诉读者，这本杂志的任务是"杀死《字节》"(kill *Byte*)。这个说法不无道理，于是格林将自己的杂志命名为《千波特》(*Kilobaud*)。

格林曾经在《73》杂志中负责的一个名为"I/O"的计算机类固定栏目，《千波特》是这个栏目的拓展。这本新的出版物力求实现格林的理想：每个人读过这本杂志的两三期后就能理解其中的内容。让格林感到失望的是，《千波特》在发行和广告方面从未超过《字节》，尽管如此，这本杂志仍然是一件成功之作。

格林一直在关注市场的发展。在他开始创办《千波特》时，几乎所有的读者都是计算机发烧友，这些计算机发烧友会毫不犹豫地自行制造配件，用电烙铁改造设备。但在 1980 年前后，格林发现了一种新型发烧友，他们乐于使用设备，但不愿意对设备修修补补。为了迎合这种改变，格林更改了杂志名称以增强吸引力。他将杂志更名为《微型计算机技术》(*Microcomputing*)。与此同时，他创办了另一份期刊《80 微型计算机技术》(*80 Microcomputing*，后被简称为 *80 Micro*)，该杂志主要面向 Radio Shack 公司 TRS-80 计算机系统的用户。之后，格林创办了另外几份更加面向消费者的出版物。赫尔默斯及《字节》继任者则多年来一直将《字节》维持在一个很高的技术水平上。

赫尔默斯认为早期的期刊有三重目标：收益、教育和社交。这些杂志定义了一个市场，传播了重要消息，并将计算机发烧友聚集了起来。这些出版物创建了一个全国性的计算机用户社区。"我居住的彼得伯勒是一个小镇，但它受到地理上的限制。"赫尔默斯说。在一个小镇上，所有人都彼此认识，只要发生了什么事，消息马上就会四下传播。与此相同，在微型计算机发烧友的小圈子里，不论他们实际居住在哪里，每个人之间都是知根知底的。而且，没有一本出版物比格林早期的《千波特》更加富有小镇气息了，《千波特》里充斥着饶舌的社论、业界八卦和事件年表。

《多布博士》杂志

在赫尔默斯的杂志目标三重论的基础上，吉姆·沃伦又加上了两个要素：社会意识以及 20 世纪 60 年代那种快乐的反政府主义态度。

沃伦曾是圣母学院数学系主任，圣母学院是一所坐落于硅谷北部的天主教女子学院。当时，沃伦喜欢在家中举办盛大的聚会，各色人等赤身裸体、饮酒狂欢。"按照通常情况来说，那些派对还算是挺稳重的，只不过大家都不穿衣服而已。"沃伦回忆道。

不料，各大媒体突然登门造访。《花花公子》拍下了那些风流韵事的照片；BBC录了像；《时代》杂志写了一篇关于他们的文章。学院负责人在各种舆论的压力之下对沃伦说，他的行为对天主教学校来说过于出格，并要求他离开学校。沃伦对此一笑置之。他想，世界这么大，一定会有更有趣的工作。

在沃伦寻找新工作时，有个朋友建议他去编程。"你肯定能适合这种工作的。"朋友向他保证。于是沃伦开始在斯坦福大学的医学中心编写程序，并最终爱上了这份工作。纯粹是出于兴趣，沃伦开始热切地追随业界最先进的开发技术。他迷上了计算机。

20 世纪 70 年代初，斯坦福大学的医学中心也是斯坦福自由大学的发祥地，为高等教育提供了一条非传统、非专业的途径，这正合沃伦的心意。他很快成为自由大学的执行秘书和通信编辑，同时开始开展各种各样的咨询工作。正是在那里，沃伦遇到了罗伯特·阿尔布莱特和丹尼斯·埃里森。

阿尔布莱特是从中西部地区移居斯坦福的，他刚和 CDC 公司分道扬镳，正在想办法将计算机带入儿童的世界。埃里森是斯坦福大学的一名计算机科学教授，他对构建黑客网络和研究计算机科学有着同等的兴趣。Altair 面世后，盖茨和艾伦的 BASIC 就出现了。阿尔布莱特和埃里森开始设法将他们的专业知识引入普及计算机的事业之中，比方说，办一本杂志。

吉姆·沃伦《多布博士》杂志的首任编辑和西海岸电脑节的发起人。（资料来源：吉姆·沃伦）

　　1975 年 8 月，《字节》杂志创刊，发布了关于硬件设计的信息，但当时还没有软件类的杂志。计算机发烧友求助于阿尔布莱特和埃里森的《人民计算机公司》通信，希望他们提供一份软件类杂志。得克萨斯州泰勒镇的迪克·惠普尔和约翰·阿诺德寄给《人民计算机公司》一长串代码，这些代码构成了简化 BASIC，也就是为内存有限的机器设计的完整 BASIC 的 2K 版本。埃里森决定印发限量版，用三期杂志将这些代码送到发烧友手中。

　　读者对杂志的反响异常热烈。1976 年 1 月，出版工作正式开始，杂志定名为《多布博士——简化 BASIC 的练习与纠正》。"多布"（Dobb's）是丹尼斯·埃里森和罗伯特·阿尔布莱特的名字——丹尼斯（Dennis）和鲍勃（Bob）——的缩写。吉姆·沃伦受聘负责出版工作。沃伦认为刊名太过具体，很快将刊名改为《多布博士——计算机练习与纠正》。

杂志特别刊登了王理瑱、汤姆·皮特曼（在加里·基尔代尔之前为英特尔芯片编程的人）和其他人的经典简化 BASIC 应用，同时也刊登了沃伦挖到的各种有关微型计算机的新闻、传言和八卦。《多布博士》的腔调玩世不恭、不拘一格，反映了杂志编辑深受 20 世纪 60 年代的影响。沃伦坚信，个人的努力应该致力于造福全人类；事实上，在 20 世纪 70 年代初，他曾考虑过是否应该继续从事计算机行业。沃伦认为那些机器几乎都是些小玩意儿；它们是一种玩具，就像国际象棋那样让人兴味盎然，但基本上没什么社会效用。正如沃伦后来所言："我在很久以前就养成了清教徒式的职业道德（即使不完全是清教徒式的价值观），一种为社会做贡献的道德准则，我领取微薄的薪水却当了 10 年教书匠就可以说明这一点，我对此无怨无悔。"

作为《多布博士》的总编，沃伦每月只能领取 350 美元的报酬，他却毫无怨言，尽管从事咨询工作的收入要远高于做一名杂志编辑，但沃伦依旧乐在其中。既然自己在为社会做贡献，那么金钱就不是头等大事。沃伦喜欢引用埃里森的口号："让我们站在彼此的肩膀上，而不是彼此的脚背上。"

沃伦很认可自己的所作所为，并坚信其他人也应该如此。他向《多布博士》注入了欢乐，这种欢乐感很快成为该刊物的一大标志。懒散最终可能会搅乱他的判断，但快乐仍然是生存的最佳回报之一。沃伦说："别担心习俗和传统。我们要做些有用的事情，并且要乐在其中。"沃伦被《人民计算机公司》杂志所吸引的部分原因可能是，这本杂志将计算机当作适合于智力游戏的东西，这在期刊中可是第一家啊！

出版业的发展

各种各样的计算机发烧友杂志很快出现了，其中有些是从现有刊物中派生出来的。例如，《人民计算机公司》派生出了《休闲计算》（*Recreational Computing*），后者定位于范围更广、技术性较弱的读者群。一些企业推出了其他刊物，例如，MITS 公司发行了《计算机小札》，聚焦于公司的 Altair 生产线。其编辑戴维·巴纳尔后来跳槽去制作那本看起来光滑精美的《个人计算》，这本杂志的文章适合于计算机初学者。

还有一些杂志发源于计算机发烧友之间流通的非正式通信，同时也有很多杂志似乎是自发出现的。哈尔·辛格和约翰·柯洛基创办了《Mark-8 通信》（*Mark-8 Newsletter*），主要为 Mark-8 的用户提供资讯。柯洛基后来成为《千波特》杂志的编辑。南加州计算机协会创办了一份名为《界面》的杂志。离开 DEC 公司之后，戴维·阿尔创办了《创意计算》，该杂志体现了这位既聪明又有点儿不修边幅的编辑的那种明朗欢快的气场。*ROM* 定期刊登反传统人士（如李·费尔森斯坦和泰德·尼尔森）的稿件，并将 R2D2 机器人的插页图片当作为读者准备的"甜点"。

这批杂志宣传了微型计算机技术，让身处全美最偏远地区的发烧友也能紧跟个人计算机的发展趋势。20 世纪 80 年代，个人计算机发展成一大产业，对其进行阐释成了重要的卫星产业。人们对计算机资讯的需求量快速增长，其增长速度似乎已经快于对设备本身需求的增长速度。

此时，计算机书籍变得炙手可热。连锁商店和小型零售书店里都出现了计算机技术专区，并且开始蚕食其他货架空间。至少有几位作者和若干出版社在阐释如何使用软件的书籍上赚了大钱，这些书籍的效用和用户手册是一样的。这期间发生了一件传奇事件，一家出版社为《全球软件概览》预支付了 110 万美元的版税，这本书的主要内容是对各类软件产品进行评论。据当年协调此项目的斯图尔特·布兰德回忆，人们认为这笔巨额预付款是合情合理的，尽管其中的许多评论在该书出版之前就已经过时了。

专业刊物随其关注的特色产品而不断演变。《字节》等偏技术类的杂志在报道中横跨多个平台（如运行 CP/M 的计算机、IBM PC 以及麦金塔计算机），主要面向对各类计算机都很感兴趣的读者群。随着计算机逐渐成为一种日常消费品，计算机市场演变为 IBM 兼容机和麦金塔计算机两大阵营，杂志的报道内容变得更加针对特定平台。改变在所难免，因为 IBM 计算机的拥有者不需要关于麦金塔计算机软件的文章，反之亦然。这些新刊物可以提供详尽的产品评论，以帮助消费者评估硬件和软件的优缺点。对厂商来说，好评是极其可贵的。"产品评论事关重大。"MicroPro 公司的创始人塞缪尔·鲁宾斯坦如是说。其公司曾出品过流行软件 WordStar。

MITS 公司的戴维·巴纳尔是一个高产的出版人，他推出了一大批成功的计算机杂志，其中包括《个人计算机》（*PC Magazine*）、《微电脑世界》（*PC World*）、《苹果世界》（*MacWorld*）、《发行》（*Publish*）以及《新媒体》（*New Media*）。1996 年，巴纳尔成为计算机行业杂志《正面》（*Upside*）的出版人。当年，IBM PC 刚一面世，巴纳尔就创办了《个人计算机》，该杂志是在他位于旧金山的家里印刷的。

在 1982 年 1 月《个人计算机》的创刊号中，刊登了一篇评论约翰·德雷珀开发的 EasyWriter 文字处理器的文章，其题目为"不那么容易写"（*Not So Easy Writer*）。由于这篇文章，EasyWriter 文字处理器此后再也没能完全恢复声誉。《个人计算机》

创刊号厚达 100 页，里面塞满了广告，其中包括 IBM 公司的一条广告。第二期杂志发展到 400 页。一年后，巴纳尔开始寻找外部投资人，甚至准备卖掉杂志。基夫 – 戴维斯公司的比尔·基夫和美国国际数据集团的帕特里克·麦戈文两位出版界大佬都在觊觎这本杂志。巴纳尔认为自己和麦戈文达成了共识，但其最初的投资者却单独与基夫签订了协议。巴纳尔和他的员工非常恼火，集体辞职为美国国际数据集团创办了针锋相对的《微电脑世界》。就这样，巴纳尔一手创办了面向个人计算机用户的两本顶尖杂志，并因此名声大噪。

虽然《个人计算机》的员工离职了，但是这本杂志依然取得了惊人的成功。基夫也有他自己的办法。他先投了一大笔钱来宣示自己的所有权，再着手处理订阅发行、以产品为导向的文本内容以及华丽的外观和手感等问题。虽然也有一些明显的失败案例，比如 1992 年的《企业计算》(Corporate Computing)，但基夫的这些方法通常是行之有效的。后来基夫厌倦了公司管理，于 1994 年将公司卖给了一家投资银行，两年后，那家投资银行又以 21 亿美元的价格把公司转给了一位日本企业家。

巴纳尔的《微电脑世界》也蒸蒸日上，20 世纪 90 年代后期，《微电脑世界》和《个人计算机》的发行量都达到数百万份，带来了巨额的广告收入。这两本杂志一贯印得像电话簿一样厚。"拉广告太容易了，"巴纳尔说，"只要接起电话就可以了。"

邮购计算机的销售业务靠着计算机杂志起死回生。通过杂志，客户对产品更加了解，不再怕购买那些未见过实物的产品，尤其如果杂志中的某篇文章报道过相关设备，那就更令人放心了。"邮购广告突然就出现了。"巴纳尔说。这种趋势促进了戴尔计算机等公司的崛起，这些公司都是以直销作为业务基础的。邮购也加速了一些连锁店的衰落。回顾历史，邮购是随着网络爆炸式发展而出现的一系列事件的先驱。

虽然计算机杂志一直在不断变化，但其始终是推广新产品、交流新思想的重要载体。此外，传播信息还有另一种有效途径——计算机展销会。

俱乐部和展销会

首届计算机展销会绝对是一群穿着破旧 T 恤的计算机发烧友的大集会。那时的集会只是为了找乐子。我们都不知道自己到底在干什么。参展商也不知道他们在干什么。与会者不知道会发生什么。但我们硬是将这件事办成了。

——吉姆·沃伦，微型计算机行业先驱

计算机俱乐部和展销会是早期微型计算机世界的公共平台。它们不仅让计算机发烧友得以进入一个有趣的社交俱乐部，而且提供了有关产品发布和行业创新的独家消息。这些俱乐部为计算机发烧友提供了源源不断的支持以及与产品相关的各种免费研讨，这些讨论经常转化为又一份通信的内容，得以出版发行。这些展销会是科技奇观，其狂欢的氛围点燃了每一位与会者对这个朝阳产业的热情。通过展销会，发烧友还有机会亲手尝试最新奇的事物。

俱乐部

由李·费尔森斯坦主持、微型计算机行业的其他先驱参与的家酿计算机俱乐部是计算机发烧友俱乐部的雏形。这个团体对市场上各种产品的公正评价所产生的影响远远超越了俱乐部本身。其影响力遍及全美各地的用户群。计算机杂志出现后，这些杂志社都会派出记者报道家酿计算机俱乐部的聚会，这一举动进一步扩大了该组织的影响力。家酿计算机俱乐部对产品的评价可以左右一家公司的成败。Proc Tech 公司、苹果公司和 Cromemco 公司都得益于家酿计算机俱乐部的认可。许多其他公司没有得到那么高的评价，这一点在其销售量中就有所反映。

家酿计算机俱乐的最初成员很早就意识到，他们可以影响计算机产业的形象和未来。在 1975 年以前，计算机是与穿着实验室工作服的技术人员联系在一起的，那些技术人员就像庞大机器的"白袍祭司"，他们躲在空调房间里解决某个问题，之后再带着一份打印资料冒出来。家酿计算机俱乐部改变了这种印象，与计算机打交道的人员不再是"白袍祭司"，而是不修边幅的，或至少是粗犷的个人主义形象，这些人单靠脑力劳动就能把这种个人主义转化成价值数百万美元的公司。

家酿计算机俱乐部成员觉得自己有责任对未来制定一张路线图。1975 年 3 月，家酿计算机俱乐部发行了第一版通信，为了引导读者并提供娱乐信息，其中预言了家用计算机将会完成从文本编辑、信息存储到控制家用电器、做家务（运用机器人技术）等各种任务。

和家酿计算机俱乐部一样，新泽西业余计算机小组也成了新技术的仲裁者和中介。比如，新泽西州特伦顿技术设计实验室的创始人就是通过在新泽西业余计算机小组开会时售卖二手计算机终端设备起家的。

波士顿计算机协会也是一家早期计算机俱乐部。虽然创办者乔纳森·罗滕伯格在创建这家俱乐部时年仅 13 岁，但波士顿计算机协会的运作方式却像是一个专业社团，而不是一个非正式的计算机发烧友团体。最终，罗滕伯格将波士顿计算机协会发展成拥有 7000 名会员的组织，下设 22 个委员会和一个资源中心，并拥有一长串业界企业赞助商的名单。后来，罗滕伯格坚持认为波士顿计算机协会是一个"用户小组，而不是俱乐部"。

波士顿计算机协会以及其他用户小组的发展超越了计算机俱乐部的层面。它充当了非正式智囊团、社会团体和信息交流平台的角色。俱乐部培养了一种志愿主义以及坚持维护消费者权益的精神，这种精神又被引入用户小组。这些小组致力于维护计算机购买者的权益。

从某种程度上说，这在美国各行业中是前所未有的。委员会全力打击粗制滥造的产品和欺骗性的广告。当时，俱乐部对自由随性的微型计算机制造商负有引导责任。要是没有这些俱乐部的反馈意见，面向计算机发烧友的早期微型计算机可能永远不会发展成实用的个人计算机。

展销会

计算机发烧友会在购买硬件时亲手体验新产品，这种体验是不可替代的。出于这个原因，同时也为了"未来就在眼前"的眼见为实之感，计算机发烧友纷纷涌向计算机展销会。

吸引大规模人群的首届微型计算机展销会是由一家公司举办的。1976 年年初，MITS 公司的戴维·巴纳尔开始在公司刊物《计算机小札》上宣传即将在阿尔伯克基举办的世界 Altair 大会的消息。该活动在 3 月举办时有好几百人到场。

《计算机解放》的作者泰德·尼尔森是会议的发言者之一，他做了关于所谓"心理声学性爱"的演讲，很不像话却非常有娱乐效果。在家酿计算机俱乐部、社区存储器项目和 Proc Tech 公司都颇具声望的李·费尔森斯坦感到很惊讶，在尼尔森详尽地讲解计算机技术在情趣玩具方面的发展潜力时，一些听众居然没有把他拽下讲台。这场离奇的演讲结束后，尼尔森又和好几个人谈了在芝加哥地区开一家计算机商店的事。尼尔森是个捣乱分子，但他明白计算机行业将会成为大买卖。

西海岸电脑节　计算机展销会一经出现就触动了人们压抑已久的对于个人计算机及其相关资讯的需求。（资料来源：戴维·阿尔）

　　MITS 公司的主要负责人爱德华·罗伯茨打算将这次大会办成 MITS 公司的展示会，即只展示 MITS 公司的产品。罗伯茨拒绝向 Proc Tech 公司等竞争对手提供展台。Proc Tech 公司的李·费尔森斯坦和鲍勃·马什毫不气馁。费尔森斯坦向马什提议，两人可以在大会期间找一间酒店客房开店。"好主意。"马什回答道。他们弄到了顶层套房，并在会场上到处张贴标识，邀请人们顺道去看看。他们将电视机当作视频显示器来演示史蒂夫·东皮耶的 *Target* 游戏。因为 Sol 尚未准备好，所以他们使用了一台 Altair。罗伯茨也来了，自从费尔森斯坦在《多布博士》杂志上批评过 Altair 之后，这是罗伯茨第一次和他说话。

　　更多的展销会很快在全美各地出现了。1976 年 5 月，新泽西业余计算机小组的索尔·莱布斯推出了新泽西州特伦顿电脑节，该集会类似于硬件交流会和讨论环节。这个集会开创了不依赖单个生产商的开放式计算机会议的概念。它也向加州人表明，微型计算机革命并不局限于西海岸地区。特伦顿电脑节主要的演讲嘉宾包括来自北卡罗来纳州的著名计算机发烧友哈尔·张伯伦以及来自丹佛的戴维·阿尔和罗伯特·苏丁。当时，阿尔和苏丁的数字集团公司刚刚收到 Z80 芯片的样品，那是新半导体公司 Zilog 制造的，阿尔和苏丁大肆吹捧这块热门芯片的种种用途。

在东、西海岸出现的新事物很快传遍了全美。1976 年 6 月，一个由计算机发烧友组成的松散团体举办了首届"中西部地区计算机俱乐部研讨会"，其开幕活动吸引了近 4000 人。中西部地区经销商雷·包瑞尔和 Proc Tech 公司合用一个展台，后者展示了最新的 Sol-20 计算机。包瑞尔和 Proc Tech 公司卖出了价值数千美元的零部件和替换品，因为他们没想到要带钱箱，所以钞票在桌上堆成了小山。展销会即将结束时，人们将展台上剩余的物品抢购一空，只是为了买点儿什么回去。计算机发烧友的热情不断高涨。

1976 年 8 月，计算机发烧友约翰·迪尔克思在新泽西州的大西洋城举办了"个人计算机技术节"。这场展销会是第一次美国全国性的电脑展，因此具有重要意义。这个活动普及了个人计算机技术这个词。在此以前，大部分人喜欢说兴趣计算机技术或微型计算机技术。韦恩·格林的《千波特》杂志在展销会上收到了 1000 多份订单。彼得·詹宁斯购在展销会上购买了 KIM-1，后来詹宁斯用这台计算机撰写了 Microchess。1976 年，丹佛和底特律等地还举办了其他类似的展销会。

但是加州没有举办展销会。《多布博士》杂志的编辑吉姆·沃伦既想将这些电脑节整合起来，又不安地感到有些事有些不对头。他说："我的粗浅看法是，所有这些好事都发生在了错误的地点。"亚特兰大市展销会开始之前的一两周，沃伦着手策划在旧金山湾区举办一场展销会，将之称为电脑节。他觉得这个名字非常合适。文艺复兴节赞美了过去；而电脑节将颂扬未来。1977 年 4 月，吉姆·沃伦举办了首届西海岸电脑节。

风闻沃伦的计划后，戴维·巴纳尔代表 MITS 公司联系了沃伦。巴纳尔说，MITS 公司也在策划一场西海岸电脑展，他提议双方同心协力，举办一场由《个人计算》杂志赞助的研讨会。沃伦可以获得 10% 的门票收入，并从合作方的丰富经验和专业敏锐度中进一步获益。沃伦一点儿也不喜欢这个提议。他认为，作为《多布博士》杂志的编辑，自己卷进一场由《个人计算》或其他杂志赞助的展销会是不合适的。沃伦也不喜欢过于强调金钱。"我没想要大赚一笔，"他回忆道，"我纯粹是想要举办这场活动。我在 20 世纪 60 年代就参加过嬉皮士的闲坐聚会了。我只是希望这场电脑节在这里举办。"

沃伦试图在斯坦福大学预订场地以举办电脑节，但没有合适的日期。然后他去看了旧金山市政礼堂，他认为那个地方也非常棒。旧金山市政礼堂有极好的会议设施和华丽的展室。他问了下费用，租金居然高达每天 1200 美元，沃伦惊呆了。

那天的晚些时候，沃伦和罗伯特·阿尔布莱特在一家名为彼得港的餐厅吃简餐。他们在一张餐巾纸上算了一下。如果参展商达到 60 家以上，那么需要向每个参展商收取 300 美元左右的费用，并吸引到 6000 ~ 7000 名参观者，他们才能基本收支平衡。沃伦想，究竟要怎样做才能让这场活动真的赚到钱呢？就在那一刻，沃伦创建了自己的公司——计算机展会。

事实证明，沃伦大大低估了出席人数。他曾希望在周末两天吸引 7000 ~ 10 000 名参会者，结果差不多来了 13 000 人。周六上午，参展者在旧金山市政礼堂的一侧排成两列长队，在另一侧排了三列长队，一直绕到建筑背面，队伍排了好几个小时。那天天气晴朗，刮着风，参加展销会的人在队伍里相互交谈。进门需要一小时，但人们似乎并不在意。那些对计算机如痴如狂的人在室外展开讨论时，展销会就已经开始了。

一进入内场，参会者就发现自己置身于计算机的天堂。一排又一排装饰一新的展台兜售着个人计算机技术领域的最新产品。好奇的发烧友会发现，自己居然在和某个创新产品的设计者本人交谈。各个公司的总裁穿着T 恤和蓝色牛仔裤在好几个展台上充当工作人员。Apple II 在一个引人注目的巨大展台上发布了，史蒂夫·乔布斯、迈克尔·斯科特以及苹果公司的其他高管是那个展台的工作人员。戈登·尤班克斯和加里·基尔代尔合租了一个展台，尤班克斯在那里演示了BASIC-E。PET 也在这次活动中进行了推广。

西海岸电脑节参展商 1977 年，一位参展商在为首届西海岸电脑节做准备。（资料来源：戴维·阿尔）

虽然 Sphere 公司没能租到展台，但还是让人们记住了它的名字。Sphere 公司的人将 Sphere 车队停在展会外面，那是一辆仿造 MITS 公司蓝鹅车队的房车，长达 6

米，Sphere 公司还派了一名工作人员举着"来看 Sphere"的广告牌在展销会上到处走动。处处洋溢着兴奋之情。与会者莱尔·莫里尔说："就像身处圣诞节的玩具店一样，到处都是人。"家酿计算机俱乐部、南加州计算机协会、《人民计算机公司》和斯坦福大学电气工程系都是展销会的联合主办方。科幻小说家弗雷德里克·波尔、个人计算机领域的先驱泰德·尼尔森、李·费尔森斯坦、卡尔·赫尔默斯以及戴维·阿尔等人在展会上发了言。大家都认为这非常有趣。

沃伦整个周末都忙作一团，东奔西跑地解决各种小麻烦。在后来的电脑节上，他穿着旱冰鞋在会场里四处溜达，节约了不少时间。就连处理各种组织管理事务时，沃伦等人也激动异常。"那是一种感染所有人的激情。"沃伦回忆道。他对自己的成就感到自豪。首届西海岸电脑节的规模是之前各种电脑展的三四倍。它也成为个人计算机研讨会领域的第一次公众事件。通过举办这次"分水岭"式的活动，沃伦对计算机行业做出了自己的贡献。

在首届西海岸电脑节开幕前，沃伦就已经决定要举办第二届了。第二届电脑节于 1978 年 3 月在加州圣何塞举办。展位提前一个月就已售罄。莱尔·莫里尔再次出场，不过这次他代表的是自己的软件公司计算机硬件。莫里尔记录道："可能是命运的安排，也可能是因为沃伦故意戏弄我，我的展台就在 IBM 公司的展台边上。"这两个展台的反差异常强烈。IBM 准备了一座华丽的镀铬展台，安排了身着商务西装和皮鞋的工作人员。展台主推的是 IBM 5110，这是一台比较昂贵的台式小型计算机，但并未引起参展者的特别关注。

莫里尔戴着一顶毛线帽，摆弄着他的套装软件，那是一套名为 WHATSIT 的简单数据库管理程序，WHATSIT 是 Wow! How'd All That Stuff Get In There（哇哦！

莱尔·莫里尔和比尔·贝克 图为第二届西海岸电脑节上，早期软件企业家莱尔·莫里尔（左）和比尔·贝克（右）正与一名客户交谈。（资料来源：保罗·泰瑞尔）

那堆东西是怎么进去的）的缩写。莫里尔在前一天晚上用一支签字笔设计了自己的签名。沃伦非常享受将 IBM 公司和计算机硬件公司并列在一起的乐趣，于是他拍下了莫里尔和 IBM 工作人员打交道的照片。

电脑节结束时，与双方的企业风格一样，IBM 公司和计算机硬件公司的销售成果大相径庭。IBM 公司只拿到很少的订单，而莫里尔则被团团围住。客户手里拿着信用卡在展台前排队购买他的程序。

因为第二届西海岸电脑节又获得了巨大成功，所以沃伦决定每年举办一次。正如赫尔默斯所言，如果说那些杂志界定了微型计算机社区，那么沃伦等人举办的电脑展则为这个社区提供了聚会的场所。

手把手指导

我们想要的不是销售 Altair，我们想要解决问题。

——迪克·海斯，计算机零售商

Altair 宣布问世后不久，第一家个人计算机商店就出现了。它的出现不是由于常见动机，与开拓零售业务也没有太大关系。

第一家个人计算机商店

1975 年 6 月 15 日，125 名计算机发烧友和计算机初学者在加州的月桂树公寓活动室里齐聚一堂。数码工程师唐·塔贝尔和计算机新手贾杰·皮尔斯·杨将他们召集到一起，以组建南加州计算机协会。参加者就这家俱乐部的组织架构和目标任务展开了激烈讨论。有人提出，让拥有 Altair 或已经预定 Altair 的人举手，立刻就有一大片人举起了手。

迪克·海斯是一名系统分析师，他当时也在人群中，对有这么多人拥有或预定了 Altair 的情况，他感到非常震惊。海斯意识到，这些 Altair 的客户将会在组装时遇到很多问题。他觉得自己也许可以帮上忙。不久前，海斯花了 14 000 美元为一台低成本的小型计算机开发了视频文字处理器。看了 Altair 的介绍后，他觉得自己可以用 4000 美元左右的成本为 Altair 编写一个类似的程序。海斯对计算机的内部结构非常熟悉，因此很想在 Altair 上一试身手。

随后，海斯想出一招妙计：为什么不开一家小店来销售 Altair 的元件，并为购买者提供建议和支持呢？虽然海斯没什么做生意的经验，也从没想过成为销售人员，但他知道，将自己的技术投入实践一定会很有意思。因为不确定这样做能否能赚到钱，所以他制定了一个现金流计划。如果每月支出 200 美元租金，并以每台 439 美元的价格卖出 10 ~ 20 台组装好的计算机，就不会亏损。看上去似乎值得一试。

1975 年 6 月，海斯飞抵阿尔伯克基，与 MITS 公司的人进行洽谈。MITS 公司的高管似乎无法理解海斯的想法。罗伯茨认为海斯"人不错"，但缺少彰显企业家天分的进取心。罗伯茨也不看好海斯的利润率。MITS 公司销售 Altair 元件的价格是 395 美元（组装机的价格是 439 美元），利润已经很薄了，他们不能再给任何人打折。罗伯茨没给 Altair 的开价留下任何折扣空间。海斯可以购买元件，将它们组装起来，然后再以组装机的价格卖出去，但其间的差价只有区区的 10%。尽管如此，罗伯茨还是认真对待了海斯。之前也有人向 MITS 公司提出过零售的想法，但海斯是第一个带着试算表前来洽谈的人。"他们觉得我有点儿古怪，"海斯回忆道，"但他们告诉我，这个想法听起来不错，于是我们签了合同。"

海斯以每月 225 美元的价格在西洛杉矶租金低廉的区域租下了一个小店面，开办了世界上的第一家计算机商店。7 月中旬，商店开始营业。海斯用横贯店面的巨大字体打出正式店名：箭矢计算机公司。在店名后面，海斯用较小的字体添上了标语"计算机商店"，因为他觉得这样听起来既时髦又有趣。很快，大家都将这家专营店称为"计算机商店"。

这是一种奇怪的商店类型。海斯蓄着络腮胡，戴着牛仔帽，看起来仪表堂堂，他可以前一分钟还在和计算机发烧友严肃地讨论技术问题，后一分钟又向心存疑虑的顾客保证，虽然 Altair 价格低廉，但它真的是一台计算机。没有顾客时，海斯就躲进摆放设备的里屋，研究自己的计算机，思考怎样将它焊接起来。

海斯很快就发现自己的试算表存在严重错误。他原本想以 Altair 组装机的价格（也就是每台 439 美元）出售个人计算机，以此获得少量而稳定的销售额。然而，他发现有些购买计算机的人随随便便另外再花费 4000 美元来购买配件——额外的内存、视频终端、磁盘驱动器，等等。海斯第一次涉足零售领域，他非常惊讶地发现，居然有那么多人愿意为这些机器花掉真金白银。开店第一个月，海斯的收入在5000 ~ 10 000 美元之间，前 5 个月的收入则超过了 10 万美元。1975 年年底，每月的销售额都超过了 3 万美元。

除了在 SDC、Rand 以及 TRW 等大型工程公司张贴传单外，海斯几乎没打什么广告。因此，海斯刚开始的客户大部分都是工程师，通常是移居加州从事高科技工作的计算机发烧友。海斯在南加州也吸引了不少名人：赫比·汉考克、鲍勃·纽哈特和卡尔·萨根都去过海斯的计算机商店。不过顾客主要还是计算机发烧友。

海斯的挑战

客户群完全由计算机发烧友组成也挺好的，因为在组装 Altair 的过程中，迪克·海斯能预见每一个问题。"那段日子真的很艰难。"海斯回忆道，"你既要了解电子设备，又要了解软件。你必须弄出原型机，还要用拨动开关来导入引导程序。"海斯描述着组装 Altair 并使其运行所需的各种步骤。一些购买者对 Altair 的组装要点望而却步，只能向海斯求助。海斯耐心地指导他们仔细安装机器、修理故障，并深感同情地倾听他们对 MITS 公司内存板的抱怨。

虽然海斯卖出了很多台计算机，获得了丰厚的利润，但仔细统计他和员工的工作时间就能发现，他们大部分时间都在解释技术、修理机器、设置系统，以及打消客户的顾虑。他们手把手指导客户，为他们建设社区，并进行公众宣讲。虽然这些都很有效果，但显然不是商学院的零售业务模式。

"计算机商店"在当地也有一些竞争者。1975 年 11 月下旬，约翰·弗伦奇租了一间很小的办公套间，开始经营计算机市场（Computer Mart）。弗伦奇卖的是 IMSAI 计算机，这种计算机的硬件要比 Altair 的更好。另外，海斯用盖茨和艾伦的 BASIC 来提供优越的软件产品。在硬件和软件两大要素中，软件更为重要，不过因为 BASIC 也可以在弗伦奇的机器上运行，所以弗伦奇和海斯一同发展了起来。最终，弗伦奇卖掉了自己在计算机市场的股份，投资了朋友迪克·威尔考克斯的阿尔法微系统公司。

海斯也面临着来自帕萨迪纳地区一群虔诚的印第安土著的竞争。虽然他们以美国人的身份出生长大，却依然信奉印第安祖先的文化。他们也接受了最先进的技术。海斯表示："他们不会说'让我们坐在河边冥想吧'。"这些土著人缠着头巾，身着白衣，销售由 Proc Tech 公司制造的计算机，后来又开始销售苹果公司的产品。海斯非常尊重他们。和海斯一样，印第安土著在意如何解决客户的问题，而不是清空更多库存。

1976 年 5 月，海斯将计算机商店迁往圣莫妮卡，那里的商店是西洛杉矶店的 4 倍大。此时，海斯雇用了好几名员工，每月可赚 50 000 ~ 60 000 美元。他在店里铺设地毯，安放办公桌，让商店看起来像是银行高管的办公室。客户坐在销售人员的办公桌对面，讨论着系统配置需求以及如何更好地满足这些需求。海斯发现自己更像一名顾问而非企业家。帮助别人解决问题也让他得到了满足。海斯说："我是一个计算机发烧友，也是一个有强迫症的解说员。"

一个无法解决的问题始终困扰着海斯。MITS 公司逼迫他和客户做一些有问题的交易。MITS 公司将盖茨和艾伦的 BASIC 与其公司的内存条捆绑销售，而谁都知道那些内存条是有缺陷的。海斯明白 BASIC 的价值，但他也知道没人想买不能用的内存条，所以他也不想卖那些内存条。

"我们历经种种困难，试图在没有存储设备的情况下制造出可行的计算机系统，发展计算机业务。"海斯说。MITS 公司随后决定，Altair 专营店只能销售 MITS 公司的产品，不允许销售其他公司的产品。MITS 公司担心，如果零售商同时销售竞争对手的商品，那么客户就会只购买 MITS 公司的软件而不买硬件。事实证明，他们的担心毫无道理，因为大部分早期计算机商店很快就卖光了手头上的所有东西。海斯向罗伯茨抱怨，但罗伯茨很固执。据海斯所言，罗伯茨还威胁要让那些不遵守命令的经销商停业。不过，海斯始终忠心耿耿，但并不情愿地遵守着那些制度，直到罗伯茨将 MITS 公司卖给了 Pertec 公司。

海斯认为，如果没有接触到 MITS 公司，Pertec 公司一定会毫无头绪地继续漫游。Pertec 公司认为，自己能为 MITS 公司注入急需的资金和恰当的企业定位，于是召集 MITS 公司的 40 家经销商开了一次会。海斯听了 Pertec 公司代表的营销理念，但他不以为然。举例来说，Pertec 公司认为，如果能向通用汽车公司卖出一台计算机，那这家汽车业巨头接下来就会向自己采购 600 台计算机。零售商很快就能从两边各拿 600 份订单。公司将会迅速进入财富 500 强行列。

海斯对 Pertec 公司的天真大感震惊。他很清楚，这家公司没有看到 MITS 公司遗留下来的种种问题。会议即将结束时，海斯站起来说，如果 Pertec 公司想要利用 MITS 公司在财务方面取得成功，那么就必须处理那些迫在眉睫的问题。就在那时，海斯开始计划走自己的路，着手储备其他品牌的计算机，其中就包括 Apple II 和 PET。

在接下来的几年里，海斯看到计算机零售圈发生了巨大变化。折扣商店开始进入市场，他们聘用的是毫无技术背景的销售人员，这些人在卖机器时"连包装都不拆开"。海斯说："他们以前可能还卖过桃子罐头。"对海斯而言，继续保持高标准变得越发困难。1982 年 3 月，海斯彻底离开了"计算机商店"。

和许多个人计算机行业的先驱一样，海斯凭借着对科技的不懈热情开辟了新的天地。即使是在零售领域，计算机发烧友中的代表人物也成了领跑者。不过，和计算机设计不同，零售业务必定是一种商业活动，而从事计算机设计则既可以是为了兴趣也可以是为了钱。计算机零售业务很快吸引了比海斯更加咄咄逼人的人物，其中就有保罗·泰瑞尔。

字节商店

保罗·泰瑞尔的朋友警告他，零售计算机绝对行不通。泰瑞尔暗想，也有人说过硅谷永远不会下雪。1975 年 12 月 8 日，泰瑞尔看到雪花飘落，回想起那位朋友的警告。就在同一天，他的山景城 Altair 专营店——字节商店——在硅谷的中心地带开张了。和 Altair 的其他经销商一样，泰瑞尔很快就一头撞上了 MITS 公司的专营权政策，但他决定不予理睬。泰瑞尔将能弄到手的所有 Altair 都卖了出去，每个月销售 10 ~ 50 台，同时也销售以姆赛公司和 Proc Tech 公司的各种产品。泰瑞尔认为，MITS 公司的命令毫无意义，而且如果自己遵守的话，从收益上看也是有害无益的。

字节商店　最初的山景城字节商店。(资料来源：保罗·泰瑞尔)

没过多久，戴维·巴纳尔和 MITS 公司市场部的副总裁先后要求取消字节商店的 Altair 经销权。泰瑞尔争辩道，MITS 公司应该将字节商店看作一家音响店，销售很多不同的品牌，并为所有品牌赚钱。巴纳尔不置可否，并说这是罗伯茨的决定。1976 年 3 月，在世界 Altair 大会上，泰瑞尔直接和罗伯茨对话，询问自己被开除经销商名单的事。罗伯茨坚持自己的立场，泰瑞尔就此出局。

当时，泰瑞尔销售 IMSAI 计算机的销量是 Altair 的两倍，他安慰自己，相对于经销商所受的伤害，MITS 公司革除不忠者的政策最终会给罗伯茨自己造成更大的伤害，这也的确是事实。泰瑞尔仍然销售各种他可以弄到的产品。泰瑞尔发现，他和约翰·弗伦奇是迪克·海斯的计算机商店在奥兰治县的强劲对手，他们担负起了以姆赛早期业务的绝大部分。但他们一直在和计算机商店争夺产品。泰瑞尔会租一辆厢式货车，开到以姆赛公司位于海沃德制造基地的装卸码头，帮自己和弗伦奇抢订单。泰瑞尔手里攥着支票问：“你想立马拿到钱吗，伙计？”那是一场硬件战争。

泰瑞尔在 1975 年 12 月开办了字节商店。到 1976 年 1 月，想要自己开店的人开始频繁和他接触。他和那些人签署了经销商协议，根据协议，泰瑞尔会从他们的利润里抽取一部分提成，并授他们以命名权和业务指导。其他的字节商店很快出现在圣克拉拉、圣何塞、帕洛阿尔托、波特兰等地。1976 年 3 月，泰瑞尔组建了字节股份有限公司。

字节商店内部 保罗·泰瑞尔于 1975 年在加州山景城开设了字节商店。（资料来源：保罗·泰瑞尔）

泰瑞尔是计算机发烧友社区的一员。他用顶尖计算机发烧友杂志的名字为自己的商店命名，而且坚持要求北加州地区的字节商店经理都去参加家酿计算机俱乐部的聚会。

一次家酿计算机俱乐部聚会可能会有 6 位字节商店的经理出席。泰瑞尔说："要是哪个商店的经理没去参加俱乐部的聚会，那他很快就不能再担任字节商店的经理了。参加聚会就是那么要紧。"在一次家酿计算机俱乐部的聚会上，一个长发青年走近泰瑞尔，问他是否会对一台计算机感兴趣。那台计算机是这个长发青年的朋友史蒂夫·沃兹尼亚克在一间车库里设计的。史蒂夫·乔布斯想要说服泰瑞尔接受 Apple I。泰瑞尔告诉乔布斯，成交。

正如迪克·海斯之前的经历一样，泰瑞尔也发现客户在组装机器和获取适当配件时需要帮助。泰瑞尔想出一个主意，即向客户提供"装备保险"。只要客户多付 50 美元，他就会保证解决计算机组装过程中出现的任何问题。泰瑞尔明白，他从事的是真正的专业零售业务，因此必须提供必要的资讯以及一些手把手的指导。泰瑞尔将当时的计算机商店比作十几二十年前的音响店，当时店员也得一直向一头雾水的顾客解释低音喇叭、高音喇叭和电源功率。

《商业周刊》（*Business Week*）1976 年 7 月刊阐述了字节商店的连锁店模式，并指出这为投资者提供了大好机遇，字节商店因此而声名鹊起。泰瑞尔说："我们收到了大约 5000 条询问。"泰瑞尔发现自己开始和联邦储备银行总裁等人对话。Telex 公司主席来电询问，俄克拉荷马州是否可以取得特许经营权。"（来电者的）资历令人难以置信。"泰瑞尔说道。

连锁店每月增加 8 家门店。经过谈判，泰瑞尔以比 IBM 公司更低的价格拿下了 8080 芯片。当时 IBM 公司还没有制造微型计算机。1977 年 11 月，泰瑞尔卖掉了字节商店的运营权，此时他在美国的 15 个州和日本共拥有 74 家商店。泰瑞尔对连锁店定价 400 万美元。

其他的计算机商店也在全美各地涌现，许多商店以经销 Altair 起步，随后投奔其他品牌。迪克·布朗在马萨诸塞州伯灵顿市 128 号公路上开了一家店，店名也叫计算机商店。长岛的斯坦·维特从一开始就不喜欢 MITS 公司的专营模式，他开办了自己的商店，销售能弄到手的各种计算机设备。

在中西部地区，雷·包瑞尔在 1976 年年初开办了数据域商店，旨在"挣脱泰瑞尔"。从印第安纳州布鲁明顿市的第一家专营店开始，包瑞尔很快就发展了 12 家分店。他也参与开办了总部设在芝加哥的 Itty-Bitty Machine，这次时运不济的冒险活动是他在世界 Altair 大会上和泰德·尼尔森交谈时想出来的。

随着计算机商店开遍全美，柜台销售显然开始挤压邮购业务。在计算机俱乐部会议上，泰瑞尔反复提醒众人："你们再也不必通过邮购渠道购买产品了。"摆脱邮购的潜在风险是新零售业务所能提供的最好卖点之一。

在经营字节商店的同时，泰瑞尔开始推销自己的计算机品牌——Byte 8。这是一个自有品牌产品，利润率接近 50%，是零售店平均利润率 25% 的两倍。事实证明，它取得商业成功的方式异常简单。"突然之间，我发现了 Tandy/Radio Shack 公司所具备的那种分销力量，保证能销售出去。"Tandy 公司是一家大型电子设备经销商，比泰瑞尔连锁店的规模要大得多，虽然一些微型计算机零售商对 Tandy 公司的恐惧就像微型计算机制造商对德

斯坦·维特 维特在纽约开办计算机市场，这是早期的计算机商店之一。（资料来源：保罗·弗赖伯格）

州仪器公司的恐惧一样，但此时它尚未贸然进入计算机领域。双方暂时都不必担心。

特许经营

以姆赛公司是一家由销售团队经营的制造企业。这家位于加州圣莱安德罗的 80 型微型计算机制造商很少在意其产品是否体现了最新的技术突破。以姆赛公司一度因其积极的销售工作而繁荣昌盛，但最终因完全忽视产品问题和客户服务等方面的工作而倒闭。恰如其分地说，以姆赛公司对个人计算机领域最长远的贡献是一家销售企业——一家连锁零售商店，以及一份计算机特许经营权——爱德华·法伯尔在 1976 年创办的计算机天地公司。

法伯尔是启动运营方面的行家里手。1957 年，他加入 IBM 公司担任销售代表。1966 年，IBM 公司让法伯尔参与组建一个名为"新业务营销"的新部门，旨在方便

IBM 公司进入小型计算机商用领域。法伯尔参与制定了经营计划，其中包括为公司组建新的销售团队并提出新的营销理念。这是法伯尔首次尝试运营的经历，他非常享受这种挑战。法伯尔能够发现问题并找到解决方案。然后，随着公司启动战略的推进，他不可避免地必须去处理由那些解决方案所引发的一系列新问题。1967 年，法伯尔决定围绕运营工作展开自己的职业生涯，这在当时的 IBM 公司是一个不同寻常的选择。

1969 年，法伯尔离开了已经为之服务 12 年的 IBM 公司，加入了 Memorex 公司。在 Memorex 公司以及之后的一家小型计算机公司，法伯尔受聘构建内部营销组织。一种模式正应运而生。在建立并推行一个计划后，法伯尔想要继续前进。

1975 年，比尔·米勒德邀请法伯尔和他一起参与以姆赛公司的启动工作。米勒德用华丽的辞藻描绘了以姆赛公司的机会，这让法伯尔不由得怀疑他的话有些言过其实。通过邮购渠道销售计算机元件，由买家在家中组装计算机，这个想法对来自 IBM 公司的法伯尔来说似乎有些荒唐可笑。不过面对市场对组装计算机的反响，法伯尔无法争辩。以姆赛公司收到的订单堆积如山。1975 年 12 月底，法伯尔加入以姆赛公司担任销售总监。

紧接着，法伯尔开始和约翰·弗伦奇联系，约翰·弗伦奇是迪克·海斯在南加州的竞争对手。弗伦奇已经和以姆赛公司接洽过，准备大批量购买元件，并通过一家计算机商店进行零售。法伯尔再一次目瞪口呆。在大街上将计算机卖给客户？他认为这个想法太可笑了。另外，海斯的零售业务开展得不错，以姆赛公司也没有什么损失。法伯尔为弗伦奇提供了 10% 的折扣，卖给他 10 套计算机元件，这个折扣对零售商来说并不算多。弗伦奇很快卖掉了这 10 套元件，并要求再进 15 套。随后，更多订单接踵而至。其他零售商也开始和法伯尔联系，争取同等待遇。1976 年 3 月，为了给零售商 25% 的折扣，以姆赛公司提高了计算机的价格。

法伯尔有绝好的理由做成这些买卖。以每批次 10 ~ 15 台计算机的规模向零售商批发比通过电话向个人销售一套计算机设备要容易得多。更何况，零售市场非常广阔。MITS 公司的专营权政策迫使一些经销商转投以姆赛公司。不只是 Altair 的经销商被要求只能销售 MITS 公司的产品，就连后来者的选址也要服从于已经建立"领地"的先到者。保罗·泰瑞尔等企业经销商对那些限制颇为恼怒，最终选择了自由。

MITS 公司的零售战略让法伯尔深感震惊。罗伯茨试图控制其经销商，并迫使他们忠诚。考虑到当时的创业精神，法伯尔预言，经销商最终会反抗那些控制他们的企图，而罗伯茨的营销策略则会适得其反。法伯尔挑衅地采取了与罗伯茨相反的立场。他倡导经销商销售产品多元化，并让他们按照自己的喜好自由选择开店的位置。如果两家经销商想在相隔一个街区的地方开店，法伯尔可以接受他们开展竞争。以姆赛公司的产品将在经销商的货架上与其他产品展开激烈竞争。

到 1976 年 6 月底，美国和加拿大约有 235 家独立商店在销售以姆赛公司的产品。

法伯尔密切留意着相互竞争的经销商，记录他们的相对优势和劣势。他发现，大部分经销商都是生意经验不足的计算机发烧友。法伯尔以为缺乏销售经验的人肯定会失败，然而他们并没有失败。他们从以姆赛公司采购越来越多的货品，而且几乎一到货就能售卖一空。此外，零售商的数量也在稳步增长。

米勒德和法伯尔聚在一起讨论这种现象。他们想，如果有人用一个叫得响的名字开办业务，为一众小零售店主提供综合性服务，包括产品采购、继续教育、提供会计系统等，情况会怎样呢？两人都想到了特许经营权。他们觉得没有理由不开发一项特许经营业务。法伯尔和约翰·马丁商议，马丁曾经是迪克·布朗的助手，他对那一类业务了如指掌。法伯尔还参加了佩珀代因大学举办的一场关于特许经营权的研讨会。在法伯尔和米勒德坐下来讨论推出这项业务时，米勒德问法伯尔想要怎么做。法伯尔察觉出这个问题中的犹疑，于是他回答想要自己负责特许经营业务。

1976 年 9 月 21 日，计算机天地公司成立，法伯尔担任总裁，米勒德担任董事长，并于当年 11 月 10 日在加州海沃德开了一家试点商店。这家店不只是一家零售专营店，还是经销商的培训场所。一开始，曾经参与创建家酿计算机俱乐部的戈登·弗伦奇是为计算机天地公司工作的，他会在开展咨询工作之前先行评估产品并建立试点商店。计算机天地公司最终卖掉了旗舰专营店，成为完全不拥有商店的纯粹特许经营公司。1977 年 2 月 18 日，第一家计算机天地特许加盟店在新泽西州莫里斯敦开业。此后不久，第二家店在西洛杉矶出现。起初，这些商店提供以姆赛、Proc Tech 公司、PolyMorphic、西南技术产品以及 Cromemco 公司制造的产品，Cromemco 公司是第一批支持这家新企业的制造商之一。Cromemco 公司的罗杰·梅伦和哈里·加兰德告诉法伯尔，他们认为特许经营是个绝妙的主意，并为法伯尔提供了当时可以拿到的最大优惠。

计算机天地公司不断取得惊人的成功，成为全美最大的计算机连锁商店。1977 年年末，计算机天地公司有 24 家门店；到 1983 年 6 月，营业的商店达到 458 家。计算机天地公司的发展远远超过了字节商店，其残酷的竞争手段也断送中西部地区的数据域连锁店的前程。20 世纪 80 年代初期，法伯尔可以有理有据地宣布，计算机天地公司的连锁店是大众购买计算机的最佳选择。

1982 年，这家连锁企业提出新计划，开办了一系列名为计算机天地卫星城的软件商店。计算机天地公司打算授权其加入现有的特许经营权持有者。1983 年，法伯尔构思了一个"五年计划"，这个计划让自己就此进入半退休状态，开始了田园牧歌式的生活。法伯尔热衷于钓鱼、打野禽，想要稍事休息。不过，1982 年时的他还在忙着压制竞争对手。此时，新出现的 Radio Shack 公司计算机中心连锁店成了法伯尔的头号竞争对手，为了激励特许经营绩效，只要一有机会，法伯尔就会在 Radio Shack 公司计算机中心的门店附近开设计算机天地公司的专营店。

大公司来了

> TRS-80 不是套装元件，它已经完全安装完毕并通过了测试，只要插上电源插头即可使用。

> ——Tandy 公司的新闻通告

爱德华·罗伯茨曾亲眼见证过身家不凡的电子公司开始冲向计算器行业，尽可能地压缩利润，赶走了小公司。他和其他创建了微型计算机这个新产业的"小人物"提心吊胆，害怕终有一天大型企业会进入他们的新世界。

1977 年，这件事似乎就要发生了，即将改变游戏性质的是一家零售企业，这是一家顶尖的电子经销商，其门店几乎遍及全美每一个城镇。Tandy/Radio Shack 公司即将制造并销售自己的微型计算机。

Tandy 公司

即使是在有利可图的情况下，当时的计算机零售商也更加关注构建社区而非推销产品。雷·包瑞尔位于印第安纳州布鲁明顿市的商店最为典型：1977 年，这家商店聘用了维修技师和程序员，但没有雇用销售人员。包瑞尔自己最像这家店的推销员，但他和客户的谈话范围非常广泛，上至微型计算机的能力，下至包瑞尔团队能向客户提供的风险承诺，那些承诺的主要依据是包瑞尔认为该项目会有多少"乐趣"，也就是说，这些项目会有多少挑战性。

Radio Shack 公司的阴影笼罩着包瑞尔等零售商，同样也笼罩着各家计算机公司。他们之中没有谁可以与这个强大的集团一争高下，至少看上去如此。

Tandy 公司最早从事的是皮革批发业务。1927 年，戴夫·坦迪和他的朋友诺顿·欣克利创办了欣克利 – 坦迪皮革公司，该公司很快就在沃斯堡周边地区享有盛誉。坦迪的儿子查尔斯·坦迪毕业于哈佛商学院。1950 年，查尔斯想将业务拓展到一系列皮革工艺品商店，通过零售和邮购的方式销售商品。公司的共同创始人欣克利没有接纳这个想法，于是欣克利离开了公司。

查尔斯具有迷人的性格和冷幽默感，似乎能对周围的人产生巨大影响。他酷爱充当导师，埋头于公司的日常运营。如果周五下午没什么其他事可做，他会亲自打电话给零售门店，询问生意做得怎么样。

查尔斯很快着手构建了美国全国性的零售网络。1961 年，他拥有 125 家门店，分布在美国和加拿大的 105 个城市。1962 年，查尔斯收购了一家公司，这从根本上改变了该企业的性质。查尔斯听说有一家名为 Radio Shack 的小型连锁企业即将倒闭，这家公司旗下还有 9 间电子产品邮购商店。1963 年，查尔斯收购了位于波士顿的 Radio Shack 公司，并立刻对其进行改造，在全美各地增加了几百家零售门店。在查尔斯接手之前，Radio Shack 公司每年亏损 400 万美元。被收购之后，这家连锁店在 2 年内就扭亏为盈。1973 年，Radio Shack 公司收购了最大的竞争对手——芝加哥的"无线电联盟"，Radio Shack 公司就此主宰市场，以至于美国司法部对它提起了反垄断诉讼，并强迫 Tandy 公司出让 Radio Shack 公司。

1966 年，Tandy 公司开始自行制造一些产品，虽然 Tandy 公司的一些员工加入了计算机发烧友运动，但公司依然拒绝制造微型计算机。将这家连锁业巨头推向微型计算机制造业的主要人物是唐·弗伦奇。

1975 年 Altair 问世时，唐·弗伦奇是 Radio Shack 公司的买家。他在第一时间买了一台 Altair，彻底研究了一番。唐·弗伦奇断定，微型计算机大有潜力。他开始制造自己的机器。虽然唐·弗伦奇不能在上班时间研制计算机，但他最终说服 Radio Shack 公司时任市场部副总裁的约翰·罗奇去看一眼他的项目。根据唐·弗伦奇的回忆，罗奇对他的努力不以为然。尽管如此，Radio Shack 公司还是向美国国家半导体公司的史蒂夫·莱宁格提供了报酬，让他审查唐·弗伦奇的设计。莱宁格十分主动，1976 年 6 月，他和唐·弗伦奇用他们自己自行设计的设备和软件共同研究了这个项目。

TRS-80

1976 年 12 月，得到官方批准后，唐·弗伦奇和莱宁格着手开发一款 Radio Shack 公司的计算机，尽管公司只是随意允诺了他们的项目。Radio Shack 公司告诉唐·弗伦奇要"尽可能便宜地做成这件事"。和几个月前听到的说法相比，这个表述要让人振奋得多。当时，一位公司高管给唐·弗伦奇发电报说："别浪费我的时间。我们不卖计算机。"

但是，Tandy 公司正在保护自己的地盘。比尔·米勒德和爱德华·法伯尔在 1976 年开办计算机天地公司时，一开始起的名字是"计算机器材公司"（Computer Shack）。这就踩到了 Tandy 公司的底线，Tandy 公司正式通知法伯尔，它要保护自己的商标。法伯尔坚持自己的主张，在加州寻求法律仲裁。Tandy 公司立刻在新泽西州提起诉讼。法伯尔了解到，Tandy 公司将在各州轮番对自己提起诉讼，想要将他永远困在法庭上。于是，法伯尔默默地将特许经营的名称改为计算机天地。

1977 年 1 月，仅为项目工作一个月后，唐·弗伦奇和莱宁格就完成了一台工作模型。他们在 Radio Shack 公司的会议室里向查尔斯演示了这台新机器。键盘和显示器放在桌上，但主机藏在桌子下方。两位工程师已经设计了一个简单的税收会计核算程序——H&R Shack，他们请这位大亨试一试。查尔斯输入了自己的薪酬 150 000 美元，程序立刻崩溃了。唐·弗伦奇和莱宁格解释了 BASIC 的整数运算限制，查尔斯大度地输入了一个小很多的数字，不过唐·弗伦奇在心里记下，这台机器需要更好的运算能力。

几个月后，正式的工作开始了。Tandy 公司做出每年要卖出 1000 台计算机的规划，且每台零售价仅为 199 美元。唐·弗伦奇认为，卖出 1000 台计算机的指标十分荒唐。MITS 公司在一年内已经卖出了一万多台 Altair，而且他们还没有 Radio Shack 公司在零售网络方面的压倒性优势。但唐·弗伦奇也不太确定 199 美元的售价是否合理。

不久之后，查尔斯、罗奇和计算机部门的员工开始讨论万一这些小计算机卖不出去该怎么办。这些计算机是否至少可用于公司的内部会计？毕竟唐·弗伦奇一直在做一些简单的记录，继续他的手工制作版本。要是没什么其他高招，公司自己的门店也可以作为后备客户群，消化第一年的计划产量。

1977 年 8 月，Radio Shack 公司在纽约华威酒店推出了全新的 TRS-80 型计算机。

199 美元的售价并未通过，这台计算机的零售价格为 399 美元，装在一只黑灰相间的塑料箱里，整机安装，随时可用。到 1977 年 9 月，Radio Shack 公司的门店已经卖出 10 000 台 TRS-80，而计划销量是每年卖出 3000 台。

回到 1977 年 6 月，Radio Shack 公司向唐·弗伦奇下达了为 TRS-80 建立零售专营店的任务。这款计算机是 Radio Shack 公司的弃儿。公司不确定它能否成功，也没有非常认真地对待它。TRS-80 推出时，Radio Shack 公司门店甚至没有备货——客户还得特别订购这家公司自己的产品。

Tandy 公司管理层在销售计算机的问题上犹豫不决，部分原因是出自准确的判断——销售计算机和销售计算器或电话答录机是不一样的。现有的计算机商店按照自身方式运营自有其原因：客户需要很多帮助以及手把手的指导。计算机零售业与社区构建及支持的关系仍然比卖出产品的关系更为紧密。这不是 Radio Shack 公司的业务模式。

Tandy/Radio Shack 公司冒了点儿风险，进入了计算机零售业。1977 年 10 月，它在沃斯堡开办了第一家完全销售计算机的商店。这家专营店不仅销售 TRS-80，也销售以姆赛公司和其他公司的产品。这被看作是一次尝试。这场冒险也成功了，Tandy 公司队伍内部对微型计算机的抵触逐渐消失。Radio Shack 公司专营店开始储备 TRS-80，Radio Shack 公司计算机中心在全美遍地开花，这些计算机中心配备了比平常的电子设备销售人员懂更多计算机知识的员工。积压的订单数量巨大：1978 年 6 月，Radio Shack 公司总裁刘易斯·科恩菲尔德承认，虽然有超过半数的门店卖出了 TRS-80，但仅约 1/3 的门店尚有库存。

查尔斯·坦迪用别具一格的方式庆祝了自己的 60 岁生日，他骑着一头大象在生日派对上登场。几个月后，1978 年 11 月的一个星期六下午，查尔斯在睡梦中离世。到星期一，Tandy 公司的华尔街股票市值大跌 10%。不过 Tandy 公司并非一个人的独角戏。查尔斯身边都是能干的管理人员，在他去世后，这家公司依旧保持着坚实的财政基础。

最初的 TRS-80 功能相当有限。它只有 4K 内存、以略低于一半额定速度运行的 Z80 处理器、一套简化版 BASIC 以及用来存储数据的非常慢的卡式磁带。这些局限大部分是由公司在制造方面偷工减料造成的。第一台 TRS-80 不能输入小写字母。这不是疏忽，是唐·弗伦奇和莱宁格故意省掉了小写字母，这样就能在零件成本上节省 1.5 美元，转换到购买价格上就是 5 美元。

Tandy 公司很快为 TRS-80 添加了更好的 BASIC 和扩展内存条，之后不久又推出了磁盘驱动器和打印机组合套装。这些改进是 Tandy 公司在 1979 年 5 月 30 日推出 TRS-80 II 的前奏。TRS-80 II 是一个相当好的商用系统，克服了原始模型的诸多缺点。TRS-80 II 表明，Tandy 公司已经从第一代 TRS-80 的错误中吸取了教训，有能力创造一款最先进的商用计算机。由于 Tandy 公司在进入个人计算机领域时动力不足，这次改变让一些人感到十分吃惊。

从 1978 年到 1980 年，个人计算机及其周边设备在 Radio Shack 公司北美销售中的占比从 1.8% 上升至 12.7%。1980 年，Radio Shack 公司推出了一连串的新机器。它的便携计算机只比一台高级计算器略大一点儿，内存却是最初的 Altair 的 4 倍，售价为 229 美元。它的彩色计算机售价为 399 美元，提供 8 色图像和最多 16K 的内存。TRS-80 II 也是一代的升级版。

TRS-80 一代是价格上的突破，对计算机一无所知的人也开始购买 TRS-80 一代。这并不是将"小人物"赶走，而是扩大市场，让微型计算机在大众看来更可接受。虽然有些公司确实试用了 TRS-80，但 Tandy 公司那些玩具似的机器以及作为计算机发烧友公司的名声并没有产生太大的影响。家用计算机和发烧友计算机市场开始迅速扩大。

Commodore 公司

Tandy 公司不是唯一一家推动计算机价格下降从而打开家用计算机市场的公司。诺兰·布什内尔的雅达利公司最初只生产电子游戏机，此时也开始推出可以算作计算机的低价设备。众多微型计算机制造商都害怕德州仪器公司会推出廉价的计算机，而德州仪器公司也确实推出了 TI-99/4。英国有一位名叫克里夫·辛克莱尔的企业家，他富有胆识、才华横溢，他推出了一款名为 ZX80 的小型计算机，以低于 50 美元的售价在 Timex 公司销售。

不过，因拥有强大的电子设备销售渠道且具备半导体设计能力，Commodore 公司被视为最大的威胁。

Commodore 是一家加拿大电子产品公司，由杰克·特拉梅尔创办并管理。特拉梅尔是奥斯维辛集中营的幸存者，也是一位野心勃勃的生意人。20 世纪 70 年代初，Commodore 公司主要经销采用德州仪器公司芯片的便携式计算器。当德州仪器公司自己也进入该行业，Commodore 公司的业绩立刻从年销售额 6000 万美元下滑至每年亏损 500 万美元。

特拉梅尔的应对之策是将公司迁往帕洛阿尔托，然后收购了芯片公司 MOS 科技，并聘用了 MOS 科技公司的首席设计师查克·佩德尔。佩德尔曾以其设计的 6502 微处理器撼动市场，那块芯片的售价是 25 美元，只有当时同类芯片价格的 1/6。

佩德尔还自己设计过一款计算机，但没能成功地将其卖给 Tandy 公司。1977 年年初，PET 登台亮相，这款计算机成了 TRS-80 以及 Apple II 的有力竞争对手。Apple II 是当时另一款备受瞩目的新型计算机。特拉梅尔立刻将 PET 推向全球，从而占领了早期的欧洲市场。

佩德尔只是小试牛刀。在苹果公司短暂工作了一段时间后，他又回到了 Commodore 公司，然后开发了一系列计算机，最终推出了成就惊人的 Commodore 64。Commodore 64 是 1983 年全球最畅销的计算机，特拉梅尔还将它的售价降至 200 美元，让竞争对手难以与之抗衡。

不过，在 Commodore 公司、德州仪器公司以及其他财大气粗的公司参与竞争的同时，20 世纪 80 年代初，Tandy 公司面临的最严峻挑战来自一家硅谷企业，后者的启动资金是靠卖掉两台计算器和一辆大众巴士筹来的。

我努力让大众看到我所看到的事物，如果要管理一家公司，那么你必须让大众相信你的想法。

——史蒂夫·乔布斯

第 7 章

苹果公司

这是一个典型的硅谷创业故事：两个充满激情的聪慧男孩遇到了一位天使投资人，他们三人都愿意为难得的机遇放手一搏。创建公司的设想是在家酿计算机俱乐部的一次聚会上提出的，苹果公司成立于愚人节这天，日后它成长为全世界上最有价值的公司。如此伟大的公司，其发端只是两个无聊的青年摆弄着二手电子元件。

两个史蒂夫

沃兹尼亚克很幸运，他遇到了一位布道者。

——瑞吉斯·麦肯纳，高科技营销专家

圣克拉拉谷地上仍有果园。

然而，到了 20 世纪 60 年代，圣克拉拉谷地已不再是世界上最大的水果产地。随着电子和半导体公司逐渐占据此地，圣克拉拉谷地开始向城市扩张的方向转型。对桑尼维尔市工程师的儿子来说，找到一块备用三极管比找个地方捡苹果要容易得多。

恶作剧者

1962 年，桑尼维尔市的一个八年级男孩用几个三极管和一些零件制造了一台加减机。他完全自力更生，在自己家的后院里焊接电线，当时那幢郊区住宅后来位于硅谷地区的核心区域。男孩将那台机器送去当地科学节参展，并赢得了电子类大奖，熟知他的人没有对此感到意外。他在两年前就设计过一台井字游戏机，并在工程师父亲的帮助下，在二年级时就组装过一台晶体收音机。

这个男孩名叫史蒂夫·沃兹尼亚克，不过朋友都称他为沃兹。他非常聪明，每当有什么问题引起了他的兴趣，他就会坚持不懈地设法解决。1964 年，沃兹尼亚克进入家园高中就读，虽然真正热衷的是电子学，但他很快就成了全校数学最好的学生之一。电子学并非他的唯一的兴趣，这对家园高中的教师和管理人员来说可是一大损失。

沃兹尼亚克是个喜欢恶作剧的人，他在恶作剧时展现了与制造电子产品同等的创造力和耐心。他会在学校里花上好几个小时来制造完美的恶作剧。他的恶作剧巧妙、利落，而且他本人通常都能全身而退。

但并非一向如此。有一次，沃兹尼亚克想出个好主意，他组装了一台电子节拍器，放进一个朋友的储物柜里，周围的人都能听到节拍器像定时炸弹一样的滴答声。"其实只要有滴答声就足够了，"沃兹尼亚克说，"但我放进了一些撕掉标签的电池筒。我还弄了个开关，在储物柜打开时加快滴答声的频率。"但最后中招的是家园高中的校长。校长英勇地从储物柜里一把夺出"炸弹"，带着它跑到室外。沃兹尼亚克觉得整件事实在太搞笑了。如果这事发生在"9·11"恐怖袭击之后，他可能会被开除。不过当年那位校长只罚沃兹尼亚克停了两天课，以此表达对这个恶作剧的"欣赏"。

奶油苏打计算机

不久之后，沃兹尼亚克的电子学老师约翰·麦卡勒姆决定拉他一把。显然，沃兹尼亚克觉得高中不够刺激，麦卡勒姆觉得自己的学生需要真正的挑战。虽然沃兹尼亚克热爱电子学，但麦卡勒姆所教的课程远远满足不了他的需求。麦卡勒姆和 Sylvania Electronics 公司进行了协商，沃兹尼亚克可以在上课时间探访附近的 Sylvania Electronics 公司，使用他们的计算机。

沃兹尼亚克被迷住了。他第一次真正见识到计算机的能力。他操作的机器中有一台是 DEC 公司的 PDP-8。对沃兹尼亚克来说，"玩"是一种激烈而引人入胜的活动。他将 PDP-8 的操作手册从头到尾读了一遍，汲取了关于指令集、寄存器、位元以及布尔代数的知识。他研究操作手册是为了了解 PDP-8 里面的芯片。沃兹尼亚克对新学到的专业知识充满自信，不出几周，他就开始计划自己的 PDP-8 版本了。

"纯粹是出于好玩，我在纸上完成了 PDP-8 的大部分设计，然后开始寻找其他的计算机操作手册。我会一遍又一遍地重新设计每一台计算机，设法减少芯片数量，并在设计中使用越来越新的 TTL 芯片。我一直没能弄到芯片来实现自己的设计。"

沃兹尼亚克知道有一天自己会制造计算机的——他对此深信不疑。但是他现在就想要制造它们。

在沃兹尼亚克就读家园高中期间，半导体技术的发展让创造类似于 PDP-8 那样的小型计算机成为可能。PDP-8 是当时最流行的计算机机型之一，而数据通用公司于 1969 年生产的 Nova 则是最雅致的计算机之一。沃兹尼亚克被 Nova 迷住了。他喜欢这种程序员将多种能力装进几条简单指令中的方式。数据通用公司的软件不仅强大，而且优美。Nova 的机箱也很吸引他。沃兹尼亚克的朋友在卧室墙壁上张贴摇滚明星的海报，而他则在卧室墙上贴满了 Nova 的照片和数据通用公司的宣传册。随后沃兹尼亚克下定决心，有一天他要拥有自己的计算机，这成了他的第一个人生目标。

沃兹尼亚克不是硅谷中唯一怀有电子梦的学生。在家园高中，很多同学的家长都在电子行业工作。这些孩子是伴随着新技术成长起来的，他们习惯了观察父母在车库里摆弄示波器和电烙铁。家园高中的教师对学生在科技方面的兴趣也持鼓励态度。沃兹尼亚克原本可以比别人更加一心一意地追逐自己的梦想，但这个梦想并非只属于他一个人。

事实上，这个梦想非常遥不可及。1969 年，个人想要拥有自己的计算机几乎是不可能的。就连 Nova 和 PDP-8 等小型计算机的定位也是卖给研究型实验室的。尽管如此，沃兹尼亚克仍在坚持自己的梦想。虽然在大学入学考试中表现出色，但沃兹尼亚克并没有花太多心思考虑要进哪所大学。他最终的选择与学术毫无关系。和几个朋友一起参观科罗拉多大学时，这个加州男孩生平第一次见到雪，因而被迷住了。他断定科罗拉多大学就足够好了。他的父亲同意他去那里至少待上一年。

在科罗拉多大学学习期间，沃兹尼亚克酷爱打桥牌，也在纸上设计了更多的计算机，还制造了很多恶作剧。他制造了一个设备来干扰大学宿舍中的电视机，还对信任他的室友说电视机受阻严重，在获得清晰图像之前，必须到处移动室外天线。沃兹尼亚克让一位室友用非常尴尬的姿势爬上屋顶，然后悄悄关掉干扰器，恢复了电视信号的接收状况。为了大家的利益，他的室友只能继续在屋顶上保持别扭的造型，直到恶作剧被揭穿。

沃兹尼亚克参加了一门研究生计算机课程，并得到了 A+ 的成绩。但是计算机中心对上机时间的分配非常谨慎，沃兹尼亚克写了太多程序，因而将他们班级的上机时间预算用掉了一大块。他的教授让计算机中心向沃兹尼亚克收费。沃兹尼亚克不敢告诉父母，因而就再也没去过这个学院了。第一学年结束后，他返回家乡，进入了一所本地大学。1971 年，他在泰纳特股份有限公司里做暑期工，那是一家制造中型计算机的小公司。他非常热爱那份工作，到秋天也没回学校，而是继续在公司工作。

就在沃兹尼亚克开始工作的那年夏天，他和高中时代的好朋友比尔·费尔南德斯真的制造了一台计算机，那台计算机是用当地制造商扔掉的、外观有缺陷的零件制造的。在费尔南德斯家客厅的地毯上，沃兹尼亚克和费尔南德斯熬夜为零件编目录。不到一周，沃兹尼亚克在朋友家中展示了一张用铅笔绘制的晦涩难懂的图表。"这是一台计算机，"沃兹尼亚克对费尔南德斯说，"我们把它造出来吧。"他们一直工作到深夜，一边焊接连接点，一边喝着奶油苏打。完工后，他们将作品命名为"奶油苏打计算机"，它的指示灯和开关与三年多后出现的 Altair 一模一样。

沃兹尼亚克和费尔南德斯致电当地报纸，想要宣传他们的计算机。来到费尔南德斯家后，记者和摄影师发现他们也许能整出一篇"本地奇才"的封面故事。可是当沃兹尼亚克和费尔南德斯接通奶油苏打计算机的电源，开始运行程序时，电源供应器过热，计算机完全烧成了灰，与沃兹尼亚克的成名机会（至少是当时的成名机会）一同化为乌有。沃兹尼亚克对这次事故一笑置之，继续做他的纸上设计。

当史蒂夫遇上史蒂夫

比尔·费尔南德斯不仅在奶油苏打计算机上帮了忙，他还做了另一件事，而这件事让他朋友的生活发生了翻天覆地的变化。费尔南德斯介绍沃兹尼亚克认识了另一位电子学发烧友，那是费尔南德斯在初中时代就认识的老朋友。虽然硅谷的许多学生都因为父母是工程师而对电子学感兴趣，但这个比费尔南德斯晚几年入学的朋友在这方面却异乎寻常。那个男孩的父母都是和计算机行业毫无关系的工人。他安静、严肃，一头长发，名叫史蒂夫·乔布斯。

史蒂夫·乔布斯和史蒂夫·沃兹尼亚克 乔布斯（左）和沃兹尼亚克（右）正在查看一块早期
Apple I 的电路板。（资料来源：玛格丽特·科恩·沃兹尼亚克）

虽然乔布斯比沃兹尼亚克小 5 岁，但这两人一拍即合。他们都沉迷于电子学。
对沃兹尼亚克来说，这意味着专心学习原理图和操作手册并长时间设计数码产品。
乔布斯和沃兹尼亚克一样充满激情，但他表达激情的方式有所不同，甚至有时会让
自己陷入麻烦。

乔布斯坦言，自己是个可怕的小孩。他声称，要不是老师希尔女士，他可能会
"最终锒铛入狱"。那位老师让乔布斯跳了一级，从而将他和一些吵吵闹闹的同伴分
开。希尔女士还"贿赂"乔布斯去学习。"她只用两个星期就了解我了。"乔布斯回
忆道，"她告诉我，要是我做完一本练习册，她就给我 5 美元。"后来，希尔女士又
为乔布斯买了一套摄影器材。乔布斯在那一年里学到了很多东西。

作为青少年，乔布斯有着坚不可摧的自信心。在做一个电子学项目期间，当零
件用完了时，他拿起电话打给惠普公司联合创始人威廉·休利特。"我是史蒂夫·乔
布斯，"他对休利特说，"我正在制造一台计频器，不知道你有没有多余的零件？"显

而易见的是，休利特肯定对这通来电大吃一惊，不过乔布斯得到了想要的零件。这个 12 岁的男孩不仅很有说服力，而且还有惊人的事业心。在家园高中读书时，乔布斯买下坏掉的立体声音响等电子设备，将它们修好后再卖掉赚钱。

然而，让沃兹尼亚克和乔布斯真正密不可分的是他们对恶作剧的热爱。沃兹尼亚克发现，乔布斯也是一个天生的恶作剧者。这让他们的业务在早期卷入了名声不太好的境地。

蓝盒子

沃兹尼亚克重新回到学校，这次是去加州大学伯克利分校学习工程学。他决定要更加严肃认真地对待学业，甚至还报名参加了不少研究生课程。虽然到那一学年结束时，他的绝大部分时间都在和乔布斯一起制造"蓝盒子"，但他学得很好。

沃兹尼亚克一开始是从《时尚先生》（*Esquire*）杂志的一篇文章中了解到这种偷偷摸摸的设备的，这种设备可以欺骗电话网络，免费拨打长途电话。那篇文章描述了一个有趣的人物，他使用这种设备，驾驶一辆厢式货车驰骋全美，美国联邦调查局对他紧追不舍。虽然这是一个真假参半的故事，但对这两位初露头角的工程师来说，关于蓝盒子的描述听起来非常可信。故事都没读完，沃兹尼亚克就给乔布斯打电话，向他读了这段妙趣横生的内容。

《时尚先生》上的故事来自约翰·德雷珀非凡的真实人生经历。德雷珀外号"嘎吱船长"，他发现嘎吱船长牌的谷物片包装盒里附送的哨子有一种有趣的能力。直接朝电话听筒吹哨子，就能恰好模仿出让中央电话线路转到长途干线的声音，这样就可以免费拨打长途电话了。

德雷珀用电子技术进一步拓展了这种技巧，他发明了电话盗打，并成为这种行为的始作俑者。他周游全美，向人们展示如何制作并操作这些蓝盒子。纯粹主义者说，真正的电话盗打完全是受打通一个复杂的线路和开关网络的智力挑战驱动的。然而，电话公司对此持负面态度，只要抓到电话盗打者，他们就会进行起诉。

沃兹尼亚克发扬其一贯刨根问底的劲头，收集了各种关于电话盗打设备的文章。不出几个月，他就成为一名电话盗打专家，以"伯克利蓝"的绰号闻名圈内。那个给他灵感的人恐怕难以避免听到沃兹尼亚克的新恶名。一天晚上，一辆厢式货车在沃兹尼亚克的宿舍外停下了。

沃兹尼亚克很高兴能见到约翰·德雷珀。他们两人很快成为好朋友，一起用电话盗打技术从全美国的计算机上探寻信息。据沃兹尼亚克所言，他们至少有一次听到了美国联邦调查局的电话会议。

然而，乔布斯将这种消遣变成了一件有利可图的事。乔布斯也加入了电话盗打行列，他后来宣称，他和沃兹尼亚克曾多次打遍世界各地的电话，有一次还用蓝盒子打电话吵醒了教皇。沃兹尼亚克和乔布斯很快有了贩卖电话盗打盒子的小生意。沃兹尼亚克后来坦白："我们卖了很多很多。"当时乔布斯还在上高中，沃兹尼亚克在加州大学伯克利分校的宿舍里将大部分盒子卖给了学生。1972 年秋天，乔布斯进入俄勒冈州的里德学院，他们进一步拓展了市场。

佛教

乔布斯考虑过去斯坦福大学读书，他在高中时期曾经上过斯坦福大学的一些课程。"但那里的每个人都知道他们这辈子想要做什么，"乔布斯说，"而我完全不知道自己想要做什么。"乔布斯去里德学院旅行时爱上了那所学校，将它看作一个"没人知道自己今后要做什么，他们都在探索生活"的地方。里德学院接受了他，这让他欣喜若狂。

不过，一进入里德学院，乔布斯就过起了隐士般的生活。在一个学生多由上流社会青年组成的学校里，出身工人阶级的乔布斯或许感到自己格格不入。他开始研究东方宗教，和他的朋友丹·科特克熬夜讨论佛学。他们如饥似渴地阅读了许多哲学和宗教类书籍，乔布斯开始对原始情感疗法产生兴趣。

丹·科特克（左）和史蒂夫·乔布斯（右） 二人一起去印度旅行，后来又一同在苹果公司工作。图为科特克（左）和乔布斯（右）在一次早期计算机展销会上负责展台。（资料来源：丹·科特克）

在里德学院的那一年，乔布斯很少去上课。6 个月后，他退了学，但设法留在了宿舍。"学校算是给了我一份非正式奖学金。他们假装没看见，让我继续住在学校里。"乔布斯继续在里德学院待了一年多，想上课的时候就去上课，花了很多时间冥想并研究哲学。他成了素食主义者，每周只吃一盒不到 50 美分的罗马餐麦片。他在聚会上往往安静地坐在角落里。乔布斯似乎在摆脱生活中的琐事，寻求某种彻底的简单。

虽然沃兹尼亚克对乔布斯这种与技术无关的追求毫无兴趣，但他依然与乔布斯保持着深厚的友谊。沃兹尼亚克经常在周末开车去俄勒冈州看望乔布斯。

Breakout 游戏

1973 年，沃兹尼亚克在惠普公司找了一份暑期工，与已经在那里上班的比尔·费尔南德斯一起工作。沃兹尼亚克刚刚读完大三，但是硅谷最著名的电子公司的吸引力是难以抗拒的。沃兹尼亚克在惠普公司的计算器部门继续学习，读大学的事只能再次搁置。那是 Altair 之前的时代，那时的计算器是一种热门产品，惠普当时正在生产可编程计算器 HP-35。沃兹尼亚克意识到这种设备和计算机非常相似。"它有小小的芯片、串行寄存器以及指令集，"他想，"除了没有 I/O 设备，它就是一台计算机。"沃兹尼亚克用高中时代对待小型计算机那样的激情钻研起了计算器的设计。

在里德学院待了一年后，乔布斯返回硅谷，并在一家名为雅达利的年轻的视频游戏公司找了份工作。攒够去印度旅行的钱后他就离开了公司。他和丹·科特克早就计划好要去印度旅行。他们俩曾经长时间讨论过凯因奇静修院以及其中的著名居者尼姆·卡洛里·巴巴，畅销书《活在当下》中提到过这位圣人。乔布斯和科特克在印度会合，然后一起寻找那家静修院。得知尼姆·卡洛里·巴巴已经去世后，他们就在印度四处漂泊，阅读并讨论哲学。

后来科特克的钱用完了，乔布斯给了他几百美元。科特克动身去参加为期一个月的闭关禅修，乔布斯没有随行。他在印度次大陆徘徊数月后就返回加州了。回到美国后，乔布斯返回雅达利公司工作，并再度和他的朋友沃兹尼亚克取得了联系，沃兹尼亚克当时仍在惠普工作。凭着那通打给威廉·休利特讨备用零件的厚脸皮电话，乔布斯几年前也曾在惠普工作过，现在他在雅达利公司工作，虽然他依然自以为是、固执己见地认为自己可以得到任何想要的东西，但在里德学院和印度的经历还是给他带来了一些微妙的改变。

沃兹尼亚克在本质上依然是个爱恶作剧的人。每天早晨出门上班前，他都要更改电话答录机的语音信息。他会用沙哑的嗓音兼浓重的口音朗诵当天的波兰笑话。沃兹尼亚克的电话笑话号码成了旧金山湾区拨打频率最高的电话号码，为了继续保留这个电话号码，他还曾和电话公司争吵过多次。美国波兰国民大会向他致函，要求他正式停止这些笑话，尽管沃兹尼亚克自己就有波兰血统。于是，沃兹尼亚克只不过将笑柄换成了意大利人。风头过后，他又开始讲波兰笑话。

20 世纪 70 年代早期，计算机街机游戏开始流行。沃兹尼亚克在保龄球馆注意到游戏 *Pong*，因而受到了启发。他想："我也可以做一个这样的东西。"于是他立刻回家设计了一款电子游戏。虽然市场需求情况并不明朗（一旦玩家错过了移动的光点，屏幕上就会闪现出"该死"这样的字眼），但这款游戏的编程的确是一流的。沃兹尼亚克向雅达利公司演示了游戏，公司当即向他提供了一个职位。沃兹尼亚克对自己在惠普的职位很满意，因此拒绝了雅达利公司。

但是沃兹尼亚克将大部分时间都投到了雅达利的技术上。他将不少钱兑换成游戏角子，和乔布斯一起将钱花在街机游戏上，乔布斯则经常上夜班，把沃兹尼亚克偷偷带进雅达利工厂。沃兹尼亚克可以在那里免费玩游戏，有时甚至能一口气玩上 8 小时之久。对乔布斯来说这也是件好事。"假如我遇到什么问题，我就会说'嘿，沃兹'，然后他就会过来帮我。"

雅达利当时想要制作一款新游戏，公司创始人诺兰·布什内尔向乔布斯提出了他的设想，这些想法后来演化成了 *Breakout* 游戏。*Breakout* 是一款快节奏游戏，玩家在游戏里操控球拍击打一只球，使之逐块打破墙壁。乔布斯夸口说自己可以在 4 天之内设计好这个游戏，其实他打算暗自向沃兹尼亚克求助。

乔布斯总是很有说服力的，但这一次他没花什么力气就获得了朋友的帮助。沃兹尼亚克为设计这款游戏工作了 4 个通宵，同时还能在惠普正常上班。乔布斯在白天组装设备，沃兹尼亚克在晚上检查他的工作并改进设计。他们最终在 4 天内完成了游戏设计任务。

这件事让他们懂得：他们可以在一个时间紧、任务重的项目上很好地合作共事，并取得成功。

沃兹尼亚克还明白了另一个道理，不过那是很久之后的事了。乔布斯给了沃兹尼亚克 350 美元作为工作报酬，这个数字远少于乔布斯留给自己的 6650 美元。和乔布斯，友谊也就值这么多。

创办苹果公司

我见到了这两位史蒂夫。他们向我展示了 Apple I。我觉得他们真是了不起。

——麦克·马库拉

乔布斯和沃兹尼亚克发现他们俩可以组成一个优秀的团队。受到蓝盒子和 *Breakout* 游戏经历的启发，乔布斯迫切想找到实现两人合作价值的办法。但灵感是由沃兹尼亚克想出来的，家酿计算机俱乐部给了他那个灵感。

发现家酿计算机俱乐部

沃兹尼亚克在惠普期间的业余项目可不只有 *Breakout* 游戏，他还设计并制造了一台计算机终端。乔布斯曾经听说，当地一家出租计算机使用时间的公司需要一台平价的家用终端来访问公司的大型计算机。乔布斯将这件事告诉了沃兹尼亚克，沃兹尼亚克设计了一台以电视机作为显示器的小设备，这台设备很像唐·兰卡斯特的电视打字机。更重要的是，大约在同一时间，沃兹尼亚克开始参加家酿计算机俱乐部的聚会。

对沃兹尼亚克来说，家酿计算机俱乐部的存在是一个重大发现。他第一次发现自己周围全都是和他一样热爱计算机的人，而且这些人懂的计算机知识比他的朋友都要丰富，有时甚至比他自己懂的还要多。第一次参加家酿计算机俱乐部会议还是他在惠普的一个朋友告诉他的，有一家新的俱乐部正在召集对计算机终端设备感兴趣的人。第一次到戈登·弗伦奇的郊外车库时，沃兹尼亚克感到有些无所适从。俱乐部成员都在讨论最新的芯片 8008 和 8080，但沃兹尼亚克对它们并不熟悉。也是在那里，他得知个人也能真正买得起的新型计算机名叫 Altair。不过，俱乐部成员对沃兹尼亚克设计的视频终端很感兴趣，这让他备受鼓舞。回家后，他认真研究了最新的微处理器芯片。他购买了第一期的《字节》杂志，并决心参加每两周一次的家酿计算机俱乐部的聚会。

吉姆·沃伦和李·费尔森斯坦认为，这些设备可以而且应该用来造福社会，这种愿景启发了沃兹尼亚克。在听到费尔森斯坦谈论将计算机用于反战运动时，他认为这些事有助于避免战争的发生。

"家酿计算机俱乐部改变了我的生活，"沃兹尼亚克回忆道，"我对计算机的兴趣被再次刷新了。每两周举行一次的俱乐部聚会是我生活中的头等大事。"反过来，沃兹尼亚克的热情也促进了俱乐部的发展。他的技术专长以及单纯友善的态度赢得了大家的好感。他很快便有了一些追随者。对于兰迪·威金顿和克里斯·埃斯皮诺萨这两位比较年轻的俱乐部成员而言，沃兹尼亚克是技术资讯的主要来源，（当时还没有驾照的）他们俩经常搭沃兹尼亚克的车去参加会议。

沃兹尼亚克买不起 Altair，但是每当有人将自己的 Altair 带到聚会时，他都会津津有味地在一边观看。李·费尔森斯坦主持会议的方式也给沃兹尼亚克留下了深刻印象。他发现，俱乐部里展示的很多在家制造的计算机都类似于他自己的奶油苏打计算机，他逐渐意识到自己可以改进基本设计。但是 8080 芯片超出了他的消费能力，他需要一块低成本的芯片。

沃兹尼亚克随后了解到，在旧金山即将举办的美国西部电子设备展上，MOS 科技公司将会发售新的 6502 微处理器芯片样品，售价仅为 20 美元。当时的微处理器一般只卖给在仓库成立的初创企业，而且每片芯片价值几百美元。美国西部电子设备展不允许在展区销售商品，因此 6502 芯片的设计者查克·佩德尔租了一间宾馆客房以销售芯片。沃兹尼亚克走进房间时看到处理交易的是佩德尔的妻子，于是沃兹尼亚克给了她 20 美元，随即展开了工作。

设计 Apple I

在设计计算机之前，沃兹尼亚克先为计算机编写了一个编程语言。BASIC 对家酿计算机俱乐部来说是一种冲击，沃兹尼亚克清楚地知道，如果他能让 BASIC 在自己的机器上运行，那么就可以打动自己的朋友。"我将成为第一个让 BASIC 在 6502 上运行的人，"他想，"只用几周，我就能将它展示出来，震惊世界。"沃兹尼亚克的确在几周内完成了，随即开始弄一些能在计算机上运行的东西。他认为这很简单，毕竟他已经有制造计算机的经验了。

沃兹尼亚克设计了一块主板，这款主板内含 6502 处理器及连接处理器、键盘与显示器的接口。这绝非易事。《大众电子学》在报道具有突破性的 Altair 时忽略了英特尔 8008 微处理器，事实上，英特尔 8008 处理器远比 6502 处理器更适合作为计算机的大脑。尽管如此，沃兹尼亚克依然在几周内完成了计算机的设计。沃兹尼亚克将计算机的设计带到家酿计算机俱乐部，并分发设计图复印件。他的设计十分简明，只需一页纸就能描述清楚，看过图纸的人都能复制他的设计。沃兹尼亚克是个技术超群的计算机发烧友，崇尚信息共享。其他计算机发烧友都被深深打动了。有人质疑他对处理器的选择，但没人质疑处理器 20 美元的价格。他将计算机命名为 Apple。

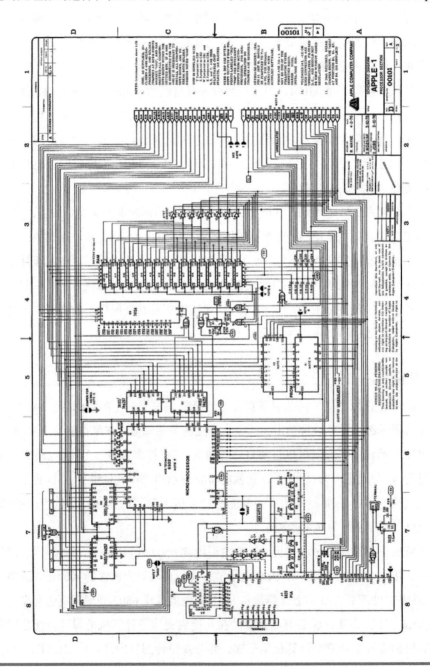

Apple I 电路图 很多工程师认为沃兹尼亚克的这个设计是一件艺术品。（资料来源：苹果公司）

　　Apple I 只有最基本的必需品，没有机箱、键盘和电源。为了让它工作，作为计算机发烧友的机主只能给它接上一台变压器。Apple I 还需要耗时费力的手工组装。沃兹尼亚克花了大量时间来帮助朋友实现他的设计。

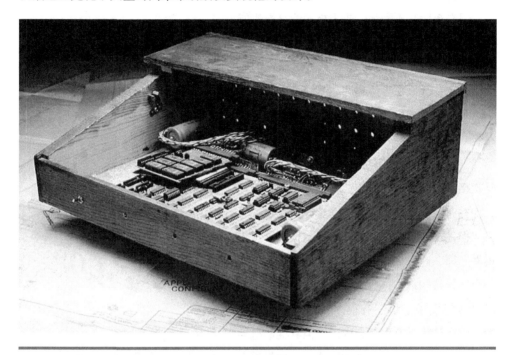

Apple I　　史蒂夫·沃兹尼亚克的 Apple I 原型机是一块电路板。(资料来源：苹果公司)

　　乔布斯从这台机器骨架上看到了巨大的商机，他鼓动沃兹尼亚克和他一起开公司。沃兹尼亚克勉强同意了。将爱好变成生意的想法让他感到困扰，但乔布斯像往常一样坚持不懈。沃兹尼亚克听说自己不必离开惠普公司，于是做出让步。他很喜爱惠普公司的工作。

创办公司

　　乔布斯和沃兹尼亚克在 1976 年的愚人节（非常适合两个喜欢恶作剧的人）创办了苹果公司，一起创办公司的还有第三位合伙人罗恩·韦恩。韦恩是雅达利公司的现场服务工程师，他同意以 10% 的股份参与创办公司。之后，韦恩立刻着手设计公司标志，那是一幅艾萨克·牛顿坐在苹果树下的图画。

　　为了支付印刷电路板的制造费用，乔布斯卖掉了他的大众面包车，沃兹尼亚克卖掉了两台珍贵的惠普计算机。印刷电路板可以让他们免去逐台组装计算机并接通电源的麻烦——这个任务迫使他们必须每周工作 60 小时。乔布斯认为他们可以在家酿计算机俱乐部中销售主板。

但乔布斯并不满足于将主板卖给计算机发烧友，他开始尝试引起零售商对苹果计算机的兴趣。在 1976 年 7 月家酿计算机俱乐部的一次会议上，沃兹尼亚克做了一次 Apple I 的演示。最早的计算机零售商之一保罗·泰瑞尔也在场。乔布斯为泰瑞尔做了一次个别演示。"看看这个，"乔布斯对泰瑞尔说，"你一定会喜欢接下来看到的东西的。"

乔布斯说对了。泰瑞尔确实喜欢这台计算机，但他没有当场下订单。泰瑞尔很认真地告诉乔布斯，这台计算机很有潜质，乔布斯应该和自己保持联系。这台机器很有意思，不过家酿计算机俱乐部里还有很多锋芒毕露的工程师。这台计算机有可能会胜出，但其他的机器也可能会比它更出色。泰瑞尔认为，如果乔布斯和沃兹尼亚克有真材实料，那他们就应该主动和自己保持联系的。

苹果公司最初的标志 由联合创始人罗恩·韦恩于 1976 年设计，公司标志为艾萨克·牛顿坐在苹果树下的图画。(资料来源：苹果公司)

第二天，乔布斯赤脚出现在字节商店。他对泰瑞尔说："我来找你了。"泰瑞尔被乔布斯的自信和毅力所打动，订购了 50 台 Apple I。乔布斯眼前闪现出一夜暴富的场景。不过泰瑞尔有一个附加条件：他希望计算机是完全组装好的。沃兹尼亚克和乔布斯又过上了每周工作 60 小时的日子。

乔布斯和沃兹尼亚克没有零件，也没钱买零件，不过，有了泰瑞尔的 50 台 Apple I 采购订单后，供应商为他们提供了 30 天内付款的信贷额度。乔布斯连 30 天内付款是什么意思都不懂。后来，泰瑞尔接到好几个零件供应商打来的电话，他们想要确认，两位史蒂夫是否真的如其所宣称的那样得到了泰瑞尔的许诺。

乔布斯和沃兹尼亚克现在开始做生意了。然而，虽然以前曾在时间紧迫的情况下成功合作共事过，但他们也明白只靠两个人是无法完成任务的。零件购买款必须在 30 天内付清，那就意味着他们必须在相同的时间内制造出 50 台计算机并交给保罗·泰瑞尔。乔布斯付钱给他的妹妹，请她将芯片插进 Apple I 的主板。他还雇用了当时正在放暑假的丹·科特克。"今年夏天你得到我这儿来，"乔布斯告诉科特克，"我会给你一份工作。我们要做一件惊人的事，这事叫作 30 天内付款。"

泰瑞尔在第 29 天收到了 50 台 Apple I，而苹果计算机公司则开始迅速发展。乔布斯负责经营业务，最终制造出来的大约 200 台的 Apple I 不是卖给了湾区的几家计算机商店，就是在乔布斯的"家庭办公室"（一开始是他的卧室，后来是他父母的车库）里通过邮寄包裹卖掉了。Apple I 售价 666 美元，666 是《启示录》中所谓的"兽数"，这表明恶作剧精神是植根于苹果公司并不断发扬光大的。

一位合伙人的退出

不幸的是，苹果公司的合伙人关系进展得并不顺利。罗恩·韦恩被乔布斯的高强度工作和野心击垮了，他想要退出，并提交了正式辞呈。乔布斯用 500 美元买断了他的股份。

夏末的时候，沃兹尼亚克已经开始着手制造另一款计算机。与 Apple I 相比，Apple II 具有很多优势。和 Proc Tech 公司的 Sol 一样，Apple II 是一款集成计算机，它将键盘、电源和 BASIC 等主要组件都装在一台美观的机箱中，而当时 Sol 尚未出现。用户可以将计算机连接到电视机上，把电视机作为输出端。乔布斯和沃兹尼亚克决定只将电路板卖给那些想要定制机器的计算机发烧友。他们确信，Apple II 将会震惊家酿计算机俱乐部，但乔布斯曾希望它能引起更广泛的关注。

在确定 Apple II 的各项功能之后，沃兹尼亚克和乔布斯就售价问题产生了争论。乔布斯想将主板的单独售价定为 1200 美元。沃兹尼亚克说如果定价那么高，那他就不想再和它有任何瓜葛了。他们最终决定将主板带机箱的售价定为 1200 美元。

现在他们至少有了一件真正商业化产品的雏形，乔布斯的野心进一步显现。沃兹尼亚克说："乔布斯就是个企业家类型的骗子。"乔布斯想要开一家大公司，于是他再次直接去找高层帮忙，向雅达利公司创始人诺兰·布什内尔寻求建议。布什内尔认为苹果公司需要找一个"钱袋子"，于是他将乔布斯引荐给硅谷风险投资人唐·瓦伦丁。瓦伦丁建议乔布斯和他的朋友麦克·马库拉谈一谈。

另一位合伙人的加入

在 Altair 推出后忙碌的两年中，微型计算机产业遇到了关键转折点。许多公司开了又关。业界先驱 MITS 公司成功了；以姆赛公司、Proc Tech 公司以及其他一些公司虽已式微，但依然试图抓住市场控制权。不久之后，这些公司都失败了。

在一些情况下，这些早期公司失败的原因是计算机方面的技术问题，但更多原因是这些公司缺少管理、市场营销、分销以及产品销售等方面的专业技能。这些企业的领导者基本都不是经济管理人员，而是工程师；他们并不精通生意之道，而且经常与其客户和经销商格格不入。MITS 公司因禁止零售商销售其他公司的产品而赶走了零售商；以姆赛公司忽视了经销商和客户对其机器缺陷的投诉；Proc Tech 公司用令人眼花缭乱的一系列版本来应对设计问题，但这些版本之间差别甚微，因而没能赶上技术进步的步伐，它拒绝接受发展所需的风险投资，因此又困住了自己的手脚。计算机经销商最终厌倦了这些做法。

与此同时，市场也在发生变化。计算机发烧友已经以俱乐部和用户小组的形式组织起来，并在全美各地的车库、地下室和学校礼堂定期聚会。越来越多的人想要拥有自己的计算机，希望拥有"更好的计算机"的内行计算机发烧友队伍也在不断壮大。但有可能生产"更好的计算机"的制造商都面临着一个似乎无解的问题：他们没钱开发这样的设备。

这些制造商通常都是车库企业，他们需要投资资金，但投资人在是否投资这些公司的问题上颇有争议：微型计算机企业失败率很高，企业领导者缺乏管理经验。投资人还面临着一个共同的最大困惑——IBM 缺席了这一领域。投资人认为，如果计算机技术领域具有成功的潜力，那么 IBM 为何不来抢占先机呢？此外，早期公司的一些创始人似乎都不喜欢通过外部资源获取资金这种概念，因为那意味着将失去对公司的部分控制权。

微型计算机产业要想继续发展，就必须出现一位视角独特的人——他必须能够超越基本风险、洞悉潜在回报、纠正不善的管理、修复与经销商的糟糕关系，为了利用这些车库企业的巨大潜力而愿意解决时而出现的粗糙做工问题。

1976 年，麦克·马库拉已经失业一年多了。他的失业是自找的。马库拉曾在美国最成功的两家芯片制造商仙童公司和英特尔公司干得不错，主要是因为他特别适合这样的工作。他是一位训练有素的电气工程师，明白微处理器大有机遇，他在英特尔公司任职于市场营销部，并被视为奇才。置身于新兴技术之中，马库拉的兴奋之情溢于言表，他喜欢在激烈的竞争中与一家大型企业一起锐意进取。

在计算机发烧友社群之外，很少有人像麦克·马库拉那样明白微处理器技术的潜力。马库拉是商业才能与工科背景的罕见结合体，要是有公司能雇得起他的话，他正是微型计算机公司提升技术所需的不二人选。

30 多岁的马库拉就从英特尔公司隐退了，其所持的公司股票期权让他成了百万富翁。他准备过悠闲的生活，并且说服自己相信，离开半导体行业的快节奏生活之后，他可以住在塔霍湖边的小木屋里，快乐地弹弹吉他、滑滑雪。朋友可能发现他投资了油井勘探，这说明他并未彻底践行田园生活的许诺，不过他想要永远退出激烈竞争的决心是坚定的。

然而，1976 年 10 月，在唐·瓦伦丁的提议下，马库拉造访了乔布斯的车库。他喜欢眼前之所见。让人们能够在家庭和工作场所使用计算机是一件很有意义的事，而且这些男孩拥有一件很好的产品。马库拉愿意帮他们制定一份商业计划，他对自己说，这不违背自己继续隐退的决心——他只是对两个聪明的孩子提出一些建议。马库拉做这件事更多是出于兴趣而非商业目的，因为在正常情况下，像他这种资历的顾问，乔布斯和沃兹尼亚克是付不起咨询费的。

但是几个月后，马库拉决定加入这两个孩子的行列。他测算乔布斯和沃兹尼亚克在公司的股份大约值 5000 美元。他自己投入了远高于此的一大笔钱，承诺自己将向苹果公司最多注入 250 000 美元，然后投资 92 000 美元收购了公司 1/3 的股份。马库拉向乔布斯和沃兹尼亚克保证，他们俩都能拥有一家价值 300 000 美元公司的 1/3 的股份，乔布斯和沃兹尼亚克惊呆了。

为什么这位 34 岁的隐退高管将自己的命运和两个长发新手捆绑在一起呢？除了才智、抱负和创意之外，他们一无所有。就连马库拉自己也无法圆满地回答这个问题，但他确信自己可以在 5 年内让苹果公司进入财富 500 强行列，而且对此深信不疑。

马库拉做出的第一个决定是保留公司名"苹果"。从市场营销的角度来看，他认为位列电话簿首位是一种优势。他也相信，和"计算机"这个词不同，"苹果"这个词具有正面含义。"很少有人不喜欢苹果。"马库拉说。此外，他也喜欢"苹果"和"计算机"这两个词搭配在一起的反差效果，并相信这样有助于打出品牌知名度。

然后，马库拉开始将苹果公司转变成一家真正的企业。他帮助乔布斯制定商业计划，并为公司拿到了美国银行的贷款。他告诉沃兹尼亚克和乔布斯，他们俩都没有运营公司的经验，并为公司聘请了一位总裁：迈克尔·斯科特。斯科特是一位经验丰富的高管，曾在仙童公司担任马库拉的下属。

设计 Apple II

1976 年秋，沃兹尼亚克的新计算机设计已经取得了一些进展。Apple II 将体现出他的全部技术水平。Apple II 是沃兹尼亚克计算机梦想的化身，是他自己都想要拥有的机器。与 Apple I 相比，沃兹尼亚克大幅度提高了 Apple II 的运行速度。他还尝试了一个高难度的技巧，即让计算机具备彩色显示功能。

沃兹尼亚克从一开始就对创办公司犹豫不决，现在他更是对全职参与公司的工作感到焦虑不安。沃兹尼亚克一直很喜欢惠普的工作。惠普因其对高品质设计的关注而成为工程师心目中的一个传奇。放弃惠普的工作似乎太疯狂了。不过……

沃兹尼亚克向惠普公司的经理展示了 Apple I 的设计，希望可以说服公司生产这款计算机。但是经理告诉他，苹果对惠普来说不是一个可行产品，并准许他自行制造这款机器。沃兹尼亚克还曾两次尝试加入惠普的计算机开发项目——这些项目最终开发了 HP 75 计算机和 BASIC 掌上机，但由于不具备惠普所期望的经验和学历，他两次都被拒绝了。

沃兹尼亚克无疑是一位杰出的工程师，但他由衷地希望致力于自己感兴趣的项目，而且只做自己感兴趣的项目。乔布斯比任何其他人都更加了解这位朋友永不枯竭的天分。他不断激励沃兹尼亚克，这种压力有时甚至会引发两人的争吵。

沃兹尼亚克没兴趣设计将计算机连到电视机的连接器，也不想设计供电电源。这两项任务都需要模拟电子学方面的技术。计算机的数字电路基本上可以归结为电源的开或关，也就是 1 或 0。要想设计出供电电源或向电视机发送信号，工程师必须考虑到电压水平和干扰效应，但沃兹尼亚克对这些既不了解也不在行。

超级替补

乔布斯向他在雅达利的老板阿尔·阿尔康求助，阿尔康建议乔布斯和罗德·霍尔特谈谈。霍尔特是雅达利公司一位很厉害的工程师。1976 年秋，当乔布斯致电霍尔特时，霍尔特正对自己在雅达利的职位感到不满。"我就像是个替补四分卫。"霍尔特抱怨道。霍尔特猜测，他被录用的原因就是为了在那个喜欢摩托赛车的经理受伤时，有人能处理相关事务。但是霍尔特对乔布斯心存怀疑。乔布斯比他的女儿年纪还要小。霍尔特也很难理解塑造了苹果公司创始人的那种西海岸文化。

霍尔特告诉乔布斯，他是雅达利的工程师，帮助苹果公司意味着利益冲突。此外，他还补充说自己的身价也很高。他的服务价格至少是一天 200 美元。这难不倒乔布斯，乔布斯说："我们完全请得起你。"霍尔特喜欢这种自以为是的个性。关于利益冲突的问题，乔布斯让霍尔特和公司老板确认一下。阿尔康告诉霍尔特："帮帮那些孩子吧。"

霍尔特开始在下班后设计苹果电脑的电视接口和供电电源，尤其关注后者的设计。他说服乔布斯不要尝试制造电视机接口，因为那会挑战联邦通信规则。霍尔特知道，如果他们继续下去，那美国联邦通信委员会将介入进来找他们的麻烦。乔布斯一开始感到很沮丧，不过随后想出了一个绝妙的办法来解决这个问题：

罗德·霍尔特　苹果公司的早期员工，而且是个多面手。（资料来源：苹果公司）

让别人设计连接计算机和电视机的调制器就行了。就算违反了规则，罪魁祸首也不是苹果公司。

霍尔特很快就全职参与苹果公司的工作了。只要出现其他人无法解决的技术或管理问题，霍尔特就会出面处理。"我是超级替补。"霍尔特自嘲。当公司的发展速度甚至超出了马库拉的预料时，霍尔特发现自己监管着质量控制部、客服部、生产技术部以及文档部。重压之下的霍尔特曾数次以辞职相威胁。但他离不开公司，因为苹果公司实在太有趣了，让人难舍难离。

霍尔特是马库拉加盟后招募的首批员工之一，但是苹果真正的第一批员工要追溯到 Apple I 时期。多年前介绍两位史蒂夫认识的比尔·费尔南德斯是第一位员工。为了走个过场，乔布斯在正式聘用费尔南德斯生产 Apple I 之前，对他提了一系列数字电子学方面的问题以作为测试。费尔南德斯也信仰宗教，他和乔布斯在乔布斯的车库兼工厂里花了很多时间讨论宗教问题。

其他的早期员工包括克里斯·埃斯皮诺萨和兰迪·威金顿，他们是沃兹尼亚克在家酿计算机俱乐部聚会上认识的朋友。聚会结束后，这三人总是前往沃兹尼亚克家继续讨论 Apple I 的性能改进方法，想让其变得更加强大。

埃斯皮诺萨和威金顿都是黑客。他们在计算机设计方面并无专长，但他们热爱编程。只要沃兹尼亚克将 Apple I 带去家酿计算机俱乐部的聚会上，埃斯皮诺萨和威金顿就会当场写出一些程序，向俱乐部成员演示这台机器。1976 年 8 月，沃兹尼亚克造出了 Apple II 原型机并借了一台给埃斯皮诺萨，埃斯皮诺萨开始为这台计算机开发游戏和演示软件。实际使用这台新机器后，这位充满自信的少年提出了优化设计的建议。

去苹果公司工作之前，埃斯皮诺萨很多时候都待在保罗·泰瑞尔的字节商店里。他回忆道，一个"不修边幅的高个男人每天都过来说，'我们有一个新版 BASIC！'"埃斯皮诺萨就这样结识了乔布斯。后来在家酿计算机俱乐部里，乔布斯注意到 Apple I 上运行的一个演示程序，他问埃斯皮诺萨："这是你做的？"不久之后，埃斯皮诺萨就到苹果公司上班了。

埃斯皮诺萨在乔布斯的车库里度过了高二的圣诞假期，主要负责调试即将与 Apple II 一同发售的 BASIC。乔布斯很照顾他，尽管埃斯皮诺萨一开始觉得乔布斯完全不是这种慈父般的人物。"我觉得他看起来很危险，"埃斯皮诺萨这样评价乔布斯，"安静、神秘、近乎阴沉、目露凶光。他的说服能力也不可小觑。我总感觉他是在塑造我。"

沃兹尼亚克举棋不定

接着，乔布斯传奇般的说服力遇到了迄今为止最大的障碍。此时，麦克·马库拉已同意加入乔布斯和沃兹尼亚克的团队。最后的障碍是说服沃兹尼亚克从惠普公司辞职，全职为苹果公司工作。马库拉对此别无他法。

沃兹尼亚克还没想好是否要迈出这一步。乔布斯慌神了。他精心炮制的计划全都要仰仗沃兹尼亚克。1976 年 10 月的一天，沃兹尼亚克说他不会放弃自己在惠普公司的好工作，而且这是自己的最终决定。"乔布斯差点儿晕过去，他哭了起来。"沃兹尼亚克回忆道。乔布斯很快开始游说沃兹尼亚克的朋友，请他们给沃兹尼亚克打电话劝他改变心意。

沃兹尼亚克担心与设计 Apple I 和 Apple II 不同，全职设计计算机会是一件单调乏味的苦差事。然而经过朋友的劝说，沃兹尼亚克最终同意离开惠普，全职加入苹果公司。考虑到沃兹尼亚克当时认为他们最多只能卖出不到 1000 台 Apple II，这一举动是十分勇敢的。

　　然而乔布斯的看法则完全不同，他主动出击，寻找能够帮助自己实现目标的人——比如瑞吉斯·麦肯纳，他拥有硅谷地区最成功的公关广告公司。

树立形象

　　乔布斯在计算机杂志《界面时代》上刊登广告。他在各种电子类杂志上看到的英特尔的广告给他留下了深刻印象，于是他致电英特尔，询问这些广告的制作者是谁，由此得知了瑞吉斯·麦肯纳的名字。乔布斯想为苹果公司网罗最好的人才，他确信麦肯纳就是最好的，他开始邀请麦肯纳的公司处理苹果公司的公关事务。

瑞吉斯·麦肯纳（左）和安迪·格鲁夫（右）　麦肯纳与英特尔公司创始人安迪·格鲁夫正在交谈。
〔资料来源：瑞吉斯·麦肯纳〕

麦肯纳的广告对英特尔以及麦肯纳自己都非常合适，他办公室的装潢处处显示出成就感。麦肯纳通常身着潇洒的西装，坐在一张巨大的办公桌后面，背景是他最为中意的英特尔广告。他语调轻柔、若有所思，与某天下午走进他办公室的那个不修边幅、一意孤行的小子形成了鲜明的对比。那小子一身短衣短裤，穿着拖鞋，麦肯纳说他还留着大胡子。麦肯纳已经习惯将新创公司当作客户，因此乔布斯的装束并未让他退避三舍。麦肯纳提醒自己："发明来自与众不同的人，而不是来自公司。"而这个乔布斯显然就是一位与众不同的人。

麦肯纳起初没有答应为苹果做广告，但乔布斯并未放弃。"我不否认沃兹尼亚克设计了一款好机器，"麦肯纳说，"但要是没有乔布斯的话，现在它只能摆在计算机发烧友商店里。"

麦肯纳最终被乔布斯锲而不舍的精神所打动，他的事务所成了苹果的公关公司。这家事务所立刻推出两大举措。

第一大举措是重新设计一个公司标志，以代替罗恩·韦恩那个牛顿坐在苹果树下的烦琐标志。新标志是一颗被咬掉一口的苹果，上面印有彩虹条纹。这个标志由罗布·诺夫设计，虽然此后经过一系列改动，但一直作为苹果公司的商标。从印刷的角度看，一开始有人担心多种颜色会混在一起。乔布斯断然拒绝了添加线条以分隔颜色的建议，这就使得商标的印刷成本很高。苹果公司总裁迈克尔·斯科特称之为"史上最贵的该死的商标设计"。但收到 Apple II 的第一批铝箔商标时，每个人都爱上了这种设计外观。乔布斯做了一个改动：他重新排列了色彩顺序，将较暗的颜色放到底部。苹果公司后来的产品总监吉恩·路易斯·盖西说，这个标志非常适合苹果公司："那是欲望和知识的象征，咬掉了一口，覆盖着打乱顺序的彩虹颜色……欲望、知识、希望以及混乱。"

麦肯纳还决定在《花花公子》（*Playboy*）杂志上刊登一条彩色广告。这种博眼球的做法既大胆又昂贵。在《字节》杂志上刊登一条更便宜的广告几乎就可以影响到当时所有的潜在微型计算机购买者，但在没有人口学研究方面的支持证据下，在《花花公子》上登广告似乎是一种异乎寻常的选择。"这样做是为了引起全美范围内的关注，"麦肯纳说，"同时普及廉价计算机的概念。"其他公司从两年前就开始销售微型计算机，但还没人尝试过用这种方法来吸引公众的注意力。苹果公司的宣传活动引得全美各地的杂志刊登了后续文章，其内容不仅涉及苹果公司的计算机，还从宏观上讨论了小型计算机。

苹果公司将个人计算机的概念引入了主流观念。

在乔布斯的坚持下，麦肯纳同意入股苹果公司，和沃兹尼亚克、马库拉和霍尔特一起参与构筑苹果公司的梦想。沃兹尼亚克发明了这款计算机，马库拉具有商业头脑，麦肯纳提供营销策略，斯科特管理商店，霍尔特则是超级替补，但那个胡须凌乱、一意孤行的小子才是这一切背后的推动力。

1977 年 2 月，苹果计算机公司在库比蒂诺设立了第一间办公室，那是距离家园高中几公里远的两个大房间。办公桌搬了进来，工作台也从乔布斯家的车库里挪了过来。在他们即将在新房间里办公的前一天，沃兹尼亚克、乔布斯、威金顿和埃斯皮诺萨散坐在 200 平方米的办公室里玩电话游戏，每个人要设法先让其他分机发出蜂鸣声。整件事都像是一场游戏。很难想象他们已经开始了真正的生意。埃斯皮诺萨说："我们从没想过苹果有一天会成长为一家和 IBM 一对一竞争的公司。"

Apple II　这款产品促使苹果公司真正走上商业之路。（资料来源：苹果公司）

处女秀

与应对一家定义了几代计算机的公司相比，这家年轻公司面临着一个比较温和的挑战：他们必须赶在 4 月份吉姆·沃伦的第一届西海岸电脑节开幕前完成 Apple II 的设计，并要在之后很短的时间里做好投产的准备。马库拉已经和全美各地的分销商签订了合同，很多分销商都渴望与一家比微型计算机制造商 MITS 公司的自由度更高，同时也能提供切实可用产品的公司合作。

公正地说，在 Apple I 和 Apple II 的技术设计方面，沃兹尼亚克居功至伟。然而，是乔布斯不可或缺的贡献让 Apple II 获得了商业成功。早期的微型计算机通常是单调丑陋的金属盒子。乔布斯决定美化产品外观。他将设备装进轻盈的米色塑料壳，采用模块化设计让键盘和计算机融为一体。沃兹尼亚克可以设计一款高效的计算机，但他毫不避讳地承认，自己并不在乎电线有没有吊在外面晃荡。乔布斯意识到，要想提高竞争力，苹果计算机必须美观。

为了让 Apple II 做好参加第一届西海岸电脑节的准备，大家都付出了巨大的努力。沃兹尼亚克和往常一样没日没夜地工作，直到任务完成。乔布斯确保不会有人错过这款计算机。他准备了展销会上最大、最典雅的展台。为了演示程序，他带来一块巨大的投影屏，并在展台两侧摆放了 Apple II。乔布斯、斯科特、埃斯皮诺萨和威金顿负责展台，马库拉在会场里周旋，为公司签下经销商。沃兹尼亚克到处走动，查看其他的计算机。总而言之，苹果公司在电脑节上大获成功。似乎人人都喜欢 Apple II，尽管《计算机解放》的作者泰德·尼尔森抱怨，Apple II 只能显示大写字母。

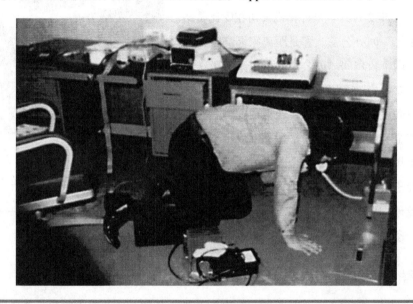

史蒂夫·沃兹尼亚克　在苹果公司早期的一间办公室里跪在地上接电话。（资料来源：玛格丽特·科恩·沃兹尼亚克）

沃兹尼亚克忍不住玩了一个恶作剧。MITS 公司没有参加西海岸电脑节，于是在威金顿的帮助下，沃兹尼亚克当场制作了一本 ZAltair 的宣传册，将其当作 Altair 的升级版。

"想象一台梦幻机器。想象一下本世纪的计算机惊喜，就在今天，就在这里。想象一下存储在 ROM 中的 BAZIC，有史以来最完整、最强大的编程语言。"这条假广告出炉了。沃兹尼亚克这样写是在讽刺从乔布斯那里学来的营销噱头。宣传册里滔滔不绝："计算机工程师的梦想，所有电子元件集成在一块 PC 卡上，就连 18 槽主板也同样集成。多好的一块主板……"宣传册背面是虚构的 ZAltair 与其他微型计算机的性能对照表，苹果计算机也在对照比较之列。

乔布斯对这个玩笑一无所知，他拿起一本宣传册，诧异地看了起来。他紧张地瞥了一眼性能对照表，脸上浮现出如释重负的神情。"嘿，"他说，"我们在这张表上还不错。"

from altair™ to zaltair™

Predictable refinement of computer equipment should suggest online reliability. The elite computer hobbiest needs one logical optionless guarantee, yet.

Ed Roberts
President, MITS, Inc.

Imagine a dream machine. **Imagine** the computer surprise of the century, here today. **Imagine** Z80 performance plus. **Imagine** BAZIC in ROM, the most complete and powerful language ever developed. **Imagine** raw video, plenty of it. **Imagine** autoscroll text, a full 16 lines of 64 characters. **Imagine** eye-dazzling color graphics. **Imagine** a blitz fast 1200 baud cassette port. **Imagine** an unparalleled I/O system with full **ALTAIR-100** and **ZALTAIR-150** bus compatibility. **Imagine** an exquisitely designed cabinet that will add to the decor of any living room. **Imagine** the fun you'll have. **Imagine** ZALTAIR, available now from MITS, the company where microcomputer technology was born.

bazic™

Without software a computer is no more than a racing car without wheels, a turntable without records, or a banjo without strings. BAZIC is the language that puts ZALTAIR's powerful hardware at your fingertips. For example, you can test the entire memory with the MEMTEST statement. Or read the keyboard directly with the KBD function. If you like to keep time the CLCK function will really please you. And in case you're in a hurry, you'll be glad to know that BAZIC runs twice as fast as any BASIC around. The best thing of all about BAZIC is the ability to define your own language...a feature we call perZonality.™ And ZALTAIR's BAZIC language comes standard in ROM, to insure 'rip-off' security.

hardware

We really thought this baby out before we built it. Two years of dedicated research and development at the number ONE microcomputer company had to pay off, and it did. A computer engineer's dream, all electronics are on a single pc card, **EVEN THE 18-SLOT MOTHERBOARD.** And what a motherboard. The ZALTAIR-150 bus is fully ALTAIR-100 compatible with 50 extra connectors. In addition, with ZALTAIR's advanced I/O structure called verZatility,™ access to peripherals is easier than ever before. And of course, our complete line of ALTAIR peripherals is directly compatible with the ZALTAIR 8800.

don't miss out

Weighing just 16 pounds, the ZALTAIR 8800 is a **portable** computer. The highly attractive enclosure was designed by an award winning team, and is fabricated from high-impact, durable ABS Cycolac® plastic. In the MITS tradition, nothing is compromised. Because of its superior design we were able to price the ZALTAIR 8800 far below the competition for this special introductory offer only. **You will not find the ZALTAIR in any store.** We want to bring this incredible offer to you directly, and avoid the retail mark-up of a middle man. Already, over 100 ZALTAIR's have been delivered to 75 satisfied customers. Don't miss out, order your ZALTAIR before April 30, 1977, and get immediate delivery.

从 Altair 到 ZAltair　沃兹尼亚克的一个恶作剧，这个恶作剧把乔布斯给骗了。（资料来源：史蒂夫·沃兹尼亚克）

魔法时刻

西海岸电脑节结束后，我们产生一种大功告成的兴奋感，不仅是为了苹果公司，也是为了整个计算机运动。

——克里斯·埃斯皮诺萨，苹果公司早期员工

1977 年，苹果公司的发展一帆风顺。对这家小小的公司而言，那是一段被施了魔法的时期，公司负责人都流露出纯真的自信。计算机发烧友赞扬沃兹尼亚克的设计，经销商强烈要求销售这种新的计算机，投资者恨不得能将钱塞进苹果公司。

Apple I 电路板　最初的 Apple I 电路板被装在镜框里，挂在苹果公司的办公室墙上，上面刻着铭文"我们的创始人"。（资料来源：苹果公司）

组建团队

5 月，沃兹尼亚克评定了兰迪·威金顿的表现，看他是否应该加薪。他的表现不错，但沃兹尼亚克的要求更高。沃兹尼亚克发现必须绕过整个街区才能去隔壁的7-11便利店，这种低效实在让他难以接受。如果威金顿能从围栏上移走一块板，那沃兹尼亚克就能从底下钻过去，威金顿也就可以涨工资了。第二天，沃兹尼亚克发现那块板放在自己的办公桌上，于是威金顿的薪酬涨到了每小时 3.50 美元。

苹果公司的员工克里斯·埃斯皮诺萨当时正在家园高中读高一。每周二和周四他都骑着轻便摩托车去苹果公司的办公室，那辆轻便摩托车是他用在苹果公司赚的钱买的，因为他还不到开车的法定年龄。埃斯皮诺萨在办公室里负责每周两次的 Apple II 公众演示。一旦美国银行的代表来访，埃斯皮诺萨就得立刻将沃兹尼亚克在 Breakout 游戏里设定的"该死"改成"真是太糟糕了"。埃斯皮诺萨具有少年老成的责任感。乔布斯和马库拉对此都心存感激，埃斯皮诺萨一直在接待访客，从而让他们可以专心处理签约新经销商这种更重要的任务。埃斯皮诺萨说："大约有 6 个月，湾区的路人只有通过我才能了解苹果计算机公司。"

这样的环境不太专业，迈克尔·斯科特对一群又一群频繁到访查看沃兹尼亚克进度的人也感到厌烦。他们有时不只是参观：沃兹尼亚克在惠普的密友艾伦·鲍姆提供了重要的设计思路。然而，既然可以提供思路，那他们也就能轻易地剽窃思路。斯科特最终下令，必须采取一些保密措施。他认为在苹果公司逐步营造一种专业化的环境是自己的职责所在。在斯科特的压力下，鲍姆的来访频率越来越低。同时，斯科特也发现了一些青年才俊，他提出由苹果公司为威金顿支付大学学费，以此说服威金顿继续参与公司的工作。

斯科特是一个复杂的人，他对苹果公司的成功具有举足轻重的作用。和衣冠楚楚的马库拉不同，斯科特脚踏实地、充满活力、坦诚直率，而且不论好坏都不会隐藏自己的感受。他喜欢在办公室里闲逛、和员工聊天、经常运用海事方面的比喻。斯科特将自己看作一船之长，为公司掌舵，把握方向。他会对新员工说："欢迎上船。"一旦斯科特开心了，他身边的人都会开心。据罗德·霍尔特说，斯科特有一个用于特别开支的小金库，用其中一部分钱买了一个巨大的热气球以及霍尔特游艇上的帆，热气球和船帆上都醒目地印着苹果公司的标志。有一年圣诞节，斯科特装扮成圣诞老人到处走，向员工分发礼物。不过，要是斯科特对你的表现不满意，他也会直截了当地告诉你。

一旦项目延误，斯科特很快就会失去耐心。他无法理解沃兹尼亚克那种毫无规律的工作习惯，因为后者全情投入还是任性逃避完全取决于他对手头的任务是否感兴趣。斯科特也看不惯沃兹尼亚克的一些朋友，比如"嘎吱船长"约翰·德雷珀。

外围问题

1977 年秋，约翰·德雷珀来到苹果公司和沃兹尼亚克见面，他表示愿意帮 Apple II 设计数字电话卡。没人比"嘎吱船长"更了解电话技术。斯科特拨给沃兹尼亚克一间独立的办公室，希望能激发他的创造力。不久之后，德雷珀也开始在那里工作。

德雷珀和沃兹尼亚克建造了一台设备，别的功能姑且不论，它可以自动拨号并像电话答录机那样运作。但是德雷珀还在电话卡中加入了蓝盒子功能。据埃斯皮诺萨说，有了德雷珀的电话卡，一系列的苹果设备就能弄垮全美国的电话系统。得知这种设备可能有非法用途后，斯科特一怒之下冲进了苹果办公室。

在那之后，这种电话卡没有存在太长时间，在没有德雷珀参与的情况下，其他工程师修改了电话卡的设计，取消了大部分盗打功能。据苹果公司的一位董事说，发生这件事之后，斯科特考虑过解雇沃兹尼亚克。斯科特曾可能将一位公司的创始人扫地出门，这并非是不可想象的。"斯科特是唯一敢解雇我的人，"沃兹尼亚克说，"那个人什么事都做得出来。"霍尔特附和："斯科特会解雇任何人。"他需要的不过是一个简单的借口。后来德雷珀因电话盗打被捕，当时他还随身携带了一台苹果计算机。这台机器被没收后，斯科特又将沃兹尼亚克骂了一顿。

1977 年 8 月，在沃兹尼亚克聘用德雷珀的同时，斯科特也招募了两位关键员工，吉恩·卡特成了销售经理，温德尔·桑德加入公司成为霍尔特的下属。桑德是一位电气工程师，拥有爱荷华州立大学的博士学位，在半导体行业具有多年工作经验。但苹果公司聘用他的原因并不是看中他在高科技领域的经验。

一年前，桑德购买了一台 Apple I，想要为自己十几岁的孩子制作《星际迷航》游戏。他在编程期间搜寻整数型 BASIC 的升级版，为此他和乔布斯见过面。乔布斯向他提供了升级版本，并在此过程中了解了《星际迷航》程序。在准备发售第一批 Apple II 时，乔布斯邀请桑德来到公司办公室，请他修改程序，使之能在新机器上运行。桑德和马库拉见了面，并决心为这家年轻的公司工作。受聘之后，桑德抵押了圣何塞的住宅，贷款购买了苹果公司的股票。在 1977 年余下的时间里，沃兹尼亚克、霍尔特和桑德组成了苹果公司工程部的核心。

史蒂夫·沃兹尼亚克（左）和史蒂夫·乔布斯（右） 沃兹尼亚克击键创作，乔布斯在一旁观看。
（资料来源：苹果公司）

1977 年至 1978 年，沃兹尼亚克开发了若干配套产品，这对苹果在发展时期打下稳定的基础是十分必要的。为了让计算机发烧友圈子以外的客户也对 Apple II 产生兴趣，公司必须推出附加的外围设备。这些设备要能让计算机连接不同种类的打印机或调制解调器，其中调制解调器是一种通过电话线路将信息从一台计算机传送至另一台计算机的设备。

好在苹果公司规模小、内部机制良好。和许多其他公司相比，苹果公司能够更便捷地选择和制造新产品。这些产品中最重要的是外围插卡：打印机卡、序列卡、通信卡以及只读卡，其中绝大多数都是沃兹尼亚克开发的，桑德和霍尔特也为开发出了一份力。

苹果公司的商业架构逐步建立起来了。公司和越来越多的经销商签订了合同，同时也开始生产 Apple II。1977 年年底，公司开始盈利，产量每三个月就翻一倍。《字节》杂志发表的一篇文章促进了 Apple II 的进一步普及。马库拉还从文洛克公司成功拉来了投资，文洛克是一家总部位于纽约的成功创投公司，由洛克菲勒家族组建，主要投资高科技企业。文洛克联合公司的亚瑟·洛克成为苹果公司董事会的一员。

当年年底，苹果公司搬到了库比蒂诺的班德利大道附近一间更大的办公室。建筑结构很宏大，这让员工感到公司将要大干一场。他们是对的。这栋建筑很快就容纳不下了，于是公司又在同一条街上添了一间办公室。这一时期最显著的成就也许发生在 1977 年沃兹尼亚克的圣诞节假期期间。

瑞吉斯·麦肯纳（左）和亚瑟·洛克（右） 麦肯纳与风险投资人亚瑟·洛克交谈，亚瑟·洛克是苹果公司的第一批投资人之一。（资料来源：瑞吉斯·麦肯纳）

优美的线路

在 1977 年年底之前，沃兹尼亚克已在着手进行下一个大项目。这个项目的设想是在 12 月的一次执行董事会议上提出的，与会者有马库拉、斯科特、霍尔特、乔布斯和沃兹尼亚克。在会议期间，马库拉上前一步在一块板上写下了公司的目标清单。沃兹尼亚克看见清单开头写的是"软盘"。沃兹尼亚克想："我不知道软盘是怎么运作的。"

然而沃兹尼亚克知道，马库拉排列的优先次序是正确的。和磁盘相比，通过磁带存储数据既缓慢又不可靠，经销商对此一直有怨言。马库拉和威金顿当时正在编写一个核算程序，马库拉认为苹果公司需要这个程序，而且他认定磁盘驱动器是必不可少的。马库拉受够了从磁带上读取数据的辛苦，并且意识到软盘驱动器可以帮上大忙。他告诉沃兹尼亚克，他希望磁盘驱动器能在消费者电子产品展开幕前准备就绪，因为苹果公司已经排定将在次年 1 月参展。

马库拉明白，他下达了这个命令基本上等于取消了沃兹尼亚克的圣诞节假期。指望任何人在一个月内设计出可以运行的磁盘驱动器都是不合情理的。然而，沃兹尼亚克就是在这样的挑战中成长起来的。用不着别人说，他就在放假期间加班加点地工作。沃兹尼亚克并非对磁盘驱动器一无所知：在惠普工作时，他曾经研读过舒加特公司的操作手册，而舒加特公司则正是硅谷地区的磁盘驱动器制造商。纯粹出于好玩，沃兹尼亚克设计了一套电路，舒加特操作手册上提及的磁盘驱动器所需的大部分控制功能，都能通过这套电路实现。沃兹尼亚克不知道计算机实际上是怎样控制驱动器的，但他的方法似乎颇为简单、聪明。

当马库拉给沃兹尼亚克下达为苹果计算机添加磁盘驱动器这个艰巨的任务时，沃兹尼亚克想起了那套磁盘驱动器电路，并开始认真思考其可行性。他研究了其他计算机（包括 IBM 出品的计算机）是如何控制磁盘驱动器的。他还拆开磁盘驱动器仔细研究，尤其是北极星公司的产品。看过北极星的操作手册后，沃兹尼亚克明白了自己的设计有多聪明，因为他的电路可以实现北极星的功能，而且还能做得更多。

不过，沃兹尼亚克想出的电路只能解决一部分的磁盘控制问题，还有其他问题有待解决，比如如何解决同步性问题。磁盘驱动器存在棘手的时序问题。不知为什么，磁盘转动时软件必须追踪数据位置。IBM 的时序处理技术含有复杂的电路，沃兹尼亚克一直在研究，直到完全理解。

沃兹尼亚克发现，如果能更改数据写入磁盘的方式，那就不需要那些电路了。他为苹果磁盘驱动器想出了在完全没有硬件电路的情况下自动同步的方法。

这种自动同步技术比 IBM 更胜一筹，IBM 这家庞大的企业不够灵活，很难想出这种难以置信的解决方案，沃兹尼亚克对此感到幸灾乐祸。他也明白，不论 IBM 能为其产品带来怎样的规模效益，没电路总比有电路的成本更加低廉。

现在，沃兹尼亚克可以编写软盘读写软件了。他将威金顿叫去帮忙。沃兹尼亚克需要格式化程序，这种程序可以向磁盘写入一种"无数据"的形式，从而将磁盘彻底清理干净，以便重新使用。沃兹尼亚克只向威金顿提供了一些基本指导，比如如何通过软件让驱动马达运转。之后的工作全部由威金顿负责。

整个 12 月，沃兹尼亚克和威金顿都在日以继夜地工作，就连圣诞节当天也工作了 10 个小时。他们知道自己无法在展销会上推出完整的磁盘操作系统了，于是他们将时间用来开发演示操作系统，那个系统可以让他们输入单字母文件名，并读取存储在磁盘固定位置的文件。可是在动身前往拉斯维加斯参加消费者电子产品展时，他们连这件事也没能做到。

消费者电子产品展不是面向计算机发烧友的电脑展。很多参展商是制造音响设备和计算器的知名民用电子公司。这些商品的购买者不是电子产品发烧友，而是普通的消费者。因为希望苹果公司能开拓更广阔的市场，所以马库拉将这次展销会看作苹果公司发展的生死关头。对沃兹尼亚克和威金顿来说，这是一次与时间赛跑的冒险。

威金顿和沃兹尼亚克在展销会前一天抵达拉斯维加斯。当晚，他们参与了展台布置，然后继续回去做驱动器和演示程序。他们打算通宵，必须在次日上午展销会开幕时搞定。通宵在拉斯维加斯并不稀奇，他们也确实那么做了，在编程的空隙上赌桌玩两把。年方17岁的威金顿在掷骰子时赢了35美元，他兴高采烈，但是不一会儿回到房间后，他的情绪又一落千丈，因为他不小心清空了一张已经做好的磁盘。沃兹尼亚克耐心地帮他重建所有信息。早晨7点半，他们试图打个盹儿，但两人都兴奋过度，根本睡不着。

尽管经历了种种混乱，演示却异常顺利。展销会结束后，沃兹尼亚克和霍尔特一起完成了磁盘驱动器的设计工作，这款驱动器达到了沃兹尼亚克对实际产品的期望值。在通常情况下，设计草图会送去外

硬盘驱动器　苹果公司的第一个广告。（资料来源：苹果公司）

包公司，但是外包商正好没空，而沃兹尼亚克却有空。于是，沃兹尼亚克自己制作了控制驱动器的电路板。连续两周，他每晚都工作到凌晨2点。

完工后，沃兹尼亚克发现可以通过移动一个连接器来减少引线（电路板上交叉的信号线）数量。这个改进意味着要将整个设计推倒重来，不过他这一次只用了不到24小时就完成了任务。然后他发现，如果将电路板传输数据的位元次序颠倒一下，那就可以再去掉一条引线。于是他再次更改了电路板布局。计算机工程师普遍

认为，沃兹尼亚克的最终设计非常卓越，从工程美学的角度看也十分优美。沃兹尼亚克后来说："只有本人既是工程师又是电路板设计人员，才能做出这样的东西。那是一个充满艺术的布局。那块电路板上几乎没有引线。"

1978 年 6 月，苹果公司开始推出这款磁盘驱动器，它对公司的成功起到了举足轻重的作用，其重要性仅次于苹果计算机本身。这款驱动器使得开发文字处理器和数据库包等强大的软件成为可能。和苹果公司早期取得的大部分成功一样，它也体现了大量无拘无束的个人努力，Altair 和 Sol 的早期成就也是如此。但苹果公司几位犀利的高管正在对公司的计算机发烧友精神加以引导，他们明白应该怎样建立一家企业。

小红书

Apple II 迫切需要一本优秀的技术参考手册。1977 年，公司开始推出 Apple II，但其使用手册比业界的其他文档好不了多少，也就是说，它糟糕透了。1977 年，文档是微型计算机公司最不重视的东西。计算机发烧友依然是客户的主体，他们会容忍令人厌烦的文档，因为他们喜欢组装、调试计算机所带来的挑战。但是，如果苹果公司想将更广泛的客户群引入个人计算机领域，那他们就不能轻视文档的作用。

苹果公司挖来为《多布博士》杂志撰稿的杰夫·拉斯金，请他负责公司的文档工作。拉斯金鼓励埃斯皮诺萨写一些东西以向用户宣传苹果计算机，埃斯皮诺萨当时已计划在秋季去大学全职读书。

这本操作手册的开头是一个计算机发烧友的真实故事。埃斯皮诺萨开始用一种清晰明了、有条不紊的方式撰写操作手册，阐释 Apple II 的技术细节，此时他已不在苹果公司打工，而是进了大学，成为加州大学伯克利分校的一名新生，住进了学生宿舍。埃斯皮诺萨在学期结束时不得不离开宿舍，但此时他尚未写完文档。为了完成操作手册，他整整一个星期都睡在公园和学校计算机房里，饿了就吃背包里的食物，每天工作 18 小时。在学校的设备上排版好后，他将操作手册交给了苹果公司。

这本操作手册后来被称为"小红书"，它为那些想为 Apple II 开发软件或附加产品的人提供了有用的信息；它是一个巨大的成功，不可置疑地推进了苹果公司的发展。外部人员和埃斯皮诺萨这样的第三方开发者对苹果公司的贡献无以估量。在埃斯皮诺萨撰写"小红书"时，他并不是苹果公司的员工。

苹果公司显然已经进入了状态，但要想继续成长，公司的经营范围就必须超越计算机发烧友的范畴，激发更多大众消费者对个人计算机的需求。必须让人们相信，个人计算机有实际用途。加里·基尔代尔的 CP/M 以及随后开发的商用软件帮助了一些公司大批量地销售计算机。但苹果的操作系统和 CP/M 不同，因此苹果计算机也需要自己的软件。

一些程序员开始为苹果计算机编写游戏和商用软件。虽然其中有些软件还不错，但在 VisiCalc 软件问世之前，其他应用程序都没有达到能诱惑人们为了使用程序而去购买计算机的地步。

杀手级应用

回到美国东海岸，丹·布瑞克林是一位安静低调的哈佛大学 MBA 候选人，他想出了用计算机程序开展财务预测的主意。他认为这对于房地产交易尤其有用。布瑞克林曾在 DEC 公司担任软件工程师，制作过 DEC 的首个文字处理系统。他想将程序卖给 DEC 小型计算机的用户，或许还能在新兴的微型计算机市场上销售。

布瑞克林将这个想法告诉了哈佛大学的一位经济学教授。这位教授对他的想法付之一笑，不过又说布瑞克林也许可以和他以前的一个学生谈谈。那位学生名叫丹·费尔斯特拉，曾经研究过个人计算机软件市场。那位教授还警告布瑞克林：既然可以使用分时系统，那么个人计算机软件就不会有销量。他也曾对费尔斯特拉提出过同样的警告。

费尔斯特拉是加州人，他前往东部是为了在麻省理工学院学习计算机和电子学。他担任过《字节》杂志早期的副主编，并对彼得·詹宁斯设计的 *Microchess* 印象深刻。在哈佛商学院攻读 MBA 学位期间，费尔斯特拉开办了一家名为个人软件的小型软件营销公司，主要产品就是詹宁斯的 *Microchess*。此时，Tandy 公司已进入微型计算机领域，费尔斯特拉销售的程序的第一版就是在 TRS-80 一代上运行的。费尔斯特拉喜欢 Apple II 的图形编程方式，很快也开始提供用于 Apple II 的 *Microchess*。

最后，费尔斯特拉接受了布瑞克林关于财务预测程序的想法。当时费尔斯特拉手头上唯一的计算机是一台 Apple II。于是，他将那台计算机借给了布瑞克林，布瑞克林开始和朋友鲍勃·弗兰克斯顿一起设计程序。弗兰克斯顿是个数学天才，从 13 岁起就开始接触计算机。弗兰克斯顿还为费尔斯特拉的公司写过程序，将一个桥牌游戏程序转换成可以在 Apple II 上运行的版本。

此后不久，布瑞克林和弗兰克斯顿组建了一家名为软件艺术的公司，开始编写财务分析程序代码。整个冬季，弗兰克斯顿每晚都在一间阁楼办公室里编程，白天则和搭档商议进展情况。他们俩偶尔会和费尔斯特拉一起梦想着触手可及的财源滚滚的未来。

1979 年春，程序雏形准备就绪。布瑞克林和弗兰克斯顿将其命名为 VisiCalc，也就是"可视化计算"（visible calculations）的缩写。VisiCalc 是计算机软件的创新。不论是在大型机还是在小型机上，以前从未出现过类似软件。从很多方面来看，VisiCalc 是一个纯粹的个人计算机程序。它追踪财务表格等表列数据，将计算机屏幕当作一个窗口，通过这个窗口可以看到一张巨大的数据表格。这个窗口可以在表格上滑动，显示表格的不同部分。

VisiCalc 程序很好地模拟了书面操作，但又远不止于此。输入表的各行与各列的数据可以相互关联，因此只要更改表格中的一个数值就可以改变其他相应的数值。这种"假设分析"能力大大提高了 VisiCalc 软件的吸引力。比如说，人们可以输入预算数字，然后就能立刻看到当一个特定数值发生变化时，其他数值将会发生怎样的变化。

布瑞克林和费尔斯特拉开始四处展示这款产品，并非所有人都如他们所预期的那样反响热烈。据费尔斯特拉回忆，他们向苹果公司的主席麦克·马库拉演示了 VisiCalc，但马库拉无动于衷，还向费尔斯特拉展示了自己的核算平衡程序。然而，1979 年 10 月，个人软件公司发布了 VisiCalc 软件，立刻大获成功。此时，费尔斯特拉已经将公司搬到了硅谷。

另一个用于苹果计算机的早期应用程序是名为 EasyWriter 的简单文字处理器，这个程序类似于电子铅笔，创作者是约翰·德雷珀。德雷珀最终通过加州伯克利的信息无限软件公司（Information Unlimited Software，简称 IUS）推出了这个程序，这家公司也销售早期数据库管理程序 WHATSIT。

然而，VisiCalc 的意义却更为深远。

费尔斯特拉要求经销商为 VisiCalc 估算一个有竞争力的价格，他被告知价格区间在 35 ~ 100 美元之间。于是费尔斯特拉最初提供的套件价格为 100 美元，但由于卖得太快，他很快将价格提至 150 美元。用于个人计算机的正式商用软件非常稀缺，没人能确定应该如何定价。此外，VisiCalc 还拥有其他商用软件不具备的功能。年复一年，哪怕 VisiCalc 涨价了，其销量依然大幅增长。1979 年软件首发时，个人软件公司每月发售 500 套 VisiCalc 的软件副本。到 1981 年，公司每月要发售 12 000 套软件副本。

鲍勃·弗兰克斯顿（左）和丹·布瑞克林（右） 1979 年，二人发明了首个电子表格程序 VisiCalc。（资料来源：丹·布瑞克林）

不仅 VisiCalc 软件的销量喜人，其普及也促进了苹果计算机的销售。它简直是"杀手级应用"，很多人为了这个应用程序而去购买计算机。在 VisiCalc 面世的第一年，它只能用于苹果计算机，这为人们购买苹果计算机提供了重要理由。事实上，Apple II 和 VisiCalc 软件有着令人印象深刻的共生关系，很难说是谁成就了谁。他们共同为硬件业和软件业做出了巨大贡献。

天堂里的烦恼

委员会的营销决策是所有问题的主要根源。

——丹·科特克

苹果公司的第三个财务年度截止日期是 1979 年 9 月 30 日，在这一财年里，Apple II 的销量增至 35 100 套，是上一年度销量的 3 倍多。但公司觉得他们需要很快开发另一款产品。没人相信 Apple II 还能继续成为最畅销的产品。

寻找下一个产品

1978 年，为了迎接挑战，苹果公司采取了好几个举措。当年夏天，他们聘用了查克·佩德尔，但并未明确其职位。佩德尔是 6502 微处理器和 PET（Apple II 的竞争产品）的设计者，因此将他招至麾下总是有好处的。佩德尔在苹果公司尚未从车库里崭露头角时就看到了它的潜力，还曾试图让 Commodore 公司收购苹果，但没有成功。

据说 PET 代表个人电子处理器（Personal Electronic Transactor）或佩德尔的自我之旅（Peddle's Ego Trip），但该名称其实是以当时流行的宠物石头命名的。和 Apple II 一样，PET 也是在 1977 年的首届西海岸电脑节上推出的。结果证明，PET 没有对美国个人计算机行业的发展产生重大影响，这主要是因为 Commodore 公司总裁杰克·特拉梅尔决定聚焦欧洲市场，而且 Commodore 公司没有及时为计算机提供磁盘驱动器。

佩德尔和苹果公司的高管最终也没能对他在公司的定位达成一致，于是佩德尔在当年年底返回了 Commodore 公司。

此时，为了设计新产品，沃兹尼亚克在惠普公司的前领导汤姆·惠特尼受聘管理并扩充工程部。

1978 年年底，好几个计算机新项目启动了。第一个项目是装有定制芯片的 Apple II 的增强版，这个项目代号为 "Anni"。沃兹尼亚克和另一位工程师负责此事，但并未完成项目。而且，沃兹尼亚克也没有像之前设计计算机和磁盘驱动器那样全情投入这个项目了，不过他也没闲着。

苹果公司高管商议后决定让沃兹尼亚克利用一种叫作"位片架构"的东西来设计一台超级计算机，位片架构可以将微处理器的性能传播到数块相同的芯片上。这种架构最大的优点是速度和可变精度算法。公司组织了一组工程人员来研发这款计算机，这个项目代号为"Lisa"。Lisa 项目启动缓慢，在多年中历经数次变换。最终，汤姆·惠特尼招募的原惠普公司工程师约翰·库奇接替沃兹尼亚克担任项目总监。

Apple III

与此同时，温德尔·桑德负责设计下一代苹果计算机——Apple III。桑德是苹果公司最可靠的员工之一，他被要求设计一款可与苹果公司其他所有产品相媲美的机器。桑德着手设计 Apple III 时，公司高管通知说希望他能在一年内完成任务。

在设计 Apple II 时，沃兹尼亚克可以随心所欲地创造自己想要的机器，但桑德却从一开始就受到公司高层会议的束缚，当时查克·佩德尔仍在高管之列。公司高层汇总了一套既宏观又很含糊的指导原则列表，其中提到了增强型图像和附加内存等他们想要的东西。相比之下，表中添加的少数详细概念似乎只是用来装点门面的。比如，高管希望这台机器能显示 80 列而非 40 列，并能在屏幕上显示大小写字母。

桑德被告知，这款新机器必须要能运行为 Apple II 设计的软件。虽然这种兼容性是很好的，因为外部程序员已经为 Apple II 开发了大量软件，但这也导致一个问题。设计这样一款具有"反向兼容"性能的计算机会捆住设计者的手脚。

当两台计算机的硬件不同时，可以在其中一台机器植入软件中间层，从而让两台机器运行同样的应用软件。这个附加层拦截从应用程序那里发来的命令，并为底层硬件将其翻译成相应的命令或命令序列。这个过程效率低下，这种低效在时序重要的程序中体现得尤为明显。在这种模仿中，微处理器是最关键的硬件，苹果公司决定使用与 Apple II 相同的处理器来简化模仿问题，这个处理器就是久负盛名却又功率不足的 6502 微处理器。

苹果公司行政办公室下达的模仿层命令并非毫无争议。公司的工程师和程序员都认为他们应该创造一款具有突破性的计算机，而模仿则会限制其性能。他们自己不想要这样的机器。但市场营销人员将模仿看作是刺激销售的良药：软件可以直接在 Apple III 上运行，苹果公司还能宣布正在设计一系列的计算机。因此这条命令没有撤销。

　　模仿以及对 6502 处理器的选择困住了桑德，限制了他的创意方案。微处理器的选择是计算机设计中最重要的决定，但这个决定却是由别人做出的。在查克·佩德尔设计 6502 时，他甚至没打算将它用作计算机的中央处理器。苹果公司考虑过增添一个附加处理器，在两个处理器之间进行性能切换，但是双处理器计算机的价格太高。桑德最终没有抗议。他喜欢设计计算机，并开始任劳任怨地执行那些指导原则。

　　在这个项目里，丹·科特克是桑德的技术员。桑德每天将一张计算机新部件的图纸交给科特克。然后科特克再复制原理图，将它变得更清楚，同时套上立体声耳机，将计算机接上去放音乐。几个月后，他们有了主板原型。

　　大约在此时，苹果公司组建了一支软件团队为新计算机设计操作系统和应用程序。管理层认为沃兹尼亚克为 Apple II 设计的操作系统比较简单，他们希望 Apple III 能拥有更好的操作系统。事实上，Apple III 的确需要更复杂的系统才能处理额外的内存。

　　尽管 6502 微处理器通常只能处理 64K 内存，但桑德运用存储单元转换技术避开了这个限制。计算机将会拥有多个 64K 存储单元，操作系统会追踪哪个存储单元正在活动以及每个存储单元里有哪些信息。必要时，操作系统能够在存储单元之间移动。微处理器会觉得机器只有 64K 内存，但应用软件运行时机器相当于具备 128K 或 256K 内存。

　　桑德在整个 1979 年都忙于设计 Apple III，并发现模仿还限制了新计算机的图像改进。Apple II 将大量内存预留给代表屏幕像素颜色的位元和字节。Apple II 的软件在需要使用新的彩色线条和图案来更新屏幕时会读取图形映射表。Apple III 需要在内存的相同位置放置一模一样的映射表以及相同的读取路径。这一要求阻断了 Apple III 增强图像性能的诸多可能性。

　　沃兹尼亚克偶尔会找桑德关心一下项目进度，但他相信这位同事可以在不受他打扰的情况下完成工作，沃兹尼亚克评价桑德是"不可思议的工程师"。然而，沃兹尼亚克后来表达了对模仿软件的不满。他认为软件没有充分模仿 Apple II。沃兹尼亚克说："苹果公司宣称他们做到了，但其实并没有。"沃兹尼亚克已经闲下来了，甚至感到有些无聊。一天，他溜进一位程序员的隔间，将一只老鼠放进他的计算机。当那位程序员回来后，他过了好久才弄清楚为什么自己的苹果计算机一直吱吱叫。与此同时，少了沃兹尼亚克的独到眼光，Apple III 项目陷入困境。

Apple III 的延误很快引起了市场营销部的注意。这家年轻的公司终于开始经历成长的烦恼。苹果公司成立时，Apple II 已近完成。Apple III 是苹果以公司名义从零开始设计、制造的第一款计算机。Apple III 还是第一款由沃兹尼亚克以外的人构思的苹果计算机。沃兹尼亚克设计计算机是为了追逐自己的梦想机器，但 Apple III 有点儿像很多人七拼八凑而成的大杂烩，是由委员会操刀设计的。作为委员会的典型产物，各方成员都对结果不太满意。

具有讽刺意味的是，要求 Apple III 项目组迅速完工的压力实际上是毫无必要的。Apple II 在市场上仍旧非常吃香。尽管有新的公司正在进入个人计算机市场，但苹果依然超越了 Radio Shack 公司成为个人计算机行业的龙头企业。1980 年，Apple II 销量翻倍，达到 78 000 多台。尽管如此，市场营销人员还是感到担心，力争发布 Apple III。

虽然桑德认为揭开 Apple III 的盖头有点儿操之过急，但他最终还是同意在 1980 年 5 月加州阿纳海姆举办的全美计算机大会上介绍这款新机器。尽管迈克尔·斯科特努力将苹果打造成一家严肃的专业公司，但当时还是业余计算机技术的未开化时期，产品质量测试还是很原始的。桑德演示了一些功能原型和操作系统软件，一切运行正常，他觉得应该可以完成介绍了。

成败之间

在那次计算机大会上，Apple III 受到业界和媒体的普遍欢迎。苹果公司不仅推出了新一代计算机，还宣布计划在几个月后计算机上市时推出新的软件——文字处理器、电子表格程序、增强型 BASIC 以及先进的操作系统。营销计划将 Apple III 描绘成一款可用于专业办公的正式计算机。这款计算机似乎大有成功的希望。

几个月后，趁着好评如潮的势头，苹果公司首度宣布公开发行股票。《华尔街日报》写道："自从夏娃以来，还从没有哪一颗苹果引发过如此诱惑。"

在苹果公司刚成立时，麦克·马库拉的梦想是建立全美最大的非上市公司，一家完全由员工持股的公司。他当时没有预见到个人计算机产业的爆炸式增长。为了跟上个人计算机技术的发展步伐，在研发和广告营销方面进行投资是必不可少的。苹果公司必须上市。1980 年 11 月 7 日，苹果公司向美国证券交易委员会申请首次公开发行股票。苹果公司透露，当年仅广告预算就增加了一倍，达到 450 万美元。

现在，乔布斯和沃兹尼亚克的身家比百万富翁还要多很多倍。然而，这两位年轻的大亨和苹果公司支持者很快就要为急着将产品推向市场而付出代价。

　　1980 年秋天，Apple III 正式问世。不久之后，这款机器的缺陷很快显现出来。用户成群结队地带着计算机去找经销商，投诉程序总是莫名其妙地崩溃。经销商接着又向苹果公司投诉。

苹果公司上市　根据史蒂夫·乔布斯在苹果公司的股份，麦克·马库拉授予他一张价值 9200 万美元的支票。（资料来源：苹果公司）

　　苹果公司的员工试图找出问题，这时他们才开始执行诊断测试，他们原本应该在计算机宣布推出之前就完成诊断测试，或者至少应该在产品上市前完成测试。Apple III 的问题变得人尽皆知，苹果公司放缓了新计算机的宣传，并且暂停了生产。公司员工找出了一个问题：一个连接器太松。在开发 Apple III 时，丹·科特克发现机器偶尔会死机。一旦他将计算机抬离桌面 1 厘米再让它落下，机器就能恢复工作。科特克怀疑某个连接器有问题，但因为自己是个无足轻重的小技术员，他对是否要向上级提出自己的疑问心怀犹豫。而工程师温德尔·桑德则没有介入连接器之类的机械细节问题。于是这个问题被忽视了。

另一个缺陷并非是设计失误导致的，而是由于运气不佳。桑德被要求使用国家半导体公司的特定芯片作为内部电子时钟。国家半导体公司在项目临近尾声时才通知他，他们无法提供这种芯片。苹果公司考虑过其他芯片，但最终全盘推翻了这种设想。然而，Apple III 已经在广告宣传中提到会配备内部电子时钟，由于缺少业已承诺的功能，他们不得不降低了计算机的价格。

1981 年 1 月，这些问题都被确认了，但几个月来一直销售有缺陷的计算机这件事损害了苹果公司的声誉。在那之前，公司一直一帆风顺，自负让乔布斯、马库拉和斯科特在并未进行适当测试的情况下就发布了 Apple III。

沃兹尼亚克撞毁飞机

1981 年 2 月 7 日，从苹果公司驾驶飞机离开后不久，沃兹尼亚克在斯科茨谷机场撞毁了他的四座单引擎飞机。当时他正在进行连续起落训练，飞机上还坐着他的两个朋友和他的未婚妻坎蒂。沃兹尼亚克和他的心上人受了伤；他的朋友侥幸毫发无损。幸运的是，沃兹尼亚克没有撞进附近一座热闹的旱冰场，那座旱冰场离他仅 60 米之遥。

坎蒂很快痊愈了。尽管沃兹尼亚克的脸上有伤口，但大家都认为他状态良好。没有人意识到，甚至连沃兹尼亚克本人也没意识到，这场事故实际上对他造成了怎样的影响。当时，沃兹尼亚克的亲友认为他在精神上似乎有些迟缓。他们不知道的是，沃兹尼亚克能记得事故之前的每一件事，但他对事情的记忆只限于撞机事故之前，之后一段时间的记忆被抹去了。

"我不知道自己遭遇过撞机事故，"沃兹尼亚克说，"我不知道自己住过院，也不知道自己曾经在医院里玩计算机游戏。我以为自己不过是在周末时休息了一下，然后就会回到苹果公司上班了。"医生说沃兹尼亚克得了顺行性遗忘症，这在撞机事故幸存者中并不罕见。

一个月后，沃兹尼亚克依然对自己的状态一无所知。看过电影《凡夫俗子》之后，他开始对自己遭受过撞机事故的事感到困扰。他问未婚妻："我遇到过飞机失事吗？还是我做梦梦见的？"

"哦，你是做梦梦见的。"坎蒂回答，她以为沃兹尼亚克在开玩笑。

但这种想法一直缠绕在沃兹尼亚克的头脑中，他开始对此念念不忘。回想那次飞行之前的事，他可以强迫自己想起每一个细节，一直可以回忆到将手放到油门杆上，然后———片空白。

　　这可真是让人费解。对这件事的解释是失忆症！沃兹尼亚克的记忆里有一道缺口。他在床边发现了几百张祝福卡片，一些卡片上写的是好几周之前的日期，但他不记得自己曾经见过这些卡片。现在他知道了，自己的记忆缺口长达好几个星期。

　　据沃兹尼亚克说，他过了一个多月才从失忆症里"走出来"。尽管记忆恢复了，可沃兹尼亚克还是不想马上回苹果公司上班。他已不再参与公司的重要决策，对公司业务也不感兴趣。他是一位工程师，只继续从事分配给他的技术项目。"我不是做管理人员的料。我只喜欢指令集。"沃兹尼亚克表示。

　　飞机失事前，沃兹尼亚克的最后一个项目是为兰迪·威金顿开发一个程序编写算数例程。这个项目是迈克尔·斯科特发起的。因为对苹果公司长时间的项目延误感到很沮丧，所以斯科特跳过公司的重重官僚机构，在一个类似 VisiCalc 的电子表格项目开发中对年轻的威金顿委以重任。

　　威金顿的工作进度比沃兹尼亚克快，沃兹尼亚克还没开始创建算数例程，威金顿就差不多准备就绪了。斯科特被沃兹尼亚克反复无常的工作习惯以及 Apple III 的上市延误激怒了，于是开始对沃兹尼亚克施加压力。沃兹尼亚克没日没夜地工作，每天都忍受着斯科特对他进度缓慢的抱怨。

　　有一次，为了摆脱斯科特，沃兹尼亚克又想出一个恶作剧。沃兹尼亚克知道斯科特是电影导演乔治·卢卡斯的粉丝，斯科特告诉过沃兹尼亚克，他希望这位导演能加入苹果公司的董事局。沃兹尼亚克让一个朋友致电斯科特的秘书，声称他是乔治·卢卡斯，之后会再打电话过去。斯科特焦急地期盼着卢卡斯的来电，接下来的几天都没理会沃兹尼亚克。

　　沃兹尼亚克相信他在飞机失事时可能带着电子表格例程的最终稿，但直到一年后他依然无法确定。然而，和丢失了那些代码相比，苹果公司随后发生的事件具有更严重的破坏性影响。

黑色星期三

　　沃兹尼亚克遭遇撞机事故之后的第三个星期，迈克尔·斯科特决定，苹果需要一次有益健康的整顿。在斯科特看来，他驾驶的这艘船有些倾斜，是时候卸下一些负重了。有一天，斯科特解雇了 40 位员工并终止了好几个硬件项目，他认为那些项目耗费了太多时间，公司员工将那天称为"黑色星期三"。公司各级都被这一举动惊呆了。

斯科特从不掩饰其反复无常的性格。他与沃兹尼亚克和乔布斯都有过多次争吵。"我这辈子从没对其他人叫嚷过那么多次。"乔布斯回忆道。有时候，经过长时间的争论，乔布斯会流着眼泪离开总裁办公室。斯科特也以卖弄的举止而著称。他那熟悉的身影在公司里随处可见，他会定期探访员工，跟进正在发生的事情。斯科特还知道怎样提升公司士气，比如他提议由公司出钱请全体员工去夏威夷旅游。但是，Apple III 耗尽了斯科特有限的耐心。

由于这轮解雇的必要性十分可疑，这家年轻的公司上下备感震惊。一开始，留下的员工琢磨着下一次解雇会轮到谁。同时他们也努力想要回聘斯科特解雇的一些人。就连那些觉得有必要进行整改的人也认为斯科特很不公平地解雇了一些优秀的员工。

解雇事件发生后的第二天，克里斯·埃斯皮诺萨来到乔布斯的办公室对他说："这样管理公司实在是太糟糕了。"尽管乔布斯为这场大规模的裁员进行了辩护，但他似乎也和其他人一样垂头丧气。不论乔布斯还是马库拉都感到斯科特的行为过于武断。

一个月后，乔布斯和马库拉降低了斯科特的职位。不再掌权后，斯科特认为目前的事态是难以容忍的。在一封日期标注为 7 月 17 日的辞职信中，斯科特措辞激愤地宣称自己受够了"伪善、应声虫、鲁莽的计划、文过饰非的态度以及专制的独裁者"。他最严重的指控大概是"一家公司的品质不是也不应该由委员会来设定"，这句话概括了他对公司管理层的看法。第二天，斯科特飞往德国参加拜罗伊特歌剧节，那是他一直想要做的事。

尽管 Apple III 出了问题，沃兹尼亚克得了失忆症，发生了黑色星期三事件及其余波，斯科特也辞职了，但苹果公司仍继续繁荣发展。沃兹尼亚克爱的结晶 Apple II 一如既往地支撑着整个公司。1980 年的那个财年，Apple II 的净销售额增加了不只一倍，并在 1981 年上半年继续攀升。1981 年 4 月，苹果公司已经雇用了 1500 名员工。除了库比蒂诺，公司已在圣何塞、洛杉矶和达拉斯开办了国内制造工厂。为了满足欧洲日益增长的需求，公司还在爱尔兰科克开了一家工厂。苹果产品的全球销售额以高于上一年度 186% 的速度增长，现在总计已达 3 亿美元。苹果经销商的数量增加至 3000 家。马库拉接替斯科特担任公司总裁，他相信自己担任这个职位是临时性的，时年 26 岁的乔布斯成为董事会主席。

现在，苹果公司在研发上投入了数百万美元，想要创造一件震惊世界的产品。这个公司想证明自己已经接受了 Apple III 的失败教训，同时也想证明苹果公司确实可以成功地推出一件新产品。1981 年秋天，业界杂志上满是关于苹果开发新产品的传闻。

当时就连苹果公司也没意识到，那些传闻是错的。苹果公司的确会推出一台震惊世界的计算机，但其根基扎于别处，那是几公里之外的一位杰出工程师和一种已有十多年历史但仍不为世人所知的技术成果。

追逐月亮

一旦你没什么可以失去的，那就追逐月亮吧。于是我们追逐着月亮，而且我们一直知道，如若成功，这要同时归功于苹果公司和 IBM 公司。

——史蒂夫·乔布斯

Apple II 将个人计算机这个新生产业的产品营销和设计提升到了一个新境界。这款计算机出自天才工程师之手，在技术上也让人印象深刻。然而人机互动方式的整体观念即将经历重大变革。正是苹果公司将这种个人计算机的新视野引荐给了世人。

演示之母

据说那是自新墨西哥州阿拉莫戈多原子弹试验之后最引人注目的演示之一。

1968 年 12 月，秋季联合计算机大会在旧金山开幕，来自斯坦福研究院的道格拉斯·恩格尔巴特和他的同事开了一场发布会，斯坦福研究院是斯坦福国际研究院的前身。当时的斯坦福研究院位于门洛帕克，距离库比蒂诺半岛只有几公里远。

恩格尔巴特瘦骨嶙峋、说话轻柔而有条理。他带着麦克风和耳机走上讲台，在一台古怪的设备前坐下，那台设备主要由键盘和一些奇怪的工具组成。他身后是一块屏幕，上面会显示大部分的演示情况。

演示之母　道格拉斯·恩格尔巴特在 1968 年秋季联合计算机大会上展示"演示之母"时使用的输入设备。（资料来源：道格拉斯·恩格尔巴特）

　　这次的演示就像打开了一扇通往未来的窗口。它展示了计算机可以如何来处理日常事务，比如安排一天的任务计划。恩格尔巴特将这些信息全部存储在一个电子文档中，他可以通过多种方式对此文档进行管理和检查。当时，从计算机内部读取信息的常见方式是通过叮当作响的电传打字机，恩格尔巴特将当时的与会者引入了一个新世界。他向与会者展示了文本行扩展为分层列表，接着又折叠回到原处，一些文本在其下方文本改变时可以"冻结"在屏幕顶端，并且可以在分屏显示器上混合显示文本、图像和视频。

　　而且，恩格尔巴特完全通过一种名为鼠标的特殊设备来控制上述操作，鼠标和在屏幕上到处移动的一个点（他们称之为"臭虫"）有着明显的感应连接，这个点会指明指令将在哪里生效。通过鼠标，恩格尔巴特就能点击一个单词，随后跳转至文档另一处或跳转至其他文档。

第一个鼠标　1964 年，道格拉斯·恩格尔巴特发明了鼠标，将其作为一种输入设备。第一个鼠标是用一块木头雕刻而成的。（资料来源：道格拉斯·恩格尔巴特）

　　恩格尔巴特开始通过视频 / 音频链接来介绍另一位团队成员，这让演示变得更加有趣了。这个人也坐在一套和恩格尔巴特的机器相仿的设备前，并且带着麦克风和耳机。他和恩格尔巴特都坐在摄像机前，这样他们就能相互通话。大家很快发现，他们俩都可以在恩格尔巴特屏幕显示的文档上进行操作，轮流控制那个感应"臭虫"，从而实现实时对文档协同操作，同时在分屏显示器的半边区域里相互交谈并看到对方。

　　从来没有人见过计算机做出这样的事。

　　这次的演示预示了一代人都无法达到的许多计算机的技术突破，其中包括可折叠、可扩展大纲文本行；可连至其他文档的、具有嵌入式链接的文档，就像现在的网络浏览器；鼠标；可以腾出一只手来操控鼠标的单手操作键盘；以及跨城市实况视频 / 音频会议技术。那还是在 1968 年啊！

道格拉斯·恩格尔巴特　在技术方面具有远见卓识的恩格尔巴特拿着最初的木块鼠标和另一个更现代化的衍生产品。（资料来源：道格拉斯·恩格尔巴特）

　　恩格尔巴特在那一天所展示的创新成果比业界公认的大多数名家一生中实现的成就还要多，而且当时他还只是个年轻人。演示结束后，观众报以长久的热烈掌声。这次演示后来被称为"演示之母"，位于史密森尼的美国国家历史博物馆保存了这次演示的相关材料。这是恰如其分的，因为这次演示具有历史性意义。

　　计算机科学家艾伦·凯伊在那场演示之前就已见识过恩格尔巴特的技术。"我知道他们将要展示的所有东西。在此之前我都见过。但那依然是我一生中最伟大的经历之一。那是理想的总和，体现了理想的广度和深度。长久而热烈的掌声来自当即的认可，某件重要的事发生了，我们从今往后不必再因循守旧。就在得克萨斯的帐篷会议上，人们被改变了。很多教会牧师都会告诉你，这些技术不过是昙花一现，然而对那些明白恩格尔巴特想要做什么的少数人来说，一切都将迥然不同。"

　　技术未来主义者保罗·萨佛后来说："这次演示点燃了横扫计算机技术领域的熊熊野火，激励着研究者一个接一个地朝着自己的方向前进。确切地说，它改变了计算机技术从过去十年以来延续的发展方向，一切都将变得大不相同。"

帕洛阿尔托研究中心打开和服 [①]

这次演示本该打开所有大门。如果是在另一个时代，那么投资者会对恩格尔巴特投以重金。然而在 1968 年，几乎没有投资者认为高科技是有前途的投资领域。岁月流逝，恩格尔巴特去了一家名为 Tymshare 的公司，他的多名前员工最终在帕洛阿尔托建立了一家名叫施乐帕洛阿尔托的研究中心。

早期的工作站　这个 1965 年的工作站体现了恩格尔巴特包括鼠标的多个创新。(资料来源：道格拉斯·恩格尔巴特)

1970 年，施乐公司在帕洛阿尔托开办了帕洛阿尔托研究中心。施乐公司已将研究中心从开发部门中分离出来，从严格意义上来说，帕洛阿尔托研究中心是一个前沿研究机构，没有开发商用产品的职能。开办帕洛阿尔托研究中心是为了探索科技前沿，而它确实也做到了这一点。一位硅谷观察员将帕洛阿尔托研究中心称为国家资源，因为它在一定程度上与外界共享技术知识。虽然它是一家大型企业的研究机构，但其开放程度与学术机构或计算机发烧友运动的开放性更为相似。帕洛阿尔托研究中心既有大学般的学术自由，又有大公司的财力支持，对计算机工程师和程序

---

① 　打开和服是指披露某一项目或公司的内部运作情况。——译者注

员来说，那里的工作机会是激动人心的。

帕洛阿尔托研究中心的成就之一是 Smalltalk。Smalltalk 是一种计算机语言，但又超越了计算机语言，它其实是一种关于如何把真实问题转换成计算机解决方案的新思维方式。帕洛阿尔托研究中心还开发出了将办公室的多台计算机连成局域网络的关键技术。加上恩格尔巴特的创新，帕洛阿尔托研究中心拥有计算机技术历史上最大的宝库。它们是未来的科技，但似乎只有与施乐公司的复印机业务相契合的那些技术才走出了研究中心的实验室。

与此同时，苹果公司正在采取最后的措施以弥补 Apple III 的乱局所导致的损失。1981 年年底，苹果公司正式重新推出 Apple III。现在，这款机器包含采用硬盘形式的增强型存储装置以及改良过的软件。但当时另有两个重要的计算机项目也在同步展开。

Lisa 麦金塔的"老大姐"没有获得商业上的成功。（资料来源：苹果公司）

苹果公司对 Lisa 项目的起初设想是一款多 CPU 计算机，沃兹尼亚克当时已经准备着手设计了。随着时间的流逝，计划改变了，现在 Lisa 将要使用非常强大的单 CPU——摩托罗拉 68000。编程专家比尔·阿特金森曾为将 Pascal 语言应用于 Apple II 做出过重要贡献，现在他将率领 Lisa 的软件开发团队。Lisa 将会成为一台性能卓越的强大机器。阿特金森的设想是一个"纸张"模型，即屏幕底色为白色，文本和图像可以像在印刷页面上那样自由混合。Lisa 将会吸引 Apple III 未能抓住的市场。这款商用个人计算机将成为苹果公司的中流砥柱。

如果说 Lisa 是价格高昂的高端商用机，那苹果公司的麦金塔计算机在很多方面则恰恰相反：小巧、廉价、易用、简单。这就是麦金塔项目的领导者杰夫·拉斯金的计划。当年拉斯金是苹果公司的文档工作主管，正是他劝说克里斯·埃斯皮诺萨撰写的"小红书"，助推了 Apple II 的流行。现在，拉斯金开始更好地运用自己的计算机科学学历来运作一个真正的计算机项目。根据拉斯金的设想，麦金塔是一款低价便携设备，完全没有 Lisa 那些耀眼的性能。

麦金塔原型机　麦金塔的理念在开发过程中逐渐形成。(资料来源：苹果公司)

当时，几乎没有个人计算机企业了解帕洛阿尔托研究中心的工作。那主要是一家研究机构、一个不同的世界。相对于产业部门，帕洛阿尔托研究中心与学术界更为接近。

拉斯金是横跨业界与学界的罕见人才。他是一位任职于最热门个人计算机公司的高校计算机科学家。他知道帕洛阿尔托研究中心发生了什么，而且坚信乔布斯也应该有所了解。

但是拉斯金对自己与乔布斯的关系并无幻想。乔布斯习惯对人迅速做出判断，而且他的思维方式是二进制的，他认为别人不是 1 就是 0，也就是说，乔布斯认为人都是非好即坏的。拉斯金不认为乔布斯会将自己标记为 1，尽管他对此并不以为意。

不过，拉斯金知道自己无法说服乔布斯去看一看帕洛阿尔托研究中心这个仙境。乔布斯青眼相加的阿特金森是拉斯金的下属，于是拉斯金鼓动阿特金森邀请乔布斯去帕洛阿尔托研究中心逛逛。正是阿特金森让乔布斯注意到了帕洛阿尔托研究中心，并激发了乔布斯对此的兴趣。

这个策略生效了。据乔布斯所言，他还和施乐公司商定了一个优于平均水准的演示模型。

"我来到施乐开发公司，"乔布斯说，"那里负责施乐公司的所有风险投资，我对他们说，'听着，如果你们能打开帕洛阿尔托研究中心的和服让我看看，那我就让你们向苹果公司投资 100 万美元。'"

帕洛阿尔托研究中心的研究员阿黛尔·戈德堡对此非常气愤。她认为施乐公司将会泄露所有秘密。以前也有人来帕洛阿尔托研究中心参观，观看技术演示，但这是施乐公司首次向一个有能力将技术推向市场的计算机公司高管敞开大门。但是施乐开发公司驳回了戈德堡的意见。

1979 年 11 月和 12 月，乔布斯两次探访帕洛阿尔托研究中心，同行者有阿特金森、斯科特和其他一些人。拉里·特斯拉带领他们四处参观研究中心，并在"只能看不能碰"的前提下演示了创新技术。他们第一次见识了图形用户界面：文档显示在白色屏幕上的重叠框架之中，通过图标和屏幕上各种元素的直观操作，软件程序变得具体有形。恩格尔巴特的鼠标曾是键盘的补充，现在已成为功能全面的系统的一部分，可以单击物体并拖着它们满屏跑。这些都让乔布斯大吃一惊。

麦金塔计算机的起源

虽然乔布斯和同事密切观察了各种演示，但他们对帕洛阿尔托研究中心的工程师是如何施展魔法的却一无所知；他们只是看到了结果。帕洛阿尔托研究中心并没有为苹果公司提供很多技术，苹果公司没能得偿所愿。然而，那也足以从根本上改变苹果的计划了，乔布斯决定要让苹果公司实现这些奇迹，改变就在他做出决定时发生了。

一段时间后，苹果公司招募了拉里·特斯拉从事 Lisa 项目，因而得到了更多有关帕洛阿尔托研究中心的技术成就。更多帕洛阿尔托研究中心的工程师很快也跳槽去了苹果公司，他们发现苹果公司为他们提供了将图形用户界面的设想推向市场的机遇。

乔布斯坚持认为，Lisa 项目将会转变方向，体现出他们在帕洛阿尔托研究中心获得的启示。乔布斯火力全开，迫使大家都拼命工作，并在多个层面都亲自介入项目。很多人说乔布斯快要将大家都逼疯了。如果这发生在几个月之后，他可能不会受到质疑，但当时苹果公司尚有一位总裁，而他在管理公司创始人方面是毫不手软的。斯科特将乔布斯逐出了 Lisa 项目。1978 年加入苹果的原惠普公司工程师约翰·库奇受命负责 Lisa 项目。

拉里·特斯拉 从帕洛阿尔托研究中心跳槽至苹果公司，并曾在帕洛阿尔托研究中心从事 Smalltalk 项目。（资料来源：拉里·特斯拉）

既不愿意接受这个决定，又不想挑战它，乔布斯的回应是转而加入麦金塔项目。将拉斯金扫到一边后，乔布斯将麦金塔彻底重新定义为一款和 Lisa 非常相似的机器——最大的不同是他要求团队将麦金塔造得比 Lisa 更加出色。乔布斯将麦金塔项目团队带离公司，招募顶尖工程师和程序员，要求他们长时间工作。乔布斯一边不停地赞扬他们，一边又不断地批评他们。乔布斯还对麦金塔团队说，他们才是公司的未来，苹果公司的其他人都已成为历史。

1981 年，苹果公司为新产品研发投入了 2100 万美元，这个数字是上一年研发投入的 3 倍。乔布斯走遍全球最好的自动化工厂，然后委托加州菲利蒙市的一家新工厂生产麦金塔计算机。"我们已经设计了用来制造计算机的设备，"乔布斯说，"麦金塔的制造流程是在高度自动化的时代设计的。"

乔布斯和苹果公司的其他人都想看到公司继续快速成长，并想要将公司塑造为行业的技术领导者，这样做的理由很多，最主要的理由是 IBM 可能会在 1981 年年底进军个人计算机市场。

苹果公司对 IBM 计划生产个人计算机的传言并不吃惊。公司多年来一直在思考这种可能性。乔布斯将形势比喻为一扇徐徐落下的闸门，而苹果公司 4 年来一直在全速奔跑，以便在闸门最终关闭之前穿越而过。1980 年 12 月，苹果公司在其股票首次发行的招股说明书中让这种担忧广为人知。苹果公司也准备很快迎接来自惠普和各种日本公司的竞争。不过到目前为止，最大的挑战来自 IBM，对很多人来说，这个铬合金巨人的名字就意味着"真正的"计算机，况且它还是一家富可敌国的跨国企业。不论 IBM 将推出什么样的产品，苹果公司都会义无反顾地用 Lisa 和麦金塔来接招。

史蒂夫·乔布斯（左）和麦克·马库拉（右） 乔布斯很快就学会了提升自己的形象，更好地与他的抱负相匹配。（资料来源：苹果公司）

我们惨遭重创。

——唐·马萨罗，施乐公司办公用品部总裁

第 8 章

闸门落下

自从离开阿尔伯克基前往故乡贝尔维尤以来，比尔·盖茨和保罗·艾伦的软件业务蒸蒸日上，他们专门开发用于个人计算机的编程语言。他们最初为 MITS 公司的 Altair 编写的 BASIC 依然是最受欢迎的产品，这项发明为一个几乎没有标准的行业树立了标杆。此外，盖茨和艾伦也将面向大型计算机的 FORTRAN 和 COBOL 等编程语言引入了个人计算机领域。他们甚至还研发了一款硬件产品——一张用于苹果计算机的电脑卡。有了这张电脑卡后，人们就能在苹果计算机上运行微软的 8080 和 Z80 软件。来自华盛顿湖对岸的西雅图计算机产品公司的蒂姆·帕特森为开发这款产品提供了帮助。

当时，24 岁的盖茨和 27 岁的艾伦都对自己的成就心满意足。微软公司的年销售额已达 800 万美元，拥有 32 名员工，其中大部分员工是程序员。然而，微软公司在 1980 年 7 月介入了一个项目，这个项目将会颠覆和改变微软公司及整个个人计算机产业。

1980 年，许多个人计算机软件公司和硬件公司都在开展业务，就算没取得惊天动地的成就，基本上也都是运行良好。苹果公司的成功让全世界意识到个人计算机也是一种正经的生意。从车库工厂成长为大型企业，苹果公司的年销售额大幅攀升，为 Apple II 型计算机开发软件、制造附加硬件的小公司不断增多，这些事实都让怀疑论者相信，个人计算机并非儿戏。

　　最大的怀疑论者是那些生产小型计算机和大型计算机的大公司。DEC 和惠普等企业都曾在 20 世纪 70 年代早期驳回了员工关于制造个人计算机的提议。

比尔·盖茨（左）和戴维·巴纳尔（右）　二人曾在 MITS 公司共事，几年后又见面，场景变成了一位软件企业家向一位杂志企业家演示程序。（资料来源：戴维·巴纳尔）

　　出于种种原因，这些著名的计算机企业对接受这个新兴市场的反应十分迟疑。在苹果公司取得成功之前，他们仍在质疑面向个人计算机的市场是否真正存在。此外，对 IBM 以外的企业来说，当前市场已经存在众多风险。开发未经验证的产品是很冒险的，相对而言，刚起步的公司没有什么包袱，而著名企业若不知深浅就贸然下水，则有可能严重损害自己的声誉。知名企业所需要的开支也更加高昂。仅是大公司用来开展个人计算机可行性评估所需的工程师薪酬这一项，恐怕就会比 MITS 公司和 Proc Tech 公司投入的研发总费用还要高。公司还得进行原型开发和市场调研，这需要投入更多资金。

　　最后，销售团队的问题似乎是难以解决的。熟悉内部工作机制的工程师每次只卖出一台大型机。一次交易通常需要经过多次探访和冗长的电话，这要占用训练有素的专业人士的大量时间。在这样的体系中，一台大型计算机的销售成本很容易就会超过一台个人计算机的总价。这种方式显然不适合销售个人计算机，但没有一家大型计算机公司急着探索新方法，也许是考虑到追逐一个虚幻的市场会得罪自己的销售团队。

然而，苹果公司证明了"小众的"个人计算机市场确实存在。哪怕是没有太多远见的人也能看出，根据合理预期，只要一家公司拥有设计精良的机器，同时具备一些营销技能和宣传资金，就可以通过销售个人计算机获得利润。大块头一定会跳下水来的。

便携式计算机

> 早期的个人计算机公司由发烧友管理，他们自欺欺人地相信，眼前的成功来自良好的管理和前瞻性的眼光。
>
> ——亚当·奥斯本，个人计算机先驱

亚当·奥斯本没有忽视这种形势。他从一开始就介入了微型计算机领域，奥斯本为英特尔撰写过微处理器操作手册，出版过一系列的计算机书籍，还在一本计算机杂志上撰写了广受欢迎的产业观察专栏。1980 年，奥斯本决定更深入地参与进去。

追根溯源

作为微型计算机技术领域名言警句最多的人物之一，奥斯本的口齿和他的文笔一样伶俐。他的嗓音独特而威严，再加上精确的英国腔，似乎随时都能找到恰当的词汇。他的演讲方式让听众相信他可以一锤定音。奥斯本在写作领域也声名远扬——首先是关于微处理器的书，接着是《界面时代》和《信息世界》杂志上的专栏文章。

起初，奥斯本的专栏内容是对硅谷芯片技术的直率分析。但奥斯本很快转向其他主题，不久就开始撰写计算机公司的八卦丑闻。奥斯本尤其批评了"空麻袋背米"的惯常做法（即事先宣布推出某款产品，然后接收订单，再用订单赚来的钱进行产品开发）。硅谷是奥斯本的信息来源，他将自己的专栏称作"追根溯源"。没人指责奥斯本文风犀利，许多读者相信这个名称反映了他本人的性格，这似乎有点道理。

奥斯本写起有关行业内幕的文章来怡然自得，因为他自己并未直接牵涉其中。他在伯克利开办的关于计算机书籍的出版社是其微处理器咨询业务的一个分支，引起了麦格劳－希尔的注意。卖掉出版社之后，奥斯本开始寻找其他的工作方向。出版社后更名为奥斯本／麦格劳－希尔。

亚当·奥斯本 为英特尔撰写过操作手册、创办了一家计算机书籍出版社、为计算机杂志撰写过有影响力的专栏，并开办了首家生产便携式个人计算机的公司。（资料来源：由戴维·卡里克）

长久以来，奥斯本一直认为计算机应该是便携式的——这在当时是一种痴心妄想。奥斯本认为，便携性将成为下一代的产品创新，但计算机公司都尚未意识到这个事实。在参加电脑展期间，奥斯本与比尔·盖茨和塞缪尔·鲁宾斯坦等业界先锋会面了，试探他们对这个想法的反应。"他一开始说，'为什么没人做这件事呢?'"盖茨回忆道，"过一段时间我就听说了，'它将被命名为 Osborne I'。"

李·费尔森斯坦的下一个项目

1979 年 6 月的一天，天气炎热，李·费尔森斯坦在纽约参加全美计算机大会。

费尔森斯坦是 Proc Tech 公司的顾问，但是事前没人告诉他，Proc Tech 公司已经倒闭了。费尔森斯坦耐着性子焦虑地等待着，手上拿着 Proc Tech 公司最新的主板原型，直到他意识到鲍勃·马什和加里·英格拉姆再也不会露面了。

费尔森斯坦回到伯克利后，想在那里发展业务，以便弥补 Proc Tech 公司对他造成的版权费损失。他想将 Proc Tech 公司最后一块主板的设计卖给其他公司，那块主板是他设计的视频显示组件的增强版本，但费尔森斯坦运气不佳，没有找到买主。为了勉强维持生计，他接下各种自由项目，但对可接受的工作类型颇为挑剔。"我感到筋疲力尽，"费尔森斯坦说，"我只是在等待机会去做自己想做的事，完全不顾及经济报酬。"

费尔森斯坦回想起那年晚些时候的一个夜晚，当时他在给音频板连线，一直坐着工作到深夜，同时收听伯克利非主流电台 KPFA 的节目。电台主持人连续播放了 6 遍浪漫民谣 *The Very Thought of You*。第一次播放完毕后，费尔森斯坦继续工作，想着下一首会放什么歌。然后它播了一遍又一遍。

"那是最糟糕的时刻，"费尔森斯坦说，"我就像是被困住了；太阳再也不会升起；我只能不断向前、向前、向前。外面的世界不复存在，我唯一要做的只是听着这首歌继续工作。"

1980 年，费尔森斯坦的情况没有发生太大变化。2 月，他搬进了伯克利的仓库，在认识马什之前，费尔森斯坦帮"社区存储器"项目做过启动工作，现在这个项目就存放在那个仓库里。"仓库"是一间黑顶白墙的大房间，有很多喷砂木梁，显然是 20 世纪早期的"防震"建筑。作为"社区存储器"项目的创始人，费尔森斯坦希望自己能不付房租。不幸的是，"社区存储器"项目在财务上捉襟见肘，费尔森斯坦发现自己的生存状况越发岌岌可危。

在当年 3 月的西海岸电脑节上，费尔森斯坦终于时来运转。亚当·奥斯本找到他，并大胆宣告自己将要开一家硬件公司，而且"将会做得很好"。费尔森斯坦对奥斯本说："你说出了我的心里话。"

奥斯本和费尔森斯坦是通过奥斯本的出版社认识的，费尔森斯坦为出版社审稿，并为技术项目提供咨询。费尔森斯坦向奥斯本展示了许多自己没卖出去的设计，其中包括一台"可以控制一间满是操作杆的房间，并运行团队太空战争游戏"的控制器。

奥斯本一口回绝了这些设想。他知道自己想要做什么。奥斯本要销售个人计算机，并提供配套软件——也就是包含在计算机之中的应用软件。在那之前，硬件公司和软件公司都为相同的消费群体服务，但并没有在销售方面合作过。奥斯本明白，新手在购买计算机时经常对需要什么样的软件感到困惑。他认为，如果将计算机和最常用的应用程序（文字处理器和电子表格程序）打包出售，那么就可以吸引购买者。

是的，奥斯本的想法没有错，而且这款计算机还将是便携式的。

组装零件

奥斯本在 20 世纪 80 年代就计划生产一款便携式个人计算机，这是很有野心的，但他的做法很务实。奥斯本不想一味追求最先进的硬件，只想要那些能让计算机便于携带的必要创新。考虑到便携性，他要求计算机具备 40 列显示。Sol 有 64 列显示，费尔森斯坦折中了一下，给了他 52 列显示。奥斯本希望计算机的尺寸大小能适合放在飞机的座位之下。费尔森斯坦将屏幕上的字符行数减到最少，这样屏幕就能变得足够小，只有 5 英寸宽，在里面留出 CRT 的避震空间。因为人们会带着这台机器到处跑，所以它难免会掉到地上。费尔森斯坦让这款计算机的设计通过了落震试验，这就意味着增加了缓冲。

费尔森斯坦还想出了一种创新的显示技术，几十年后，当试图弄清楚如何在智能手机屏幕上显示网页时，设计者会再次发现这种创新技术。费尔森斯坦将较大屏幕的信息量存储在内存中，让用户可以在小显示器上滚动显示较大屏幕的信息。用户就像是看着一页纸在屏幕玻璃后面滑动。

当时的正式微型计算机都配备两个磁盘驱动器，费尔森斯坦在 Osborne I 上也装了两个。他不能确定高密度驱动器能否承受粗暴的搬运，于是使用了比较原始的驱动器，这种驱动器可以为计算机提供并不出众但刚好够用的存储性能。

奥斯本说："够用就行。"

这款机器配备了 Z80 微处理器、64K 内存和标准设备接口——这是当时的标配。然而不论是其外形尺寸还是奥斯本坚持的磁盘袋，无一不显示出它是出于便携性的目的而设计的。和几年后出现的轻薄笔记本相比，将其称为"手提式"计算机可能更合适。它带有一个把手，便于将其放到飞机座椅下面。

李·费尔森斯坦　坐在自己的一些发明中，其中有 Sol 和 Osborne 计算机。（资料来源：李维·托马斯）

　　然后，奥斯本开始寻找与计算机打包在一起的软件。他需要一些简单的程序，一些有利于软件开发的工具。奥斯本致电"冲浪者"理查德·弗兰克，弗兰克是一位有浅黄色头发的硅谷软件开发人员。弗兰克为奥斯本的公司贡献良多，甚至还提供了办公场地。

　　说到操作系统，奥斯本选择了业界领导者加里·基尔代尔的 CP/M。至于编程语言，BASIC 是显而易见的选择。奥斯本有两个广为使用的版本可以选择。因为这两个 BASIC 版本可以优势互补，所以他决定两个都要，并与戈登·尤班克斯就 CBASIC 和比尔·盖茨就微软 BASIC 达成交易。奥斯本还需要一个文字处理器。

　　1980 年，MicroPro 公司总裁塞缪尔·鲁宾斯坦拥有当时最好的文字处理器。奥斯本以将一部分公司股份转让给鲁宾斯坦为代价，用超低价买下了 WordStar。奥斯本也向盖茨、基尔代尔和尤班克斯提供了公司股份。只有基尔代尔为避免出现对客户厚此薄彼的情况，坚决地拒绝了这个提议。盖茨拒绝了奥斯本计算机公司理事会的席位，但收下了公司股票，以换取微软 BASIC 的特别优惠价。奥斯本向鲁宾斯坦提供了更多东西——新公司的总裁职位。鲁宾斯坦没有接受此职位，但接受了董事会主席的职位。不过，鲁宾斯坦觉得奥斯本的主意非常好，因此自掏腰包向新公司投资了 20 000 美元。

因为没能和个人软件公司就需要的电子表格程序达成令人满意的交易，所以奥斯本请理查德·弗兰克和他的 Sorcim 公司开发了一款新的电子表格程序，弗兰克称之为 SuperCalc。如果按副本计算，奥斯本的软件市值现在总计可达 2000 美元左右，他计划将这些软件的全部费用包含到计算机的基础价格之中。

到目前为止，绝大部分的设计工作都是在"社区存储器"项目的车库里完成的。1981 年 1 月，奥斯本计算机公司申请注册，并在加州海沃德找到了办公室。

一飞冲天

1981 年 4 月，奥斯本在西海岸电脑节上推出了 Osborne I 计算机，它成为这次展销会的最大热门。人们挤爆了它的展台。奥斯本越众而出，看起来心满意足。这款计算机并非技术科技的奇迹，但它迈出了大胆的一步。它不仅是第一款获得商业成功的便携式计算机，还是第一款配备了一般购买者所需全部软件的个人计算机。这种做法让购买计算机的决定变得更加容易，有助于向更多人拓展市场。此外，这款计算机的售价仅为 1795 美元。有人说奥斯本卖的是软件，并免费附送了一台机器。

诚然，性情暴躁的比尔·戈多布特等人说了一些挖苦的话，这些人记得，奥斯本曾对在产品生产前就向客户收钱的那些制造商进行过激烈的抨击，而现在奥斯本自己也在做同样的事。1981 年 9 月，奥斯本计算机公司的月销售额首破百万美元大关。试图复制或改进其设计的新公司不断涌现，其他人则利用了奥斯本的便携式以及将软件放进系统套装的理念。

1795 美元的价格成为行业标准。Kaypro 便携式计算机与 Osborne I 有着类似的软件、相似的外观以及同样的价格。乔治·莫罗的 Morrow Designs 公司也推出了一款售价 1795 美元的机器，Cromemco 公司的哈里·加兰德和罗杰·梅伦也推出了一款产品，售价略低 5 美元。

但是，无论这些产品有哪些优点，亚当·奥斯本在计算机制造领域的首次冒险所产生的影响力，没有另外一款便携式计算机、一台包含软件的机器、一个售价 1795 美元的产品能够达到。早期的一位业界人士对 Osborne I 的开发做了进一步的改进，这款个人计算机很快成为这个新行业中最畅销的个人计算机之一，最高销量达到过每月近一万台。

奥斯本在最初的商业计划中提出的销售总目标为一万台，奥斯本计算机公司显然已经一飞冲天，但能否永续辉煌则要另当别论了。

惠普之路和施乐的蠕虫

（惠普公司）得到的一个教训是，封闭式架构毫无用处，必须依靠第三方供应商。

——尼尔森·米尔斯，惠普公司项目经理

奥斯本是开化时代来临之前最后一批开疆拓土的先行者之一。1981 年 Osborne I 出现后，大型企业开始正式进入并改变了这个市场。IBM 公司、DEC 公司、日本电气公司、施乐公司、AT&T 公司乃至 Exxon 公司和蒙哥马利·沃德百货公司都开始考虑生产个人计算机。不过，惠普等公司起步更早。

Capricorn 项目

惠普公司并没有出于对个人计算机理念的不信任而排斥史蒂夫·沃兹尼亚克的 Apple I 设计。惠普既制造大型计算机，也生产计算器，因而懂得如何销售相对廉价的个人科技产品。惠普有很多拒绝沃兹尼亚克的理由。理由之一是沃兹尼亚克的机器不适合大规模生产。乔布斯后来承认："Apple I 就是为车库工厂而设计的。"它不是面向工程师和科研工作者的计算机，这也是事实，而工程师和科研工作者是惠普的主要客户。沃兹尼亚克被明确告知，Apple I 更适合创业公司而非惠普。沃兹尼亚克本来也可能因为没有大学学位而被拒绝，当时这种情况在任何一家知名计算机公司里都是司空见惯的。除了这些原因，1976 年，惠普想要拒绝某一款个人计算机设计的另一个理由是：惠普已经在开发自己的个人计算机了。

1976 年年初，惠普公司加州库比蒂诺分部的一组工程师开始聚焦一个源自公司计算器科技的项目 Capricorn。负责 Capricorn 项目的工程师名叫董仲（Chung Tung），他让工程师恩斯特·厄尼和肯特·斯托克维尔指导硬件设计，让乔治·菲克特监督软件工作。惠普公司人才济济，而 Capricorn 则是一个意义重大的项目。

起初，Capricorn 项目旨在开发一款类似于计算机的计算器，但要比惠普公司的其他小机器更为精良。惠普公司已经造出了高度专业化的计算器。那场迫使爱德华·罗伯茨研发出 Altair 的计算器市场争夺战对惠普公司造成的伤害并不像对其他计算器制造商那样严重，因为惠普专注于制造科学计算器，这比价格较低的商用计算器功能更强、销量更高。一开始，Capricorn 打算像计算器一样配备液晶显示器，但不是只有一行，而是会有好几行。它将会是一款使用 BASIC 的台式计算器。到夏天时，项目调整了定位，为 Capricorn 配备了阴极射线管，从机器的制造成本和市场潜力两方面来看，这都是一个重大改变。Capricorn 逐渐变成了一款计算机。

和其他的知名计算机公司相比，惠普公司也许更适合开发个人计算机，除了惠普，施乐公司也更合适。惠普的总部设在硅谷，毗邻各大半导体公司，且身处微型计算机的热潮之中。Capricorn 项目的一些工程师实际上就是像沃兹尼亚克那样的计算机发烧友，他们致力于构建自己的家酿计算机俱乐部体系。比起车库中的初创企业，惠普可以投放更多资源来创造这样的计算机。当他们最终设计出一台机器时，Capricorn 项目的工作人员已经有十几个工程师和程序员。

这台计算机越来越与众不同。它将配备一台小型的嵌入式打印机、用于数据存储的盒式磁带录入机、键盘以及显示器，这些配件全部集成在一个台式机套装中，而且比 Sol 的体积更小。Sol 当时尚未出现，而且也没有集成的显示器和数据存储设备，更不用说嵌入式打印机了。其芯片也非常先进，但这未必是优势。1976 年，唯一看起来可行的微处理器是英特尔 8080，也就是 Altair 使用的芯片，但是 Capricorn 项目组想要一块更适合其用途的芯片，于是将这个问题交给了惠普公司的另一个部门。因此，Capricorn 有了惠普公司为其量身定制的专属微处理器。一些项目组成员事后对这个决定感到后悔。

很快出现了另一个问题。1976 年秋天，惠普公司决定将项目从硅谷搬迁至冷清的俄勒冈州科瓦利斯市，这一改变彻底打乱了安排，而且打击了士气。沃兹尼亚克对在惠普公司设计计算机的热情胜过一切，他认真考虑过加入 Capricorn 项目组，移居科瓦利斯。他觉得自己会喜欢俄勒冈州的生活，也希望参与这个项目。但惠普公司拒绝了他。

10 月，麦克·马库拉首次造访了史蒂夫·乔布斯的车库，沃兹尼亚克也被拖进了乔布斯的公司创建计划。和沃兹尼亚克不同，Capricorn 项目组的很多工程师都认为去科瓦利斯市相当于被流放，等同于被勒令离开宇宙中心，搬去虚无之地。有些工程师不愿意走，离开了项目组。另一些工程师搬去了科瓦利斯市，但他们发现那里并未做好迎接自己的准备。一开始，程序员必须往返 100 多公里才能在最近的大型计算机上从事软件开发工作。

错失良机

尽管出现了各种延误，但 Capricorn 项目组却进展顺利。11 月，他们完成了原型机开发。这台原型机还没有磁带机、打印机或显示器，CPU 芯片以及工程师打算用来控制外围设备的其他特定微处理器仍处于设计阶段。将打印机嵌入计算机会出现技术混合的问题，但这个棘手问题在 1977 年也解决了。最后，芯片出现了。在一次公司高管考察活动中，一位执行副总裁告诉工程师，这款计算机需要在后侧配备更多 I/O 接口，以便与惠普的其他设备相连，或便于今后添加功能。此时才提出重大设计变更有点儿为时过晚，但工程师还是进行了更改。搬迁和设计更改让 Capricorn 的进度延迟了整整一年。

1980 年 1 月，项目成果变成了产品，那是一款引人注目、设计稳健的计算机，售价高达 3250 美元——就算考虑到它的卓越性能，这个价格也相对较高。这台计算机名为 HP-85，配有 32 字符的显示器，宽度和沃兹尼亚克的 Apple II 的 40 字符的显示器几乎一样。

虽然 HP-85 的销售情况十分符合惠普公司的预期，并带动了一系列相关机器的销售，但它没能像 Apple II 那样"让收银机响个不停"。何况，HP-85 也不是为了这样的目标而设计的——惠普对它的销售定位并非商用计算机，而是科学专业用计算机。惠普在产品的完成和营销方面步伐迟缓，这无疑对销售造成了损害。当这台配备了嵌入式盒式磁带驱动器的机器面世时，数据存储已经进入了软盘时代，软盘比卡带更可靠，存储的信息也更多。此外，HP-85 比一些使用软盘的计算机更加昂贵。

从长期来看，HP-85 最大的缺点也许是其封闭式的系统设计，即它只能使用惠普的软件和外围设备。1977 年 Apple II 发布，Capricorn 项目组认为自己的机器可以很好地与 Apple II 抗衡。但三年后 HP-85 问世时，Capricorn 项目的一些程序员却在私下承认，大众和商用市场是苹果公司的。这真是非常具有讽刺意味，因为 Apple II 的 40 列小写字母显示器显然不适合文字处理和报表生成等基本应用程序，而其 6502 处理器也无法进行特别复杂的运算。苹果的计算机最终具备了 80 列大小写字母显示功能，但那只是因为沃兹尼亚克开放了架构，于是其他人创建了必要的主板和软件。第三方不断完善了 Apple II，但他们却被 HP-85 拒之门外。惠普很快断定，采用封闭式架构是一个错误。

不过，惠普依然在一年多的时间里击败了进入市场的其他知名计算机公司，HP-85 及其后续产品为自身打造了一个牢固的市场领域。下一个推出个人计算机的制造业巨头则表现不佳。

Alto 计算机

施乐公司是一家知名的影印机企业，但它也涉猎计算机领域，并与硅谷保持着密切的联系。在并购了位于加州艾尔斯贡杜的科学数据系统公司并将其改名为施乐数据系统公司之后，施乐成了"七个小矮人"之一。所谓的"七个小矮人"是指生存在 IBM 阴影之下的七家大型计算机公司。然而，施乐数据系统公司是一个沉重的财务负担，施乐公司最终卖掉了它，仅为集成电路、电子设计和系统编程业务保留了艾尔斯贡杜的办公设施。

1977 年冬至 1978 年，施乐公司收购了磁盘驱动器制造商舒加特公司。曾在 20 世纪 70 年代早期担任过舒加特公司总裁的唐·马萨罗回忆道，在苹果公司尚未如日中天之时，年轻的史蒂夫·乔布斯几乎每周都去他的办公室唠叨，要他设计一款个人计算机用户买得起的磁盘驱动器。马萨罗和他的同事詹姆斯·阿特金森确实那样做了，这帮助苹果公司和舒加特公司成为所在领域的领导者。施乐公司收购舒加特之后，等同于得到了打开个人计算机市场的利器，同时也得到了马萨罗。后来的事实证明，马萨罗在几年后施乐公司突袭市场的行动中居功至伟。

施乐公司设于帕洛阿尔托的研究中心吸引了一批人才。在匈牙利出生的查尔斯·西蒙尼就在此工作，他曾在俄罗斯的真空管计算机上学习过编程技术，拥有伯克利和斯坦福大学的学位。约翰·肖奇也在帕洛阿尔托研究中心工作，他在斯坦福大学拿到了博士学位，同时参与了帕洛阿尔托研究中心的创建工作。那里还有极富主见、高瞻远瞩的艾伦·凯伊，他用硬纸板做了一台梦幻计算机的模型，放在办公桌上当作装饰——凯伊将那台机器称为"动态笔记本"，它功能强大，尺寸小巧，可以放进书包里。拉里·特斯拉将最新的编程技术引入帕洛阿尔托研究中心的软件之中。罗伯特·梅特卡夫参与了网络计算机技术研究。

一定程度上有赖于道格拉斯·恩格尔巴特的变革性工作，这些工程师和程序员几年后创造了一台引人注目的工作站计算机，名为 Alto。Alto 计算机拥有高级语言 Smalltalk、从 SRI 引进的输入设备鼠标，以及梅特卡夫的网络技术"以太网"。以太网将几台独立的 Alto 计算机连接起来以便通信并累积工作量，就像它们是一台大型计算机一样。施乐公司将整个布置称为"未来办公室"，从视觉和技术上来说都是如此。施乐公司向政府部门推销 Alto 计算机，将它们放进白宫、行政办公大楼、美国国家标准局、参议院、众议院等地，Alto 计算机在那些地方用来打印国会记录。

Alto 计算机比最早的 Altair 优越 20 倍。它不仅拥有惊人的速度和图像显示，而且 Smalltalk 超越了 BASIC 一个时代。由于 Alto 完成于 1974 年，一些人，尤其是施乐公司的人，宣称它才是世界上的第一台个人计算机。但是 Alto 从未转变成商用产品。它的产量总共不到 2000 台，虽然它是一台用于个人用途的设备齐全的机器，但价格将它排除在个人计算机的范畴之外。它是按照小型计算机来定价的。

Alto 的开发历时两年——从 1972 年到 1974 年，并且又过了 3 年，施乐公司才决定将它进一步开发成可销售的产品。1977 年 1 月，戴维·里德尔受命负责这项任务，查尔斯·西蒙尼和他一起工作。里德尔在 1972 年加入研究中心，他之前在美国国防高级研究计划局发起的一个项目中参与计算机显示系统

罗伯特·梅特卡夫　在帕洛阿尔托研究中心工作时，梅特卡夫与其他人共同创造了以太网，以太网成为网络计算机的标准。（资料来源：理查德·舒普）

的工作，但那个项目进展缓慢。研究中心的很多研究人员之所以被吸引过来，是因为他们希望能自由地设计令人眼花缭乱的技术创新产品，但在实验室中的发明与世隔绝，这让他们倍感沮丧。他们看到周遭的事物快速发展，尤其是苹果公司，而施乐公司却在虚度光阴。施乐还没生产出可供推广的个人计算机，好几位关键人物就离开了，其他人也在不久后陆续离开。拉里·特斯拉去了苹果公司，艾伦·凯伊去了雅达利公司，查尔斯·西蒙尼去了微软公司。

查尔斯·西蒙尼（左）和比尔·盖茨（右） 西蒙尼从帕洛阿尔托研究中心跳槽到微软，监管微软公司利润最高产品的开发。他成了亿万富翁，还是第一位商业太空旅行者。（资料来源：微软公司）

蠕虫计算机

与此同时，施乐公司发布了以太网，开始将个人计算机连接起来。在施乐公司开始这项业务的 4 年后，1981 年，施乐宣布推出 8010 信息系统（昵称为"恒星"）。那是一台令人印象深刻的机器，使用了 1979 年乔布斯见过的大部分高级 Alto 技术。但是恒星售价为 16 595 美元，也不是一台真正的个人计算机。施乐公司并不想让人们认为它是一台个人计算机。比方说，公司没打算在计算机商店里销售这台机器。如果说惠普公司的 HP-85 的缓慢开发导致其在基于磁盘的世界里推出了一款基于磁带的机器，从而错失了盈利窗口，那施乐的恒星计算机则完全丢掉了市场。

然而，一个月后，施乐推出了一款真正的个人计算机。1981 年 7 月，施乐 820 宣布问世，其在开发过程中代号为"蠕虫"，也许施乐公司梦想过让它吃掉苹果的市场。和许多已有的个人计算机一样，施乐 820 采用了 Z80 芯片。施乐也提供基尔代尔的 CP/M 和两种 BASIC，一种是由盖茨和艾伦编写的，另一种是由尤班克斯编写的。

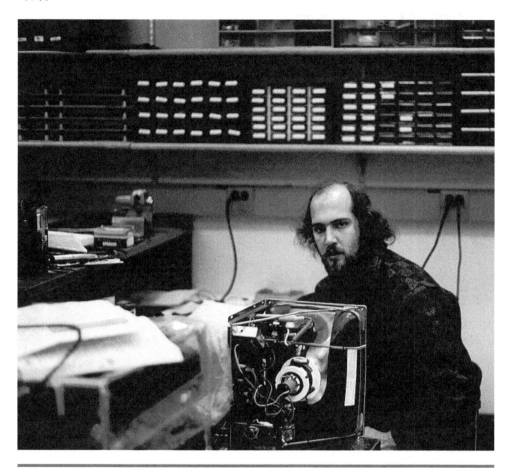

戴维·里德尔 在施乐公司主持"恒星"计算机项目，这个项目试图将革命性的 Alto 转化成一个可销售的产品。（资料来源：理查德·舒普）

唐·马萨罗领导了施乐的 820 项目。820 计算机定位为使用以太网系统的个人工作站，价格不高，用于财富 500 强企业，这和恒星争取的市场一致。开发工作只用了 4 个月，这款机器很快投入生产。"我们只是想在那些办公桌上为恒星保留住今后的位置。"马萨罗说。考虑到那样的目标市场，施乐公司的下一个举措没有太大意义。

"设计目的是通过我们的直销体系追求终端用户的市场。"马萨罗解释道，"施乐公司一直通过自己的销售组织开展销售。公司在全球有 15 000 名销售人员，那是施乐的一大实际优势。"但是计算机天地向施乐公司亮出了巨量采购订单，于是"出于一时的软弱，我们进入了那个渠道"。

From: dave of digital at DEC node BLUE

Message: where is dave liddle?

      ]

Sent at 3-MAY-1981 13:44:14 via the 10MB Ethernet.

以太网　在帕洛阿尔托研究中心外通过以太网传送的第一条信息的打印件。(资料来源：戴维·里德尔)

　　大众营销是一个错误。施乐公司在计算机天地门店的货架空间争夺战中表现欠佳。也许是因为施乐 820 计算机缺少技术创新，或者是因为施乐公司没有吸取开放架构的教训，也可能只是因为当时的竞争对施乐来说显得太过激烈。在比尔·盖茨看来，施乐公司对市场的理解是错误的。"施乐的目标定得太高，想去做一件非常困难的事，又没有看到机遇，"盖茨说，"当施乐看到机遇时，就在几个月里拼凑出一件东西，但是一切都太迟了。"

　　"我们惨遭重创。"唐·马萨罗承认。实施打击的是 IBM。

真心欢迎你，IBM

IBM 可是一家大公司。

——比尔·盖茨

惠普和施乐进入个人计算机市场的表现差强人意，业界对 IBM 的表现充满好奇。这家巨无霸企业在其尝试过的事情上几乎无往不利。至少从 20 世纪 60 年代开始，IBM 就已声名鹊起，当时它占据了计算机市场 2/3 的份额。后来 IBM 领导人小托马斯·沃森以整个公司为赌注，押宝在一条基于半导体的新计算机生产线上，那条生产线立刻使 IBM 利润最高的机器惨遭淘汰。小沃森赢得了这次豪赌，IBM 愈发坚不可摧。

1980 年，公司新 CEO 弗兰克·卡里用一次很不像 IBM 风格的投机证明，他愿意以公司的名誉乃至整个公司去冒险。

与 IBM 开会

1980 年 7 月，比尔·盖茨正在忙着为雅达利公司开发一版 BASIC 时，接到了一位 IBM 公司代表的电话。他有点儿吃惊。IBM 之前为购买一款微软产品给他打过一次电话，不过生意没有做成。然而，这次沟通更加令人神往。IBM 想派佛罗里达州博卡拉顿分部的一些研究人员去和盖茨谈谈微软的事。盖茨毫不犹豫地答应了。"下周怎么样？"盖茨问。"我们两小时后登机。"IBM 的人回答。

盖茨取消了第二天与雅达利公司主席雷·卡萨尔的会面安排。"IBM 可是一家大公司。"他不好意思地解释道。

因为 IBM 的的确确是一家大公司，盖茨决定向史蒂夫·鲍尔默求助。鲍尔默是盖茨的商业事务顾问，曾担任过宝洁公司的助理产品经理。盖茨在 1974 年进入哈佛大学时就认识了鲍尔默。1979 年，盖茨认为自己管理微软公司变得越来越困难，于是聘请了鲍尔默。鲍尔默是个傲慢而野心勃勃的人。从哈佛大学毕业后，他参加了斯坦福大学的 MBA 课程，但为了更早开始赚钱而中途退学。

鲍尔默很乐意加入微软公司。他对这家小小的软件公司充满热情，而且他很喜欢盖茨。在哈佛大学读书时，他说服盖茨加入他的男士俱乐部。作为加入仪式，他给朋友穿上燕尾服，蒙上眼睛，将他带进学生餐厅，让他和其他学生谈论计算机。盖茨和 IBM 的交往会让他想起这段经历。

盖茨也很喜欢鲍尔默。盖茨在哈佛大学宿舍里夜夜打扑克，经常在输光钱之后跑去找鲍尔默，向他描述这种游戏。1980 年，他们开始在微软公司共事，盖茨发现自己依然乐于和朋友讨论问题，鲍尔默很快成为他最亲密的事业知己之一。接到 IBM 的电话后，盖茨自然而然地求助于鲍尔默。

史蒂夫·鲍尔默（左）和比尔·盖茨（右） 盖茨热情洋溢的大学好友将会代替他成为微软公司的 CEO。（资料来源：微软公司博物馆）

"听着，鲍尔默，"盖茨说，"IBM 公司的人明天要来。我们最好给他们看些厉害的东西。我们俩一起参加会面怎么样？"

他们俩都不能确定那通来电是否有特殊含义，但是盖茨难抑激动。"盖茨超级兴奋，"艾伦后来回忆道，"他希望他们会使用我们的 BASIC。"于是，鲍尔默说他和盖茨"做对了事"，也就是说他们穿了西装、打了领带，这在微软公司是一种不同寻常的打扮。

会议开始前，IBM 公司的人要求盖茨和鲍尔默签署一份协议，承诺他们不会向 IBM 透露任何机密。蓝色巨人用这种方法来保护自己今后免受诉讼之苦。因此，假如盖茨向 IBM 泄露了一个有价值的观点，而 IBM 采纳了他的理念，今后盖茨也不能提出控告。IBM 对法律诉讼非常熟悉；在它长期控制大型计算机机业务的历史中，对法律体系的熟练运用起到了重要作用。盖茨认为这样做毫无意义，不过他同意了。

会议似乎不只是泛泛而谈。两位 IBM 代表问了盖茨和鲍尔默"一大堆疯狂的问题"，盖茨回忆道，那些问题关于微软公司做些什么，以及家用计算机需要哪些重要性能。第二天，鲍尔默打印了一封信，用来感谢 IBM 公司的访客造访微软公司，盖茨在信上签了名。

一个月过去了，一切风平浪静。8 月底，IBM 再次来电，要求安排第二次会议。"你们谈的内容非常有趣。"IBM 公司代表告诉盖茨。这一次，IBM 派来了五个人，其中包括一名律师。盖茨和鲍尔默不甘示弱，决定也摆出五个人来应战。他们请了自己的法律顾问，一位曾经为微软公司服务过的西雅图律师参加会议，同时参加会议的还有另两名微软员工。艾伦和往常一样身居幕后。"会议室里有五个我们的人，"鲍尔默说，"这是关键。"

一开始，IBM 的企业关系负责人解释了他参加会议的原因。他说："这是我们公司做过的最不同寻常的事。"盖茨也觉得这大概是微软遇到过的最不可思议的事。盖茨、鲍尔默以及微软公司的其他与会者再次签署了法律文件，这次的文件是规定他们必须对自己在会议上看过的东西高度保密。随后，与会者看到了"象棋"项目的计划书。IBM 将要制造一款个人计算机。

盖茨坐在 IBM 代表的对面，他看着设计图，心存怀疑。计划书里没有提到使用 16 位处理器的内容，这让他感到困扰。盖茨解释道，如果采用 16 位设计，他就能为他们提供优越的软件——前提是他们想要采用微软公司的软件。盖茨的语调抑扬顿挫、充满热情，说话时可能也没像往常那样有所保留。IBM 的人认真倾听着。

IBM 的确想要微软的语言。1980 年 8 月的一天，盖茨和 IBM 公司签署了一份顾问协议，协议要求盖茨撰写一份解释微软将要如何与 IBM 合作共事的报告。这份报告还要对硬件提出建议，并说明盖茨对硬件的计划用途。

IBM 公司的代表补充道，他们听说过一款名为 CP/M 的流行操作系统，盖茨能否将 CP/M 也卖给他们。盖茨耐心地解释，CP/M 不属于自己，不过他很乐意致电加里·基尔代尔并安排双方会面。盖茨后来说，他给基尔代尔打了电话，告诉他这些人是"重要客户"，要"好好接待他们"。他将电话交给 IBM 公司的代表，那个人和基尔代尔约定，那周将去数字研究公司拜访。

加里去飞了

后来发生的事已经成为个人计算机界的悬案。基尔代尔没有干等着和 IBM 签合同，盖茨说"加里去飞了"，这个故事在业界广为人知。基尔代尔驳斥了盖茨的回忆。他否认自己跑出去享受飞行的乐趣，而让 IBM 公司的代表苦等。"我出去办事了。我以前很喜欢飞行，但过一阵子，就会厌倦在天上钻来钻去了。"基尔代尔掐着点回去参加了和 IBM 约好的会议。

然而，在基尔代尔升空飞行的那天上午，IBM 公司的代表和基尔代尔的妻子多萝西·麦克尤恩见了面。多萝西负责数字研究公司与硬件经销商之间的账目。IBM 的来访者要求她签署的保密协议让她感到很困惑。多萝西觉得那会危及数字研究公司对自家软件的控制权。据基尔代尔所言，多萝西一直在拖延时间，直到找到公司的律师格林·戴维斯。那天下午，基尔代尔准时到达，他和多萝西、戴维斯一起会见了 IBM 公司的代表。基尔代尔签署了保密协议，听取了 IBM 的计划。然而，他们在谈到操作系统时陷入僵局。IBM 想以 250 000 美元的价格完全买断 CP/M；基尔代尔则希望按照通常情况，以每份副本 10 美元的价格向 IBM 授权。IBM 的人在离开时答应会进一步讨论，但没有签署 CP/M 协议。

IBM 的代表立刻转向微软公司。盖茨无须他们敦促。一旦 IBM 同意使用 16 位处理器，盖茨就意识到 CP/M 对新的机器并不重要，因为为 CP/M 编写的应用程序不能充分达到 16 位的性能。基尔代尔也看到了英特尔的新处理器，他计划改进 CP/M 使其满足 16 位的性能需求。但这样做意义不大，盖茨告诉 IBM 的人，他们可以采用另一个操作系统。

那个操作系统将会来自何方？这是个好问题，后来保罗·艾伦想到了西雅图计算机产品公司的蒂姆·帕特森。帕特森的公司已经为 8086 芯片开发出了操作系统 86-DOS，艾伦告诉帕特森，微软想要这个操作系统。

尚未启动就已落后三个月进度

9 月底，史蒂夫·鲍尔默、比尔·盖茨和一位同事搭乘红眼航班去提交报告。他们认为，这份报告将会决定他们能否拿到 IBM 的个人计算机项目。他们紧张地完成了装订、整理和校对工作，并在飞机上修订文档。西和彦是一位走遍全球的日本企业家兼计算机杂志出版人，同时也在为微软公司工作，他用"西和彦式英语"撰写了一部分报告，据鲍尔默说，那些内容"总是需要编辑"。报告提出，微软公司会将 86-DOS 移植到 IBM 的机器上运行。不眠不休的飞行结束后，盖茨和鲍尔默完全是靠着肾上腺素和远大志向在支撑着自己。他们从迈阿密机场驱车前往博卡拉顿时，盖茨突然惊慌失措，原来他忘了带领带。当时已经很晚了，他们把租来的车开进一家百货公司的停车场，等到百货公司一开门，盖茨就冲进去买了一条领带。

终于和 IBM 公司的代表见了面，他们得知，IBM 希望尽快完成个人计算机项目——期限为一年。一支 12 人的团队已经组建完毕，为的是避免出现那种可能将项目拖延多年的企业瓶颈问题——施乐公司的恒星项目为期三年半，HP-85 项目为期四年。IBM 公司的总裁弗兰克·卡里大刀阔斧地处理了所有可能拖延进度的内部政策。整个上午，盖茨回答了 IBM 项目组成员提出的无数问题。"他们扔给我们一大堆问题，"鲍尔默说，"盖茨站在最前线。"

到午餐时间时，盖茨对微软能拿到合同充满信心。IBM 公司的副总裁菲利普·埃斯特里奇是项目负责人，他有一台 Apple II 计算机。埃斯特里奇告诉盖茨，当 IBM 公司新任董事长约翰·欧佩尔听说微软可能会参与这个项目时，他说："哦，那是不是玛丽·盖茨儿子的公司吗？"欧佩尔曾和盖茨的母亲一起在联合劝募董事会任职。盖茨相信这层关系会帮助他拿到 IBM 公司的合同，合同最终在 1980 年 11 月签订。

菲利普·埃斯特里奇　领导了 20 世纪 80 年代的 IBM PC 项目。（资料来源：IBM 档案）

首先，微软公司必须为这个项目找到工作场所，这个任务恐怕比想象的要更加困难。IBM 不是一般的公司，它极其重视保密，推行最严格的安全性要求。微软当时在西雅图市中心的美国国家银行大楼的老楼里办公，盖茨和鲍尔默决定将他们办公室当中的一间小房间用作工作间。IBM 送来了自己的文件锁，一旦盖茨在安装文件锁时遇到麻烦，IBM 就会派来他们自己的"锁匠"。那间房间没有窗户和通风口，IBM 还要求房门必须始终保持紧闭，室内温度有时会超过 37 摄氏度。IBM 进行了多次安全检查，以确保微软公司服从命令。有一次，IBM 的工作人员发现涉密工作间大门敞开，一台原型机的机箱放在门外。微软还不习惯应付这种安全级别。

不过微软一直在学习。为了加快和 IBM 之间的交流，他们建立了一套复杂的（相对于当时而言）电子邮件系统，这个系统可以在博卡拉顿和西雅图两地的计算机之间来回发送即时消息。

项目计划任务非常繁重。软件必须在 1981 年 3 月完工。IBM 的项目经理给盖茨看了时间表，接着又给他看了更多的时间表，盖茨说，这些时间表"基本证明，我们还没启动就已经落后了 3 个月的进度"。

第一项工作任务是操作系统。蒂姆·帕特森的 86-DOS 操作系统和 CP/M 非常接近，但依然是个粗糙的仿制品。必须花大力气才能让它满足 IBM 的工作要求。盖茨邀请帕特森加入项目组来完善操作系统，尤其是操作系统的 API 必须尽快完成。

API 就是应用程序编程接口。它们指定了文字处理器之类的应用程序与操作系统进行连接的方式。虽然那台原型机被严格的防护措施重重包围，但为 IBM 机器编写应用程序的开发人员还是得有 API 才能开展工作。这就导致了一个安全漏洞，在这款机器发布之前，基尔代尔就能通过这个漏洞看到微软操作系统的模样。

当基尔代尔看到那些 API 时，他发现新的 IBM/微软操作系统和他的 CP/M 竟然如此相似。基尔代尔威胁要控告 IBM。"我告诉他们，假如他们知道（IBM 操作系统）如此高度地模仿了我的操作系统，那他们本该不会在这条路上继续走下去。他们没有意识到 CP/M 是属于大众的。"IBM 的代表和基尔代尔见了面，同意为 IBM 的个人计算机同时提供 CP/M 的 16 位版本和微软的操作系统，交换条件是基尔代尔不提起诉讼。不过，IBM 说它无法定价，因为那会触犯反垄断法。

听说 IBM 和数字研究公司的交易后，盖茨提出了自己的不满，但 IBM 安抚他说，微软的 DOS 是其"战略性操作系统"。事实将会证明盖茨什么也不必担心。基尔代尔的操作系统永远得不到与微软操作系统一争高下的机会。

与此同时，盖茨负责对微软 BASIC 进行移植，微软 BASIC 这匹战马起初是为老旧的 Altair 编写的，现在要让它适用于 IBM 计算机。盖茨与艾伦以及微软公司的另一位员工尼尔·康森致力于这项工作。6 年前，艾伦是 MITS 公司的软件总工程师，他一直唠叨着要盖茨完成 Altair 的磁盘代码，而当时十几岁的盖茨一直拖着。现在是盖茨在唠叨，艾伦做了大部分工作。微软公司的其他程序员则从事各种语言的转换项目。

盖茨感受到了来自 IBM 的压力，他又将这种压力转嫁到员工头上。一些员工习惯在冬季的周末当兼职滑雪教练，但是那年冬天不行。"没人去滑雪了。"盖茨说。有人想飞去佛罗里达观看航天飞机发射，盖茨也一口回绝了。但他们一再坚持，于是盖茨说，只要他们提前完成一定的工作量就能去。为了达到盖茨的要求，那几个程序员在公司里待了整整 5 天，晚上就睡在公司。艾伦记得，有一天他持续编程到凌晨 4 点，这时候曾在帕洛阿尔托研究中心工作的查尔斯·西蒙尼走进来宣布，他们那天上午要飞去佛罗里达观看航天飞机发射。艾伦拒绝了西蒙尼的邀请，他想要继续工作。西蒙尼劝阻了这位筋疲力尽的程序员，几小时后他们一起登上了前往佛罗里达的飞机。

开放式架构

盖茨不断和 IBM 方面讨论新机器的设计问题，通常是和菲利普·埃斯特里奇讨论。埃斯特里奇指出，苹果计算机之所以能获得成功，其开放式架构功不可没。盖茨有理由对开放性表示欣赏，因为微软仅有的一款硬件产品 SoftCard 是公司的重要基础。埃斯特里奇拥有一台 Apple II，因此他一开始就对开放式架构有所了解。在盖茨的鼓动下，IBM 违背了对设计参数保密的传统，将其首款个人计算机打造成了一个开放系统。

这个举措对 IBM 来说非比寻常，因为在所有的计算机公司中，IBM 是最孤傲、最自成一体的。它故意向爱德华·罗伯茨斥为"寄生虫"的那些公司发出了邀请。IBM 将会采用车库里的孩子发明的标准部件和设计模式，还会鼓励他们做出更多贡献。IBM 脱下了定制礼服，穿上了计算机发烧友和黑客的成衣。

盖茨从 MITS 公司的经历中特别深刻地理解了开放系统问题。1974 年，罗伯茨将 Altair 制造成一款总线式机器，意外地创造了一个开放系统。其他制造商可以生产用于 Altair S-100 总线的电路板，他们确实也这样做了。一个完整的 S-100 产业发展起来了，但这让罗伯茨万分沮丧。当罗伯茨试图隐藏总线细节时，这个产业干脆利落地从他手上拿走了总线，重新定义了标准参数。

盖茨下定决心要做出微软的操作系统，现在这个操作系统名为 MS-DOS（其实对 IBM 来说叫作 PC-DOS，但对其他客户来说就叫 MS-DOS），是业界的标准操作系统。盖茨抛弃了与数字研究公司的共生关系，尽管数字研究公司做操作系统，而微软公司做语言，他对这种关系曾经一度非常满意。盖茨也告诉了 IBM 关于开放式操作系统的一个强有力的案例。IBM 的个人计算机项目的负责人接受了盖茨的观点，但开放性不是 IBM 的特色。开放性的好处有一定的说服力。如果人们知道操作系统的细节，那么就能更方便地为它开发软件，而且 VisiCalc 已经表明，优秀的第三方软件有助于计算机销售。不过，盖茨可能还考虑过更多的实际问题。盖茨在 14 岁时就侵入过大型计算机的操作系统，还见证过自己最初的 Altair BASIC 以剽窃的方式成为行业标准，他可能已经发现，将终究会被抢占的东西主动送出去才是比较明智的做法。

这个操作系统在另一方面也是开放的。盖茨设法让 IBM 同意微软可以将其操作系统卖给其他的硬件制造商。IBM 没有意识到他们给了盖茨一棵多大的摇钱树。

虽然完成软件的压力巨大，但盖茨依然对自己的能力和公司的实力充满信心，毕竟公司里满是编程人才。但盖茨有一个无法克服的恐惧，这件事比最后期限更让他忧心忡忡，在 IBM 计算机正式公布之前一直萦绕着他：IBM 会取消这个项目吗？

毕竟，微软并非真正与 IBM 合作共事，只是与 IBM 的一个部门共事，一个特立独行而且还戴着紧紧的镣铐的部门。他们无法预料 IBM 什么时候会收紧绳索。IBM 就像巨人歌利亚，拥有很多很多的项目。在 IBM 开展的研发工作中，只有一小部分会变成已完成项目。盖茨不知道是否还有其他 IBM 个人计算机秘密项目与"象棋"项目同时进行，他可能永远无从知晓。"直到最后一刻，IBM 还在认真讨论是否要撤销这个项目，"盖茨说，"而我们已经为这件事投入了太多的公司资源。"

盖茨背负着沉重的压力，任何关于撤销项目的言论都会让他烦恼不安。他担心的还有新闻报道中越来越频繁出现的关于 IBM 个人计算机的猜测性报道。一些说法颇为精准。IBM 会不会质疑他的公司没有遵守安全性规定？1981 年 6 月 8 日出版的《信息世界》杂志刊登了一篇文章，提前 4 个月准确描述了 IBM 计算机的细节内容，其中包括决定开发新的操作系统。盖茨惊慌失措，他致电杂志编辑，抗议其刊登"谣言"。

一旦 IBM 公布其个人计算机，财富将会此消彼长。比尔·盖茨想要尽一切可能确保微软跻身赢家之列。

IBM PC

1981 年 8 月 12 日，IBM 宣布其首款个人计算机问世，彻底而永久地改变了微型计算机制造者、软件开发者、零售商以及迅速发展的微型计算机购买者的世界。

最早的 IBM PC　1981 年，IBM 进入个人计算机领域，巩固并从根本上改变了这一领域。（资料来源：IBM 档案）

20 世纪 60 年代，大型计算机公司中有一种说法：IBM 不是竞争对手，而是生存环境。统称为插接兼容的整个产业都是围绕 IBM 产品发展起来的，它们和 IBM 一荣俱荣。对插接兼容类企业来说，IBM 标识其产品的神秘数字，如 1401 或富有传奇色彩的 360，不是竞争对手的商标，而是像山脉和海洋那样的熟悉地标。IBM 推出的个人计算机也有类似的产品编号。但 IBM 的市场营销人员知道，他们面对的是一个全新的客户群体，一行数字恐怕无法表达正确的信息。IBM 认为正确的信息是什么，这不难忖度。IBM 将机器命名为"个人计算机"（Personal Computer），表示这款设备是唯一的个人计算机。这台机器很快被称为 IBM PC，或简称为 PC。

从内行的角度看，IBM PC 在当时几乎是非常传统的。Sol 和 Osborne I 的发明者李·费尔森斯坦弄到了一台第一批交付的 IBM PC，他在一次家酿计算机俱乐部会议上打开了它。

"我很惊讶地发现里面的芯片是我认识的，"费尔森斯坦说，"里面没有我认不出的芯片。迄今为止，我和 IBM 打交道的经验是，如果在垃圾箱里发现 IBM 的零部件，就别指望它们了，因为它们都是定制小配件，不可能在上面发现任何相关信息。IBM 活在自己的世界里。但是这一次，他们用普通人就能得到的配件制造了产品。"

这台机器使用了 8088 处理器，虽然它不是当时最先进的芯片，但还是让 IBM PC 比当时在售的其他计算机都更胜一筹。IBM PC 让费尔森斯坦印象深刻——不是在技术上，而是在策略上。费尔森斯坦乐于看到 IBM 承认自己需要其他人的帮助。开放式总线结构以及详尽易读的文档也表明了这一点。"不过最大的惊喜是他们采用了大家都用而非 IBM 专用的芯片。我想：'他们在用我们的方式做事。'"

除了操作系统和编程语言，IBM PC 还提供了多种单独出售的应用程序。令人惊讶的是，它们都不是 IBM 开发的。为了显示自己学到了苹果公司的经验，IBM 提供了随处可见的 VisiCalc 电子表格（Lotus 1-2-3 随后也会出现，并成为必备的商用软件）、来自桃树软件的著名商用程序系列，以及 IUS 公司出品的文字处理器 EasyWriter。

塞缪尔·鲁宾斯坦的 MicroPro 公司出品的 WordStar 是当时最好的文字处理程序，IBM 曾经想买下它。但是和基尔代尔一样，鲁宾斯坦没有接受 IBM 的报价。鲁宾斯坦说，IBM 希望 MicroPro 公司将 WordStar 转换成可在 IBM PC 上运行的软件，再将这款产品转让给他们。"他们说我可以在这之后构建自己的程序，但不能再用同样的编程方式。他们做好了今后起诉我的准备，想要抢走我的产品控制权。我要捍卫自己的东西，因此没接受这笔交易。我试着提过其他协商方案，但他们都没有接受。"IBM 转而找了 IUS 公司。

嘎吱船长和 EasyWriter

与 IUS 公司的交易对 IBM 的人来说可能是最大的文化冲击。IBM 公司设计了采用非 IBM 部件的机器，他们向公众公开了一向保密的信息，IBM 没有自己编写操作系统而是购买了一套操作系统，他们已经做了很多事，处理了很多完全超出 IBM 底线的事务。但 IBM 没有料到会遇到约翰·德雷珀。

IUS 是位于马林郡的一家小型软件公司，开发了有一款名为 EasyWriter 的文字处理软件。IBM 找到 IUS 公司洽谈有关 EasyWriter 软件的相关事宜，于是 IUS 的拉里·魏斯联系了 EasyWriter 的所有者约翰·德雷珀，即绰号臭名昭著的电话飞客嘎吱船长，沃兹尼亚克和乔布斯正是从德雷珀那里学到了蓝盒子的制造方法。

德雷珀回忆道："鹰嘴（魏斯）来找我，他说，'德雷珀，我这儿有一笔你绝对不会相信的生意，不过我什么也不能告诉你。'然后我们在 IUS 公司开了会。那些人穿着细条纹西装，但我还是平时的样子。那时我才意识到我们是在和 IBM 谈生意。我不得不签了那些文件，说我不会提及任何技术信息。我甚至都不能透露自己和 IBM 打过交道。他们准备推出一款家用计算机，鹰嘴对我说了一些关于将 EasyWriter 装上那台计算机的话。"

多年前，德雷珀在迫不得已的情况下编写了 EasyWriter，因为苹果公司没有满意的文字处理器，他又买不起 S-100 系统来运行迈克尔·思瑞尔的电子铅笔。德雷珀喜欢电子铅笔，那是他唯一见过的文字处理器，于是他按照自己的方式模仿了一个。在第四届西海岸电脑节上演示此软件时，德雷珀和比尔·贝克不期而遇，贝克是从中西部地区移居过来的，也是 IUS 公司的创始人，贝克同意为德雷珀销售 EasyWriter。由于这样的机缘，嘎吱船长和 IBM 的人坐到了一起。

IBM 给了 IUS 公司和德雷珀 6 个月的时间将 EasyWriter 转换成 IBM PC 运行的版本，德雷珀立刻开始工作。"为了防止走漏风声，在谈到 IBM 时，我们将它叫作准将项目。"德雷珀回忆道。贝克很快就开始刺激德雷珀。"贝克狠狠地教训我，因为我没有做到朝八晚五，那是胡扯。听着，兄弟，那不是我的办事风格。我要在有创意的环境里工作。我不会按照时间来行事，我要按照自己的思路来行事。"然后 IBM 对德雷珀必须整合的硬件做了改动。6 个月过去了，发布程序尚未完成。德雷珀被迫透露，一个早期的完成版本可以满足要求，而且可以和机器一起发布。他对此持严重保留态度，但最终还是这样做了，IBM 的机器和嘎吱船长的文字处理软件共同销售。这个程序没有得到多少好评。后来 IBM 对此程序提供了免费升级服务。

不论作者是谁，文字处理软件都是严肃的软件，但在最后一刻，IBM 决定在其可选程序系列中加入一款计算机游戏。在公布 IBM PC 的新闻发布会接近尾声时，公司宣布："微软公司的大冒险游戏可以带领玩家进入一个满是洞穴和宝藏的奇幻世界。"IBM 公司全美各地的数据处理经理看到这条广告时都在思量："这是 IBM 吗？"

世纪广告

IBM PC 的发布在全美媒体中引发热议。它是 IBM 迄今为止销售过的最便宜的机器。IBM 明白个人计算机是一种零售商品，消费者会在计算机零售商店里购买个人计算机，因此不能通过 IBM 自己的销售团队来开展营销活动。IBM 再次背离了传统，准备通过以姆赛的副产品，也就是当时规模最大、最流行的计算机零售连锁店计算机天地来销售 IBM PC。IBM 走出这一步比当年施乐公司的动作更大，但对计算机天地来说则是小菜一碟。他们明白 IBM 商标的含金量。IBM 并未止步于此；它还宣布了在百货公司销售 IBM PC 的计划，就像销售其他物品一样。

不论在何处购买，都可以选择操作系统：PC-DOS 的售价为 40 美元，CP/M-86 的售价为 240 美元。如果说这是个笑话，那么加里·基尔代尔一定笑不出来。

软件公司很快开始为 PC-DOS 编写程序。硬件公司也为 IBM PC 开发了产品。因为 IBM PC 的销量快速起步并持续增加，所以这些公司很容易相信基于 IBM PC 的产品可以找到市场。同时，这些附加产品本身也有助于 IBM PC 的销量，因为它们增加了机器的用途。对 IBM 和新一代的插接兼容公司来说，IBM 的开放系统决策现在产生了效益。

苹果公司在好几年前就预言过 IBM 会推出微型计算机，因此它对 IBM 的声明并不惊讶。乔布斯声称，苹果唯一担忧的是 IBM 可能会推出一款技术极其先进的机器。和费尔森斯坦一样，他对 IBM 没有使用自有处理器以及采用可访问架构感到欣慰。苹果公司公开回应 IBM PC 的公告，它认为这实际上有助于自身的发展，因为 IBM 的发布会让更多人购买个人计算机。

世界上最大的计算机公司认可了个人计算机是一种可行的商业产品。虽然勇于创新的计算机发烧友和小公司发起了这个产业，但只有 IBM 能够让这种产品彻底走进公众的视野。"真心欢迎你，IBM。"苹果公司在《华尔街日报》上刊登了这样的整版广告。"欢迎你来到自 35 年前计算机革命开始以来最激动人心、最重要的市场……我们期待着在将这种美国科技推向全球的努力中负责任地展开竞争。"

IBM 的认可无疑提升了人们对个人计算机的需求。不论规模大小，许多企业都在考虑是否需要购买个人计算机。许多人曾经认真地思考过为何 IBM 不在这个领域开展业务。现在 IBM 的行动已经表示这个行业一切安好，他们可以购买个人计算机了。1981 年 8—12 月，IBM 共交付了 13 000 台 IBM PC。两年后，销售量将达到这个数字的 40 倍。

　　早期的微型计算机是在没有软件的情况下设计的。当 CP/M 及其上层应用软件流行起来后，硬件设计者就开始制造能够运行这些程序的机器。同理，IBM PC 的成功也让程序员开始为 PC-DOS 操作系统编写大量软件。微软将这个操作系统授权给 IBM 之外的公司时，称其为 MS-DOS。新的硬件制造商大量涌现，推出了能和 IBM PC 运行相同程序的计算机——克隆。一些厂商提供了不同于 IBM 机器的功能，如便携式、附加内存、更好的图像性能等，而且很多机器都比 IBM PC 便宜。但它们都获准使用 IBM PC 的操作系统。MS-DOS 迅速成为 16 位计算机的标准操作系统。

　　微软的收益比 IBM 等其他各方都要多。盖茨曾经鼓动 IBM 采用开放设计，并成功获取了操作系统的非排他性授权。前者确保了一旦其他公司拿到操作系统就会出现克隆品，后者确保了他们可以、而且也会为此向微软付钱。IBM 的定价策略也确保了微软操作系统的唯一重要性。

　　就连 DEC 公司也在一年后加入战局，推出了一款名为彩虹的双处理器计算机，既可以在 CP/M 环境下运行 8 位软件，也可以在 CP/M-86 或 MS-DOS 环境下运行 16 位软件。

　　业内的所有公司都必须应对 IBM 这个强大的存在。计算机天地开始为了 IBM 而放弃较小的制造商，就连苹果公司也发现自己必须对 IBM 大举进军计算机天地门店的行为展开反击。IBM 在计算机天地的总部颇有势力，于是苹果公司终止了与计算机天地总部的合约，开始直接和加盟专营店做生意。

大浪淘沙

　　这是启蒙时代的尾声。MITS 公司、以姆赛公司和 Proc Tech 公司的失败只是淘汰的先兆，现在这种淘汰赫然出现在众多创业公司眼前。当时的个人计算机公司总数超过 300 家，由计算机发烧友创办的许多公司开始担忧两年后是否还能继续经营。就连市场上的大公司也在 IBM 的压迫下重新审时度势。

　　唐·马萨罗说，施乐公司认真考虑过 IBM 生产个人计算机的可能性。"我们做了最坏的打算，获批启动（施乐 820）项目。我们说，'IBM 会怎么做？我们怎样做会失败？'我们认为可能发生的情况是，IBM 将用一款从技术上淘汰我们的产品进入市场，他们会通过经销商的渠道来销售产品，并采用开放式操作系统。"这种情况似乎不太可能发生。"IBM 从来没有那样做过，从未通过经销商来销售产品，显然也从未采用过开放式操作系统。我认为 IBM 会采用自己的专属操作系统，为其编写自己的软件，并通过自己的商店销售计算机。"然而，施乐公司最大的恐慌变成了现实，一切细节都令人痛苦，而"整个世界都朝那个方向倾斜了。IBM 通杀一切"。

并非所有人都被通杀，但是关注圈收窄了。现在所有人都在关注两家个人计算机公司：苹果以及让所有人感到陌生的 IBM；用约翰·德雷珀的话来说，一家发现了开放系统的"沃兹原则"的 IBM。

IBM 和其他大型企业的存在动摇了这个产业的计算机发烧友根基。Tandy 公司拥有自己的销售渠道，因此并未受到太大影响。Commodore 公司则一直专注于欧洲市场和低成本家用计算机的销售。

然而，那些曾经引领个人计算机风潮的企业开始退出了。淘汰是有预兆的。复兴的以姆赛公司是第一家离去的企业。托德·费舍尔和南茜·弗雷塔斯在流行电影《战争游戏》中醒目地展示了 IMSAI 计算机以示支持，这实际上也是这家公司的最后一招。之后不久，费舍尔和弗雷塔斯为这家微型计算机的先驱公司举办了一场体面的葬礼。（但并非永远：为了迎合怀旧计算机的风潮，费舍尔和弗雷塔斯将会在 1999 年再次销售 IMSAI 计算机。）

1983 年年底，就连计算机发烧友运动中涌现出来的一些最成功的个人计算机和软件公司也受到打击。北极星、矢量图形和 Cromemco 等公司都感受到了危机。大规模的裁员潮开始出现，为了阻止利润下滑，一些公司转向海外制造。曾经负责 PET 的查克·佩德尔在整个行业都很活跃，在半导体设计方面曾任职于 MOS 科技公司，在计算机领域则任职于 Commodore 公司，并在苹果公司待过一小段时间，现在他管理着自己的 Victor 公司，旗下有一款类似于 IBM PC 的计算机。面对 IBM 的挑战，Victor 公司很快就由于销售疲软而不得不大幅裁员。Morrow's Microstuf 公司考虑过发行股票，但随着 IBM 的市场影响力与日俱增，他们放弃了这个想法。

1983 年 9 月 13 日，奥斯本计算机公司宣布破产，这家公司在试图追赶苹果和 IBM 的过程中负债累累。在个人计算机产业有史以来所有的公司失败案例中，这个案例被分析得最为透彻。奥斯本计算机公司曾经飞得又高又快，其跌落也令人震惊。在奥斯本计算机公司最成功的时候，公司高管曾在电视节目《60 分钟》里出镜，预言他们很快会成为百万富翁。从账面上看，他们的确是百万富翁，但公司财务的监管太过松懈，因此那些数字毫无意义。关于这家公司破产的新闻报道铺天盖地，但是相关的分析研究却是相互矛盾的。奥斯本计算机公司的硬件的确存在问题，但大多数公司都有硬件方面的问题，而且奥斯本计算机公司处理了这些问题。公司高管在产品发布的时机和新产品定价方面犯了严重错误。

5月，奥斯本计算机公司推出了 Executive 计算机，这款计算机包含大尺寸屏幕等优化配置。但是公司新的"专业化"管理层将其售价定为 2495 美元，并且不再销售原来的产品。销量立刻下滑了。"如果我们将 Osborne I 留在市场上，那么管理层就会看到错误，因为还会有人继续购买 Osborne I。"公司的一位文档作者迈克尔·麦卡锡说。然而，那些喜爱 Osborne I 套件及其价格的首次购买者现在转向了别处。

显然，为了跻身亚当·奥斯本曾预言会在一年内主宰个人计算机技术的三大公司之列，奥斯本计算机公司过快地发展了，以至于公司管理者无法控制公司。正如行业分析师约翰·德沃夏克所言："这家公司从白手起家到身价一亿美元只用了不到两年的时间。你到哪里去聘请拥有这样发展经验的人呢？没有这样的人。"奥斯本计算机公司的成功危害到了其自身。

奥斯本计算机公司的最后一个故事对其员工来说是个苦乐参半的讽刺。有一天，他们去上班，当场被要求离开办公场所。拖欠他们的工资尚未支付，安保人员站在门口，确保他们不会带走属于奥斯本计算机公司的财产。但是没人告诉安保人员，这家公司生产的是便携式计算机，于是员工还是带着奥斯本计算机公司的库存离开了。

其他公司也倒在 IBM 的阴影之下。EduWare 和闪电软件等小型软件公司同意被大企业收购，所有的软件公司都学会了为任何新的软件产品首先开发"IBM 版本"。就连大公司也调整了自己的行为。雅达利公司和德州仪器公司试图用低成本的家用机打入个人计算机市场，却吞下了数百万美元亏损的苦果。雅达利公司遭受重创。虽然德州仪器公司的低成本 TI-99/4 比其他公司的产品走进了更多家庭，但它还是在 1983 年秋天宣布要降低损失，退出了个人计算机制造领域。

IBM 的进入也影响了杂志、展销会和商店。离开 MITS 公司后，戴维·巴纳尔创办了《个人计算》杂志，1982 年，他又推出了《个人计算机》杂志以响应 IBM 的到来。《个人计算机》是一本很厚的出版物，主要针对 IBM PC 的用户。大型出版社很快开始争夺巴纳尔的杂志。韦恩·格林在 1983 年已经将《千波特》杂志创办成计算机杂志界的帝国，他将杂志卖给了东海岸的一家企业集团。亚瑟·萨尔斯伯格和莱斯利·所罗门让《大众电子学》平稳过渡为《计算机与电子学》（*Computers and Electronics*）。吉姆·沃伦在 1983 年年底举办了一场 IBM PC 展，然后将他的策展公司——计算机展会——卖给了普伦蒂斯霍尔出版社，沃伦声称业务规模太大，自己管理不了。

计算机天地和独立计算机商店发现自己要和西尔斯百货以及梅西百货展开竞争，因为 IBM 开拓了新的个人计算机销售渠道。

1983 年年底，IBM 推出了第二款个人计算机。这款机器名为 PCjr，没有什么技术创新。也许是为了防止商业用户购买这款更便宜的新机器来代替 IBM PC，IBM 给 PCjr 配备了质量很差的"小姑娘"键盘，这种键盘不适合用于长时间的正规用途。虽然 PCjr 在技术设计方面毫无特色，反响平平，但是 IBM 表明，通过这款计算机，它发现了一个广阔的、尚未大量开发的家用计算机市场。IBM 也想成为那个市场的主导力量。

为迎接与 IBM 之间难以避免的短兵相接，苹果公司采取了很多重大举措。1983年，苹果公司聘请了百事公司的前高管约翰·斯卡利担任新总裁，以便应对和 IBM 之间已经处于劣势的竞争。

那时候的苹果公司已不再是产业原始阶段的主导企业，能够吸引巨型企业百事可乐的总裁接班人得益于乔布斯的说服力。"你可以留在那里卖糖水，"他对犹豫不决的斯卡利说，"也可以和我一起来改变世界。"斯卡利跟他走了。

然后，1984 年 1 月，苹果公司推出了麦金塔计算机。

IBM 选择强调它的名字——计算机行业中最著名的三个字母。苹果公司决定提供最先进的技术。麦金塔计算机立刻因其引人注目的设计而广受赞誉，其中包括使用鼠标的高级软件技术、高级的图形用户界面以及包装轻巧、性能强大的 32 位微处理器。

苹果公司喜欢将当时的情形描述为老大哥和任性新贵之间的对抗，但其实苹果公司已经不再是到处找钱的嬉皮士车库商店了。计算机产业已经成为大买卖，苹果是一家资金充沛的正规公司。

商人的目的是追逐利益，这个根植于发烧友群体的产业所取得的财务成功切断了它与其根基之间的联系。但李·费尔森斯坦等人试图捍卫的那种"让大众享有计算机力量"的精神并未消亡。就连坚定的保守派 IBM 也向它屈服，采用了开放式架构和开放式操作系统。

20 世纪 50 年代和 60 年代的 IBM 公司策略通常是租借计算机而不鼓励销售。对于当时制造的像房间那样大的计算机来说，这种方法是恰当的。这些机器有着专用架构和软件，它们的力量的确不属于使用者，而属于制造它们的公司。

最早的苹果麦金塔计算机　拥有 128K 内存。(资料来源：苹果公司)

　　但在个人计算机出现后的第一个十年里，情况发生了变化。1984 年，个人计算机及其所驾驭的、不断增长的力量似乎属于大众了。

跟你打交道的大多是创业者。自大狂，一堆自大狂。

——爱德华·法伯尔

第 9 章

个人计算机产业

到 1985 年，IBM 公司已进入新兴的个人计算机领域并将其升级为一项产业，与此同时，苹果的麦金塔计算机改变了行业的前景，实现了人们与个人计算机的互动。如今这个行业由发烧友主导的日子已经逐渐远去，个人计算机进入了新的阶段。这个新纪元将会是漫长而隽永的成长期，这个时期在任何其他行业都没有可以直接借鉴的经验。毫无疑问，它已经有足够的底气可以被称为一个产业，尽管它诞生于发烧友之手这一身世仍然非常明显。在这个背景下一路走来的人仍极具影响力，比尔·盖茨和史蒂夫·乔布斯就是很好的例子。事实上，标记着这个时代开始与结束的就是两件平行得出奇的大事：乔布斯的黯然出走，以及他的凯旋。

迷失自我的苹果

我们发现自己是一家大公司了，多年来一直挥金如土。于是资金供给枯竭了，随之开始了一系列的混乱。

——克里斯·埃斯皮诺萨，苹果公司第八名员工

史蒂夫·乔布斯梦想中的计算机在 20 世纪 80 年代成为现实。但现实的市场需求未免太残酷了。

麦金塔计算机的缺陷

苹果公司在 1984 年推出麦金塔计算机后，史蒂夫·乔布斯感觉自己的判断是正确的。媒体对他的赞美以及蜂拥而至的崇拜者使他确信这款计算机正如他老早就声称的那样，是"极其了不起的作品"。他完全有资格为自己取得的成果而自豪。要是没有乔布斯，麦金塔计算机还指不定在哪儿呢。乔布斯是在 1979 年参观施乐公司的帕洛阿尔托研究中心时产生灵感的。受到中心科研人员技术研究成果的启发，乔布斯渴望将这些想法应用到 Lisa 计算机中。但那时乔布斯在 Lisa 项目中遭到排挤，于是他就鼓动了苹果公司正在为家用个人计算机实现创意功能的一个开发小组，将这个团队变成了麦金塔计算机的秘密团队。

乔布斯督促参与麦金塔项目的人员必须竭尽全力。他会时而褒奖开发人员，也会冷酷地加以责备。乔布斯告诉这帮人，他们不是在制造计算机，而是在创造历史。乔布斯将麦金塔计算机捧得天花乱坠，让大家深信他所说的机器绝不是什么普通的办公设备。

乔布斯的手段都奏效了，起码看起来是如此。早期的消费者在购买麦金塔计算机的同时，对乔布斯的宣传也是照单全收，对产品存在的致命缺陷反而视而不见。麦金塔计算机推出市场后 3 个月左右，产品的销量几乎达到乔布斯雄心勃勃的预期。一时间，乔布斯满心欢喜地以为现实与梦想无缝对接了。

紧随其后的是，乔布斯将公司内部支持者的热情一点点耗尽了。

首批购买麦金塔计算机的都是尝鲜者。这些技术发烧友宁可

安迪·赫茨菲尔德 在乔布斯将其从 Apple II 项目调往麦金塔项目之后，赫茨菲尔德为麦金塔设计了核心软件。（资料来源：安迪·赫茨菲尔德）

接受新技术不可避免的缺陷，也要抢先体验新产品带来的快感。他们都是在刚上市

的前 3 个月内购买的计算机，这股购买热情不久后就消退了。在麦金塔计算机推出市场的头两年，也就是 1984 年和 1985 年，销量并没有达到乔布斯的预期。苹果公司就指望着麦金塔计算机过活呢。在那两年里，问世时间更早而性能更可靠的老款 Apple II 计算机撑住了苹果公司的门面。如果光靠麦金塔计算机，也许 20 世纪 80 年代还未结束，苹果公司就倒闭了。

由始至终，麦金塔团队一直拿着津贴和奖金，获得了人们的认可，而 Apple II 团队则遭受冷遇，Apple II 团队的辉煌已是历史。乔布斯直截了当地对 Lisa 团队说他们很失败，顶多是"C 语言玩家"，还将 Apple II 团队称为"迟钝而乏味的部门"。

克里斯·埃斯皮诺萨是从 Apple II 团队调到麦金塔团队的，他有家人和朋友仍在 Apple II 团队工作。20 岁的埃斯皮诺萨从 14 岁起就在苹果公司工作了，他亲身经历了"我们与他们"的敌对综合征，这让他感到非常难过。

麦金塔设计团队 （左起）安迪·赫茨菲尔德、克里斯·埃斯皮诺萨、乔安娜·霍夫曼、乔治·克罗、比尔·阿特金森、布瑞尔·史密斯和杰瑞·马诺克。（资料来源：苹果公司）

此外，苹果公司的客户、第三方的开发人员以及公司的股东并没有开心起来。麦金塔计算机不够畅销的原因不是缺少广告经费，它不够畅销完全是活该：机器本身缺少某些重要特性，而这些特性恰恰是用户本来就该得到的标准配置。拿最基本的配置来说，麦金塔计算机没有硬盘驱动器，而在基础配置上加装一个软盘驱动器则需要另外掏钱。在复制文件备份时，机器上原本配置的磁盘驱动器必须不断来回切换磁盘，这简直是噩梦。

麦金塔计算机配置了 128K 的存储器，看上去好像绰绰有余了，毕竟行业内标准的内存配置是 64K。但实际上光操作系统和应用软件就已经吃掉了大部分内存，麦金塔计算机显然需要更大的内存。《多布博士》杂志刊文发表了教程，宣称只要有胆量，任何人都能用烙铁撬开新买的麦金塔计算机，将内存拓展至 512K。这篇文章刊出 6 个月后，苹果公司才推出配有 512K 内存的计算机。

只要不在内存上安装应用软件，内存小一点儿倒也没关系，但如果安装了，问题就来了。麦金塔计算机配备了一套由苹果公司开发的应用软件，以供客户进行文字处理和绘制位图。除此之外，用户可以选择的应用软件就很有限了，实践证明，为麦金塔计算机开发软件是很困难的。

史蒂夫·乔布斯的出走

乔布斯完全沉浸在对麦金塔计算机前景的期望中，以至于他对麦金塔计算机后续的销量预估居然是实际销量的 10 倍，就好像这些预估真的能实现一样。在公司的部分高级主管看来，乔布斯简直活在自己的梦境中。乔布斯反驳道，麦金塔计算机没有硬盘驱动器这不是缺陷，反而是它的优势。乔布斯非常强势，没人胆敢挑战他。

甚至连乔布斯的老板也觉得他让人难以应付。乔布斯从百事可乐公司挖过来管理苹果公司的约翰·斯卡利认为，公司最重要的部门经不起一个这么脱离实际的人来折腾。可是，斯卡利怎么敢动公司的创始人呢？经营情况每况愈下：1985 年年初，苹果公司首次出现了季度亏损。这是公司万万没有预料到的，要知道，苹果公司是个人计算机革命的象征，堪称一部现代传奇，公司甚至刷新了在最短时间内成为财富 500 强行列的纪录。

斯卡利决定迈出艰难的一步。他召开了一场马拉松式的董事会会议，会议从 1985 年 4 月 19 日开始，一直持续到第二天。在会议上，斯卡利对公司董事说，他决定撤掉乔布斯在麦金塔计算机部门中的领导职务及其在公司中担任的一切管理职务。斯卡利还说，如果自己的决定得不到董事会的全面支持，那他的总裁职位也干不下去了。公司董事会决定给斯卡利撑腰。

不过，斯卡利的决定没有立刻付诸行动。听到风声后，乔布斯决定将斯卡利排挤出局，于是他开始拉拢董事会成员，争取他们的支持。斯卡利得知这一情况后。在 5 月 24 日召开的执行董事紧急会议上，直接对乔布斯发难："听说你想把我赶出公司。"

乔布斯毫不示弱，对斯卡利说："你对公司来说是个祸害，也不适合掌管公司的事务。"两人将与会的董事搞得十分尴尬。究竟是支持斯卡利还是乔布斯，在场的每个人都必须做出选择。

董事会都倾向于支持斯卡利。对在座的每个人来说，这是非常艰难的决定。就拿 Apple II 经营部的经理德尔·约克姆来说，他深感为难，因为他既对乔布斯怀有很深的认同感，同时又清楚公司的前景需要谁。约克姆认为，苹果公司需要的是比较理智成熟的领导人，斯卡利拥有这种才能，而乔布斯却不具备，于是约克姆将支持票投给了斯卡利。

可想而知，乔布斯有多么痛苦。9 月，他卖掉了自己持有的苹果公司的股票，离开了自己参与创办的公司，并向媒体宣布了辞职的消息。乔布斯是位魅力超凡的年轻传道者，正是他提出了创办苹果公司的想法，他积极主张将 Apple II 和麦金塔计算机推向市场，并在许多重要新闻杂志的封面上频频露面，被人们视为计算机产业中最有影响力的人物之一，而今，乔布斯被苹果公司扫地出门。

方兴未艾的兼容机

要是康柏公司或 IBM 公司能在 1988 年或 1989 年有所改变，那戴尔公司也不会发迹。但如今戴尔确实在驱动着计算机产业的发展。

——塞缪尔·梅林，计算机产业顾问

苹果公司在快速发展的计算机行业中苦苦挣扎。当然，不管是哪家公司，要适应这种全新的状况绝非易事。一直以来，新兴的个人计算机市场最大的担忧就是 IBM 公司的介入及其对行业的改革。这种担忧在 20 世纪 80 年代成为现实。不过，个人计算机行业也改变了 IBM 公司。

仿制 IBM 机器

IBM 公司进入个人计算机市场后，苹果公司感觉自己迷失了方向，但 IBM 的发展道路也不见得就是顺风顺水的。当 IBM 推出旗下的 IBM PC 个人计算机时，机器中的部件基本没有一款是自家私有的：IBM 一改一贯的作风，采用了开放式系统原理的沃兹原则。当然，系统中的一个关键部分还是使用了独家产品，但具有讽刺意味的是，这个部分是加里·基尔代尔的发明成果。

迈克尔·思瑞尔曾为 80 多个品牌的计算机将自己的文字处理程序改编为不同版本。和思瑞尔一样，基尔代尔也将自己的 CP/M 改制成不同的版本，以便兼容市场中的各种计算机。但和思瑞尔不同的是，基尔代尔找到了解决方案。在以姆赛公司的格伦·尤因的帮助下，基尔代尔将一台计算机所需的特定机器代码提取出来，单独放在一个程序中。他将这个程序命名为基本输入输出系统（basic input-output system，简称 BIOS）。

CP/M 中的其余部分都是通用的，基尔代尔想要将系统放到新制造商生产的新型计算机上运行时，这些通用部分就不必重写了，只需为每款计算机编写很小的 BIOS，这样工作就简单多了。

蒂姆·帕特森发现了 BIOS 技术的价值，并将它应用到 86-DOS 操作系统中，后来又改成了 PC-DOS 系统。

IBM 的个人计算机可以说是有赖于它的 BIOS 的。除此之外，这款机器的其他部分都不是自家产品，所以 IBM 将自家的 BIOS 紧紧攥在手心当成宝贝，谁敢抄袭就告谁。

"谁敢抄袭就告谁"的态度并不代表 IBM 觉得这样做就能防止别人从它的市场分一杯羹。将市场份额分给别人是理所应当的。在大型计算机行业中，人们说起 IBM 时多半指的就是整个行业，许多其他公司只不过以供应 IBM 机器的兼容设备为生。当 IBM 公司转战个人计算机市场时，许多公司立马将 IBM 的个人计算机当作即时标准，还找到了配合这款机器的方法。

IBM PC 推出市场的第一天上午，Tecmar 公司的员工早早就走进了芝加哥西尔斯商务中心的大门。他们将买到手的 IBM PC 拿回总部，用一系列的测试来了解它的工作原理。结果，Tecmar 公司成为最早与 IBM PC 配套运行的硬盘驱动器和线路板插件的制造商之一。这些公司抓住了机遇，在市场上用价格、质量或功能特性等优势参与竞争。他们所做的事情，与 1976 年对当初处于行业先锋的 MITS 公司所做的事情毫无二致，爱德华·罗伯茨曾将这些公司称为"寄生虫"。

正如以姆赛公司当时生产了一款类似 Altair 的计算机用以对抗 MITS 公司一样，

许多微型计算机公司推出了类似 IBM PC 的机型，这些计算机使用了 MS-DOS 系统
（其实就是 PC-DOS，只不过从微软购买了许可证），试图通过一些不同的功能或不同
的营销策略和价格策略，与 IBM 开展竞争。结果，无一例外，这些机器一律没有获
得市场的青睐。消费者也许会购买一台没有模仿 IBM 的个人计算机（苹果公司巴不
得这样），但他们不会愿意购买那些仅能勉强兼容的计算机。任何声称拥有 IBM 兼
容性的计算机，必须要能够运行 IBM PC 上的所有软件，必须支持 IBM PC 的所有硬
件设备，还得能够使用为 IBM PC 设计的各种线路板，甚至包括还没有设计成形的线
路板。但是，IBM 独家的 BIOS 使得其他制造商难以保证能制造出拥有完整兼容性
的计算机。

最佳的模仿

尽管如此，但开发 100% 兼容 IBM PC 计算机的潜在效益如此之大，总会有人找
到办法的。1981 年夏天，在得克萨斯州休斯顿的馅饼屋餐馆里，德州仪器公司的 3
名员工正在讨论创业。他们面前摆着两个选择：要么开一家墨西哥餐厅，要么创办一
家计算机公司。那顿饭吃得差不多的时候，罗德·肯尼恩、吉姆·哈里斯和比
尔·莫图将开餐厅的想法抛在脑后，在餐馆桌垫背面拟定了创办计算机公司的计划，
还详细列出了兼容 IBM PC 计算机的理想模样。曾经投资过莲花公司的本·罗森为他
们提供了这一次风险投资。三人创办了康柏计算机公司，并制造了他们自己的 IBM
PC 兼容机。那是一款"便携式"计算机，将近 13 公斤重，与行李箱大小差不多，
机器配有 9 英寸显示屏和一个手柄，外形和 Osborne I 类似。

和类似 IBM PC 的其他产品不同，这款产品的最大特点是能与 IBM PC 实现
100% 兼容。康柏公司依葫芦画瓢，实现了 IBM BIOS 的"无尘隔离"重建。也就是
说，他们的工程师在没有看过 IBM 代码的情况下，仅凭着 IBM PC 的行为和公开发
布的技术规范，就重建了 BIOS 的代码。这样做的话，就算 IBM 公司一纸诉状将康
柏公司告上法庭，康柏公司在法律上也能站得住脚。

康柏公司近乎疯狂地进行推广营销，聘用了曾为 IBM 公司建立分销网的员工，
将自己的产品紧挨着 IBM 产品，通过 IBM 的代理商进行销售，给的提成也比 IBM
要高。这个策略收效甚好。康柏公司的第一年销售额高达 1.11 亿美元。没过多久，
在成千上万的办公室里，康柏公司生产的 13 公斤重的"便携式"计算机就成了办公
室人员唯一使用的计算机。

康柏公司使用隔离的方式来重新编写 IBM PC 的 BIOS 代码的想法是正确的。从理论上来说，康柏公司的做法在任何其他公司也能实现。

但是，很少有同行能像康柏公司这样得到充分的资金支持，更别说与 IBM 正面交锋了，就连隔离重写 IBM 的 BIOS 代码都有难度。然而，有一家公司却拥有足够的胆识向其他公司出售这种技术，这就是凤凰公司。凤凰公司使用隔离法重建了 BIOS 后，就授权给其他公司使用，而不是将其用于开发自己的机器。任何想要制造 100% 的 IBM 兼容机又不想出现不兼容问题或引起诉讼的公司，都可以向凤凰公司购买这项技术的使用许可证。消费者和计算机杂志经常使用非常流行的 Lotus 1-2-3 来测试计算机是否具有 100% 的兼容性：如果新型计算机不能运行 IBM PC 版本的 Lotus 1-2-3，那么这台机器就会成为历史。只要能运行这个软件，那么它通常也能运行其他软件。凤凰公司出品的 BIOS 程序在这个测试上屡试不爽。

没过多久，市面上一下子冒出了几十家制造 IBM 兼容机器的公司。与大型计算机先驱公司之一的斯佩里公司一样，Tandy 公司和 Zenith 公司是较早进入这一领域的公司。奥斯本计算机公司在倒闭之前也制造了一款 IBM 兼容机器。ITT、Eagle 公司、Leading Edge 公司和 Corona 公司等本来是大家并不熟悉的一些公司，当一点点占据 IBM 兼容机的市场时，它们便成为知名度很高的企业了。

一时间，除了名声，IBM 失去了一切。在那之前，光 IBM 这个名字就已经价值连城。IBM 公司自己本身原本就是商业环境，如今它进入了一个自己显然无法控制的商业环境。兼容机市场已经来临。

仿制苹果机器

在 IBM 标准盛行的行业中不肯附庸风雅的唯独苹果公司一家。苹果公司最初推出了 Apple II 和 Apple III，不久又推出了麦金塔计算机。虽然 Apple II 推出市场的这几年积累了深厚的客户忠诚度和稳定的软件基础，但它始终难以与 IBM PC 及 IBM 兼容机相匹敌，尤其是当 IBM 不断推陈出新，持续推出应用新型英特尔处理器的计算机时，Apple III 却因为死守着老掉牙的 6502 处理器，销量每况愈下。不过，麦金塔计算机的图形化用户界面使得苹果公司在创新性和易用性方面占据了领先地位。从产品销售量来看，苹果公司在个人计算机公司中依然名列前茅。兼容机的实力不容小觑，乔布斯对苹果公司和 IBM 公司的销量会下滑的预言已经初步得到证实。

软件的作用也变得日益重要。随着兼容机市场的出现，消费者在选购个人计算机时会首先考虑价格和品牌，而不是技术创新。如果用户是为了专门运行如 Lotus 1-2-3 之类的特定程序而购买计算机，那苹果计算机的吸引力就大打折扣了。即使苹果计算机的销量能跟上 IBM 或康柏公司，它的平台也处于次级地位，而采用了 IBM 架构、英特尔微处理器和微软操作系统等神奇组合的计算机逐渐成为占据主导地位的平台。

那为什么没人克隆麦金塔计算机呢？原因很简单，麦金塔计算机没有与基尔代尔的 BIOS 相类似的系统。麦金塔系统的独特之处在于，它包含数千行代码。这表明，克隆麦金塔计算机要困难得多。在没有得到苹果公司首肯的情况下，克隆麦金塔计算机是无法实现的，而苹果公司绝不可能同意。

微软的崛起

你必须将它看作是一个有趣的行业。夜里回家后，你还得打开电子邮箱阅读计算机杂志，否则你将无法跟上（微软）员工的步伐。

——比尔·盖茨，1983 年

微软公司在 20 世纪 80 年代成为个人计算机行业的主导公司，其影响力超过了 IBM，公司的创始人也都成为亿万富翁。但在 20 世纪 80 年代初期，只有在个人计算机的小圈子里才有人知道微软和比尔·盖茨。

1981 年，微软公司的重点是开发编程语言，并编写一些应用软件和一种独立的插入式硬件产品，即保罗·艾伦的研究成果 SoftCard。SoftCard 能够帮助用户在苹果计算机上运行 CP/M 程序。而日后使得微软名扬天下的 DOS 操作系统此时也正在开发阶段。几个月后 DOS 系统推出市场时，正好赶上 IBM 公司推出 IBM PC 个人计算机。

虽然盖茨坚持认为微软不应该直接面对终端用户销售，但干劲十足的推销员弗恩·拉伯恩说服盖茨改变了想法。拉伯恩影响盖茨的方法现在成为微软公司内的标准：向盖茨抛出问题，直言不讳地举例证明，一点儿也不要退让。在说服盖茨以后，拉伯恩被提升为一家新成立的子公司的总裁，公司名叫微软消费者产品公司，当时该公司除了在计算机商店，还能在拉伯恩的货架上找到其他地方销售微软开发的产品，同时也销售获得许可证的一些产品，包括一些应用软件。但在 1981 年，这家公司才刚刚开始营业。而即便在年轻的计算机行业里，这家公司也算不上领先。

1981 年，微软公司的总营业额为 1500 万美元。这对比尔·盖茨来说可不是一笔小数目，但相比之下，苹果公司的年收入是微软的 20 倍，但这两家公司的收入与 IBM 比起来简直是小巫见大巫。

1981 年 6 月，微软从一个合伙小公司变成了一家大企业。公司的大部分股票由三个人持有：创始人比尔·盖茨、保罗·艾伦，以及盖茨在哈佛大学的同学史蒂夫·鲍尔默。鲍尔默在微软公司掌握的实权与日俱增。公司绝大多数股票掌握在那位头发蓬乱、嗓音尖利的总裁手里，一些新员工还曾经以为他是偷偷闯进总裁办公室的未成年黑客。

这些新员工很快就发现，这位看上去只有 18 岁而实际年龄已经 26 岁的总裁是一位不容小觑的人物。他们还发现，从很多方面看，自己工作的这家公司与其年轻的总裁一样不容小觑。实际上，这家公司带有很强烈的比尔·盖茨的个人色彩。

这没什么奇怪的，盖茨就是喜欢聘用与自己性格相似的人：头脑灵活、干劲十足、勇于竞争，能够坚定捍卫自己的信仰。有少数几个很有号召力的新员工来自被外界传得神乎其神的帕洛阿尔托研究中心。乔布斯正是在那里获得了灵感，才有了后来的麦金塔计算机。

盖茨邀请员工在一些重要的技术问题上与自己进行辩论。盖茨几乎很少提供能够被称之为正面反馈的东西；他常常将工作或一些想法称为"伤脑筋"或"我所听过的最愚蠢的事情"。但是，让他感到自豪的是，自己乐于广开言路，甚至在他给别人以最严厉的批评时，他批评的也只是思路，并不是针对个人。盖茨要求非常严苛，爱吹毛求疵，要是哪名员工能给他留下深刻印象，那就能获得信赖和对公司的影响力。要是在其他公司，这相当于搞到了主管专用的洗手间和专用停车位，只是微软给的不是这种特权。

因为员工很容易接触到总裁，而总裁又很愿意集思广益，所以在外界眼中，微软公司的企业文化非常民主。即便你无法在办公大楼里说服盖茨，你也可以直接给他的邮箱账号"billg"发邮件，他一定会认真阅读。但实际上，微软公司根本谈不上民主。扁平化的沟通模式其实是一柄双刃剑。要是惹怒了盖茨本人，那你就完蛋了；但要是能让他从"billg"账号的邮箱发来邮件对你的工作或想法表示肯定，那就跟银行账户收到钱一样，你几乎可以平步青云了。只有那些最受器重的人才会将微软看作是精英体制。

在精英体制下，真正的权力掌握在有权判断优劣的人手里。在微软，比尔·盖茨拥有最高决策权。

吉姆·汤尼是个得力干将，但他就是讨不了盖茨的欢心。汤尼原本在 Tektronix 公司工作，1982 年 7 月被挖过来担任微软的总裁。盖茨认为，大量的早期微型计算机公司失败的原因是，没有把握好时机引进经验丰富的高管。这种"创业者症"至少是 MITS 公司、以姆赛公司及 Proc Tech 公司倒闭的部分原因。盖茨会介入公司管理的各个方面，还聘请了汤尼担任"官方总裁"，以减轻自己的负担。汤尼任职大概有一年时间，但盖茨总觉得汤尼在微软没找准感觉。虽然汤尼的管理并没有什么不妥，但他最终没能留在微软。原因很简单，汤尼不是盖茨。这样看来，盖茨并不是真的想要一个总裁，他只是想找到克隆自己的途径。

20 世纪 80 年代初期，与 IBM 的合作及随后带来的经济效益使得微软飞速发展。当康柏公司和凤凰公司开辟了兼容机市场后，而这个市场又正适合微软销售 MS-DOS 系统时，微软的发展尤为迅猛。

到 1981 年年底，微软公司的员工增加到 100 名，并迁到位于华盛顿州贝尔维尤市的新办公室。与 IBM 合作的压力以及公司业务拓展中遭遇的痛楚开始影响到一批员工。不久之后，一些老员工离职了，其中包括鲍勃·华莱士。华莱士自打微软还在阿尔伯克基那会儿就一直是公司的骨干。不过，与保罗·艾伦比起来，华莱士的离开就显得微不足道了。艾伦是盖茨终生的挚友和合伙人，他的离开虽是出于健康方面的原因（艾伦患有霍奇金氏病），与工作压力无关，但他的离开还是让盖茨倍感压力。现在整个公司的担子都落在盖茨一个人身上了。

微软公司的公关部总监帕姆·埃德斯特隆为盖茨塑造了一个成功怪才的形象。当然，坊间还流传着另一个同样可能真实的版本：盖茨是个家境殷实的孩子，从小备受宠爱，对竞争和取胜淡然处之，但高中看过《财富》杂志以后，他就慢慢变成了冷酷无情的商人，决心主导市场，击退竞争对手。一般的媒体只能表述盖茨的一个形象，埃德斯特隆的工作就是确认媒体表述的是"正确"的盖茨形象，至少这个正确形象是符合微软预期的。新闻记者当然认同官方的说法，因为任何人只要与盖茨相处几分钟，就会相信盖茨是个怪才，而公司的资产负债表则表明盖茨的工作干得非常出色。

与此同时，盖茨展示的微软形象在业内却不得人心。盖茨坚称微软生产的都是优质产品，然而从总体的运行情况来看，微软产品根本算不上优质产品。微软公司的软件质量良莠不齐，有时 bug 很多，有时又运行得很慢。在公司内部，优质和专业形象只是个笑话。公司的内部系统很糟糕，也没有足够的计算机。微软用来包装产品的巨大塑料盒占据了大量的仓储空间，由此看得出盖茨的帝国内部并不是那么梦幻的。如果说微软反映了比尔·盖茨的个性和价值观，那公司的组织架构简直就是盖茨个人生活的缩影。盖茨喜欢吃快餐，不喜欢洗澡，总是忘记按时付账单。幸好微软从不欠账，不然其内部系统看起来就真的和盖茨一模一样了。是时候找一个人来打理公司了，他们决定聘用 Radio Shack 公司的乔恩·希勒担任微软总裁。

出奇制胜

微软公司的企业形象与实际不符还表现在另一个方面。微软引导人们相信，它的 OEM 客户购买微软的产品仅仅是因为产品质量好，而不是因为微软采取了强有力的营销策略。（OEM 即原始设备制造商，是指向微软公司购买软件使用许可证并将其安装在自家生产的计算机中的生产商。）在抢占图形化用户界面的市场时，微软对其 OEM 采取的强硬手段就是最好的反证。

微软是最早为麦金塔计算机开发软件的公司之一，而且早在麦金塔计算机推出市场的几个月前就从苹果公司了解了项目的情况。微软与苹果走得非常近，就连苹果在对麦金塔计算机操作系统加以完善时，微软都提出了很多修改建议。微软的 Windows 操作系统就是基于在这个合作过程中学到的东西而开发出来的。

1983 年 11 月 10 日，微软为即将上市的 Windows 操作系统举行了声势浩大的舆论造势活动。它对同行鼓吹道，有不少供应商已经与微软签约，确定开发与 Windows 兼容的应用软件。但是，这些供应商中有人也和 VisiCorp 公司签订了协议，为其旗下领先的图形化用户界面产品 Visi On 开发软件，在与微软合作一事上举棋不定。因此，微软发布的消息还挺牵强的——再说了，那时 Windows 系统还没影呢。

据某家 OEM 公司说，微软答应向他们提供 Windows 早期的测试版。如果要想在 Windows 推出市场时，客户就能够拥有与 Windows 兼容的软件，那么拿到测试版是非常关键的。但拿到测试版的前提条件是，这些公司必须同意不为 Visi On 等同类产品开发应用软件。美国司法部也许会将这种做法以及微软当时采取的其他策略视为限制贸易或不公平竞争的行为，但当时并没有人将这些密室谈判公布出去。后来出现了所谓的"非法系统调用"的指控，即微软公司在 Windows 或 DOS 系统中保留了供自己使用的一些隐藏代码，以便使其应用软件能够优于竞争对手的软件。微软公司经常采取类似做法，最终一步步引得司法部忍不住出手干预。

Windows 操作系统最终于 1985 年面世。各大媒体最初铺天盖地报道的都是正面积极的内容，后来开始出现真实的评论，而且这些评论一点儿也不客气。

因为 MS-DOS 支持的硬件配置种类繁多，要想克隆苹果的图形化用户界面并能在 MS-DOS 上顺利运行，可是个大难题。微软也迟迟未能圆满地解决这个问题。无论如何，Windows 必须能够在 MS-DOS 上运行。作为市场主流产品的 IBM PC 及其兼容机，它们安装的都是 MS-DOS 系统。在推出类似苹果的用户界面时，微软必须保持与所有这些计算机的兼容性。为了做到这一点，唯一的办法就是让 Windows 纯粹地成为用户和实际操作系统之间的一个界面。说到底，Windows 还得是一个 MS-DOS 系统，也得能像 MS-DOS 系统那样运行各种应用程序、数据文件、打印机和磁盘驱动器等。

尽管如此，微软的经营依旧蒸蒸日上，MS-DOS 在公司的营业收入中占据越来越多的份额。1985 年 3 月，微软进行了首次公开募股，这是金融界翘首以待的大事。首次公开募股后的统计表明，盖茨所持有的 45% 的公司股票市值高达 3.11 亿美元。微软的员工增加到 700 多名，公司总部也搬到了更大的办公地点。

到 1987 年，微软超过莲花公司，成为最大的软件供应商。微软的发展之所以如此迅猛，很大程度上是因为它的 MS-DOS 系统几乎控制了除苹果计算机之外的所有计算机。然而，微软的抱负远未止步，它决定开发各种最常用的软件，包括电子表格、文字处理、演示程序和教学工具等。那时，微软公司在全球的员工已多达1800 人。

取代 IBM

与此同时，面对来自兼容机制造商的激烈竞争，IBM 决定用新型且功能强大的操作系统来取代 DOS 系统及其市场反响冷淡的图形化用户界面产品 TopView。这个新型操作系统就是 OS/2。

微软再次接受委托，负责新操作系统的开发工作。然而，这一工作从一开始就困难重重。到 1990 年，微软与 IBM 分道扬镳已是在所难免。

微软在 OS/2 的开发上投入了大量资源，IBM 也是如此。但是，在这次的软件开发合作中，双方显然都缺乏诚意。

微软警觉地发现，IBM 似乎是在两边投注，一方面利用自己在行业的影响力推动 Unix 操作系统的标准化；另一方面又向乔布斯的 NeXT 公司购买了 NeXTSTEP 系统的许可证。IBM 的做法无可厚非，它通常会同时执行若干个替代方案，让公司的不同部门相互竞争，最终选出最有前景的项目继续开发。但从微软的立场看，这种做法不可能接受。微软要在 OS/2 系统的开发上花费几年的时间，万一 IBM 决定不支持 OS/2 操作系统，改用 Unix 系统或 NeXTSTEP 系统，这会让微软十分被动。

当然，微软同时也在开发 Windows 系统。Windows 算不上是操作系统，但只要加上 DOS 就是完整的操作系统，因而微软也给自己留了后路。最初，微软计划将 Windows 设计成拥有图形化用户界面的 OS/2 那样的操作系统。微软对开发人员说，如果他们为 Windows 开发软件，那当 OS/2 问世时，这些软件也能在 OS/2 上运行。这种说辞显然经不住时间的推敲。

没过多久，微软和 IBM 从事 OS/2 开发的程序员开始互不理睬。虽然两家公司官方否认了摩擦的存在，但它们的联姻确实触礁了。IBM 认定微软已经将精力转投到 Windows 的开发上去了，在 OS/2 的开发方面只是做做样子。IBM 还认定微软虽嘴上说 Windows 不会与 OS/2 竞争，但暗地里已将竞争摆上日程。结果不出所料。IBM 宣布，其推出的 OS/2 系统将采用两个版本，其中的专业版将由 IBM 独家销售。这可不是比尔·盖茨想听到的消息。

最后，盖茨对史蒂夫·鲍尔默说，微软要全力以赴地开发 Windows 系统，他也不管 IBM 会怎么想了。接着，一段盖茨说 OS/2 是"劣质产品"的录音曝光。两家公司终于翻脸了，IBM 全面接手 OS/2 系统，而微软则是拼了命地开发 Windows 系统。

1990 年，Windows 3.0 问世了，这是微软首次推出完整的图形化用户界面产品。乔恩·希勒也正是在这一年离开了微软公司。虽然在希勒任职期间，公司经营状况尚可，但这位得州人觉得该是前进的时候了。6 个星期后，盖茨聘请了 IBM 公司的前员工迈克·霍尔曼出任总裁。虽然霍尔曼在微软仅工作到 1992 年，但其在任职期间对公司的经营方向和氛围并没有什么可圈可点的建树。毕竟，微软是比尔·盖茨自己的孩子。

即使年满 40，盖茨和微软似乎一如既往地朝气蓬勃。与 IBM 的决裂使得微软充满了活力，相比之下，IBM 陷入了低迷的境况。Windows 最终获得了用户的肯定，而 IBM 的 OS/2 和图形化用户界面产品 Presentation Manager 却没有掳获用户的芳心。计算机公司和软件开发商一致将微软当作市场的主导，并纷纷跟随它的脚步前进。

斯卡利挽救苹果

乔布斯离开后，约翰·斯卡利开始采取行动来挽救困境中的苹果。在斯卡利的领导下，苹果放弃了 Lisa 项目，推出了高端版的麦金塔计算机，即 Mac II，同时推出了原麦金塔计算机的改进版，其中最经典的当属 1986 年 1 月推出的 Mac Plus。

Mac Plus 修复了原麦金塔计算机的大部分缺陷。方向对了，利润就来了。斯卡利为公司降低了损失，让公司恢复了元气。在接下来的那几年，苹果公司进入了黄金时期。

斯卡利一扫苹果公司失去乔布斯后的低迷，推动了麦金塔产品系列的开发，使公司扭亏为盈。斯卡利最终解散了 Apple II 项目组，但他并没有忘记先为 Apple II 的开发人员提供他们应得的奖励。在乔布斯任职的后期，Apple II 项目为公司所做的努力被全盘否定。为了表示自己对 Apple II 团队的支持，斯卡利将德尔·约克姆提拔为 COO。

斯卡利开始前所未有地倚重两个欧洲人——德国人迈克尔·斯宾德勒和法国人吉恩·路易斯·盖西。斯宾德勒对计算机技术和欧洲市场十分熟悉，因此他负责苹果公司在欧洲的活动。而吉恩·路易斯·盖西是一位富有魅力而机智的法国人，他主要负责激励程序员，活跃公司氛围。盖西使法国子公司成为苹果经营得最成功的分公司，他本人也迅速成了这家世界顶尖的计算机公司管理层的二号风云人物。盖西说话时喜欢打比方，时常语出惊人，他曾经发表过一篇题为"如何阻止日本人吃掉我们的寿司"的演讲。与斯卡利不同，盖西懂技术，因而能赢得公司程序员的尊敬和好感。

在帕洛阿尔托研究中心的研究人员推出打字机操控语言和设计排版程序后，苹果公司推出了一款激光打印机，竞争激烈的桌面排版（desktop publishing，简称 DTP）市场就此成型。因为麦金塔计算机一直沿用乔布斯坚持的艺术排版功能，所以其本身实际上已是一部 DTP 机。苹果公司在随后的几年中一直主导着 DTP 市场。"我们稳操胜券。"克里斯·埃斯皮诺萨回忆道，当时苹果公司的产品受到消费者的青睐，即使公司提高产品价格，消费者短时间内也不会抱怨。"公司的净利润达到55%，成为市值上百亿美元的公司只是时间问题，苹果前途一片光明。"

虽然外界一无所知，但苹果公司当时发生了一件出乎意料的事。1985 年 10 月 24 日，微软公司威胁说，除非苹果公司向其提供操作系统软件的许可证，否则微软将停止为麦金塔计算机开发核心应用软件。微软公司当时在为 DOS 系统开发图形化用户界面（用户可以在屏幕上看到并选中项目和选项），并将其命名为 Windows 操作系统。微软不希望因为 Windows 的图形化用户界面与苹果的界面过于类似而遭到苹果公司起诉。尽管微软对苹果的威胁可能不会坚持很长时间，但斯卡利认为自己不应该心存侥幸。斯卡利将许可证授权微软，这一举措让他后来非常后悔，他曾尝试过撤回这一授权，但没有成功。

这件事并没有影响到苹果公司的扩张。投资人、客户和员工皆大欢喜。然而，前方还有新的麻烦事儿正等着苹果公司呢。

许多同行已进入个人计算机市场，推出类似于 IBM PC 的计算机，而且这些机器上运行着与 IBM PC 相同的软件。这些 IBM 兼容机的价格不断下降，而苹果公司的价格居高不下，与市场格格不入。到了 20 世纪 80 年代后期，Windows 的界面日臻完善，逐渐将苹果公司的市场份额收入囊中。

除了微软的 Windows，市面上还出现了苹果图形化用户界面的其他同类产品，如 IBM 的 TopView、数字研究公司的 GEM 图形化用户界面、程序员内森·梅尔沃德经营的 DSR 公司的 Mondrian 以及 VisiCorp（前身是个人软件公司）的 Visi On。

图形化用户界面开始成为市场主流，这让麦金塔计算机占尽优势。个人计算机日益标准化，消费者已不再首要关注计算机的核心硬件，而是更重视软件的适配性。第三方软件（由非计算机制造商的公司开发的软件）一般优先适配 Windows 系统，只是间或适配苹果的系统。企业界早期的观点认为，苹果的系统只是玩具，不是真正的商用计算机，并没有人对这一说法加以反驳。

苹果公司被包围了。到了 20 世纪 80 年代，计算机行业的形势逐渐明朗，仅靠自己单薄的力量，苹果公司无法与充斥着 IBM 兼容机的市场对着干。摆在苹果公司面前的路只有两条。第一条路是重新采用沃兹原则，即采用开放式结构，以便其他公司克隆苹果的系统，但可以使用授权的方法，其他公司必须有许可证才能克隆，这样一来苹果公司就能从每一台兼容机上收取利益。第二条路是选择与另一家公司联手。

授权许可证的想法早在 1985 年就被提起过。当时斯卡利接到了比尔·盖茨的来信，信上详细说明了苹果公司为什么要授权他人使用苹果的技术。在苹果公司内部，投资关系部主任丹·艾勒斯当时就坚定地支持这种做法，即使多年后他还是这么想的。而吉恩·路易斯·盖西则提出反对意见，他质疑在授权许可证后苹果公司还能否保护自己宝贵的知识产权。盖西心里嘀咕着："凭什么断定其他公司不会利用你的产品来抢占你的市场呢？"

1987 年，一笔能让苹果公司盈利的业务即将到手。那年，苹果公司准备将其操作系统的许可证授权给 Apollo 公司（首家工作站公司），用于各种高端工作站，这个市场似乎能够很好地补充苹果市场的空白。然而，斯卡利在最后一刻取消了这笔交易。

苹果公司的言而无信差点儿将 Apollo 公司整得关门歇业。Apollo 工作站的竞争对手太阳微系统公司购买了一个开放系统模型，通过出售该系统的许可证，太阳微系统公司逐步占领了越来越大的工作站市场。

苹果公司的另一个选择是合并或收购。在早期，Commodore 公司就尝试过收购苹果公司，差点儿就谈成了。苹果公司这些年来一直没间断过合并或收购的洽谈，随着兼容机市场的扩张，苹果公司的合并和收购洽谈与日俱增。20 世纪 80 年代后期，斯卡利让丹·艾勒斯探索收购太阳微系统公司的可能性。10 年后，两家公司发生了逆转，太阳微系统公司开始探讨收购苹果公司的可能性了。

1988 年，在管理层人员改组中，德尔·约克姆不再担任 COO。吉恩·路易斯·盖西和迈克尔·斯宾德勒成为这次改组的直接受益者。"人事改组"在苹果公司中已是家常便饭。在 1990 年的改组中，迈克尔·斯宾德勒被任命为 COO，约翰·斯卡利任命自己为 CTO，吉恩·路易斯·盖西却成了局外人。没过多久，盖西就辞职离开了公司。在这个由 IBM 加入而催生的新市场中，苹果公司的生死存亡成了未知数。

走向商业化之路

我们将改变世界，我确实这样认为。如今我们创造了工作机会，为客户带来了效益。我们在关注客户利益，自我增值。那时候的我们简直就是开荒的先驱。

——戈登·尤班克斯，软件开发先驱

到了 20 世纪 80 年代末期，个人计算机市场已经完全形成，既能诞生亿万富翁，也能让股市动荡不安。

时事掠影

1989 年 10 月 17 日，里氏 7.1 级的洛玛 – 普雷塔地震袭击了旧金山海湾地区，也给硅谷带来了强烈的震感。当灾后地区各系统恢复运作时，计算机行业也有了新的发展。

当时"6字头"用户（使用由摩托罗拉与 MOS 技术公司研发的微处理器系列）与"8字头"用户（使用由英特尔生产的微处理器系列）之间展开了激烈竞争。英特尔推出了多代处理器，使得 IBM PC 中备受消费者关注的 8088 芯片性能稳步升级。IBM 公司和兼容机生产商采用这些新型处理器推出了更新型、功能更强大的计算机。

与此同时，摩托罗拉也推出了升级版的 68000 芯片（这款芯片 10 年前就问世了）。68000 芯片堪称奇迹，苹果的麦金塔计算机正是在它的帮助下才完成了密集型的处理器工作，比如，在纯白的屏幕上显示大黑字母，在显示屏上同时显示多个重叠窗口而不会导致系统死机等。当时市面上绝大多数的新款计算机都在使用英特尔 80386 芯片和摩托罗拉 68030 芯片。英特尔公司不久后又推出了 80486 芯片，而摩托罗拉也准备推出 68040 芯片。这两个系列的处理器当时一直在性能上互相较劲。

不过，英特尔公司在芯片的销售上似乎轻松占据了优势。英特尔公司生产的微处理器为 IBM 公司的大多数计算机与兼容机所用，而摩托罗拉的处理器似乎只有一个客户——苹果公司。（雅达利公司生产的 680x0 型 ST 计算机和 Commodore 公司的 Amiga 计算机也在使用摩托罗拉的芯片，但摩托罗拉会优先满足苹果的供应，然后才考虑其他客户。这从侧面反映出，蒂姆·库克在担任苹果的 COO 期间强化了公司的供应链管理。）

英特尔公司的联合创始人戈登·摩尔早在 20 世纪 60 年代就提出一条定律（后被称为"摩尔定律"），即存储器的容量每过 18 个月就会翻一番。这条定律在 1989 年依旧能够大致预测许多科技的发展趋势，其中包括大致预测存储器容量和处理器速度。计算机行业的指数级发展道路完全符合摩尔定律。

1989 年最畅销的套装软件当属 Lotus 1-2-3，它的销量超过了领先的文字处理软件 WordPerfect's 和 MS-DOS 系统。个人计算机销量排行前 10 位的是 IBM 各种型号的计算机、苹果麦金塔计算机和康柏公司的计算机。康柏不仅仅是兼容机生产商，还是个具有创新精神的公司，它在很多方面都赶超了 IBM。1989 年，康柏推出了书本大小的 IBM 兼容机，重新改写了便携式计算机的定义。康柏公司还推出了全新的、开放的通用总线结构 EISA，这个总线在行业内获得了认可，也奠定了康柏在业内的领先地位。在此两年以前，IBM 曾经尝试推出过一款新型专用总线结构 MicroChannel，可惜没有成功。IBM 迅速失去了对市场的控制力，也失去了某样别的东西——金钱。

1989 年年底，IBM 公司宣布裁员 1 万人。不出一年，康柏公司和戴尔公司在个人计算机市场中的盈利都超过了 IBM 公司。3 年后，IBM 又裁员 3.5 万人，并遭遇了任何公司历史上都未曾遇到过的重大年度亏损。

计算机天地公司在早期的计算机零售舞台上独领风骚，可惜昙花一现。在公司的全盛时期，如果客户想买某一个特定牌子的计算机，那他就必须光顾其主要的特许专卖店，而且必须去某几家分销了该产品的专卖店，其中最大型的当属计算机天地公司。但到 20 世纪 80 年代末，市场形势发生了变化。消费者对价格的敏感度超越了对品牌的忠诚度，生产商不得不通过潜在的分销商推广产品。像计算机天地公司这样连锁经营成本大于竞争成本的商店，此时硬件和软件的销量已经大幅减少。

另一个计算机专卖连锁品牌是商地公司。商地公司当时已经在市场上站稳了脚跟，它将经营重点放在企业上，并承诺为客户提供完善的培训和服务，在 20 世纪 80 年代末，商地公司成为美国领先的计算机代理商。但是，消费者已经逐渐熟悉了计算机操作，不需要再花钱来学习如何使用计算机了。CompUSA、Best Buy 和 Fry's 这些电子产品超市凭借超低价格为客户提供了琳琅满目的产品和品牌，这让计算机天地和商地的连锁经营备受打击。计算机逐渐成为普通商品，低廉的价格成为吸引客户的最重要因素。

比尔·盖茨和保罗·艾伦在 1989 年已是亿万富翁，盖茨还是计算机行业里最富有的公司高管。在当时的行业里，只有罗斯·佩罗和惠普公司的联合创始人才拥有上亿美元的财富，行业里绝大多数的老板净资产不过几千万美元，康柏公司的罗德·肯尼恩和戴尔公司的迈克尔·戴尔就是这样。

1989 年，《计算机分销商动态》（*Computer Reseller News*）将罗德·肯尼恩称为计算机行业中最有影响力的二号人物，仅次于 IBM 公司的 CEO 约翰·埃克斯。当然，评定的视角很重要。同一年，《个人计算》邀请读者从杂志的候选人名单中选出计算机行业中最有影响力的人物，候选人包括比尔·盖茨、史蒂夫·乔布斯、史蒂夫·沃兹尼亚克、亚当·奥斯本和历史性人物查尔斯·巴贝奇。结果，亿万富翁比尔·盖茨高票当选。

腰缠万贯的同时却总是官司缠身，这似乎是无法避免的。与美国社会上的大多数情况一样，计算机行业里的人变得越来越喜欢打官司。1988 年，苹果公司就 Windows 2.01 向微软公司提起诉讼，到 1991 年微软推出 Windows 3.0 时，这场诉讼仍在继续。同时，施乐公司向苹果公司提起诉讼，称图形化用户界面其实是自己的发明，被苹果公司盗用了。施乐公司最终败诉，在苹果与微软的官司中，苹果最终也败诉了。不过，这倒提醒了数字研究公司，它象征性地修改了 GEM 图形化用户界面，让它看起来不那么像麦金塔计算机的界面。

图形化用户界面还不是唯一的争议。许多围绕电子表格"看起来和用起来"的争议而产生的官司也屡见不鲜，当事公司投入了大量的诉讼费和时间，可也没见谁捞到什么好处。因为与分销商个人软件公司关于软件的争议，VisiCalc 的开发人员将其告上了法庭；莲花公司就菜单中命令的次序问题向亚当·奥斯本的 Paperback 软件、硅图、Mosaic 和 Borland 等公司提起诉讼。除了对 Borland 公司的起诉，莲花公司的诉讼均以胜诉告终。莲花公司与 Borland 公司的官司最为复杂，官司一直拖到 Borland 公司将有问题的产品卖出去之后才有了新进展。

Borland 公司更因为人事问题而卷入了两场聒噪的官司。当微软公司的重要员工罗布·迪克森脑子里装着微软的秘密跳槽到 Borland 公司时，微软向 Borland 公司提起了诉讼。当 Borland 公司的重要员工布拉德·西尔弗伯格跳槽到微软公司时，Borland 并没有提出诉讼，反而是员工吉恩·王跳槽到 Symantec 公司时提起了诉讼。吉恩·王跳槽后，Borland 公司的高管在系统里找到了他和 Symantec 公司 CEO 戈登·尤班克斯的往来电子邮件，公司声称这些电子邮件夹带了 Borland 公司的秘密。Borland 公司提出了刑事指控，威胁不仅要让吉恩·王和 Symantec 公司承受巨额罚款，还要把他们送进监狱。这些指控最后都被驳回了。

在整个 20 世纪 80 年代，英特尔与其半导体竞争对手美国先进微电子器件公司（Advanced Micro Devices，简称 AMD）都在打着官司，他们有争议的是，英特尔向 AMD 转让了哪些技术。

同时，在利润可观的视频游戏行业，每家公司似乎都在起诉另外一家公司。Macronix、雅达利和三星公司起诉任天堂公司；任天堂公司起诉三星公司；雅达利公司起诉 Sega 公司；Sega 公司则起诉 Accolade 公司。

到 1989 年，计算机行业的发展模式变得很清晰了，而这种模式又持续了 10 年。个人计算机逐渐成为商品，功能越来越强大，但本质上和以前的计算机还是一样的。随着半导体技术及软件的升级，个人计算机每三年就推陈出新，这得益于科技在没有限制的情况下不断创新。个人计算机行业正在成为规模庞大的行业，充斥着无休止的法律争端，并且受到华尔街的重点关注。这项从车库里、餐桌上诞生的技术，正在以有史以来最大的规模推动着经济实现最为持久的增长。

在整个 20 世纪 90 年代，摩尔定律及其推论持续描述了计算机行业的发展情况。从最早期的"IBM 兼容机市场"到"兼容机市场"再到"个人计算机市场"，IBM 一直坚守着，没有中途离开。

《大众电子学》于 1975 年在封面报道的 Altair 所开创的个人计算机市场，在 20 年内已经超过了大型计算机和小型计算机加在一起的市场规模。好像是为了强调这一点，20 世纪 90 年代末，康柏公司收购了 DEC 公司，而正是 DEC 公司开创了小型计算机市场。那些依旧在研发大型计算机的公司需要 Lotus1-2-3 及其他个人计算机软件为运转这些大家伙提供支持。个人计算机市场已不再是产业中的小型利基市场，它已经成为市场的主流。

太阳微系统公司

随着计算机市场的中心向个人计算机转移，行业内的其他分类备受冷落，尤其是传统的小型计算机市场越来越难以为继。《福布斯》杂志发表文章称："1989 年将会是小型计算机淡出市场的开始。小型计算机制造商 Wang Laboratories、数据通用和 Prime Computer 等公司都出现了严重的亏损。"

与其说小型计算机是被主流的个人计算机挤出了市场，倒不如说是被它们的近亲工作站挤出了市场。实际上，这些工作站是个人计算机中的高端新产品，配有一个或多个功能强劲、甚至由客户定制的处理器，它们运行着由 AT&T 公司贝尔实验室开发的 Unix 小型计算机操作系统，面向科学家和工程师、软件及芯片设计师、图形设计师、电影制作人及需要高性能计算机的专业人士。虽然工作站的销量远比常规的个人计算机要少得多，售价却非常高。

配有摩托罗拉 68000 芯片的 Apollo 工作站就是此类工作站的代表机型，它早在 20 世纪 80 年代初就问世了。不过，到 1989 年，最成功的工作站制造商是太阳微系统公司，它的联合创始人比尔·乔伊曾积极参与到 Unix 操作系统的开发和推广上来。

在个人计算机行业形势一片大好的情况下，太阳微系统公司于 1986 年成功上市，销售额在 6 年内突破了 10 亿美元，于 1992 年进入财富 500 强企业行列。在公司的发展过程中，太阳微系统公司放弃了小型计算机和大型计算机的开发，使工作站成为商业世界的日常工具。

但 20 世纪 90 年代，太阳微系统公司的视线落在了主流个人计算机市场上。不过，微软公司正在自己的地盘上采取措施，以遏制太阳微系统公司的猛烈攻势。

微软推出了新的操作系统 Windows NT，试图用个人计算机为企业带来有如工作站的完美体验。太阳微系统公司的创始人之一斯科特·麦克尼利决心不仅要发起一场技术战，还要打一场公关战。在发表公开演讲和接受媒体的采访时，麦克尼利常常嘲笑微软公司及其产品。麦克尼利还准备与甲骨文公司的 CEO 拉里·埃里森合作推出一款网络计算机，这款机器能从网络的服务器那里获得信息和指令。可惜这款设备在当时并未受到市场的青睐。不过，太阳微系统公司在消费者市场还潜藏着一个优势，那就是它早期积极主张对网络的开发。人们经常重复它的一句口号——网络就是计算机，这似乎预示着互联网的出现。

太阳微系统公司的创始人　（左起）维诺德·柯斯拉、比尔·乔伊、安德烈亚斯·贝托尔斯海姆与斯科特·麦克尼利。（资料来源：太阳微系统公司）

对那些有天赋、喜欢与聪明人为伴、想拥有硅谷公司那种轻松工作氛围的程序员来说，太阳微系统公司简直就是一块磁铁。1991 年，麦克尼利全权委托公司的明星程序员之一詹姆斯·高斯林开发一种新的编程语言。高斯林发现，几乎所有的家用电子产品都已经计算机化了，但每个产品是用不同的远程设备来控制的。这些遥控器设备很少以相同的方式工作，因而用户必须掌握许多遥控设备的操作。

高斯林想要尝试将多台遥控设备缩减为一台。帕特里克·诺顿和迈克·谢里丹与高斯林一起进行研发工作，没过多久，他们设计了一个富有创意的手持设备，人们不需要触碰键盘或按钮，只需要在屏幕上轻轻一点就能操控电子产品了。

随着因特网和万维网的发展，这个代号为"绿色"的项目开始了波澜壮阔的发展之路。不仅产品的特性发生了演化，产品的整个设计理念也发生了变化。研发团队注重在编程中使用新的计算机语言，以便设备可以在不同的中央处理器的平台上运行。他们设计了一个技术上的世界语，这种语言通用性强、易读性强，能够在不同类型的硬件上使用。借助网络的力量，这种特性将成为一个非常宝贵的资源。

这个产品经过多年的开发才推出市场，太阳微系统公司将"绿色"改名为 Java，并因其在早期就使用了跨平台编程概念而在行业中击败了对手。太阳微系统公司将 Java 称为"一种借助网络力量的新型信息计算方法"。许多程序员开始用 Java 来编写早期的创意交互式程序，比如动画和互动猜谜游戏，这些程序从某些方面让网页更具有吸引力。

Java 是首个以网络为出发点编写的主要编程语言。它独有的内置安全特性能够有效地防止外界入侵计算机。计算机与网络相连就相当于是一个电子入口，它向计算机打开了大门。用 Java 进行编程时，程序员可以不必知道用户正在运行的是什么操作系统，况且在网络上运行应用程序时也无法了解其运用的是什么操作系统。

Java 着实给计算机行业带来了强烈的震撼，尤其是微软公司。这个行业巨头在理解因特网的重要性时慢了一拍，给其他竞争对手留出了抢占鳌头的机会。不过，一旦决心参与竞争，盖茨就将因特网看作重中之重了。

与此同时，盖茨对 Java 持有怀疑态度。但随着市场的推广和普及，他向太阳微系统公司购买了 Java 的使用许可证，并收购了精通 Java 的 Dimension × 公司，更是安排了数百名程序员负责用 Java 开发软件。微软尝试避开许可证协议，给其 Java 版本增加了一些功能，使其能只在微软的操作系统上运行。太阳微系统公司对此提出诉讼。盖茨将太阳微系统公司及其新开发的这门语言视为巨大的威胁。Java 明明是编程语言，而不是操作系统，为什么能对微软构成如此巨大的威胁呢？原因很简单。编写跨平台的程序能有效地增加浏览器取代操作系统的可能性。拥有太阳工作站、IBM PC、麦金塔计算机或其他什么计算机都没关系，反正你能用浏览器运行 Java 程序就行了。

用 "网络就是计算机" 的口号向微软的霸权主义发起挑战，太阳微系统公司这回可是认真的。1998 年，太阳微系统公司同意与甲骨文公司连成一线，开发网络服务计算机，这款机器将使用太阳微系统公司的 Solaris 操作系统和甲骨文公司的数据库，这样一来，台式计算机用户就可以选择放弃 Windows 系统。此外，太阳微系统公司也开始销售 Java 的拓展技术 Jini，后者能够让用户将各种家庭电子装置通过网络连接起来。比尔·乔伊认为，Jini 是 "首个为网络时代设计的软件"。尽管 Jini 项目没有在世界范围内引起强烈反响，但太阳微系统公司关于网络计算和远程连接装置的某些观念将在云端计算和移动电话装置上对后 PC 时代产生新一轮的影响。

NeXT 公司

当苹果公司竭尽全力在 Windows 主导的市场中存活下来时，史蒂夫·乔布斯正努力在没有苹果公司的情况下生存下去。离开苹果公司时，乔布斯带走了苹果公司一批重要的员工，创办了一家新的公司。

这就是 NeXT 公司，NeXT 公司想研发一款新型计算机，配以技术最前端、最直观的用户界面，这种界面采用窗口、图标和菜单，并配有一个鼠标，在摩托罗拉公司的 68000 系列处理器上运行。换句话说，NeXT 公司的目标就是告诉那帮自以为是的人——告诉苹果公司和全世界个人计算机应有的样子，向世人证明乔布斯是正确的。

在研发 NeXT 计算机的 3 年里，NeXT 公司和乔布斯一直是沉默的。随后，在旧金山美丽的戴维斯交响乐大会堂的盛大典礼上，乔布斯身穿黑色礼服，登上了舞台，向与会者展示了他的开发团队多年来默默工作的成果。那是一个令人炫目的、设计优雅的黑色立方盒，每边长约 30 厘米。机器采用了最先进的硬件和用户界面，从某些方面来看，那个用户界面简直比麦金塔计算机的界面本身更像麦金塔的界面。这台机器的磁盘上装配了所有必要的软件以及莎士比亚全集，而且价格比最高端的麦金塔计算机要便宜得多。它为在场的观众播放了音乐，还与他们进行了对话。这是一场由机器和人类共同参与的绚丽夺目的演出。

从技术层面来讲，NeXT 系统的确让与会者大开眼界。虽然麦金塔计算机在图形化用户界面上的精彩表现与乔布斯在帕洛阿尔托研究中心所看到的并无二致，但

NeXT 计算机却在原技术的基础上实现了更深远的突破。NeXT 操作系统采用卡内基梅隆大学研发的 Mach Unix 内核，这能够支持 NeXT 的工程师建立功能非常强大的开发环境 NeXTSTEP，NeXTSTEP 非常适合企业定制软件的开发，被认为是当时市面上最佳的计算机开发环境。

乔布斯本人对 NeXT 公司投入了大量资金，同时他也极力招揽他人的投资。佳能公司投入了大笔资金，公司的计算机高管和临时总裁候选人罗斯·佩罗也倾注了大量投资。鉴于乔布斯在推出 Apple II 和麦金塔计算机中所做的贡献以及 NeXT 公司所取得的成就，他本人于 1989 年 4 月被《公司》（Inc）杂志评选为"十年企业家"。

NeXT 公司将高等教育机构视为最重要的市场，因为乔布斯注意到，研究生在学校使用什么样的计算机和软件，他们进入工作后，还会建议雇主购买同样的设备和软件。NeXT 计算机在这个目标市场中获得了初步进展。一般来说，高等院校都会购买计算机供研究生使用，这样就能让这些学生成为编写程序的免费劳动力。使用 NeXTSTEP 就意味着消费者可以只购买计算机而不必购买大量的应用软件，这样能节省院校的经费支出。但是，对想建立强大用户群体的第三方软件供应商来说，这并没有什么好处。

NeXT 公司在高等院校这个小型市场中获得了一些成效，取得了一些重要的胜利。然而，如同人们常说的那样，"15 分钟名气"过后，这款黑盒子在经营上最终走向失败。1993 年，NeXT 公司承认了这个现实，叫停了硬件生产，并将公司业务转为软件开发，迅速将 NeXTSTEP 嫁接到其他的硬件上，并以英特尔公司的硬件产品为先。这时候，乔布斯从苹果公司带过来的 5 名重要员工都离职了，罗斯·佩罗也向董事会提交了辞呈，声称加入 NeXT 公司是他这辈子犯过的最大错误。

NeXT 公司开发的软件在刚推出市场时的受欢迎程度是令人激动的。许多采购商在财务报告中宣布计划购买 NeXTSTEP，连那些对软件获得足够用户基础持保留态度的 CIO 也加入了购买意向行列。评论者对 NeXTSTEP 赞赏有加，而自定义开发人员也表示，使用 NeXTSTEP 平台能够有效地节约开发时间，如一名软件测试人员所说，软件在 NeXTSTEP 系统中运行就像"瑞士手表"那么平稳。

即便褒奖有加，NeXTSTEP 并没有在世界范围内引起巨大反响。由于不必生产软件运行时所需的硬件，NeXT 公司的资产负债表比想象中要好得多，但 NeXTSTEP 在软件方面并没有比硬件成功多少。虽然自定义开发已经变得简易许多，但想用

NeXTSTEP 平台开发杀手级应用从而让公司一夜暴富，总归不是一件容易的事。NeXT 公司依旧匍匐前进，不断改进自己的操作系统，以便更好地为那一小部分忠实的用户群提供服务。不过，NeXT 公司占有的市场份额从未实现重大突破，如果没有乔布斯本人提供强大的资金支持，公司恐怕早就在市场上销声匿迹了。

网络的诞生

一位用户在 NeXT 计算机上所做的事情改变了整个世界。

阿尔伯克基和硅谷的电子发烧友并没有发明万维网，但万维网的问世在很大程度上归功于信息共享精神，这种精神点亮了个人计算机革命的前十年。实际上，我们可以认为，万维网是共享精神在软件领域的体现。

网络的起源可追溯至计算领域发展的最初阶段。1945 年，时任美国总统罗斯福的科学顾问万尼瓦尔·布什发表了一篇富有远见的论文，他在论文中预测，信息处理技术将作为人类智慧的拓展发挥重要作用。这篇论文给计算机领域最有影响力的两位专家泰德·尼尔森与道格拉斯·恩格尔巴特带来了极大的启发。他们各自开始研究，具体阐述了布什对信息交互世界的大致想法。两者的思路都表达了连接的观点，他们都认为必须用一个方法将此处的单词与彼处的一个文档连接起来，让读者能够自然而不费力地使用这个链接。尼尔森将这个功能命名为超文本。

超文本原来仅仅是个有趣的理论概念，诞生于布什的灵光一闪，由尼尔森与恩格尔巴特用理论知识对其加以丰富。然而，当时并没有一个全球化的通用网络能够实现这个理论。直到 20 世纪 70 年代，美国国防部高级研究规划局（Defense Advanced Research Projects Agency，简称 DARPA）及一些大学的实验室里开始出现这种网络。DARPA 网络不仅能连接许多个人计算机，还可以将整个网络连接在一起。随着 DARPA 网络的拓展，人们将其命名为因特网。它是一个连接全球计算机网络的庞大网络，并最终将超文本变成了现实。后来，DARPA 的程序员发明了一种利用因特网传递数据的方法，同时，个人计算机革命又让普罗大众掌握了访问因特网的方法。最终，所有的迷雾都明朗了。

欧洲核子研究组织是位于法国与瑞士边界的高能研究实验室。1989 年，这个组织的研究员蒂姆·伯纳斯－李发明了万维网。那一年，蒂姆·伯纳斯－李编写了首个网络服务程序，用于将超文本信息放到网上，他同时还编写了首个网络浏览器，用于访问超文本的信息。这些信息分门别类地放在可管理的区块中，这些区块被称为"页"。

这可是相当了不起的成就，给那一小群使用过网络服务器的学者留下了深刻的印象。多亏了伊利诺伊大学的两位年轻人，没过多久，那个小圈子迅速扩大。可惜的是，蒂姆·伯纳斯－李用来开发网络服务程序的那款 NeXT 计算机却没有了下文。

虽然如此，NeXT 的传奇故事远没有结束。

争夺网络空间

这事由伊利诺伊大学的两名小伙子来干没什么特别的原因，就跟 Apple I 由森尼韦尔市的两名小伙子开发一样平常。只不过有时候有些项目的建立就是需要经历一些挫折。

——马克·安德森，网景公司创始人之一

1994 年，微软公司经营得如日中天，比尔·盖茨也晋身为亿万富翁。但是，这并不意味着他没什么需要犯愁的。

不管盖茨是不是美国最富有的人，是不是大众眼中个人计算机革命的象征或领军者，甚至不管他是不是微软的创始人和领导者，公司的产品是不是控制着行业大部分的市场，这些都不重要。在盖茨看来，只有永不停止地工作、积极地参与竞争和不知疲倦地发挥聪明才智，他本人和微软公司才能保持行业的领先地位。盖茨总觉得，在某些地方肯定有几个聪明而有干劲的黑客，能在短短几个月内就编写出好几千行精致的代码，从而在一夜之间改变竞争规则，将微软挤下舞台。

盖茨对这些黑客再熟悉不过了，因为他自己就是过来人。他深深地理解黑客用自己的能力战胜大公司时的激动心情。如今，他自己却站在了黑客的对立面，想象着有一天某个年轻聪明的黑客运用智慧战胜他时的情形。

微软的实力

微软公司继续向新的领域进军。自 1988 年暂停了与 IBM 公司合作开发 OS/2 的项目后，在获得大量资金支持的情况下，微软将暗中开发的操作系统变成了开发工作的重点。这个操作系统后来被命名为 Windows NT，并计划面向"企业关键任务应用环境"，尤其是服务器市场，当时这个市场被技术领先的 Unix 操作系统攥在手里。

服务器计算机负责为网络上与它连接的计算机提供各种资源，或者说为这些计算机提供服务。文件服务器像图书馆那样能存放共享文件；应用服务器用于存放供许多计算机使用的应用程序；邮件服务器则负责为办公室的电子邮件提供服务。服务器常常用于企业和学术机构，其价格往往比个人用户的计算机更加昂贵。由于很多用户需要依靠服务器提供支持，因此服务器需要由技术熟练的人员专门负责维护。这些服务器通常运行 Unix 操作系统。

Unix 操作系统是在 1969 年开始进入公众视线的。这个系统最早是由贝尔实验室中的程序员肯·汤普森和丹尼斯·里奇开发的。作为最早的、便于移植的操作系统，Unix 可以在很多不同类型的计算机上运行，而不需要进行过多修改。由于运行稳定、功能强大且分布广泛，Unix 迅速成为学术机构选用的操作系统，这产生了两个结果：一是许多人不计报酬地为 Unix 编写应用程序，二是几乎所有的计算机科学的研究生都非常熟悉 Unix。在进行编程工作时，他们对服务器拥有控制权，也更愿意在服务器上运行 Unix，因为他们比较熟悉 Unix，且 Unix 配有可自由配置的实用程序。

微软公司希望取代 Unix 操作系统，控制服务器市场。

除了开发 Windows NT 项目外，微软继续对 MS-DOS 和 Windows 的 OEM 版本进行大规模的开发和推广。在计算机启动时，他们甚至可以控制哪些第三方程序的图标能够出现在用户的屏幕上。

1994 年，当时业内领先的个人计算机制造商康柏公司决定在公司的所有计算机上安装一个程序，让这个程序先于微软的 Windows 系统运行。这个小小的 Shell 程序会显示一些图标，让用户启动指定程序。Shell 程序看似非常简单，并不会对微软 Windows 的地位造成威胁，但它运行起来却会破坏 Windows 作为系统把关人的角色，从而让 Windows 无法控制用户界面。

"我们必须出手制止了。"盖茨表示。

盖茨说到做到，但他是怎么做到的，人们永远不得而知，反正康柏公司确实删除了程序。

两年后，康柏公司再次做出让步。当时微软公司威胁要停止向其出售 Windows 操作系统，除非康柏公司在其计算机上使用由微软公司开发的 IE 浏览器。

微软已经成为发电站，而比尔·盖茨会毫不吝惜地利用这一点。

因特网的威胁

到了 20 世纪 80 年代，在线系统已经形成了一定的规模。在线系统是早期的计算机电子布告栏的延伸，用户可以在这块公共区域向其他用户发布信息，就像办公室里常见的公告板一样。电子布告栏可以向用户提供各种内容，如新闻服务、讨论组、股票行情和电子邮件等。CompuServe、Prodigy、美国在线公司及其他一些公司都拥有它们自己的专用系统，用户可以用本地电话线路访问这些系统。

随着 1994 年万维网的问世，因特网迅速为用户所熟识。因为在线系统发现它们离开了因特网就无法生存，所以开始向用户开放因特网的访问途径。突然间大规模兴起的因特网和万维网改变了信息计算的整体性质，将人们关注的焦点从操作系统和个人桌面转向了网络。

每家公司都在积极地制定因特网发展战略。新公司纷纷涌现，想要在市场的变化中分一杯羹。亚马逊及相关类型的公司则在探寻电子商务发展的全新模式。思科系统公司为这个新市场提供了网络基础结构。

微软公司迅速响应，尝试通过多种途径从因特网市场中谋取利润，并在市场主流方向发生变化时全身而退。虽然微软公司还没有制定因特网的发展战略，但它能对形势变化做出迅速反应，而且它的反应比多数大规模公司还要快。

也许正是比尔·盖茨建立的公司体制导致了迈克·霍尔曼的离开。

1992 年，盖茨按照自己能接受的方式组建了总裁办公室，同时又将其称为比尔与总裁办公室（Bill and the Office of the President，简称 BOOP）。BOOP 由盖茨和他的亲密朋友史蒂夫·鲍尔默、迈克·梅普尔斯和弗兰克·高德特组成。当时他们都受到了盖茨的影响，也影响了盖茨本人。在自己首肯的情况下，盖茨愿意让这几位朋友做出最后的决定。

盖茨成功地将公司权力都揽上身了。

像微软这样的大公司能够迅速改变经营方向，着实让人钦佩。微软是计算机行业这个池子里最大的鱼，居然来去自如。微软公司在 20 世纪 90 年代中期主导着个人计算机行业，似乎所向披靡。

直到那个聪明的年轻黑客出现。

创造网络空间

当时的许多机构都充分认识到了蒂姆·伯纳斯–李发明网络的成就，这其中不得不提伊利诺伊大学厄巴纳–香槟分校的美国国家超级计算机应用中心（National Center for Supercomputing Applications，简称 NCSA）。NCSA 拥有一大笔研究经费、掌握许多热门技术并拥有一大批技术人员，据曾有幸在那里工作的一名年轻程序员说："坦白说，我们都想干更多的事儿。"

尽管时薪仅为 6.85 美元，但是马克·安德森将在 NCSA 工作看成一份殊荣。安德森是在校学生，更是个思维敏捷的程序员，非常喜欢在能够畅谈 Unix 代码的环境里工作。看到伯纳斯–李的开发成果后，安德森注意到了网络的发展潜力，不过他也注意到，网络仅仅在一些高等院校中使用，需要在价格昂贵的硬件上使用设计陈旧且晦涩难解的软件才能运行。让网络进入大众的生活是个商机，对安德森来说，这简直是"这个世界中心的巨洞"。

马克·安德森 还在伊利诺伊大学读书时，他就参与开发了首款图形网页浏览器，后与人合伙创立了网景公司。（资料来源：网景公司）

1992 年年底的一个深夜，安德森坐在朋友埃里克·比纳的车上，他对比纳发出挑战："行动吧，我们来把那个洞填上。"

于是，安德森和比纳开始疯狂地编写代码。1993 年 1—3 月，他们编写了一个有 9000 行代码的程序 Mosaic。Mosaic 是个网络浏览器，但与伯纳斯–李的程序有所不同。Mosaic 主要面向习惯了图形化用户界面的用户，方便大众使用。Mosaic 能显示图形，使用鼠标点击屏幕按钮就能进行操作。不止如此，Mosaic 还可以访问站点。Mosaic 的成就在于将抽象链接变成某个具体站点的过程，使用 Mosaic 能明显感觉像是在某个空间里从一个地方进入另一个地方。有人将那个空间称为网络空间。

这正是比尔·盖茨所担心的。某个聪明的年轻黑客，不，是两个，用两个月的时间在键盘敲击出几千行充满智慧的代码，从此改变了游戏规则，将世界上最大的软件公司逼到了墙角，盖茨苦心经营的一切岌岌可危。

安德森和比纳在因特网上发布了 Mosaic 浏览器。他们签下了 NCSA 的几个年轻人，将 Mosaic 从 Unix 操作系统平台移植到其他平台，并将其他平台的浏览器也发布到因特网上。数百万人从因特网上下载了他们的浏览器。在此之前，还没有哪一个软件能像 Mosaic 这么迅速地普及开来。

这个软件能带你虚拟地环游世界。这是很神奇的。你可以在纽约图书馆的一台计算机上阅读莎士比亚的著作；轻轻一点就能漂洋过海到英国观看环球剧院的图片，再一点就能返回信息存储栈阅读《哈姆雷特》，只不过它们放在不同的信息栈里。《哈姆雷特》的文件正好储存在乌兹别克斯坦的一个网站上。这并没有什么影响，网络空间并不会受地理位置的限制。你只需端坐在椅子上，就能浏览包罗万象的信息。在网站建立起来之前，这一切都是办不到的。但伴随着 Mosaic 的推广，这一切应运而生。任何人只要使用 Mosaic 浏览器就能让这一切成为可能。Mosaic 大获成功，马克·安德森是英雄。

1993 年 12 月，安德森从大学毕业，他想再干一番惊天动地的大事。他受邀来到硅谷，与硅图公司的创始人吉姆·克拉克见面。Mosaic 浏览器的成功以及安德森抓住网络潜力这一点，给克拉克留下了深刻的印象。到 1994 年 4 月，他们两人合资创办了 Electric Media 公司、Mosaic Communications 公司以及后来的网景公司。他们想设计能够支持万维网这种新事物的软件。

浏览器的兴盛时期

在浏览器开发的路上，马克·安德森和吉姆·克拉克并不孤独。到 1994 年年中，出现了几十种网络浏览器，有些是免费下载的，有些则是收费的；有些能在 Windows、麦金塔和 Unix 操作系统上运行，有些则只能在特定的平台上运行；有些是简约型的，有些则配有铃声和提示。除了 Mosaic 浏览器外，还有 MacWeb、WinWeb、Internetworks、SlipKnot、Cello、NetCruiser、Lynx、Air Mosaic、GWHIS、WinTapestry、WebExplorer，等等。

个人网页也成为时尚，网络的许多新用途也流行起来，比如网上订购披萨。网络摄像机也成了另一种时尚，它可以将数码相机拍的一系列照片传到网络上。你可以通过网站拜访麻省理工学院的咖啡厅，查看从圣克鲁兹海滩到硅谷的 17 号高速公路上的交通状况，也可以了解到加利福尼亚海岸沿线的浪高指数。史蒂夫·沃兹尼亚克建立了一个 Wozcam 摄像站点，从而让朋友们可以看到他的工作状况。如果说网络是浪潮，那安德森和克拉克就是弄潮儿。

安德森和克拉克聘请了埃里克·比纳和在 NCSA 从事过 Mosaic 开发的其他年轻人，从零起步编写一个新的浏览器，并卯足劲儿将它开发成不容易受到攻击的出色浏览器。1994 年 10 月，他们在因特网上发布了测试版。到 12 月，他们正式将网景导航器以及其他网络软件产品推向市场。到 1996 年年底，他们就卖出了 4500 万份软件。公司的发展也是一日千里，克拉克请来吉姆·巴克斯代尔出任公司总裁。巴克斯代尔当真算是业界元老了，他在麦考蜂窝通信公司担任过总裁，其出色的管理才能受到业界一致好评。

行业内及华尔街一致看好网景公司，其中包括行业内领先的美国在线公司的史蒂夫·凯斯，他提出要为网景公司提供首轮融资。但克拉克拒绝了凯斯的好意，因为克拉克担心美国在线公司的加入会减少潜在客户，毕竟美国在线是许多客户的竞争对手。1995 年 8 月 9 日，网景公司进行了首次公开募股，公开发行了 500 万份原始股，每股价格 28 美元。上市当天的收盘价便翻了一番，网景公司的市值一下子就高达数十亿美元。

也就是在这一年，微软公司做出回应。

早在 1995 年 5 月，盖茨就向员工介绍了因特网，称因特网是“自 1981 年 IBM PC 问世之后最重要的一项技术发展成果”。到 12 月，盖茨公开宣布要将因特网渗透到微软公司的一切开发活动中。此举立即导致网景公司的股票下跌 17%，后来再也没有回升。微软公司决心打入浏览器市场。微软做到了，它迅速而果断地从别处购买了浏览器技术，并成功开发了自己的 IE 浏览器，IE 浏览器与网景公司的浏览器展开了竞争。在盖茨看来，由聪明年轻的黑客和业界元老成立的网景公司已经影响到了微软的生存，必须坚决消灭。

认为因特网会危及微软在个人计算机市场中霸主地位的可不止盖茨一人，曾经开发以太网协议的网络专家罗伯特·梅特卡夫也是这么认为的。梅特卡夫为《信息世界》杂志撰写每周评论。1995 年 2 月，梅特卡夫预测浏览器将真正成为下一个时代占统治地位的操作系统。当然，在当时占统治地位的操作系统仍是微软的

Windows。梅特卡夫认为，Windows 的统治地位已经岌岌可危。

那么，浏览器到底为什么能够取代操作系统呢？部分原因是，浏览器能提供与操作系统相同的功能。以网景导航器为例，它能够运行应用程序，显示文件目录，像操作系统那样执行大部分操作。还有一个原因是，浏览器让人们可以忽略操作系统的选择，操作系统的选择变得无关紧要。要知道，网景导航器在苹果系统、IBM PC 和工作站上都能运行，它的外观和运行方式在不同的平台上也并无二致。从某些方面来看，浏览器转移了计算领域的中心。

太阳微系统公司就有一句名言——网络就是计算机。有了网景导航器后，应用程序或数据文件是在你的硬盘上，还是在隔壁办公室的服务器上，甚至在另一个国家的计算机上，都没有关系。应用程序或数据文件是在苹果计算机、IBM PC 或 Amiga 计算机上，也没有关系。只要打开浏览器，你就能获得需要的信息。

如果将网络看成计算机，那浏览器就是操作系统，而单个计算机的操作系统将失去意义。盖茨不愿意让 Windows 成为没有意义的系统。

在接下来的几年里，微软、网景和一些对因特网技术开发感兴趣的其他公司将会上演一场技艺高超的演出。总的来说，这是微软与其他公司之间展开的一场激烈竞争，不过事情并不那么简单。

浏览器之战

在微软的所有竞争对手中，最重要的一家就是太阳微系统公司。

美国在线公司向网景公司频献殷勤，并向微软公司宣战。

当吉姆·克拉克断然拒绝美国在线公司认购网景股份后，美国在线公司便向其他公司购买了一款浏览器，正好抢在微软公司出手之前。但史蒂夫·凯斯仍然对网景公司及其浏览器情有独钟。在凯斯看来，Mosaic 浏览器是最好的产品，网景公司则是前景一片光明的公司。凯斯对网景公司感兴趣的另一个原因是，美国在线公司的绝大多数高管都认为网景公司团队跟自己能相处得来。在与微软公司的竞争中，美国在线公司已经自然而然地将网景公司当作盟友。

多年来，微软公司一直在渗入由美国在线公司控制的在线系统领域。虽然用户能用美国在线公司的网络浏览器访问因特网，但美国在线公司一向主营在线服务。自 20 世纪 80 年代以来，美国在线公司一直为用户提供因特网连接、托管电子讨论组及电子邮件服务。虽然这些服务也能通过因特网获得，但在线服务显然更容易实现，也更为用户所熟悉。微软公司利用其 MSN 网络系统打入了这个市场。虽然美国在线公司仍是在线领域毋庸置疑的领导者，但它已经开始担心自己能否保住这个领先地位。

浏览器使得用户能更加便捷地在因特网遨游，但这种趋势却让在线公司的前景变得乌云密布。正因如此，美国在线公司才迫切需要拥有一款浏览器，并对网景公司产生了浓厚的兴趣，基于同样的原因，微软公司才愿意将自家的 MSN 放低价格出售，以便在竞争中击败网景公司。

1995 年，微软公开宣布将为因特网略尽绵力。没过多久，它的意图就原形毕露了。在向一家小公司购买了浏览器的授权并随后开发了自己的 IE 浏览器后，微软便开始拉拢美国在线公司。如果美国在线公司改用微软公司的浏览器，那网景公司星光熠熠的公众形象将受到沉重打击。那时美国在线已经拥有了数百万用户，如果每个用户都开始使用微软的浏览器，在这场浏览器之争中，网景很快就会被微软从浏览器头把交椅上拉下来。

为了让自己的浏览器出现在美国在线公司用户的计算机屏幕上，微软公司愿意用非常丰厚的条件与美国在线公司达成交易。作为美国在线公司购买 IE 浏览器使用许可的回报，微软公司将在 Windows 系统桌面上加一个美国在线公司的图标。这与免费广告宣传差不多，微软公司做出这样的承诺意味着，每一个 Windows 用户在启动计算机时屏幕上都会出现美国在线的图标。微软这样做等于背叛了自己的在线服务系统 MSN，但这点儿牺牲算什么呢。微软更看重的是如何碾碎网景公司。不花一分钱就能将 IE 浏览器拿到手，美国在线公司怎么忍心拒绝这笔回报丰厚的交易呢。

不可思议的是，美国在线公司还是打算拒绝微软公司的美意。微软可是劲敌啊。最后，美国在线公司先后取消了与网景和微软的交易，但它将微软的浏览器作为首选浏览器进行推销，这让网景陷入了不利的局面。

在与网景公司洽谈的过程中，史蒂夫·凯斯强调了网景公司网站的重要性。作为网络上非常有名的一个站点，网景公司能够轻而易举地用它赚取广告费。因为有数百万人每天都会访问网景公司的站点，所以广告也就能堂而皇之地进入用户的视线。凯斯指出，这和以前订阅用户访问在线服务是类似的。微软公司也搞明白了这一点，并准备逐步将自家的 MSN 变成了这样的站点。凯斯觉得，网景公司好像并不清楚自家站点的价值。

与此同时，就 Java 的业务，美国在线公司与太阳微系统公司开展了洽谈。当时网景公司和太阳微系统公司正在开发一种简单的语言，虽与 Java 无关，但这种语言却被命名为 JavaScript。JavaScript 由布兰登·艾克编写，不必学全套的 Java 语言，用户就能将一些交互式功能添加到网络页面上。这三家公司都将微软视为劲敌，因此它们走到一起就成了自然而然的事情。

此时，微软公司在行业里腹背受敌，至少微软总部是这么认为的。太阳微系统公司打算用 Java 开发一种操作系统。网景公司正在将浏览器开发为在某种意义上替代操作系统的产品。通过推出不用运行 Windows 系统的简化型计算机，甲骨文公司也加入了这场混战。

1996 年 10 月，甲骨文公司与网景公司宣布将联手开发网络计算机。这条消息充分说明了这些公司对微软公司是何等恐惧。而就在两个月前，安德森还曾经嘲笑过网络计算机，埃里森也鄙视了一把网景公司的技术，称其"技术含量相当稀少"。

20 世纪 90 年代后期，IBM 公司郑重宣布将开发 Java 产品，反微软联盟因此增加了一位强有力的同盟。然而，微软公司却继续向因特网和在线领域挺进。到 1997 年年底，IE 浏览器超过网景公司的浏览器，受到了更多的关注。到 1998 年年底，MSN 的访问人数超过了网景公司的 Netcenter 站点，成为一个重要的因特网门户站点。数百万人将这个站点作为大本营，浏览自己想要获取的信息。网景公司迅速败下阵来，前途未卜。

开放源代码

1998 年年初，为了争取在安德森 5 年前一手建立起来的浏览器市场中生存下去，网景公司做出了让公司董事会目瞪口呆的决定，而这个决定却得到广大程序员的拥护。他们公开了浏览器的源代码。

软件产品的源代码简直是软件公司皇冠上的宝石，必须严防窥探和剽窃。这种因知识产权引起的法律之争非常激烈，有些官司甚至给争辩双方造成了无法愈合的创伤。Borland 公司因卷入这类官司付出了沉重的代价；数字研究公司因为与 IBM 打官司而元气大伤，不巧还撞上苹果公司因为 GEM 图形化用户界面一事威胁要起诉自己；软件艺术公司因为与个人软件公司打官司被挤出了市场。

然而，网景公司还是打算将其源代码放在因特网上，向大众公开。而且，还不仅仅是公开让大家看看而已。程序员可以免费使用这些代码来开发新的软件产品，但他们开发的新软件也必须向其他程序员公开，这意味着网景公司可以在自己的浏览器中使用其他程序员编写的增强软件，实际上，这就相当于网景公司动用了整个软件社区的力量来开发软件。这个项目和站点叫作 Mozilla——网景公司浏览器原始代码的名字。

安德森和克拉克不是不清楚这其中的风险，但他们更看重开放系统源代码带来的好处。他们认为，个人计算机产业是建立在免费共享信息的基础上的。在高速发展阶段，信息开放是非常有效的举措。在因特网这样高速发展的领域，对很快就会过时的技术实施保密是没有意义的。

这种做法非常大胆。

不过，这种做法并非没有先例。支撑因特网运行的大多数软件都是以开源方式编写的。不得不说，Unix 操作系统在这种开放式环境中是走在前列的。

1991 年，芬兰一位名叫林纳斯·托瓦兹（Linus Torvalds）的年轻程序员开始开发 Unix 内核（在操作系统中负责处理内存、文件及外部接口等基本操作）的新变体。托瓦兹将他的操作系统命名为 Linux，并公开了源代码，邀请编程社区对其加以改进。

Linux 系统本身就是从开源的传统中发展起来的。托瓦兹甚至顽皮地想将它命名为 Freax[①]（即 Free Unix）。托瓦兹使用了另一个免费开放的 Unix 系统变体 MINIX（由荷兰的安德鲁·坦尼鲍姆编写）来改进 Linux 系统。与此同时，理查德·斯托尔曼与比尔·乔伊也分别编写了 Unix 的变体版本 GNU 以及 BSD（Berkeley Software Distribution，伯克利软件发行版），这些都是开源相关产品中发展得比较迅速的。即使不是这种开源软件，那个时期出现的软件也会带有其他开放特性。Linux 系统很快便采用了 GNU 通用公共许可证（由斯托尔曼撰写），保证用户都能享有使用、学习、分享和修改的权利。Linux 主要指的是内核部分，因此操作系统从整体上有时被称为 GNU/Linux。

编程社区对 Linux 的反应非常热烈。在 6 年内，Linux 操作系统从赫尔辛基大学的一个业余发烧友项目发展成为一个占有主导地位的 Unix 版本，它被移植到英特尔的个人计算机和麦金塔计算机上，并且像病毒一样在软件开发社区得到迅速的推广应用。没过多久，微软公司就感受到来自 Linux 的压力。在埃里克·雷蒙德透露的一份内部报告中，微软公司罗列了 Linux 和免费软件给公司带来的威胁以及微软的

---

① 林纳斯·托瓦兹在自传《只是为了好玩》第 2 章的"Linux 的诞生"中提到，Freax 的命名是"Freak（怪胎）用了个不可少的 X 结尾"。——译者注

应对措施。Linux 系统在服务器市场的流行迫使微软公司重新设计了 Windows NT，该系统是微软公司希望用以取代服务器市场上的 Unix 系统所开发的高端操作系统。因为数千名才华横溢的程序员对 Linux 的开发做出了贡献，所以微软公司要想在这场竞争中取胜绝非易事。

网络专家深知开源模式的重要性，并且在开发过程中非常重视开源。和许多必备的其他因特网工具一样，作为使用排名领先的网络服务器软件，Apache 就是一款免费的开源产品。因特网和网络是在学术环境中诞生的，在这样的环境中，开源模式不足为奇。开源模式看起来是最不适合销售赢利的模式，其实这只是一种假象。经营 Linux 操作系统的公司都在赚钱，还吸引了许多投资商。

"开放"和"免费"并不是一回事。

就在这时，1998 年 5 月 18 日，美国司法部和大约 20 个州的司法部长就微软公司触犯反垄断法对其提起诉讼，称微软公司滥用其在操作系统领域中的垄断地位，阻碍竞争，尤其是在与网景公司的竞争中，这种情况更加突出。司法部对微软的指控还不止这一项，看来官司要没完没了地拖下去了。

网景公司的竞争力确实受到了影响。让网景公司头疼的是，公司的未来（假如公司有未来）究竟是发展浏览器、其他网络软件、服务，还是将网络站点作为广告收入的来源加以宣传？ Mozilla 前途未卜。

1998 年 11 月 24 日，美国在线公司宣布结束与网景公司的谈判，以约 42 亿美元的股价收购网景公司。史蒂夫·凯斯终于得到了这家公司，这下可以弥补美国在线公司的不足了。太阳微系统公司也参与了这桩生意，它承诺负责销售美国在线公司不需要的网景公司的软件，交换条件是美国在线公司可以从这批产品的销售额中抽取提成，且太阳微系统公司会为美国在线公司提供自家开发的一些技术产品。网景公司的资产被分割，交给了最有可能充分利用这些资产的有关各方。微软公司指出，收购网景公司后，美国在线公司的经营实现了平衡，司法部应该撤销对自己的指控。但法庭可不是这么看的。

此时，在公司外的数百名程序员的协助下，网景公司的 Mozilla 项目完成了一个新版本的浏览器。虽然美国在线公司宣布继续支持 Mozilla 项目的开发，却并没有起到多大的作用。现在的 Mozilla 已经是个开源产品，正如一位记者所说："这款浏览器直接从因特网的濒危种类变成了永恒经典。"Mozilla 再不附属于某一家公司，只要有程序员看到维护它的价值，那 Mozilla 就会一直存在。然而不管 Mozilla 是否会一直存在，它已经被微软公司挤出了竞争市场。

没有乔布斯的苹果

没有乔布斯，苹果公司不过是硅谷一家普通的计算机公司；而没有苹果公司，乔布斯也只是硅谷一名普通的百万富翁。

——尼克·阿奈特

史蒂夫·乔布斯发现，他还有好几百万美元没有投入 NeXT 项目。而此时，他前公司的工程师正忙得不可开交。

斯卡利继续前行

当约翰·斯卡利将德尔·约克姆挤出管理层，并架空吉恩·路易斯·盖西时，苹果公司的工程师愤怒了。靠卖汽水起家的斯卡利居然好意思自命为苹果公司的 CTO，而盖西作为工程师心目中愿意选作 CEO 的人选，如今却要离开苹果公司！

苹果公司的员工对他们在计算机行业中的地位表现出许多所谓的姿态。他们的薪酬非常高，至少工程师的工资很高，他们常常将自己当成艺术家。他们总认为苹果公司的发展都来源于技术创新。人人都希望从事热门项目的开发，所以当麦金塔计算机这边的项目搞得如火如荼时，没有人想去 Apple II 那样的项目组工作。

这个时期的苹果公司还有一个备受追捧的项目——Pink 操作系统。Pink 是苹果公司内部给其新一代操作系统起的代号，这种操作系统可以在不同的计算机上运行，其中包括 IBM 兼容机。公司的重要人才均投入到 Jaguar 计算机的开发中，这种新型计算机采用全新的硬件技术和 Pink 操作系统。

1991 年 4 月 12 日，斯卡利向 IBM 公司演示了 Pink 操作系统。这款操作系统运行很顺畅，就像在 IBM 计算机上运行麦金塔的操作系统一样，这给 IBM 公司的高管留下了深刻的印象。同年 10 月，苹果公司与 IBM 决定共同开发这款操作系统，并将其改名为 Taligent。两家公司分别开发的新一代计算机都将使用同一款新型微处理器来运行这一操作系统。

约翰·斯卡利　作为乔布斯钦点的 CEO，斯卡利最终让乔布斯失去了在苹果公司的所有权力。（资料来源：里克·斯莫兰）

　　这不是兼并，不是收购，也不是许可证买卖，而是一家公司与另一家公司的合作。而且，这位合作伙伴能够为苹果公司夺回一块较大的市场份额。这次合作也显示了计算机产业的结构正在发生变化：苹果公司已经有能力与前竞争对手 IBM 公司展开合作，因为 IBM 公司已不再是竞争对手。为 IBM 制造 CPU 和兼容机的英特尔和微软才是苹果的竞争对手。

　　苹果公司与 IBM 公司达成交易是一招险棋，而且这也许是斯卡利为公司做出的最后一个重大贡献。这位在苹果公司任期最长的 CEO 筋疲力尽，将总裁的职务交给迈克尔·斯宾德勒后，他变得心不在焉，准备另外谋点"别的事儿"干干了。

　　与经营个人计算机公司相比，斯卡利的"别的事儿"简直天差地别。斯卡利与他的新朋友、阿肯色州州长克林顿和他的夫人希拉里在一起度过了许多时光。那是 1992 年，阿肯色州州长克林顿正在积极参与总统竞选。当时坊间传说斯卡利会在内阁谋个一官半职，甚至有人说他已被列入克林顿政府副总统候选人名单（当然，斯卡利后来没有当上副总统，但在克林顿的总统就职仪式上，他确实就坐在希拉里旁边）。所以，当斯卡利在苹果公司的市场规划会议上显得心不在焉时，这并没什么好奇怪的。

斯卡利随时都可以跳槽到 IBM 公司去，IBM 公司不仅会聘请他，甚至看起来已准备好聘请他担任要职。IBM 公司也许不像苹果公司那样充满活力，但规模却比苹果公司大得多。而且，要是进了 IBM 公司，那斯卡利就能回到东海岸工作了，他很难拒绝这样的美差。

就在 1992 年，斯卡利向苹果公司的董事会表示了离开的意愿。他说，到 1993 年 4 月，他进入苹果公司就有整整 10 个年头了，时间够长了。当董事会问他对公司有何建议时，斯卡利直言不讳：应该将公司卖给像柯达或 AT&T 这种规模更大的公司。董事会希望他在收购前仍然留在公司。

不过，收购的事情并没有实现。竞争日益激烈，苹果公司的股价在 1992 年时每股最高值达 4.33 美元，到 1993 年，跌至每股 0.73 美元。1993 年 6 月 18 日，约翰·斯卡利走出了苹果公司的大门。迈克尔·斯宾德勒成为苹果公司的新任 CEO。

斯宾德勒担任 CEO 后，首先进行的就是裁减公司 16% 的员工。这一步很关键。苹果公司仍然在过时的微处理器上运行老化的操作系统。摩托罗拉 68000 系列离被淘汰不远了。苹果公司决定启用新的处理器，即 IBM 与摩托罗拉共同开发的 PowerPC 芯片。

斯宾德勒主持了向 PowerPC 过渡的工作。不得不说，PowerPC 是一项非常重要的技术成就。苹果公司生产了 70 多款能在 68000 系列芯片上运行的麦金塔计算机，而且这些计算机的操作系统都是为 68000 量身定做的。向 PowerPC 过渡就意味着原有的硬件和软件都需要重新设计，公司当时在进行的所有工作基本上都要推倒重来，而且还需要让那些为麦金塔计算机编写软件的所有第三方软件开发公司重新编写软件。这就好像在高速公路的超车道上一边开车，一边重新制造这辆车。

苹果公司圆满地完成了这个项目，当然，这少不了其他公司的帮助。Metrowerks 公司在最后一刻资助苹果公司开发了升级软件，用以帮助第三方开发者从他们自身的软件向 PowerPC 过渡。可是，苹果公司没有及时开发一个相应的软件升级系统。1994 年 3 月，苹果公司开始销售 PowerPC 计算机，并立即取得了成功。

为了让苹果公司重回轨道，另一项需要进行的工作就是推出新的操作系统，这项工作就没那么顺利了。Taligent 操作系统（由苹果公司与 IBM 公司共同开发）胎死腹中，这是一个缺乏重点的集体设计方案，其失败造成了 3 亿美元的直接损失。此外，苹果公司仍在进行斯卡利担任 CEO 那段黄金时期提出的全部方向性研究和开发项目，但原本有数十人参与的工作，如今只有两三位程序员在工作。这些项目消耗了公司的资源，却几乎没有产生成果。

这时，苹果公司开始考虑兼并的问题了，甚至考虑过加入康柏公司，但最后都不了了之。

这些争议推动着苹果的操作系统的授权许可，并最终在 1995 年有了结果。首先获得授权许可证的是 Power Computing 公司，它是由史蒂夫·康创立的。史蒂夫·康曾在 10 年前设计过一款最畅销的兼容机，即 Leading Edge PC。可惜一切都晚了。苹果的兼容机市场并没有像之前那样腾飞，苹果公司似乎已经走到了尽头。Power Computing 公司所做的事情对自己非常有利，但对苹果公司的起死回生却没有多大帮助。

苹果公司的销售在这一年的圣诞节假期遭受重创。富士通公司在日本市场占领了一席之地，而这个市场原本是苹果公司收入的可靠来源。1996 年 1 月，苹果公司只能启动新一轮裁员。

1992 年以来，苹果公司一直在积极寻找能够收购自己的买主。如今，太阳微系统公司提出了收购意向，它准备以苹果公司股价的 2/3 进行收购。这简直是一记响亮的耳光，让苹果公司名誉扫地。到底苹果公司能否找到一个可行的经营突破口而起死回生呢？即使是专业的经营分析人员也不得不用世俗的观点来看待这件事了。

许多员工离开了苹果公司。乔布斯走了。沃兹尼亚克虽是公司的一位技术人员，却已多年未从事技术工作。吉恩·路易斯·盖西拒绝升迁并离开了苹果公司，他像乔布斯一样，开办了自己的计算机公司 Be Labs。克里斯·埃斯皮诺萨自公司成立起就在这儿了，从 14 岁就骑着电动车到公司上班，大学时为 Apple II 计算机编写了第一本用户手册，如今他已年过而立，有家有室。埃斯皮诺萨比公司里的任何人都清楚苹果公司的历史，看到公司如今奄奄一息，他心如刀绞。他没在其他公司工作过，也不着急离开，他决定坚持到最后。埃斯皮诺萨对自己说："我坚持到公司关门又何妨呢？"

结束游戏的时刻就要到来了。1996 年 1 月 30 日，迈克尔·斯宾德勒被公司解雇，苹果公司的董事会成员、善于起死回生的吉尔伯特·阿梅里奥被任命为新 CEO。苹果公司的确需要一位能够起死回生的艺术家。此时，苹果公司已是命悬一线。

皮克斯公司

在苹果公司的发展史中，有关事件可以追溯到 1975 年，那一年正是 Altair 问世的时间。那时保罗·艾伦在哈佛广场看到《大众电子学》杂志的封面介绍，他急促地对比尔·盖茨说，他们最好做点儿什么，不然就落伍了。同时，两位纽约理工学院的计算机绘图专家聚在一起，想做一些有意思的计算机动画。他们头脑灵活、有创意、又很有干劲。1979 年，这两位专家埃德蒙·卡梅尔和阿尔维·雷·史密斯及他们创立的小组鼓捣出了一些新颖的玩意儿。接着，他们搬到加州的马林郡，为工业光魔公司的乔治·卢卡斯工作。这家公司后来发展成杰出的电影特技制作公司，改变了电影制作的方法。

7 年后，由于发展构想与卢卡斯的经营策略不一致，卡梅尔和史密斯开始寻找新的出路。卢卡斯给了他们一条出路：他将团队卖给了史蒂夫·乔布斯。乔布斯出售了他持有的苹果公司的股票，手上有 1000 万美元可以用来投资。这家新公司就是皮克斯公司。

皮克斯并不是一家个人计算机公司，但若是没有个人计算机革命，它也没有诞生的机会。皮克斯公司可以说是将个人计算机技术引入全新领域的行业先导，因此乔布斯觉得值得一看。离开苹果公司的这些年，皮克斯给乔布斯带来了重要的事业灵感。

在之后的 5 年里，乔布斯又往皮克斯公司砸进了 5000 万美元，以鼓励公司的员工尽最大努力提高计算机绘画制作的水平。这正是卡梅尔和他的团队所追求的。在那几年里，皮克斯的员工发表了很多关于计算机动画制作的学术文章，获得了不少奖项，还发明了行业内绝大多数的领先技术，从而使得计算机动画故事片的制作成为可能。

乔布斯再次让自己置身于一群创造新技术的聪明人当中。如果说制造计算机已经成为一项乏味的商业买卖，那么计算机动画则是一块充满创造力之火的热土。当然，乔布斯要求皮克斯公司的人员必须毫无保留地发挥他们的才能。乔布斯身上好像起了微妙的变化，这些都是他从苹果公司的经历上学到的教训。再说了，皮克斯公司的员工自发地想在工作中将能力发挥到极致，不用乔布斯再费尽心思鼓动他们。在皮克斯公司，乔布斯更像是一位赋能者。

皮克斯公司是一大帮技术型艺术家的集合，骨子里是位艺术家的乔布斯则成为他们的大房东。不过，这帮艺术家差不多要开始付房租了。

皮克斯公司在制造设备及编写软件方面的优势不如内容开发，它在内容开发上可以说是游刃有余。1988 年，皮克斯公司制作的《锡铁小兵》成为第一部荣获奥斯卡金像奖的计算机动画电影。乔布斯对此很上心。接着，1991 年，迪士尼公司与皮克斯公司签署了 3 部计算机动画片的制作合同，其中就包括《玩具总动员》。

皮克斯团队为《玩具总动员》使出了浑身解数。据 1995 年票房收入统计，《玩具总动员》获得巨大成功。皮克斯公司成为行业的佼佼者，而乔布斯本人也成为亿万富翁。他立即动身前往好莱坞，在与迪士尼公司老板迈克尔·艾斯纳的午餐会上，乔布斯谈成了一笔对皮克斯公司更加有利的新合同。

尽管乔布斯从不屈服于好莱坞生活的诱惑，但此时他也成为那个圈子里的玩家。作为电影业新晋的亿万富翁，他接触的都是好莱坞鼎鼎大名的人物。相比之下，创办 NeXT 公司不过是他人生中的小转折。至于他的第一家公司——苹果公司，已经快被人踹到台下了。

乔布斯的归来

善于起死回生的艺术家吉尔伯特·阿梅里奥被任命为苹果公司的 CEO 兼董事会主席，麦克·马库拉则降为副主席。

操作系统是苹果公司亟需解决的最大问题。与 IBM 公司共同开发的 Taligent 操作系统已宣告失败，而内部操作系统 Copland 的开发进展缓慢。阿梅里奥的技术主管艾伦·汉考克建议苹果公司购买或授权使用其他公司的操作系统。

摆在苹果公司面前的方案至少有三个。一是购买太阳微系统公司操作系统的使用许可权，配以麦金塔计算机的外观；二是开发类似微软公司的 Windows NT 那样的操作系统；三是买断吉恩·路易斯·盖西的 BeOS 操作系统。盖西是苹果公司的前工程部主管，离开苹果公司后创办了 Be Labs 公司。他离职时带走了苹果公司重要的员工史蒂夫·萨科曼，而萨科曼在新公司创办后研发了 BeBox 计算机，还推出了一款备受瞩目的 BeOS 操作系统，只是该系统本身尚不十分完善。

媒体非常好奇地猜测苹果公司最终会使用哪个方案。BeOS 看起来是最适合不过的，因为盖西原本是苹果公司的高管，很受苹果公司工程师的尊敬，而 BeOS 操作系统适配程度高，看起来非常适合麦金塔计算机，而且它使用的还是行业最领先的技术。不难想象，BeOS 系统能成为麦金塔计算机的未来，而盖西也会回苹果重掌工程部（至少也要重掌工程部吧）。但汉考克神神秘秘地回应媒体说：“不是所有跟我们谈过的人都会把话转述给你们听的。”

与此同时，甲骨文公司那位不按常理出牌的的创始人，现已跻身硅谷青年亿万富翁行列的拉里·埃里森也来插了一手，他暗示将收购苹果公司，然后让他的好朋友史蒂夫·乔布斯负责经营。乔布斯并没有将埃里森的话放在心上，没有人将埃里森的话当真。不过，乔布斯立马给德尔·约克姆打了电话，约克姆曾在苹果公司辉煌时担任过公司的 COO，现任 Inprise 公司（由 Borland 公司改组后重新命名而成）CEO。他们二人大谈合作经营苹果公司的可能性。

确实没有多少人将埃里森的话当真。因此，当苹果公司做出决定，并于几小时后对外宣布之后，整个行业都震惊了。苹果公司将全面收购 NeXT 公司，将其一针一线都买下来，并使用 NeXT 公司的技术为其计算机开发下一代操作系统。显然，汉考克回应媒体的那句话，指的就是史蒂夫·乔布斯。而且当他的员工与苹果公司开始初步洽谈时，八成是乔布斯叫停了 Be Labs 公司的方案，终止了洽谈。

在苹果公司宣布的消息中，有一则消息戏剧性地让其他消息都黯然失色，那就是史蒂夫·乔布斯将重返苹果公司。

乔布斯将成为苹果公司的兼职顾问，他直接对 CEO 吉尔伯特·阿梅里奥负责，并协助制定苹果公司新一代操作系统的开发战略。此外，没有人需要向乔布斯汇报工作，他也没有明确规定的职责，在董事会中没有座位，且没有任何权力。

真的没有任何权力吗？阿梅里奥太不了解乔布斯了！

毋庸置疑，苹果公司需要节省开支。1995 年，连续 4 个季度盈利后，苹果公司在接下来的几个季度中连连亏损。公司经历了大规模的改组和裁员，市场份额急剧萎缩。第三方软件开发商将 Windows 系统作为首选平台来开发软件，然后才会视情况选择麦金塔计算机。苹果公司的股价大跌，证券公司也建议大家不要购买苹果公司的股票。媒体也为苹果公司敲响了丧钟。

用户也不再购买苹果公司的计算机了，至少购买量不足以保持苹果公司的市场份额，因为用户并不认为麦金塔计算机比 Windows 计算机好多少。之所以会造成这种局面，部分原因是，微软公司为推销 Windows 95 操作系统进行了大规模的市场营销活动，其中包括花费 1000 万美元向滚石乐队购买 *Start Me Up* 的歌曲版权。但最主要的原因是，苹果公司的操作系统改进项目缓慢，没有进展，迟迟未能推出市场。

1996 年年底，苹果公司前途未卜。有观察家认为，如果公司能妥善解决三个问题，那就能转危为安。这三个问题是：集中的管理方式、企业形象的改善以及新一代操作系统的开发。每个问题都必须立即得到解决。

有些人认为，阿梅里奥和由他成立的团队所用的方式就是集中管理，NeXTSTEP实际上就是新一代操作系统，而不是不切实际的思路。即使它出现的时间才刚到苹果操作系统的一半，却具备了现代操作系统应该具备的一切功能，比如真正的多任务处理功能。NeXT团队设计得很好，而且NeXTSTEP也经过了实操测试。至于改善苹果的公众形象这方面，那就……比较复杂了。

在苹果公司宣布收购NeXT公司的3个星期后，阿梅里奥走上了苹果世界大会的讲台，发表了主题演讲。在旧金山举办的苹果世界大会是与麦金塔计算机相关的年度大会，也是苹果公司宣布来年计划的地方。展会现场挤满了人，听众不得不到通道上寻找座位和站立的地方。阿梅里奥宣布，苹果公司收购了NeXT公司，史蒂夫·乔布斯也将重返苹果公司，除此之外他没有透露更多细节。这些新闻无疑是戏剧性的，听众显然对未透露的情况更感兴趣。

阿梅里奥坦率地指出这项计划的实质，即苹果公司将基于NeXTSTEP操作系统开发新一代操作系统，并在PowerPC硬件上运行。由乔布斯的公司开发的操作系统NeXTSTEP将成为苹果公司的未来。

接着，阿梅里奥介绍了史蒂夫·乔布斯。

与会者随即站起身来热烈鼓掌。当掌声停下后，乔布斯针对NeXTSTEP操作系统进行了说明，同时讲述了他对苹果公司面临的挑战的看法。他想说什么都没问题，反正与会者都会被他的发言深深吸引。

后来，阿梅里奥请乔布斯重返讲台，同行的还有苹果公司的联合创始人史蒂夫·沃兹尼亚克。与会者再一次起立，现场爆发出雷鸣般的掌声。

那是一个伟大的时刻。

对乔布斯来说，这次露面从某种程度上意味着他的回归，与所有的回归一样，他的回归对公司已做出的改变意义深远，对未改变的方面同样意义深远。与他十多年前离开苹果公司时相比，许多事情都明显不同了。他结婚成家了，NeXT公司的萎靡可能让每个人都抬不起头来，对乔布斯来说更是如此。然而，出售了NeXT公司后，他能够还清饱受煎熬的员工的债务了，而且员工手上的股票优先认购权如今倒也真的值几个钱了。乔布斯和苹果公司确实都变老了。此时，苹果公司已经与乔布斯当年和沃兹尼亚克合伙创办它时的年纪一样大了。

接下来发生的事情是阿梅里奥始料未及的。这件事情可以说是一场"政变"。不到几周的时间，乔布斯就让他选择的管理层人员各就各位了。NeXT 公司的老手乔恩·鲁宾斯坦和阿维·特瓦尼安如今完全接管了苹果公司的硬件和软件部门。到年中时，乔布斯低调地将阿梅里奥完全请出了公司，建立了一个完全忠于他本人的新董事会，并任命自己为这个过渡时期的 CEO，赋予了自己对公司方方面面不可动摇的绝对权力。几个月后，阿梅里奥仍在试图扭转这场"政变"。

史蒂夫·乔布斯回归了。然而，即便魅力超凡如他，真的能拯救苹果公司于危难吗？

iPad 的推出是一个关键时刻。当看到乔布斯拿着那玩意儿靠在一张舒适的棕色皮质扶手椅上，用手指轻轻敲击屏幕时，我喃喃低语："再见了，个人计算机。"我认为那就是结局揭开的时刻。

——克里斯·埃斯皮诺萨

第 10 章

后 PC 时代

1997 年，当史蒂夫·乔布斯重回苹果公司时，他本人和公司都已经变了。产业本身也在不断改变，想生存下去的计算机公司必须面对新的现实。

苹果的复兴

乔布斯回到了苹果公司。他告诉我，微软赢得了个人计算机之战，而且那是不可逆转的，这一切已经过去了。但他认为，如果他能让苹果公司足够强健，支撑到下一轮重大科技洗牌，到那时苹果公司就能打胜仗。

——安迪·赫茨菲尔德

苹果公司是一家陷入严重困境的公司，很显然只是在苟延残喘。它的市场份额已经很小，并且还在不断遭到蚕食，即使开发人员为麦金塔计算机开发应用程序，那也是放在第二位的，公司股价不断下跌，而且似乎没人拿得出改变这一切的方案。1996 年，《商业周刊》（ *Business Week* ）对苹果公司的困境进行了报道，题目为《一个美国象征的坠落》（ *The Fall of an American Icon* ）。

苹果公司缺少的不只是资金。它正在重新寻求身份认同，并寻找自己与市场的连接点，这是一场关乎生死的斗争。

在麦金塔计算机出现之前，苹果计算机就凭借其对设计和图像的注重以及对计算机软硬件的全程控制而将自己与市场上的其他计算机区分开来。苹果公司的"差异化思维"是一把双刃剑。设计感和单源模型的一致性是一种优势，但专属路径阻碍了第三方开发者，较高的价位也让苹果公司的市场相对较小。苹果公司将自己定义为"在一个越来越没有定位的市场里坚持自身定位的公司"。微软公司不断改进Windows，到最后，除了价格，大部分消费者已经看不出麦金塔计算机和其他个人计算机有太大的不同。Windows 逐渐削弱了苹果计算机的优势，苹果公司的缺点则被放大了。

维持身份和相关性都很重要。如果苹果公司试图变成一家人云亦云的公司，那么就会失败，但由于继续贯彻其越来越不得人心的差异化策略而被边缘化同样也会招致失败。

苹果公司还饱受内部问题之苦，其中就包括缺乏专注度。"（约翰·斯卡利）从未真正开展过什么技术革新。"克里斯·埃斯皮诺萨回忆道，"迈克尔·斯宾德勒有冗长乏味的酝酿期，到处投资，他贪得无厌，却一事无成。我认为……他们对技术和市场的考虑太过战略化、抽象化，他们的视线离开了'真正的巨匠之舟'。重要的是，你要将什么样的产品交到客户手上。"吉恩·路易斯·盖西同意埃斯皮诺萨的说法："决策层在软件方面领导失误。而且企业文化也变得……有一段时间变得很软。"

但是领导者只有在融洽的环境里才能展开领导工作。"约翰·斯卡利做了很多伟大的事，"埃斯皮诺萨解释道，"他进了一家每况愈下的公司，他让公司有了稳定的方向。从 1985 年开始到 1997 年乔布斯回归，苹果公司的一大问题并不是我们的领导人太差劲，而是追随者太差劲……苹果的公司文化是追随乔布斯的，而斯卡利不是乔布斯。"

乔布斯这些年来也改变了许多。

埃斯皮诺萨对乔布斯的回归持谨慎态度："我很清楚地记得自己在麦金塔团队的那些经历，坦率地说，我并不想再经历一次。因此我躲在开发者工具之中。"

埃斯皮诺萨很快发现，至少用不着再害怕乔布斯突然大动肝火了。"他（和我）非常合得来。我不断听到关于电梯采访和尖叫发作的可怕故事，但那些都属于过去的乔布斯。不过我大体上有一种感觉，那些都是作秀——那是乔布斯维持知名度的一种手段。你知道的，那曾是他性格中不可控制的一部分，几年后，我感到那是他在必要时采取的一种行动。在乔布斯最后的几年里，我见到了他身上更为温和、感恩和伤感的一面。"

最关键的是，乔布斯变得更有效率了。皮克斯的成功，以及他在支持皮克斯团队并为他们的作品开展交易谈判中所起的作用，给观察家留下了深刻印象。当然，还有金钱的效用：亿万富翁总会得到重视。埃斯皮诺萨指出："乔布斯是自塞缪尔·高德温之后最成功的工作室 CEO。"

正统性

苹果公司和乔布斯都变了，整个产业也发生了更大的变化。

乔布斯于 1985 年离开苹果公司，1997 年回归。个人计算机市场在他离开时的规模还不到他回归时的 1/10。

还记得苹果公司欢迎 IBM 公司的那条广告吗？就是那条以"真心欢迎你，IBM"开头的广告。它在 1981 年投放时引发了一些关注，确认了 IBM 公司的进入为个人计算机产业提供了正统性。这条广告其实借用了更早的一条前卫广告，在当时并没有多少人发现了这一点。在上一个时代，当 IBM 公司进入小型计算机产业时，数据通用公司的 CEO 埃德森·德·卡斯特罗授权创作了这样一条广告："有人说 IBM 公司进入小型计算机领域将给这个市场带来正统性。那些混蛋说，欢迎你。"

这条广告从未投放，但表达的那种情绪是很清楚的。德·卡斯特罗表达的意思是，数据通用公司不想变得正统，它不想变成 IBM 公司。这和 1984 年乔布斯表达的意思很相似，当时他告诉麦金塔团队："做一个海盗比加入海军要有趣得多。"

然而，正统性胜出了。不再有混蛋，不再有海盗。至少混蛋和海盗都不再生产个人计算机了。结果，计算机变成了寻常商品。

回顾时看起来事情发展得很快，但在实际发生时则显得异常缓慢。图形化用户界面由帕洛阿尔托研究中心发明，由苹果公司引入市场，又由微软公司发扬光大。图形化用户界面让计算机变得非常简单，人人可用。电子表格 VisiCalc 程序由丹·布瑞克林和鲍勃·弗兰克斯顿发明，由莲花公司发扬光大，电子表格成为让个人计算机进入所有企业的杀手级应用。和以前一样，IBM 公司的名字让人觉得采购个人计算机无可厚非。个人计算机获得了正统性。

尤其被正统化的是个人计算机。在员工办公桌上配备计算机，需要重新考虑工作需求、预算、内部技术支持，甚至新的办公桌等问题。这会挑战根深蒂固的公司思维。

到了 1997 年，竞争胜利了。具有讽刺意味的是，个人计算机的正统性甚至将 IBM 公司也赶出了市场，尽管正是 IBM 公司进入市场才让这种业务正统化的。"巨龙的尾巴垂了下来，"吉恩·路易斯·盖西说，"打伤了 IBM。"IBM 公司比其他公司更富有销售计算机的经验，但它的经验是一次卖出一台计算机，以及较高的定价和强大的支持。这些经验都和在沃尔玛的货架上销售普通盒子搭不上边。

在此期间，当市场扩张到原来的 10 倍时，苹果公司的市场却只增加了两倍。苹果公司的高管自会盘算，他们一直想方设法地让公司维持其价值。埃斯皮诺萨自始至终参与其中，并在事后进行了反思。

"我记得（约翰·斯卡利）谈到过'技术 S 型曲线'……这就是说，一种技术会有一段长而平缓的酝酿期，然后会有一段突然的飞速发展期，接着在市场饱和或技术成熟时达到顶点。此时，这种技术在市场上将变得不再有趣，如果你的公司为那种技术赌上了一切的话……你最终会被仿造产品逼上绝路。"

"因此，要想成为一家不断创新的企业，你必须将这些 S 型曲线叠加起来。一旦有了一件处于直线成长期的产品，就必须同时开发其他处于漫长、缓慢、平缓的酝酿阶段的产品，那些产品可以在下一个 S 型曲线中飞速发展。"

"那只是斯卡利的理论，"埃斯皮诺萨总结道，"他却无法实践。"

苹果的 CEO

苹果公司在这样的环境下迎来了转机年。乔布斯实施的大部分改变都是在吉尔伯特·阿梅里奥的监管下计划好的，而且很多改变来自 CFO 约瑟夫·格拉齐亚诺的想法，但乔布斯把它们都变成了现实。乔布斯终止了授权协议，但这一举措已经为时过晚，正如吉恩·路易斯·盖西害怕的那样，许多仿造者通过授权协议侵入苹果公司自己的销售阵营。乔布斯解雇员工，砍掉了 70% 的项目，彻底简化了产品线，实行网上直销，同时削减了销售渠道。

乔布斯的大部分决定都或多或少地激怒了一批人，但有一个举动让苹果公司的忠实追随者感到非常震惊。在 1997 年 1 月的苹果世界大会上宣布时，这一决定引起一片嘘声。乔布斯站在台上，他身后巨大的屏幕上出现了比尔·盖茨的脸，盖茨就像根据乔治·奥威尔的小说《1984》拍摄的电影里那个"老大哥"一样，俯视着众人。乔布斯宣布，微软公司将向苹果公司投资 1.5 亿美元。乔布斯向大家保证，这 1.5 亿美元是无权股[1]。这一投资为苹果公司注入了所需资金以及获得微软公司认可所带来的良好公共关系，但是微软公司索要了高昂的成本：许多苹果公司专利的使用权以及苹果公司将微软网络浏览器作为可选浏览器的协议。微软公司在竞争中将苹果公司招入麾下，以便控制浏览网络的关键软件。

在比尔·盖茨的形象毫无征兆地出现在苹果世界大会上的同一年，盖茨以 9400 万美元的初始投资创办了威廉·H.盖茨基金会。这个基金会后来更名为比尔和梅琳达·盖茨基金会，盖茨的进一步投资很快使该基金会跻身世界上最大的私人基金会之列。该基金会致力于在全世界范围内提高医疗保健水平，减少极度贫困人口，并扩大美国民众的受教育机会和接触信息技术的机会。

3 年后，盖茨卸任微软公司 CEO，将领导权交给了老朋友史蒂夫·鲍尔默。之后几年，盖茨不再担任微软公司的任何职务，全身心地投入到基金会的工作。不过，在 1997 年，盖茨似乎仍是苹果公司忠实追随者的敌人。

虽然这一计划较早的时候已经在苹果世界大会主旨演讲上公开了，但乔布斯并未弃用 Mac 操作系统。他反而将 NeXT 技术融入麦金塔的改良操作系统之中。知道乔布斯的人很容易认为整个 NeXT 并购案就是一场不择手段的阴谋，但事情并非如此简单。乔布斯在卖掉 NeXT 公司时完全不相信苹果公司还能起死回生。乔布斯认为股价不会上升，因此以低价抛售了在 NeXT 交易中获得的 150 万股苹果公司的股票。"苹果公司是块烫手山芋。"他不小心对朋友说漏了嘴。但是几个月后，苹果公司在乔布斯心目中又从 0 变成了 1，他全身心投入，想要挽救它。董事会愿意提供任何乔布斯想要的东西，再三授予他公司 CEO 和董事会主席的职位。乔布斯拒绝了这些职位，但仍然以独裁的方式掌管着公司，只要他觉得有必要，就会以临时 CEO 的身份介入任何层面、任何部门的事务。乔布斯不会得到可观的报酬，而且他几乎是在股价的最低点卖掉了苹果公司的股票，因此也不能从苹果公司的成功中获得什么经济利益。

将 NeXT 技术和苹果的操作系统整合起来是一次极其复杂的高风险尝试，就像是一边飞行一边修理飞机引擎。这需要时间：此时距离名为 OS X 的操作系统最终问世还有 3 年。

---

[1] 无权股即无表决权股票，指根据法律和公司章程的规定，对股份有限公司的经营管理事务不享有表决权的股票。相应地，持有这类股票的股东无权参与公司的经营管理。——译者注

与此同时，硬件线也在进行改造。乔布斯承认个人计算机已经变成了普通商品，他采取这种模式并根据商品特点来销售计算机。1998 年问世的 iMac 和 1999 年问世的新款台式麦金塔计算机由乔尼·伊夫设计，这两款计算机将计算机的色彩和审美风格提升到了之前从未达到过的高度。市场完全接受了它们。iMac 不仅销量很好，还连续几个月成为市场上最畅销的计算机。苹果公司又开始持续盈利，分析师断言下滑已经止住，苹果公司再次成为可靠的投资对象。

乔布斯重新塑造了苹果公司，让它在充满整合与仿造、重度商品化、被网络空间改变、由微软公司和 Windows 主导的市场里，至少能够生存下去。

设备真正个人化

如今，计算机不再是送到我们手上的一包零部件；它已整合到电话、汽车和电冰箱之中，我们不必考虑软件问题，因为它已变得非常直观，与产品融为一体，我们拥有的是生活本身。

——保罗·泰瑞尔

如果说个人计算机产业的控制之战已经结束，那么乔布斯相信，苹果公司的希望就是尽量拖下去，撑到成为下一波浪潮的弄潮儿。

显然，一些重大改变正在到来，但猜测变化会以何种形式出现却是一大难题。计算机技术的宇宙中心开始从台式机转向移动设备和网络。在这些转变的初始阶段，乔布斯和苹果公司干得不错，推出了一系列定义类产品。这是公司史上最非凡的复兴之一，也成为最令人印象深刻的市场主导案例之一。从 2001 年起，苹果公司开始设定标杆，业界其他公司只得不断跟进新的设备类别。

不过，在 20 世纪 90 年代即将结束之际，移动设备的世界是迥然不同的。

Windows 不只是绝大多数个人计算机的操作系统，不论是销售终端、汽车还是早期的智能手机，背后都有 Windows 的身影。

20 世纪 90 年代末出现的智能手机是一种小众产品，处于手机市场的最顶端。它的特点是具备照相机、媒体播放器、GPS、待办事项列表以及其他个人化效能工具等额外性能。加拿大 RIM 公司的黑莓智能手机设置了电子邮件、短信、网络浏览等任务栏，是政府工作人员的首选手机。这些手机不是完备的计算机，但可以提供一些相同的功能。

另一种流行的设备类别是数字音乐播放器，通常被称为 MP3（以普及最广的数码音乐格式命名）。模拟磁带播放器已经出现，典型例子是木原信敏的索尼 Walkman。但英国发明家凯恩·克雷默想出了数字音乐播放器的设计，加上 1979 年出现的数字版权管理技术（DRM），可用于下载音乐。后来克雷默付不起专利更新费用，因此失去了发明的所有权，但他的想法没有丢失。1997 年年底，第一代量产商用 MP3 开始在 Audible.com 上发售。千禧年过后，MP3 市场爆发式地出现帝盟 Rio、康柏 HanGo PJB 等许多新的播放器。

唱片业被吓坏了。唱片行业的商会（即美国唱片业协会）将这些设备视为音乐盗版工具。美国唱片业协会起诉帝盟 Rio，但败诉了。虽然帝盟 Rio 盛极一时，但其他公司在音乐产业和网络文化的碰撞中却没有成功。Napster 是一种点对点的文件共享服务，主要用于分享音乐 MP3 文件，其创始人是肖恩·范宁、约翰·范宁和肖恩·帕克。Napster 在 1999 年 6 月至 2001 年 7 月间红极一时，注册用户数最高达到 8000 万。之后，金属乐队、德瑞博士以及数家唱片公司对 Napster 提起诉讼，法院下令关闭了 Napster。

Napster 无疑伤害了一些音乐人，但也可以说它在成就另一些音乐人方面起到了关键作用，比如电台司令乐队和派遣乐队。这些新的服务和设备在很多方面挑战着传统思维，同时也在创造着新的市场定位。这些设备也不是计算机，但它们装有微处理器，和黑莓手机一样，它们也具备计算机的一些功能。

这类智能设备的构想要早于个人计算机。20 世纪 70 年代，半导体设计师已经明白芯片就是计算机。其他种种笨重的东西都只是用来与人类交流的。相对而言，许多应用程序需要的人机互动水平是很低的。如果一个设备不需要完成计算机的全部功能，那么就可以在很小的体积内包含很多性能。重要的新市场终于开始围绕特定种类的设备发展了。

苹果公司并未涉足上述任何一个市场。但乔布斯在 MP3 上看到了机遇。

播放器

制造音乐播放器不存在什么技术难题。播放器市场也已经完全形成。问题是，这个市场并不完全合法。乔布斯对海盗大唱赞歌，但他并不想因为音乐盗版而使公司被关停。

不过，现在的乔布斯已经颇有影响力了。作为皮克斯的 CEO，他是娱乐产业的一员。皮克斯和迪斯尼签订合同，在 1995 年出品了《玩具总动员》，并于同年上市。乔布斯立刻成为亿万富翁，在好莱坞备受瞩目。不过乔布斯刚刚在好莱坞赢得的声誉能否让他买到音乐界高管的时间，人们依然拭目以待。

为了与这些高管交流自己的想法，乔布斯需要有时间和他们面对面交流。整个计划分为如下几个部分：音乐播放器、新的音乐销售模式、从音乐产业大批量购买产品。

无论如何，乔布斯成功了。不知他怎么说服了业界大佬，他们居然依照以前从未有人考虑过的条款授权苹果公司购买音乐。

不过首先要解决的是设备问题。最早的 iPod 采用环形滚轮作为基本输入设备，还配有黑白 LCD 显示器和入耳式耳塞。它的广告语是"口袋里的 1000 首歌"。它基本上就是凯恩·克雷默的（现在是公有的）数字播放器。

至于销售模式，2000 年，苹果公司通过 Casady & Greene 公司购买了比尔·金凯德的 SoundJam MP，将其改名为 iTunes，于 2001 年正式推出。2003 年，iTunes 已经发展成第一家完全合法的数码音乐商店。店里的数字版权管理技术软件保护该产业远离盗版风险，激进的定价模式也使得在其他地方盗版缺乏吸引力。其定价模式将音乐销售变成一种精英管理制度，为独立公司扫平了播放市场，并消灭了专辑。现在所有东西都是单独的个体，乔布斯说，每首歌的新价格都一样：99 美分。

iTunes 商店的简化流程意味着唱片公司和艺术家能比以往更快地拿到报酬。大部分技术都是 Napster 和 MP3 格式原有的，但苹果公司将它们集成了起来。在 iTunes 开张的第一周，苹果公司卖出了 100 万份歌曲文件。

iPod 的销售进展则要慢一些，但到 2004 年年底，苹果公司和它的 iPod 在不断发展的数字音乐播放器市场上获得了大约 2/3 的份额。市场很大，利润很高。2007 年，苹果公司的收入大约有一半都来自 iPod 的销售。苹果已经找到了一个新兴市场并且主导了它，乔布斯知道苹果公司一定能够做到这一点。

但苹果没有满足于现有的成绩。

手机

早在 1983 年，乔布斯就知道在台式或便携式个人计算机之后他想要什么样的产品。在和麦金塔团队的一次外场会议上，就是在那次会议上他告诉团队"真正的巨匠之舟"以及"做一个海盗比加入海军要有趣得多"，他还向麦金塔团队提出了一个很高的要求：在 1985 年之前造出可以夹在书本里的麦金塔计算机。

夹在书本里？苹果公司之后会生产便携式计算机 MacBook，但乔布斯说的不是便携式计算机，他真正想说的是艾伦·凯伊提出的动态笔记本。

凯伊是帕洛阿尔托研究中心的传奇人物，他在好几年前就构想了动态笔记本。自出现以来，动态笔记本实际上成了所有平板设备的原型。那是一块又薄又平的显示器。看着它的感觉更像是看着一张纸而不是一块屏幕。它没有实体键盘，是一种无处不在的信息和交流设备，并不是一台计算机。

乔布斯希望麦金塔团队尽快完成麦金塔项目，接着启动这件大事（或者其实是小事）——这款平板设备。但这件事在当时以及他 1985 年离开之后都没能实现。21世纪初，紧接着 iTunes 和 iPod，乔布斯准备好制造苹果公司的下一款产品了。

然而，这件事并未按照预期发生。

在 2007 年 1 月的苹果世界大会上，乔布斯宣布"三款革命性产品……带有触控功能的宽屏 iPod……革命性的手机……（以及）一款突破性的互联网通信设备"。当大家对这些"设备"分别欢呼之后，乔布斯透露它们其实是同一个产品：iPhone。iPhone 基本上就是一款平板设备，只不过缩小到手持尺寸，里面还装了一部手机。

iPhone 不是动态笔记本，但也不是传统的智能手机。突破性的用户界面将它和智能手机区别开来。另一件有别于传统智能手机的事情是，iPhone 运行苹果 OS X 系统，OS X 系统是一个完整的计算机操作系统。尽管这并未让 iPhone 成为一款完整的计算机，但其承诺的性能令人印象深刻。

吉恩·路易斯·盖西知道那有多可观、多强大。"我以为乔布斯在撒谎。他说手机里有 OS X 系统。我想着，他会被揭穿的。这次他一定会被揭穿的。好吧，没有。极客用自己的方法对待第一批 iPhone，并观察它……那真的是 OS X 系统。"

要想在手机里真正使用计算机的操作系统，你必须弄清楚如何让用户在既没有键盘也没有鼠标的设备上开展用键盘和鼠标才能进行的操作。由格雷格·克利斯蒂领导的用户界面团队只能发明一整套手势操控语言。从那时起，这款设备的潜能就远远超过了以往的手机。

苹果世界大会上，iPhone 的大部分功能还是潜在的。在乔布斯做演示时，iPhone还没做好发布的准备。但几个月后正式发布时，第一个周末就卖出了约 50 万部iPhone。

但是，苹果公司在超级智能手机这个新市场上并非独一无二。微软公司已经用其 Windows CE 和后来的 Pocket PC 平台探测这个市场长达十余年之久。早在 2003 年，四位企业家——安迪·鲁宾、里奇·迈纳、尼克·西尔斯和克里斯·怀特——就创办了一家名为安卓的公司，以创造一种基于 Linux 内核的全新操作系统，并着重开发用于平板、智能手机等设备的基于触摸的用户界面。两年后，谷歌公司收购了安卓公司，谷歌公司一直将其搜索业务的巨额收入投资到各种企业中。安卓项目继续保持隐身状态，完全没有迹象显示他们想要生产一种与 Windows Mobile 和塞班操作系统相抗衡的新操作系统，微软公司的 Windows Mobile 和诺基亚公司的塞班系统是安卓项目的竞争对手。

苹果公司发布 iPhone 后，谷歌公司的开发人员意识到 Windows Mobile 和塞班都不是目标；苹果公司的 iOS 手机操作系统才是他们的目标。他们重新起步，几个月后推出了安卓系统。不过，比技术方面更有趣的是，谷歌公司宣布多家公司组成了一个致力于为移动设备开发开放标准的财团，安卓系统是其第一款产品。而苹果公司的 iOS 系统则是其自身产品的专有平台。现在，移动设备的两种不同模式展开了竞争：开放的安卓模式和封闭的 iOS 模式。

平板设备

然而，乔布斯并未忘记将麦金塔计算机夹进书本的梦想，而且他也并不是在孤军奋战。远远早于乔布斯对麦金塔团队提起夹在书本里的麦金塔计算机，科技公司已经探索动态笔记本的理念长达 20 年之久。这个理念需要多种创新：平板显示器、作为输入设备的显示设备以及让机器缩小到方便携带尺寸的技术进步。

1979 年 1 月，受到动态笔记本的启发，帕洛阿尔托研究中心的研究员约翰·艾伦比离开了研究中心，他和朋友格伦·伊登、戴夫·鲍尔森、比尔·莫格里奇一起创办了一家公司。他们秘而不宣地工作，在 1981 年制造出了 GRiD Compass 计算机，与 IBM 公司推出 IBM PC 的年份一样。GRiD Compass 计算机是一台引人注目的机器，是第一台笔记本电脑，同时也是第一款采用后来普遍出现的折叠式翻盖设计的计算机，其特点是新颖的位映像平板显示器和结实耐用的镁合金机身。那是一款因技术挑战而生的产品，不设预算限制，定价为 9000 美元。《财富》杂志将其评为年度最佳产品，GRiD Compass 计算机还在军方找到了现成的市场。它被誉为第一件在航天飞机上使用的消费产品（粉末饮料果珍除外）。

虽然 GRiD Compass 计算机催生了笔记本电脑的整个产业，而且镁合金机身的想法促使了乔布斯在 NeXT 上的实践，但 GRiD Compass 计算机并非动态笔记本，它是用键盘输入的。如果屏幕既能作为输入设备又能作为输出设备，那么设备体积就能立刻减少一半。几年来，不少公司将这个理念不断向前推进。

但是，虽然这些公司为了类似于动态笔记本的设备推动了技术发展，但其中的很多设备却被设计成了计算机。然而，动态笔记本的部分天才设想就是它并不想变成计算机。动态笔记本是一种新事物——一种尚未出现的事物。

1987 年，杰瑞·卡普兰（Symantec 公司 Q&A 程序和莲花公司 Agenda 的开发者）、罗伯特·卡尔（安信达架构的开发者）和凯文·都伦（作曲家）创办了 Go Corp 公司，通过生产使用唱针进行输入的便携式计算机来实现平面屏幕的设想。他们的产品 EO Personal Communicator 没有一鸣惊人，但的确解决了很多技术问题。对业内人士来说，它至少证明了这个理念的可行性。

笃信无键盘设备可能性的另一位个人计算机先驱是 VisiCalc 的设计者丹·布瑞克林。1990 年，布瑞克林和一些同事创办了 Slate 公司，为笔控型计算机开发软件。

1992 年，曾在 GRiD 公司工作的杰瑞·霍金斯开办了 Palm Computing 公司，开发掌上设备，掌上设备不一定是计算机。霍金斯和团队在掌上电脑、智能手机、手写识别软件 Graffiti 以及移动操作系统 WebOS 上都取得了不同程度的成功。

在约翰·斯卡利的领导下，苹果公司接受了这个想法，并以"牛顿"为商标开发了全系列笔控型产品。牛顿是一款手持式计算机，拥有自己的操作系统和一些突破性技术。由于牛顿不稳定的手写识别饱受诟病，苹果公司用了一套受到高度好评的手写识别系统取而代之，那套更好的识别系统是由苹果公司的研究员拉里·耶戈尔等人内部开发的。

作为苹果公司研发成果的展示，耶戈尔等人研发的识别系统非常棒，但尚未达到成功消费产品的标准。消费者对用手写方式输入数据并没有强烈的呼声。20 世纪 90 年代出现的牛顿和其他平板设备都没有获得成功。直到 10 年之后，平板市场才真正火起来。

2010 年，苹果公司终于回归平板市场，和 iPod、iPhone 一样，iPad 成为另一种定义类的产品。持怀疑态度的人指出，iPad 的功能比个人计算机要少，并且质疑这样的设备会有什么市场。然而那就是重点。它是另一种类型的产品，如果它发现了一个市场，就能开疆拓土。乔布斯再一次在打开新市场方面取得成功。

市场就在那里。2010 年年中，苹果公司已卖出 100 万台 iPad，一年之后，总销量达到 2500 万台。对其他公司来说，平板市场也兴旺发达了。2007 年，亚马逊发布了手持式阅读器 Kindle，Kindle 是一款书籍阅读设备，细分出一个略有不同的市场。谷歌的移动操作系统安卓被许多公司的手机和平板设备所采用，安卓在平板市场上的份额很快超过了苹果公司。有了安卓，开发人员看到了开放平台的复兴。

2009 年，谷歌发布了 Chrome OS，将浏览器作为操作系统的设想开花结果了。Chrome OS 构建于 Linux 内核顶端，它的用户界面一开始和谷歌的 Chrome 浏览器差不多。Chrome OS 是开源项目 Chromium 的商业化版本，Chromium 将源代码向大众开放，以便大家进行开发。很快，笔记本电脑自然而然地开始运行 Chrome OS。

虽然苹果公司在上述每一个新产品种类中都设立了标准，并从中获利甚丰，但并未在销售方面拔得头筹。2011 年，安卓设备的销售额遥遥领先。2013 年，安卓设备的销售额超过了其他所有移动设备和个人计算机的总和。将近 3/4 的手机开发人员为安卓开发产品。谷歌的开放模式大获成功。

与此同时，个人计算机的销量出现持平与下滑。计算机技术的宇宙中心已经转移到新的移动设备上。当然，一些移动设备的市场可能在 2014 年已经达到饱和，iPod 的销量普遍下滑以及 iPad 的下滑倾向就是证明。但是，专用设备的新趋势不依靠某个特定的设备。新产品正在酝酿和启动。个人计算机被解构了，其功能被分解成更多的专用产品。

不过，离开台式机的另一个重要趋势与实体产品无关，也不是由苹果公司引领的。

让一切飞上云端

大约从 1970 年起我就知道，联网的计算机在社区可持续性方面将变得必不可少。那么，接下来要做的就是弄清楚怎样才能实现它。并不是我突然醒悟说，哦，这件事很重要。不是这样的，对我而言它一直是一件重要的事。

——李·费尔森斯坦

2000 年，互联网成为千百万人生活中不可缺少的一部分。的确，当时，超过 3.5 亿的人口会上网，而且大部分人是在美国。在接下来的 15 年里，这个数字还会增加一个数量级，更接近于各国的相对人口数。2014 年，中国的网络用户占全球第一。

1995 年，罗伯特·梅特卡夫曾预言网络浏览器将会成为下一代的操作系统，这一预言在很大程度上已经变成了现实。如果像太阳微系统公司那句著名的宣言那样——网络就是计算机，那么浏览器就是操作系统，基于单机的操作系统变得无关紧要。事情并非如此简单，但在 JavaScript 的驱动下，网站变得更像应用程序了。然而，拉里·埃里森在 1996 年（当时甲骨文和网景公司称之为 NC 的网络计算机都不成功）发现，即使网络（在某种程度上）是计算机，那也不意味着真正的计算机会变成一种被称颂的终端。一种新的计算模式正在出现，但并非 NC 模式。

进入 21 世纪，这种新模式在无处不在的电子商务和社交媒体中出现了，并成为用全新方式处理数据的新算法、新技术的首选。所有这一切的基础是数据——以人类有史以来从未有过的规模收集、存储和处理的数据。

我们现在所说的电子商务直到 1991 年才出现，当时美国国家科学基金会解除了对网络商业用途的限制。但随着 1995 年亚马逊和易贝的创立以及 1998 年贝宝的出现，网上购物很快开始威胁到实体商店的生存。

最早实行网上销售的产品是软件。不再有人将软件装在塑封盒子里摆上计算机商店的货架进行销售了。由于便携式设备占据了主导地位，程序变得更小了。就连程序的名字也变小了：计算机软件的最大类别以前称为应用软件（application software），但现在叫 App。平均价格的降幅更大，从几十、几百乃至几千美元降至几美元。

将处理过程转移到网上，让编写和销售两美元的 App 成为可能。移动应用往往只是作为基于网络的应用程序的界面。网络市场中存在着巨大机遇，风险投资人对每一个像比尔·盖茨一样聪明的年轻黑客投以重金。在电子商务兴盛之际，赚到人生第一个 100 万美元的最大机会就在社交媒体的新兴市场中。

从早期个人计算机技术出现开始，其网络元素一直与社区有些关联。泰德·尼尔森曾在《计算机解放》上将网络社区称作"人类未来的知识家园"，李·费尔森斯坦曾致力于通过"社区存储器"等项目来构建这样的网络社区。后来，CompuServe 和美国在线等在线系统获得成功，因为它们提供了一种社区的感觉。凭借 eWorld，苹果公司甚至围绕一个卡通小镇构建了在线服务。

万维网终结了孤立服务，开辟了一个新世界，但它不是一个单一的社区。MySpace 和 Friendster 等基于网络的新服务不断涌现，它们都强烈地意识到，谁能成功地创造出那种社区感，谁就能赢得巨大的机遇。

其中最成功的是 Facebook。2004 年，哈佛大学一位聪明的年轻黑客马克·扎克伯格创办了 Facebook，不到 10 年，其社区成员的人数就将超过 2000 年的上网人数。

拥有强大后盾的大学应届毕业生创办的一系列新公司都将 Facebook 作为自己的定位目标，其中很多成功地定位了专业人士、摄影师、摄像师、各种手工艺爱好者等社区。iPod 是一种产品，就此种意义而言，这些一夜成名者并不制造产品。但是正如苹果公司通过设计出人们想要的产品而获得成功一样，这些社交媒体公司通过理解人们联系的关键因素而获得了成功。他们的网站是高度个人化的。

然而，繁荣兴旺的电子商务和社交媒体网站存在一个严重问题：他们对存储和处理数据的需求是现有软硬件无法满足的。2014 年，亚马逊需要 50 万台服务器来处理订单。Facebook 大约需要 25 万台。服务的增长远远超过了任何尺寸的单机所能承担的工作需求。但是想要在一个巨大的网络中连接任意两台单机或在这么多订单面前维持实时库存，现有工具是完全无法胜任的，人们需要有新的工具。必须对工作进行分包。新的编程工具出现了，它们更适用于工作并行化，从而在分布广泛的多个处理器上分配工作。

即使是亚马逊和 Facebook 这样的大公司，其需求在最大的互联网公司面前也会相形见绌。这里所指的既不是电子商务网站也不是社交媒体网站，而是搜索引擎。网络是巨大的，仅仅在其中进行搜索就比面向亚马逊或 Facebook 的任务更为艰巨。人们已经开发了许多搜索引擎，但其中只有一个成了 21 世纪的主导者——谷歌。谷歌的处理和存储需求非常巨大，需要庞大的仓库作为"服务器场"，每间这样的"服务器场"里都放着成百上千台服务器。

一个新术语开始流行：云计算。这是一个老概念，但能让之实现的技术现在出现了。分布式计算技术奏效了，它可以满足需求。很快，就算不是亚马逊、Facebook 或者谷歌，你也能从这些创新技术之中获益颇多。谷歌、惠普、IBM 和亚马逊将这种内部技术转化为市场化服务。他们让任何公司都能以最高的效率处理和存储数据。亚马逊云服务（Amason Web Service）开始出租亚马逊的分布式计算能力。你可以按照自己的需要来租借计算机、存储设备以及计算机的处理能力——几乎可以租借计算机的任何可定义能力。如果业务快速发展，今后需要的能力是现在的 10 倍，你只要多租借一些就行了。

到 2014 年，87.5% 的新应用程序是为云计算编写的。

与此同时，计算机存储能力的提升也在不断发掘计算机的潜力。"大数据"这个术语用于描述搜索引擎的数据收集所带来的新的数据集合——这些数据来自人与人之间的在线交易以及收集气温等数据的网络连接传感器。因为这些数据集合过于庞大，所以传统的数据库工具无法处理它们。

计算技术已经改变。现在人们和越来越多的设备打交道，其中只有一部分是传统意义上的个人计算机——这些设备经常与位于别处的电子商务和社交媒体网站互动，转而在虚拟云上存储数据、处理代码，其实际位置一直在变化，很难定位，但这一点其实是无关紧要的。台式电脑或笔记本电脑的模式已经过时了。个人计算机时代让位于后 PC 时代。

对业界中坚力量来说，跟随这种变化从个人计算机的阵地转移出去是一种普遍的挑战。

一代英杰退出舞台

我为像我一样曾有幸与他一起工作过的人感到骄傲。我会永远想念你的，史蒂夫。

——比尔·盖茨悼念乔布斯

2011 年，史蒂夫·乔布斯因胰腺癌并发症去世，享年 56 岁。在卸任 CEO 的几个月前，他曾对董事会说："我一直说，如果有一天我不能再承担苹果公司 CEO 的职责和期待，那我会第一时间告诉你们。不幸的是，这一天真的来了。"COO 蒂姆·库克被任命为 CEO。

2013 年，史蒂夫·鲍尔默退休，不再担任微软公司的 CEO。近年来，微软公司一直挣扎着寻求出路，却未能在新产品门类中保住重要的市场份额。已在微软公司工作 22 年的萨提亚·纳德拉成为微软历史上的第三位 CEO。很明显，微软转向了云计算，希望能借此带领公司走向未来。

2014 年，一手创办甲骨文公司的拉里·埃里森不再担任公司的 CEO。很多划时代的个人计算机公司现已消失，其中包括被甲骨文公司收购的太阳微系统公司。在硅谷，大家普遍感到元老派已经谢幕，一群年轻聪明的黑客控制了产业。在产品方面，这些年轻聪明的黑客正驾驶着技术的列车驶入一个新的时代。

在这个新的时代里，手持设备变成了可穿戴设备，并进一步从可穿戴设备发展为嵌入式设备。我们正身处这个时代之中。从完成工作后就可放下的设备到像夹克衫一样脱下的设备，再到需要外科门诊手术才能分离的设备，智能设备正在超越个人化，朝着个人内部的方向发展。同时，这些设备又与网络深度融合，绕开主人迟缓的肉身，在新的"物联网"中与其他设备会话。

更小、更隐秘的设备以及越来越无处不在的网络这两个趋势催生出一种超越两者的事物。结果肯定会很有意思。

未来的未来

这是一个美丽的新世界，我们和嵌入式个人计算机携手共进，希望它们的程序是由那些在乎我们福祉的人编写的。

——保罗·泰瑞尔

个人计算机是什么？

对最早制造它们的人来说，个人计算机意味着一台属于自己的计算机。这意义重大。那是微处理器的承诺：你可以拥有一台属于自己的计算机。

对一些人来说，个人计算机也意味着帮助他人——从时间上看可能是在充满理想主义的 20 世纪 60 年代末期。"将计算机的能力交给大众"不只是当时耳熟能详的一句口号，更是许多个人计算机先驱的动力。他们希望计算机的制造能改善人类的生活，同时希望将计算机的能力带给全人类。

这种人文主义的动机与更以自我为中心的其他动机并存。拥有自己的计算机意味着对这台设备的控制，以及由此带来的权力感。假如你是工程师或程序员，那这种控制感对你来说尤为重要。

控制机器仅仅是个开始，你真正需要控制的是软件。软件是站在别人肩膀上添砖加瓦的最好案例。写出的每一个程序如果不是毫无意义的重复劳动，就是在现有软件的基础上添砖加瓦。再也没有比在现有软件基础上进行开发更加自然而然的事了。程序是一种智力产品。一旦看到它、领会它，你也就拥有它了；它成了你的一部分。如果说你不能使用自己头脑里的知识，那是极度愚蠢的——试图阻止你获得有助于工作的知识也很愚蠢。

矛盾的是，拥有自己的计算机这个想法助长了不要拥有软件的想法，这种想法认为软件应该公开、供人观察分析、独立测试、借用和开发。这种想法为开源软件和非专属架构的设想提供了支持，"嘎吱船长"约翰·德雷珀将这种协同合作的视角称为"沃兹原则"（来自史蒂夫·沃兹尼亚克）。

沃兹原则以及"将计算机的能力交给大众"的这些想法该如何面对个人计算机的解构呢？

沃兹原则

就专属软件和开源软件孰优孰劣的问题有过一次长时间的争论。开源软件的支持者说，开源软件比商业化软件更好，因为人人都能参与到发现和修复故障的环节。他们宣称，在开源世界里，优胜劣汰的自然选择可以确保最好的软件生存下来。埃里克·雷蒙德是一位作家，同时也是一位开源软件的支持者，他认为可以从开源中看到类似于中世纪行会的非市场经济的出现。

如今，这场辩论已经结束。开源软件没能赶走专属软件，但开源软件也没有消失。约翰·德雷珀将这种开源的想法称为"沃兹原则"，它其实只是一种分享想法的协同合作，许多业界先驱曾在大学里热衷于此，而且也成为科学地训练人们理解科技进步的关键。开源比网景、苹果、个人计算机革命都要古老。作为软件开发的一种方法，它在20世纪40年代与第一代计算机一同发端，此后一直是计算机软件技术进步的一部分。开源对个人计算机革命的传播起到了至关重要的作用，现在则推动了网络的发展。

后PC时代设备的市场与个人计算机市场不尽相同。个人计算机一开始是计算机发烧友的产品，由热衷于技术的人为了和志趣一致的人群设计。其商品化过程仅花了几年的时间，但计算机的独特本质使其得以抵抗商品化长达数十年之久。在后PC时代，虽然设备仍然是真正的计算机，但它们是针对特定功能而设计的，所以一直受到控制的商品化力量现在喷薄而出。一旦购买了这些设备，设备的主流市场并不想要灵活性、可修改性以及可选项。他们只希望它简单、清楚、前后一致、有吸引力。消费者不在乎开源，但他们喜欢自由。他们想要安全性，但不想为此付出任何努力。消费者的价值观与设备制造者、App开发者的价值观并不相同。他们是普通消费者，早期的个人计算机公司从来不必真正确认这一点。

如果仅着眼于商用App，那就会得出这样的结论：一方面，专属软件、锁定分销渠道以及封闭式架构已经胜出了。另一方面，如果着眼于网络、网站以及底层代码和网站开发人员的实践，则开源、开放式架构及其标准显然是根深蒂固的。

甚至在设备空间中，安卓和苹果的不同模式也表明事情有可能会进一步朝着沃兹原则的方向转变。在这场革命中，开发人员经常在控制其交易工具方面取得成功。其造成的深远意义超越了软件开发人员的利益。谷歌的安卓模式允许低价平台的开发，让发展中国家从中获益。在一些发展中国家，个人计算机和 iPhone 超出了许多人的消费能力。

至于开发人员，其群体构成也发生了变化。计算机发烧友构成了早期个人计算机购买和开发群体的主要部分，但是他们在后 PC 时代则难觅踪迹。现在上市的新手机和平板设备不会像 Apple II 那样预装 BASIC。如今的电子发烧友使用的低成本 Arduino 和树莓派是计算机中依然打算由用户编程的不可多得的例子。也许发烧友编程减少的现象可以由网站开发的增长所平衡，因为网站开发的门槛非常低。

产业已经改变，但对一位参与者来说，改变早已来临，他下定决心，再也不想成为其中的一员。

电子前沿

自己在莲花公司的权力和影响力到达巅峰之际，米切尔·卡普尔离开了这一切。

莲花公司的发展壮大非常迅速。第一笔风险投资于 1982 年到位，Lotus 1-2-3 于 1983 年 1 月上市。同年，莲花公司销售额达到 5300 万美元。1986 年年初，大约有 1300 人为莲花公司工作，也就是为米切尔·卡普尔工作。

莲花公司的发展速度超出了控制，并且势不可挡。卡普尔并未感受到成功带来的权势，反而产生了一种束缚感。卡普尔并不怎么喜欢大公司，尽管他是老板。

随后有一天，一位大客户抱怨说莲花公司的软件变化太过频繁，其实也就是说它的创新太快了。那么莲花公司到底应该怎么做呢？难道放缓创新的步伐吗？正是如此。公司就是这样做的，这完全合乎逻辑。卡普尔并不认为这个经营决策是错误的。但一家简单的公司怎么会让人满意呢？

莲花公司变得不再有趣。于是卡普尔辞职了。他走出公司大门，不再回头。

这一举动留给卡普尔一个问题：现在该怎么办？在发起一场革命之后，他今后的人生应该做些什么呢？卡普尔没有干净利落地离开莲花公司，而是花了一年的时间完成了莲花产品 Agenda 的工作，同时担任麻省理工学院的访问学者。之后，卡普尔重返这个行业，创办了另一家公司，即规模小得多的 On Technology，这家公司专注于工作组软件。

1989 年，卡普尔注册了一项名为 The Well 的在线服务。The Well 是全球电子连接的缩写（Whole Earth' Lectronic Link），该想法来自斯图尔特·布兰德，布兰德也是《全球软件概览》的出版人。The Well 是精通技术的聪明人的一个在线社区。

"我爱上了这件事，"后来卡普尔说，"因为我在网上认识了一大群志趣相投的人，他们都很聪明，我乐于和他们交谈。"卡普尔一头扎进了这个虚拟社区。

1990 年夏季的一天，卡普尔正在怀俄明州的一个牧场里和约翰·佩里·巴洛讨论计算机，而巴洛曾是感恩至死乐队的歌词作者。

对互联的新世界中公民自由权的一系列负面事件导致了这次不太可能的会面。

米切尔·卡普尔 从教授超觉冥想到创办个人计算机技术鼎盛时期最成功的一家公司，卡普尔定义了信息时代的个人权利。（资料来源：米切尔·卡普尔）

几个月前，不知出于什么动机，一些匿名者"解放"了麦金塔计算机的一份专属涉密操作系统代码，并将代码通过磁盘寄给了计算机行业中有影响的人。卡普尔也是其中之一；约翰·佩里·巴洛，曾是感恩至死乐队的歌词作者，现在是牧场主和计算机"牛虻"，则不在此列。显然，由于巴洛曾经参加过"黑客会议"，所以美国联邦调查局认为巴洛可能知道肇事者是谁。

"黑客会议"是天才程序员、业界先锋和传奇人物的集会，组织者就是发起 The Well 项目的斯图尔特·布兰德。本文中所说的黑客是个褒义词，但是对社会上的大部分人来说，黑客指的就是"网络犯罪分子"，即非法侵入他人计算机系统的人。

一个特别愚蠢的探员来到巴洛的牧场。这个探员充分展示了他对计算机和软件的无知，而巴洛则试图教导他。他们的对话成了巴洛发表在 The Well 上的在线娱乐短文。

不久之后，巴洛在牧场迎来了第二位访客。但是这一位访客对计算机和软件知之甚多，他是莲花公司的创始人米切尔·卡普尔。卡普尔已经收到了那张关键性的磁盘，也和好几个摸不着头脑的美国联邦调查局探员进行了类似的沟通。读过巴洛的短文后，卡普尔现在想要和巴洛来一场关于形势的头脑风暴。

"形势"超越了某个无知的美国联邦调查局调查员或一份被盗的苹果软件。在他们所谓的"打击计算机犯罪行动"中，"秘密服务"已经展开了一场反对计算机犯罪的运动，这项运动主要是在夜里冲进青少年计算机用户的家里，挥舞着枪，恐吓全家人，并且没收所有看起来和计算机有关的东西。

"形势"包括执法回应的各个层面，经常有执法者荒唐地过度使用武力，这种做法说明他们几乎什么也不懂。当时的形势还包括喜欢恶作剧的年轻人被拖上法庭，在法律的灰色地带受到非常严重的指控，而法官则和警察一样蒙昧无知。

这并非没有引起巴洛和卡普尔的注意，他们准备和政府、带枪的人较量一番。

他们应该怎么做呢？他们认为，这些孩子至少需要恰当的法律辩护。他们决定成立一个提供法律辩护的组织。卡普尔解释道："政府的反应既无知又惊恐，对这类情况的处理方式就和处理国家安全问题一样。他们正打算长时间关押一些孩子，而且永不释放，这完全是由于缺少理解而造成的不公正。我感到义愤填膺。巴洛和我觉得一定要做些什么。"

1990 年，米切尔·卡普尔和约翰·佩里·巴洛共同创立了电子前沿基金会，开始向他们认为的立场鲜明、能够理解他们所作所为的一些计算机业界大人物谏言。史蒂夫·沃兹尼亚克立刻拿出了 6 位数的捐款，网络先锋约翰·吉尔莫也是如此。

在法庭上为防御而战只是一种消极战略。卡普尔和巴洛认为电子前沿基金会应该起到积极作用。电子前沿基金会应该对抗拟议和现有的法律法规，捍卫网络空间的公民自由，为更多人打开全新的在线领域，并尝试填补"信息拥有者"与"信息未拥有者"之间的鸿沟。

聘请迈克·戈德温来领导法律事务后，他们加快了推进的步伐。"戈德温在得克萨斯大学法学院读书时经常上网，"卡普尔回忆道，"他给我留下了深刻的印象。"

电子前沿基金会很快从一个为少年黑客服务的法律辩护基金会发展为一个有影响力的游说机构。"从某种程度上说，它是网络空间的美国公民自由联盟，"卡普尔现在说，"我们很快发现，我们提出了大量很好的议题，提高了（关于）《权利法案》应该如何应用于网络空间和在线活动的认识。我对此充满热忱。"

1993 年，电子前沿基金会在华盛顿设立了办公室，并能对克林顿政府施加影响，尤其是副总统阿尔·戈尔，戈尔梦想着建立一条信息高速公路，从而与其父亲（参议员老阿尔伯特·戈尔）最喜爱的州际公路系统项目相媲美。想要设法解决这些问题的还有"负有社会责任的计算机专业人员"等组织，电子前沿基金会参与了该组织的创建。

对想用计算机的力量来造福人类，并驱除认为计算机对大众来说是一种非个人力量工具的过时观点的个人计算机先锋来说，这看起来很有希望。看上去就好像一边是愚蠢、迟缓的旧权力结构，而另一边是聪慧、敏捷、精通新技术的革命者。

这些是发生在热血沸腾的岁月之后吗？我们很容易得出结论，电子前沿基金会提出的需要解决的问题比这些组织的处理能力发展得更快。如果在巨型云公司的帮助下，美国政府利用他们收集的关于美国公民、外国、外国国家首脑的巨量存储数据被披露出来，那将不仅有损民众对政府的信心，还会损害人们对科技的信心。再次强调，就像在个人计算机革命之前那样，计算机技术开始被认为是一种可供有权势的人用来对抗普通民众的力量。

具有讽刺意味的是，由基于云的公司创建的社交网络已经成为传播这些监控恐怖故事的渠道，有些是事实，有些则是流言。这个产业欢快地冲进了由嵌入式设备组成的网络世界，并在众目睽睽之下过得风生水起，于是公众越发相信，我们被卷入了受思想控制的某种噩梦般科幻小说式的未来，追踪嵌入新生儿体内的设备，一个看着你的一举一动、知道你每一个想法的"老大哥"。玛丽·雪莱肯定能用这个素材写出很多故事。

不过这些恐惧并非空穴来风。计算机确实已经赋予了人们很强大的力量，并将继续这样做。但有一个无法回避的问题：我们能阻止计算机带走我们的隐私、自主权和自由吗？

展望

制造出个人计算机的革命已经完成。它产生于技术发展和文化动力的独特混合，并在 1975 年 Altair 宣布问世时爆发出来。它在 1984 年苹果麦金塔计算机发布时达到临界点，麦金塔计算机是第一款真正为非技术人士设计并投向广大消费者市场的计算机。到 21 世纪，革命者已经攫取了殿堂。

这场革命运动带来的技术现已成为大部分发达国家的经济驱动力，并为其他国家的发展做出贡献。计算机技术已经改变了世界。

改变世界。到 1975 年，狂热的梦想家一次又一次遭到常识的抵抗，但最终他们突破了这些抵抗，实现了自己的梦想。戴维·阿尔试图说服 DEC 公司的管理层，让他们相信人们真的会在家里使用计算机；1965 年后，李·费尔森斯坦在伯克利工作，将技术民用化；爱德华·罗伯茨寻找贷款来维持 MITS 公司的生存，以便制造计算机；比尔·盖茨从哈佛大学辍学以追寻梦想；史蒂夫·东皮耶飞去阿尔伯克基查看他的 Altair 订单；迪克·海斯和保罗·泰瑞尔开店销售一款朋友都说没有市场的产品；麦克·马库拉支持着车库里的两个孩子——他们都是梦想家。接着还有终极疯狂梦想家泰德·尼尔森，他展望着一个新世界，并且一辈子都想实现梦想。无论如何，他们都在梦想着同一件事：个人计算机，将计算机技术令人敬畏的力量装进一只人人都能拥有的小盒子里。

改变世界，无时无刻不在发生。

如今，这只小盒子变得司空见惯，经常被新的设备、服务和设想取而代之。那些新的设备、服务和设想接着又被更新、也许被更好的所取代。人类历史上从未有过的大规模技术革新简化了如今的生活。

也许个人计算机革命的教训是，技术创新从来都不是价值中立的。它们由人的希望和欲望所激发，反映了创造者和接纳者的价值观。也许它们反映了我们是谁，我们是什么。如果是这样的话，那我们乐意看到它们展示的内容吗？

总之，我们似乎处在一个无节制技术创新的时代。你无法猜到什么新的技术创意将会震撼世界，但你可以确信的是，这种创新即将来临。也许某个聪明的年轻黑客此刻正在致力于此。

他甚至有可能正在读这本书呢！

致谢

　　本书每改版一次，我们所蒙受的恩惠就增多一层。首先我们要感谢本书故事中的人物，感谢他们接受我们几百个小时的采访，并大方允许我们查阅各类文档、录音、信件、日记、时间安排、电报和照片，让我们得以走进他们的个人历史。

　　我们要感激以下这些人物：Scott Adams，Todd Agulnick，David Ahl，Alice Ahlgren，Bob Albrecht，Paul Allen，Dennis Allison，Bill Anderson，Bill Baker，Steve Ballmer，Rob Barnaby，John Barry，Allen Baum，John Bell，Tim Berners-Lee，Tim Berry，Ray Borrill，Stewart Brand，Dan Bricklin，Keith Britton，David Bunnell，Nolan Bushnell，Maggie Canon，David Carlick，Douglas Carlston，Mark Chamberlain，Hal Chamberlin，Roger Chapman，Alan Cooper，Sue Cooper，Ben Cooper，John Craig，Andy Cunning-ham，Eddie Curry，Steve Dompier，John Draper，John Dvorak，Doug Engelbart，Chris Espinosa，Gordon Eubanks，Ed Faber，Federico Faggin，Lee Felsenstein，Bill Fernandez，Todd Fischer，Richard Frank，Bob Frankston，Paul Franson，Nancy Freitas，Don French，Gordon French，Howard Fulmer，Dan Fylstra，Mark Garetz，Harry Garland，Jean-Louis Gassee，Bill Gates，Bill Godbout，John Goodenough，Chuck Grant，Wayne Green，Dick Heiser，Carl Helmers，Kent Hensheid，Andy Hertzfeld，Ted Hoff，Thom Hogan，Rod Holt，Randy Hyde，Peter Jennings，Steve Jobs，Bill Joy，Philippe Kahn，Mitch Kapor，Vinod Khosla，Guy Kawasaki，Gary Kildall，Joe Killian，Dan Kottke，Barbara Krause，Tom Lafleur，Jaron Lanier，Phil Lemons，Phil Levine，Andrea Lewis，Bill Lohse，Mel Loveland，Scott Mace，Regis McKenna，Marla Markman，Mike Markkula，Bob Marsh，Patty McCracken，Dorothy McEwen，Patrick McGovern，Scott McNealy，Roger Melen，Seymour Merrin，Edward Metro，Vanessa Mickan，Jill Miller，Dick Miller，Michael Miller，Fred Moore，Gordon Moore，Lyall Morrill，George Morrow，Jeanne Morrow，Theodor Holm Nelson，Robert Noyce，Tom O'Neill，Molly O'Neill，Terry Opdendyk，Adam Osborne，Chuck Peddle，Harvard

Pennington，Joel Pitt，Fred "Chip" Poode，Frank Raab，Susan Raab，Jeff Raikes，Janet Ramusack，Jef Raskin，Ed Roberts，Roy Robinson，Tom Rolander，Phil Roybal，Seymour Rubinstein，Sue Runfola，Chris Rutkowski，Paul Saffo，Art Salsberg，Wendell Sanders，Ed Sawicki，Joel Schwartz，John Sculley，Jon Shirley，John Shoch，Richard Shoup，Michael Shrayer，Bill Siler，Les Solomon，Deborah Stapleton，Alan Stein，Barney Stone，Don Tarbell，George Tate，Paul Terrell，Larry Tesler，Glenn Theodore，John Torode，Jack Tramiel，Bruce Van Natta，Jim Warren，Larry Weiss，Randy Wigginton，Margaret Wozniak，Steve Wozniak，Larry Yaeger，Greg Yob 和 Pierluigi Zappacosta。

感谢《硅谷之火》的制片人 Steven Haft 看到了将本书搬上大屏幕的可能性。

与众多博学多识的朋友和同事的讨论以及他们的建议让我们受益匪浅。感谢 Eva Langfeldt 和 John Barry 审读了我们最初的开题方案；感谢 Dave Needle 为我们的调研提供了及时的协助；感谢 Thom Hogan 敦促我们撰写此书，并提供了诸多有效的建议；感谢 Dan McNeill 将行文修改得字字珠玑；感谢 Nancy Groth 用一支红笔使字里行间多了一分优雅；感谢 Nelda Cassuto 以意大利甜点和细致的编辑为我们提供了贴心的支持；感谢 Levi Thomas 和 Laura Brisbee 为我们提供了专业的摄影工作；感谢 Amy Hyams 为我们做的细致调查；感谢 Carol Moran 为我们敞开了秘密之门；感谢 Scott Kildall 对我们的信任；感谢 John Markoff 给予我们知识、洞见和友谊，还为本书作序；感谢 Jason Lewis 让我们看到了软件的魔力；感谢 David Reed 在海岸另一端的客厅中为我们的图书改正错误；感谢 Charlie Athanas 适时而慷慨地提供独到的见解；感谢《旧金山考察家报》的前同事 Judy Canter，Phil Bronstein 和 Richard Paoli 向我们开放了照片档案；同时感谢 Howard Bailen 给予我们无尽的支持。

我们选择与 The Pragmatic Programmers 出版社合作出版本书第三版，在此要感谢坚定的编辑 Brian Hogan、无与伦比的制作经理 Janet Furlow、不可多得的总编辑 Susannah Pfalzer、敏锐的文字编辑 Candace Cunningham。另外还要感谢出版商 Dave Thomas 和 Andy Hunt 创造了一家这么棒的出版公司，让我们能够与他们合作，同时也十分感激他们致力于出版当今最好的技术图书。

就个人而言，我们还要特别感谢一些人，他们给予我们爱与支持，并为本书出版做出了牺牲。他们是 Nancy Groth，Jeanne L. Freiberger，Edan Freiberger 和 Max Freiberger。

人名对照表

A

斯科特·亚当斯 Scott Adams

戴维·阿尔 David Ahl

霍华德·艾肯 Howard Aiken

约翰·埃克斯 John Akers

罗伯特·阿尔布莱特 Robert Albrecht

阿尔·阿尔康 Al Alcorn

保罗·艾伦 Paul Allen

丹尼斯·埃里森 Dennis Allison

吉尔伯特·阿梅里奥 Gilbert Amelio

罗杰·阿米登 Roger Amidon

马克·安德森 Marc Andreessen

尼克·阿奈特 Nick Arnett

约翰·阿诺德 John Arnold

约翰·阿塔纳索夫 John Atanasoff

比尔·阿特金森 Bill Atkinson

詹姆斯·阿特金森 James Atkinson

B

尼姆·卡洛里·巴巴 Neem Karolie Baba

查尔斯·巴贝奇 Charles Babbage

比尔·贝克 Bill Baker

史蒂夫·鲍尔默 Steve Ballmer

约翰·巴丁 John Bardeen

吉姆·巴克斯代尔 Jim Barksdale

约翰·佩里·巴洛 John Perry Barlow

罗布·巴纳比 Rob Barnaby

艾伦·鲍姆 Allen Baum

蒂姆·伯纳斯－李 Tim Berners-Lee

蒂姆·贝里 Tim Berry

克利福德·贝里 Clifford Berry

埃里克·比纳 Eric Bina

史蒂夫·毕晓普 Steve Bishop

乔治·布尔 George Boole

盖里·博恩 Gary Boone

雷·包瑞尔 Ray Borrill

斯图尔特·布兰德 Stewart Brand

沃尔特·布拉顿 Walter Brattain

欧内斯特·布朗 Ernest Braun

丹·布瑞克林 Dan Bricklin

基思·布里顿 Keith Britton

丹尼斯·布朗 Dennis Brown

迪克·布朗 Dick Brown

戴维·巴纳尔 David Bunnell

本杰明·布拉克 Benjamin Burack

万尼瓦尔·布什 Vannevar Bush

诺兰·布什内尔 Nolan Bushnell

吉姆·拜比 Jim Bybe

奥古斯塔·艾达·拜伦 Augusta Ada Byron

C

罗德·肯尼恩 Rod Canion

戴维·卡里克 David Carlick

罗伯特·卡尔 Robert Carr

强尼·卡森 Johnny Carson

弗兰克·卡里 Frank Cary

吉恩·卡特 Gene Carter

史蒂夫·凯斯 Steve Case

埃德森·德·卡斯特罗 Edson de Castro

埃德蒙·卡梅尔 Edmund Catmull

马克·张伯伦 Mark Chamberlain

哈尔·张伯伦 Hal Chamberlin

沃德·克里斯坦森 Ward Christensen

格雷格·克利斯蒂 Greg Christie

吉姆·克拉克 Jim Clark

埃德加·考德 Edgar Codd

乔治·康斯托克 George Comstock

蒂姆·库克 Tim Cook

阿兰·库珀 Alan Cooper

本·库珀 Ben Cooper

约翰·库奇 John Couch

约翰·柯洛基 John Craig

威尔·克罗瑟 Will Crowther

埃迪·库里 Eddle Curry

D

马蒂·大卫杜夫 Marty Davidoff

格林·戴维斯 Gerry Davis

李·德·福里斯特 Lee de Forest

韦斯·迪安 Wes Dean

迈克尔·戴尔 Michael Dell

罗布·迪克森 Rob Dickerson

约翰·迪尔克思 John Dilks

史蒂夫·东皮耶 Steve Dompier

凯文·都伦 Kevin Doren

埃尔伍德·道格拉斯 Elwood Douglas

约翰·德雷珀 John Draper

杰夫·邓特曼 Jeff Duntemann

约翰·德沃夏克 John Dvorak

本·代尔 Ben Dyer

E

约翰·埃克特 John Eckert

格伦·伊登 Glenn Edens

帕姆·埃德斯特隆 Pam Edstrom

布兰登·艾克 Brendan Eich

丹·艾勒斯 Dan Eilers

迈克尔·艾斯纳 Michael Eisner

约翰·艾伦比 John Ellenby

拉里·埃里森 Larry Ellison

道格拉斯·恩格尔巴特 Douglas Engelbart

恩斯特·厄尼 Ernst Ernie

爱德华·埃斯伯 Ed Esber

克里斯·埃斯皮诺萨 Chris Espinosa

菲利普·埃斯特里奇 Philip Estridge

戈登·尤班克斯 Gordon Eubanks

格伦·尤因 Glen Ewing

F

爱德华·法伯尔 Ed Faber

肖恩·范宁 Shawn Fanning

约翰·范宁 John Fanning

费德里科·费金 Federico Faggin

李·费尔森斯坦 Lee Felsenstein

比尔·费尔南德斯 Bill Fernandez

乔治·菲克特 George Fichter

鲍比·费舍尔 Bobby Fischer

托德·费舍尔 Todd Fischer

尤金·费舍尔 Eugene Fisher

平克·弗洛伊德 Pink Floyd

理查德·弗兰克 Richard Frank

鲍勃·弗兰克斯顿 Bob Frankston

保罗·弗赖伯格 Paul Friberger

爱德华·弗雷塔斯 Edward Freitas

南茜·弗雷塔斯 Nacy Freitas

唐·弗伦奇 Don French

戈登·弗伦奇 Gordon French

约翰·弗伦奇 John French

霍华德·富尔默 Howard Fulmer

艾伦·芬特 Allen Funt

丹·费尔斯特拉 Dan Fylstra

G

哈里·加兰德 Harry Garland

吉恩·路易斯·盖西 Jean-Louis Gassee

比尔·盖茨 Bill Gates

玛丽·盖茨 Mary Gates

弗兰克·高德特 Frank Gaudette

保罗·吉尔伯特 Paul Gilbert

约翰·吉尔莫 John Gilmore

比尔·戈多布特 Bill Godbout

帕特·戈丁 Pat Godding

迈克·戈德温 Mike Godwin

阿黛尔·戈德堡 Adele Goldberg

阿黛尔·戈尔斯坦 Adele Goldstine

塞缪尔·高德温 Samuel Goldwyn

阿尔·戈尔 Al Gore

阿尔伯特·戈尔 Albert Gore

詹姆斯·高斯林 James Gosling

查克·格兰特 Chuck Grant

约瑟夫·格拉齐亚诺 Joseph Graziano

维吉尼亚·格林 Virginia Green

韦恩·格林 Wayne Green

马克·格林伯格 Mark Greenberg

保罗·格林菲尔德 Paul Greenfield

麦克·格里芬 Mike Griffin

H

黛安娜·哈吉雪克 Diane Hajicek

迈克·霍尔曼 Mike Hallman

迪克·哈姆雷特 Dick Hamlet

艾伦·汉考克 Ellen Hancock

赫比·汉考克 Herble Hancock

洛尔·哈普 Lore Harp

吉姆·哈里斯 Jim Harris

杰瑞·霍金斯 Jeff Hawkins

迪克·海斯 Dick Heiser

安德斯·郝杰斯伯格 Anders Hejlsberg

卡尔·赫尔默斯 Carl Helmers

安迪·赫茨菲尔德 Andy Hertzfeld

威廉·休利特 William Hewlett

诺顿·欣克利 Norton Hinckley

马西安·霍夫 Marcian Hoff

乔安娜·霍夫曼 Joanna Hoffman

彼得·霍伦贝克 Peter Hollenbeck

赫曼·霍列瑞斯 Herman Hollerith

西莱斯特·霍尔姆 Celeste Holm

罗德·霍尔特 Rod Holt

约翰·霍顿 John Horton

I

加里·英格拉姆 Gary Ingram

伊万·伊利奇 Ivan Illich

乔尼·伊夫 Jony Ive

J

罗布·诺夫 Rob Janoff

彼得·詹宁斯 Peter Jennings

史蒂夫·乔布斯 Steve Jobs

詹尼斯·乔普林 Janis Joplin

比尔·乔伊 Bill Joy

K

菲利普·卡恩 Philippe Kahn

史蒂夫·康 Steve Kahng

杰瑞·卡普兰 Jerry Kaplan

米切尔·卡普尔 Mitch Kapor

雷·卡萨尔 Ray Kassar

艾伦·凯伊 Alan Kay

约翰·凯米尼 John Kemeney

加里·基尔代尔 Gary Kildall

木原信敏 Nobutoshi Kihara

乔·基里安 Joe Killian

比尔·金凯德 Bill Kinkaid

杰瑞·科克 Jerry Kirk

丹·科特克 Dan Kottke

尼尔·康森 Neil Konzen

刘易斯·科恩菲尔德 Lewis Kornfeld

凯恩·克雷默 Kane Kramer

托马斯·库尔兹 Thomas Kurtz

L

托马斯·拉弗尔 Thomas Lafleur

唐·兰卡斯特 Don Lancaster

哈尔·莱胥里 Hal Lashlee

史蒂夫·莱宁格 Steve Leininger

比尔·利维 Bill Levy

安德莉亚·刘易斯 Andrea Lewis

索尔·莱布斯 Sol Libes

戴维·里德尔 David Liddle

比尔·洛斯 Bill Lohse

乔治·卢卡斯 George Lucas

M

斯图尔特·麦克唐纳 Stuart MacDonald

杰瑞·马诺克 Jerry Manock

迈克·梅普尔斯 Mike Maples

麦克·马库拉 Mike Markkula

艾伦·马昆德 Allan Marquand

鲍勃·马什 Bob Marsh

约翰·马丁 John Martin

唐·马萨罗 Don Massaro

凯西·马修斯 Kathy Matthews

约翰·莫奇利 John Mauchly

马丁·马兹内尔 Martin Mazner

斯坦·马泽尔 Stan Mazor

迈克尔·麦卡锡 Michael McCarthy

约翰·麦卡勒姆 John McCullum

多萝西·麦克尤恩 Dorothy McEwen

帕特里克·麦戈文 Patrick McGovern

瑞吉斯·麦肯纳 Regis McKenna

斯科特·麦克尼利 Scott McNealy

罗杰·梅伦 Roger Melen

塞缪尔·梅林 Seymour Merrin

罗伯特·梅特卡夫 Robert Metcalfe

丹·迈尔 Dan Meyer

巴迪·迈尔斯 Buddy Miles

芭芭拉·米勒德 Barbara Millard

比尔·米勒德 Bill Millard

乔治·米勒德 George Millard

尼尔森·米尔斯 Nelson Mills

福里斯特·米姆斯 Forrest Mims

里奇·迈纳 Rich Miner

比尔·莫格里奇 Bill Moggridge

弗莱德·莫尔 Fred Moore

戈登·摩尔 Gordon Moore

奥古斯塔斯·德·摩根 Augustus De Morgan

莱尔·莫里尔 Lyall Morrill

乔治·莫罗 George Morrow

鲍勃·马伦 Bob Mullen

比尔·莫图 Bill Murto

内森·梅尔沃德 Nathan Myhrvold

N

萨提亚·纳德拉 Satya Nadella

帕特里克·诺顿 Patrick Naughton

泰德·尼尔森 Ted Nelson

鲍勃·纽哈特 Bob Newhart

西和彦 Kay Nishi

罗伯特·诺伊斯 Robert Noyce

迈克尔·斯宾德勒 Michael Spindler

理查德·斯托尔曼 Richard Stallman

约翰·史蒂芬森 John Stephensen

鲍勃·斯图尔特 Bob Stewart

肯特·斯托克维尔 Kent Stockwell

罗伯特·苏丁 Robert Suding

多伦·斯沃德 Doron Swade

汤姆·斯威夫特 Tom Swift

T

查尔斯·坦迪 Charkes Tandy

戴夫·坦迪 Dave Tandy

安德鲁·坦尼鲍姆 Andrew Tanenbaum

乔治·泰特 George Tate

唐·塔贝尔 Don Tarbell

保罗·泰瑞尔 Paul Terrell

拉里·特斯拉 Larry Tesler

阿维·特瓦尼安 Avi Tevanian

安德烈·张崇泰 Andre Truong Trong

李维·托马斯 Levi Thomas

肯·汤普森 Ken Thompson

鲍勃·廷德利 Bob Tindley

乔纳森·泰特斯 Jonathan Titus

约翰·托罗德 John Torode

林纳斯·托瓦兹 Linus Torvalds

吉姆·汤尼 Jim Towne

杰克·特拉梅尔 Jack Tramiel

董仲 Chung Tung

阿兰·图灵 Allan Turing

V

莱斯利·维达斯 Leslie Vadasz

唐·瓦伦丁 Don Valentine

布鲁斯·范·纳塔 Bruce Van Natta

斯坦·维特 Stan Veit

约翰·冯·诺伊曼 John von Neumann

W

鲍勃·华莱士 Bob Wallace

吉恩·王 Gene Wang

王理璡 Li chen Wang

吉姆·沃伦 Jim Warren

托马斯·沃森 Thomas Watson

小托马斯·沃森 Thomas Watson Jr.

罗恩·韦恩 Ron Wayne

拉里·魏斯 Larry Welss

迪克·惠普尔 Dick Whipple

克里斯·怀特 Chris White

汤姆·惠特尼 Tom Whitney

兰迪·威金顿 Randy Wigginton

布赖恩·威尔考克斯 Brian Wilcox

迪克·威尔考克斯 Dick Wilcox

博伊德·威尔逊 Boyd Wilson

尼古拉斯·沃斯 Niklaus Wirth

迈克·怀斯 Mike Wise

唐·伍兹 Don Woods

史蒂夫·沃兹尼亚克 Stephen Wozniak

玛格丽特·科恩·沃兹尼亚克 Margaret Kern Wozniak

瑞克·怀兰德 Rick Wyland

Y

拉里·耶戈尔 Larry Yaeger

比尔·耶茨 Bill Yates

查克·叶格 Chuck Yeager

格雷格·约伯 Greg Yob

德尔·约克姆 Del Yocam

贾杰·皮尔斯·杨 Judge Pearce Young

Z

比尔·基夫 Bill Ziff

马克·扎克伯格 Mark Zuckerberg

版 权 声 明